Spaß mit Statistik

Aufgaben, Lösungen und Formeln zur Statistik

Von

Dr. Roland Jeske

unter Mitarbeit von
Dipl.-Vw. Stefan Zink

Universität Konstanz
Fakultät für Wirtschaftswissenschaften und Statistik

3., überarbeitete und ergänzte Auflage

R. Oldenbourg Verlag München Wien

J. Roesler gewidmet

Die Deutsche Bibliothek - CIP-Einheitsaufnahme

Jeske, Roland:
Spass mit Statistik : Aufgaben, Lösungen und Formeln zur Statistik / von Roland Jeske. Unter Mitarb. von Stefan Zink. – 3., überarb. und erg. Aufl. – München ; Wien : Oldenbourg, 1999
  ISBN 3-486-25282-8

© 1999 Oldenbourg Wissenschaftsverlag GmbH
Rosenheimer Straße 145, D-81671 München
Telefon: (089) 45051-0, Internet: http://www.oldenbourg.de

Das Werk einschließlich aller Abbildungen ist urheberrechtlich geschützt. Jede Verwertung außerhalb der Grenzen des Urheberrechtsgesetzes ist ohne Zustimmung des Verlages unzulässig und strafbar. Das gilt insbesondere für Vervielfältigungen, Übersetzungen, Mikroverfilmungen und die Einspeicherung und Bearbeitung in elektronischen Systemen.

Gedruckt auf säure- und chlorfreiem Papier
Druck: Grafik + Druck, München
Bindung: R. Oldenbourg Graphische Betriebe GmbH, München

ISBN 3-486-25282-8

Vorwort zur ersten Auflage

Dieses Buch umfaßt eine Reihe von Aufgaben, die in den vergangenen Semestern als Unterstützung der einführenden Statistikveranstaltungen für Studenten der Wirtschafts- und der Verwaltungswissenschaften in den zugehörigen Übungen und abschließenden Klausuren an der Universität Konstanz bearbeitet wurden. Dennoch sollten sich auch Studenten anderer Studiengänge durch diese Aufgabensammlung angesprochen fühlen.
Die Übungsaufgaben sind durchweg in einen humorvollen, mitunter gar satirischen Zusammenhang eingebettet und unterscheiden sich diesbezüglich von vielen anderen Aufgabensammlungen. Die Gründe für eine solche Umsetzung der Aufgaben sind vielfältig. Zum einen sei hiermit der These vieler Studenten, daß Statistik trocken, langweilig und humorlos sei, widersprochen. Zum anderen sehe ich in einer Abstrahierung der Aufgabenstellung von den jeweiligen Fachdisziplinen durchaus einen Vorteil. Die Erfahrung, daß Studenten eine Aufgabe häufig ohne Hinterfragen eines möglicherweise vollkommen verschiedenen statistischen Hintergrunds in gleicher Weise lösen wie eine inhaltlich bekannte, läßt in einer Abstrahierung der Aufgabenstellung durchaus einen Sinn erkennen.

Im ersten Kapitel werden neben klassischen Verfahren der Deskriptiven Statistik auch Elemente der Explorativen Datenanalyse, wie sie im angloamerikanischen Sprachraum zum statistischen Standardwerkzeug gehören, besprochen. Die Einbettung der Regressions- und Zeitreihenanalyse im Rahmen der Beschreibenden Statistik folgt der in Konstanz üblichen Lehrform.
Kapitel 2 enthält Themen der Wahrscheinlichkeitsrechnung. Um weitere Aspekte, die üblicherweise nicht in Aufgaben behandelt werden, wurde die entsprechende Formelsammlung erweitert. Kapitel 3 schließlich befaßt sich mit der Schätz- und Testtheorie. Neben herkömmlichen Tests wurde dabei ein besonderer Wert auf einige gebräuchliche nichtparametrische Tests gelegt.
Aufgaben, die mathematisch anspruchsvoll sind oder über den im Grundstudium vermittelten Stoff hinausgehen, sind kursiv gedruckt.

Mein Dank für die Mitarbeit an diesem Buch richtet sich an Stefan Zink, der wesentlichen Anteil an der Gestaltung der Aufgaben hat, sowie Robert Marianski für die hervorragende Umsetzung der Karikaturen. Für aufmerksames Korrekturlesen danke ich neben anderen Stefan Klotz und Torsten Westermeier. Cristina Fernandez de Geiselhart, vor allem aber Sonja Schneider und Jeanette Blings gilt mein ganz besonderer Dank für die vielen Mühen bei der Umsetzung des Manuskriptes in ein LaTeX-fähiges File. Auch allen anderen hier nicht genannten Personen, die in der einen oder anderen Weise zum Gelingen des Buches

beigetragen haben, sei an dieser Stelle herzlich gedankt.
Schließlich möchte ich dem Oldenbourg Verlag, vor allem Herrn Weigert für die gute Zusammenarbeit und weitestgehende persönliche Freiheit bei der Gestaltung dieses Buches danken.

Roland Jeske

Vorwort zur dritten Auflage

Gegenüber den ersten beiden Auflagen hat die vorliegende Fassung meines Buches eine kritische Durchsicht mit einigen Korrekturen erfahren. Zahlreiche neue Aufgaben, die ich seither in meinen Vorlesungen für Volkswirte, Verwaltungswissenschaftler, Psychologen, Soziologen und Biologen verwendet habe, wurden ergänzt. Zudem wurde das Manuskript von LATEX 2.09 in LATEX 2e transferiert.
Für den unermüdlichen Einsatz bei der Erstellung des neuen Manuskriptes danke ich Anne Bickelmann, Carolin Helwig, Sabine Lucas, Sascha Faller, Jens Rabe und Kai Rudolph.
Robert Marianski hat in altbewährter Weise wieder zur gelungenen karikaturistischen Ausmalung des Buches beigetragen, auch ihm sei für seine Mitarbeit herzlich gedankt.

Roland Jeske

Inhaltsverzeichnis

1 Deskriptive Statistik — 1

2 Wahrscheinlichkeitsrechnung — 35

3 Mathematische Statistik — 65

4 Lösungen zu Kapitel 1 — 85

5 Lösungen zu Kapitel 2 — 197

6 Lösungen zu Kapitel 3 — 257

A Formelsammlung — 297

B Tabellen — 337

Kapitel 1

Deskriptive Statistik

Aufgabe 1.1

Walter Fair, ein bereits betagter Student der Verwaltungswissenschaften (ohne Statistik-Schein), verwaltet sorgfältig die ihm zur Verfügung stehenden Informationen über seinen weiblichen Freundeskreis:

        Augenfarbe, Haarfarbe,
        Familienstand, Kontostand,
        Studienfach, Alter,
        Telefonnummer,
        Zensur in Statistik. [1]

a) Bestimmen Sie die Grundgesamtheit und die Untersuchungseinheiten.

b) Welche Merkmale erhebt Fair? Geben Sie mögliche Merkmalsausprägungen an.

c) Charakterisieren Sie die Merkmale durch folgende Eigenschaften:
nominal, ordinal, kardinal, quantitativ, qualitativ, stetig, diskret.

---

[1] Walter schätzt Frauen mit guten Statistik-Kenntnissen, deren Wissen er für seinen noch ausstehenden Statistik-Schein nutzen kann.

Aufgabe 1.2

Kunstprofessor Ulf Norbert Sinn beschließt, die Kreativität seiner Assistenten Anton Leider, Stefan Nur, Susanne Wenig, Inge Erfolg und Sven Reich zu beurteilen. Als Kriterium dafür will U.N. Sinn den Papierverbrauch seiner Mitarbeiter heranziehen. Er weist daher seine Sekretärin Trude Treuherz an, einen Monat lang vor dem Leeren der Papierkörbe herumzuschnüffeln und die Anzahl der Seiten mit verworfenen Ideen zu zählen. Die folgenden Zahlenpaare geben den Anfangsbuchstaben des Nachnamens des Mitarbeiters sowie dessen Papierverbrauch an:

(L,1) (E,16) (L,3) (W,15) (E,28) (L,4) (N,3) (N,2) (L,7)
(E,33) (W,21) (N,5) (L,2) (L,6) (W,7) (N,9) (L,1) (W,28)
(L,3) (N,8) (W,4) (R,29) (N,6) (L,7) (E,8) (W,5) (L,2)
(N,8) (L,1) (N,3) (L,2) (W,23) (N,3) (R,37) (N,10) (E,13)
(L,8) (N,1) (W,27) (N,2) (E,22) (W,8) (L,2) (W,12) (L,5)

a) Stellen Sie den Papierverbrauch der einzelnen Mitarbeiter dar, indem Sie die geordneten Stichproben der Mitarbeiter, ein Kreisdiagramm, ein Blockdiagramm, ein Stabdiagramm sowie einen Polygonzug erstellen.

b) Stellen Sie die Ordungsliebe der Mitarbeiter gemessen an der Anzahl der Papierkorbleerungen in einem Blockdiagramm graphisch dar.

Aufgabe 1.3

Im österreichischen Zillertal wurde der mumifizierte Leichnam einer frühgeschichtlichen Frau gefunden. Schnell wurde diesem Fund der Name "Zilli, die Gletscherleiche aus dem Zillertal" [2] beigemessen.

Sieben Archäologen machten sich nun ans Werk, das Alter von Zilli zu bestimmen. Sie kamen zu folgenden Ergebnissen (Alter in Jahren):

$$2750, 3300, 4300, 2750, 3250, 2850, 3200.$$

a) Berechnen Sie aufgrund dieser Angaben folgende Lagemaße für Zillis Alter:

   i) das arithmetische Mittel,

   ii) den Modus,

   iii) den Median,

   iv) das 0.2–getrimmte Mittel,

   v) das 0.2–winsorisierte Mittel,

   vi) den Trimean.

---

[2] Ähnlichkeiten mit lebenden oder toten Personen anderer Hochgebirgstäler wären rein zufälliger Art.

b) Berechnen Sie weiterhin folgende Streuungsmaße für das Alter der Gletscherleiche:

   i) die Varianz,

   ii) die Standardabweichung,

   iii) die Spannweite,

   iv) den MAD (Median der absoluten Abweichungen vom Median),

   v) die mittlere absolute Abweichung vom Median,

   vi) den H–Spread,

   vii) den Quartilsabstand.

Aufgabe 1.4

Das Spiegel–Bild, die größte Zeitung des Landes Opulentia – sie sympathisiert offen mit der Regierungspartei CSO (Conservative Socialists of Opulentia), hatte in seiner letzten Auflage die folgende Schlagzeile:

> **"Keine Armut mehr in Opulentia!**
> **Häufigstes Einkommen 70 000 Taler"**

ⒶNⒶRCHIⒶ, eine als eher systemkritisch bekannte Wochenzeitung, veröffentlichte zur selben Zeit einen nicht weniger spektakulären Leitartikel mit dem Titel:

> **"SKANDAL! 50% der Bevölkerung verdienen weniger als 50 000 Taler!"**

Die als politisch neutral geltende Tageszeitung OPULENTIA TIMES titelte dagegen:

> "DURCHSCHNITTSEINKOMMEN IN OPULENTIA BETRÄGT 60 000 TALER"

Der politisch ahnungslose Detlef Durchschnitt ist sich nicht mehr sicher, ob es ihm nun wirtschaftlich gut oder schlecht geht. Er hat den Verdacht, daß wenigstens eine der Zeitungen falsche Daten publiziert.

a) Überprüfen Sie die Veröffentlichungen mit Hilfe der unten abgedruckten Tabelle:

Einkommensklasse (in Opulentia-Taler)	Anzahl der Einkommensbezieher
[0; 15 000)	36 000
[15 000; 30 000)	60 000
[30 000; 40 000)	37 000
[40 000; 60 000)	34 000
[60 000; 80 000)	82 000
[80 000; 100 000)	13 000
[100 000; 150 000)	15 000
[150 000; 250 000)	23 000

300.000

b) Zeichnen Sie ein Histogramm und diskutieren Sie, ob hier die Verwendung von Lagemaßen überhaupt sinnvoll ist.

***

Statistik-Witz Nr. 1

Ein Mathematiker und ein Statistiker stehen vor einem leeren Hörsaal. Nach einiger Zeit verläßt ein Student den Hörsaal. Da meint der Mathematiker: "Mathematisch gesehen sind noch -1 drin!" Daraufhin antwortet der Statistiker: "Wenn jetzt noch einer 'reingeht, waren im statistischen Mittel Null drin."

Aufgabe 1.5

Der Fernsehsender CONTRA 6 hat es sich zum Ziel gesetzt, seine Zuschauer durch atemberaubende Reality-Shows zu fesseln. Die Sendung "Die Alptraumscheidung" sahen zu den letzten sechs Sendeterminen

$$2\,000\,000\,,\,4\,000\,000\,,\,6\,000\,000\,,\,7\,500\,000\,,\,7\,200\,000\,,\,7\,500\,000$$

Zuschauer. Die thematisch ähnlich geartete Sendung "Meins bleibt meins" des Konkurrenzsenders STATT 2 hatte nach anfänglichen 5 000 000 Zuschauern Zuwachsraten (gegenüber der jeweiligen Vorsendung) von

$$10\%\,,\,5\%\,,\,-5\%\,,\,20\%\,,\,5\%\,.$$

a) Welche Sendung hat die höhere durchschnittliche Zuschauerzahl?

b) Welche Sendung hat die höhere durchschnittliche Zuwachsrate an Zuschauern?

Aufgabe 1.6

In der französischen Bourgogne findet alljährlich das mit großer Aufmerksamkeit verfolgte Weinbergschneckenrennen statt. Das in mehreren Tagesetappen ausgetragene Rennen, welches aufgrund der eingesetzten Dopingmittel (in Form von Salat) auch "Tour de Trance" genannt wird, führt vor der letzten Etappe von Marinade nach Casserole die Schnecke Ricki Raserati an, die aus diesem Grund auch das sogenannte "gelbe Haus" tragen darf. Die Etappenlängen und die Durchschnittsgeschwindigkeiten von R. Raserati sowie dem aussichtsreichsten Verfolger Emilio Escargot in den vergangenen Etappen gibt die folgende Tabelle an:

Etappe	1	2	3	4
Etappenlänge (m)	3.2	1.9	3.5	3.4
Geschwindigkeit Raserati ($\frac{m}{Std.}$)	0.8	0.6	0.95	0.9
Geschwindigkeit Escargot ($\frac{m}{Std.}$)	0.75	0.65	0.9	0.95

a) Berechnen Sie die Durchschnittsgeschwindigkeit der beiden Schnecken im bisherigen Wettkampf.

b) Für die letzte, 3.0 m lange Etappe erwartet man einen harten Entscheidungskampf zwischen den beiden führenden Schnecken. Wie schnell muß Escargot sein, um das Rennen noch zu gewinnen, wenn Raserati an seiner bisherigen Durchschnittsgeschwindigkeit festhält?

Aufgabe 1.7

Wir versetzen uns zurück ins 13. Jahrhundert irgendwo im rauhen Norden ....

Ritter Fiskus von Flensburg ist bekannt für seinen überschwenglichen Lebenswandel. Um sich bei der Finanzierung desselben nicht durch anstrengende Raubzüge belasten zu müssen, hat er als Einnahmequelle einen Bußgeldkatalog für Verkehrsvergehen seiner Untergebenen entwickelt. Untertanen, die die ritterlich vorgeschriebene Reithöchstgeschwindigkeit nicht einhalten oder gar in verkehrsberuhigten Trabzonen galoppieren, müssen damit rechnen, empfindlich zur Kasse gebeten zu werden. Auch das Anleinen von Pferden in nicht eigens dafür vorgesehenen Bereichen wird gebührenpflichtig verwarnt.

Für statistische Zwecke werden die Verkehrsvergehen zudem nach einem speziellen Punkteschlüssel bei Hof registriert. Die folgenden Werte geben die sog. "Flensburger Punkte" der 16 Untertanen an:

$$0 \quad 2 \quad 5 \quad 6 \quad 1 \quad 0 \quad 1 \quad 7 \quad 15 \quad 0 \quad 1 \quad 5 \quad 6 \quad 11 \quad 4 \quad 1$$

a) Zeichnen Sie die empirische Verteilungsfunktion für die Flensburger Punkte.

b) Zeichnen Sie ein Histogramm für die Flensburger Punkte.

c) Bei der letzten Radarkontrolle wurden folgende Geschwindigkeitsübertretungen gemessen (in km/h):

0.10	0.14	0.21	0.36	0.41	0.48	0.55	0.56	0.65	0.66	0.67	0.71	0.76
0.79	0.83	0.86	0.93	0.98	1.02	1.03	1.15	1.27	1.28	1.33	1.38	1.39
1.46	1.47	1.62	1.73	1.78	1.79	1.84	1.88	1.91	2.05	2.13	2.36	2.37
2.45	2.59	2.76	2.83	3.09	3.35	3.58	3.66	3.87	3.90	4.00	4.21	4.32
4.47	4.78	4.93	5.03	5.30	5.59	6.37	6.68	6.86	7.23	7.87	8.90	

Klassieren Sie die Daten und zeichnen Sie das Summenpolygon für die klassierten Daten.

Aufgabe 1.8

Biologe Albert Einbein sieht seine Lebensaufgabe darin, das Dasein der Tausendfüßer zu erforschen und dem Menschen näher zu bringen. Für sein neues Buch "Haben Tausendfüßer tausend Füße?" hat er mit der Lupe an 25 Versuchstieren folgende Werte ermittelt:

98	100	112	108	104
100	102	100	98	102
124	100	100	112	116
104	102	72	100	96
102	100	106	92	84

a) Berechnen Sie für diese Werte arithmetisches Mittel, Median und Modus.

b) Einbein beschließt, die Daten in Form eines Histogramms in seinem nächsten Forschungspapier zu veröffentlichen. Er wählt die Klassenbreite 4, so daß er zu folgender Klasseneinteilung gelangt:

$$[71, 75), \quad [75, 79), \quad [79, 83), \quad \ldots, \quad [123, 127).$$

Einbeins nicht ganz so erfolgreicher, aber ebenso ehrgeiziger Mitarbeiter Zweifuß gelangt zufällig in den Besitz der Daten und beschließt, diese als sein eigenes Forschungsergebnis auszugeben. Er wählt die Klasseneinteilung

$$[69,73),\quad [73,77),\quad [77,81),\quad \ldots,\quad [121,125)\ .$$

Vergleichen Sie die beiden Histogramme und erklären Sie die Unterschiede. Hat einer der beiden eine falsche Klasseneinteilung getroffen?

c) Verdeutlichen Sie die Unterschiede, indem Sie den Schiefekoeffizienten von Pearson für die Originaldaten und für die beiden Klassierungen berechnen.

Aufgabe 1.9

Die "As Cold as Ice AG" zieht in Erwägung, ihren weltweiten Verkaufsschlager, den Kühlschrank des Typs "Eisblock", nun auch nach Grönland zu exportieren. Um zu klären, ob in Grönland überhaupt Bedarf an Kühlartikeln besteht, wird bei der Firma "Grönland in Zahlen GmbH" eine Studie über die Durchschnittstemperatur in 100 Städten und Dörfern der Insel in Auftrag gegeben. Einen Monat später bekommt die Kühlmittelfirma die folgenden Werte in Grad Fahrenheit (F) geliefert (zudem wurden die daraus resultierenden Lage- und Streuungsmaße berechnet):

−19.6	−18.4	−15.1	−15.1	−13.6	−13.5	−13.0	−13.0	−12.5	−12.0
−11.1	−10.7	−10.1	−10.0	−9.8	−8.1	−8.0	−7.9	−7.8	−7.6
−7.5	−7.2	−6.3	−6.0	−5.9	−5.9	−5.0	−4.4	−4.4	−3.8
−3.7	−2.8	−2.7	−2.3	−1.9	−1.8	−1.5	−0.9	−0.7	−0.5
−0.2	−0.1	0.0	0.0	0.0	0.2	0.4	0.7	0.7	0.8
0.8	1.2	1.3	2.0	2.1	2.4	2.6	2.6	2.6	2.6
2.6	3.0	3.3	3.3	3.3	3.3	3.3	3.3	3.5	3.6
3.7	3.8	4.4	4.5	4.5	4.6	4.9	5.0	5.3	5.3
5.4	5.7	6.0	6.1	6.1	6.2	6.2	6.5	6.5	6.6
7.1	7.1	7.2	7.3	7.9	8.5	9.0	9.2	9.9	11.2

$$\bar{x} = -0.65 \qquad \bar{x}_M = 3.30 \qquad \tilde{x} = 0.80$$
$$\sigma_x = 6.99 \qquad \text{MAD}_x = 4.55 \qquad R_x = 30.80$$

Da sich die Führungsetage nicht schlüssig ist über den Aussagegehalt der Werte in Grad Fahrenheit $\{x_1, \ldots, x_{100}\}$, wird beschlossen, die Lagemaße für den in Grad Celsius (C) transformierten Datensatz $\{y_1, \ldots, y_{100}\}$ zu ermitteln (Hinweis: $C = \frac{5}{9}(F - 32)$). Der sehr auf sein berufliches Fortkommen bedachte Jungmanager Carl Career erklärt sich sofort bereit, diese Aufgabe zu übernehmen. Am nächsten Tag (Carl Career saß bis in die frühen Morgenstunden mit seinem Taschenrechner im Büro) liegen endlich die neuen Werte für Lage- und Streungsmaße vor:

$$\bar{y} = -18.14 \quad \bar{y}_M = -15.94 \quad \tilde{y} = -17.33$$
$$\sigma_y = 3.88 \quad \text{MAD}_y = 2.53 \quad R_y = 17.11$$

a) Gibt es eine Möglichkeit, die oben bestimmten Lageparameter auch ohne die Transformation des gesamten Datensatzes zu ermitteln? (Falls Sie keine Idee haben, sind Sie heute abend mit Ihrem Taschenrechner verabredet!) Welche allgemein für univariate Lagemaße wünschenswerte Eigenschaft ist dafür verantwortlich?

b) Gegeben sei nun ein beliebiger Datensatz X $(x_1, \ldots x_n)$. Die Werte Y $(y_1, \ldots y_n)$ ergeben sich daraus durch eine affine Transformation zu $y_i = ax_i + b$ $(i = 1, \ldots, n)$. Zeigen Sie nun auch allgemein folgende Eigenschaften für die Streuungsmaße von Y:

   i) Spannweite $\qquad R_y = |a|R_x$
   ii) MAD $\qquad \text{MAD}_y = |a| \cdot \text{MAD}_x$
   iii) Varianz $\qquad \sigma_y^2 = a^2 \sigma_x^2$
   iv) Standardabweichung $\qquad \sigma_y = |a|\sigma_x$

Verwenden Sie diese Formeln, um die genannten Streungsmaße für die transformierten Daten zu berechnen.

c) Geben Sie Streuungsmaße an, die unter Transformationen der Art $y_i = ax_i$ (wobei $a > 0$) unverändert bleiben.

Aufgabe 1.10

Der Radio- und Fernsehhändler Hubert Anton Ignaz Vieh vertreibt Lautsprecherboxen zu unterschiedlichen Preisen. Angefangen bei einfachen Lautsprechern für ein Autoradio bis hin zur hochwertigen Box für die Diskothekenausstattung hat H.A.I. Vieh Boxen auf Lager, die er zu den folgenden Einkaufspreisen (in DM) bezieht:

1014.6	863.2	1189.0	1332.6	1097.6	6201.2	3480.8	627.2	1044.9	1072.6
10242.9	741.2	1210.1	2328.1	262.0	954.6	4164.1	8047.6	707.3	2838.4

a) Zeichnen Sie einen Boxplot für die Einkaufspreise der Boxen.

b) Beurteilen Sie die Schiefe des Datensatzes anhand des Boxplots und des Quartilskoeffizienten der Schiefe sowie mit Hilfe der Schiefekoeffizienten nach Fisher und Pearson. Welche Schlüsse können Sie aus den Ergebnissen ziehen?

Aufgabe 1.11

Autoverwerter Kurt Lagerplatz hat eine Marktlücke entdeckt: Ausgediente, zunächst wertlos erscheinende Fahrzeuge aller Art baut er zu kunstvollen Designerfahrzeugen um. Seine Modelle – jedes für sich ein Unikat – erzielen unter Sammlern mittlerweile Höchstpreise.

Derzeit hat Kurt Lagerplatz Kunstobjekte zu folgenden Preisen (in DM) in seiner Galerie zu verkaufen:

$$70\,000,\quad 40\,000,\quad 100\,000,\quad 50\,000,\quad 60\,000,$$
$$80\,000,\quad 80\,000,\quad 90\,000,\quad 70\,000,\quad 80\,000,$$
$$180\,000,\quad 80\,000,\quad 70\,000,\quad 90\,000,\quad 60\,000.$$

Entscheiden Sie, ob die Verteilung der Preise symmetrisch, links- oder rechtsschief ist, indem Sie den Quartilskoeffizienten der Schiefe sowie die Schiefekoeffizienten nach Fisher und Pearson berechnen. Interpretieren Sie die Ergebnisse.

Aufgabe 1.12

"Die Verteilung der Länge
meiner Zähne ist rechtsschief."

Dr. A. Cula

Seine (sichtbare) Zahnlänge in mm gibt Dentist Dr. A. Cula wie folgt an:

7.6	7.7	7.8	7.8	7.9	34.6	10.1	10.2	10.2	10.0	35.5	7.9	7.8	7.7	7.6	7.6
7.8	7.8	7.9	8.1	8.2	31.7	10.0	10.0	10.0	10.1	32.1	8.1	8.1	7.8	7.8	7.7

a) Zeichnen Sie einen Boxplot sowie ein Stem-and-Leaf-Diagramm für die Zahnlänge.

b) Überprüfen Sie die Behauptung Dr. A. Culas, indem Sie die Fechnersche Lageregel sowie die Lage der Midsummaries betrachten.

c) Berechnen Sie den Fisherschen Momentenkoeffizienten der Schiefe und den 1. Schiefekoeffizienten nach Pearson.

Aufgabe 1.13

Gerd Glatzel, der ein existentielles Problem mit seinem Haarwuchs hat (den üppigsten Teil seiner Kopfbedeckung stellen die Augenbrauen dar), stößt bei der Lektüre seiner Lieblingszeitschrift "Mann vorm Spiegel" auf das folgende Inserat der Rapunzel AG:

"Doppel–Haar, das erfolgreichste Haarwuchsmittel, das es je gab! 50% der Anwender hatten einen monatlichen Haarwuchs von 0.8 cm oder mehr – innerhalb eines Monats durchschnittlich 1.4 cm längeres Haar."

Die Lösung seines Problems erhoffend, greift Glatzel sofort zu. Einen Monat später hat er auch noch die spärlichen Reste seiner "Kopfbedeckung" verloren. Erbost sucht er die Rapunzel AG auf (die Blöße mit einem Hut bedeckend), um seinem Ärger Luft zu machen. Dort erhält er die folgenden Haarwuchsergebnisse von Testpersonen des Mittels Doppel–Haar (Haarwuchs innerhalb eines Monats in cm; negative Werte stehen für Haarausfall):

0.8	−0.8	0.4	0.7	−2.0	−0.7	1.0	2.2	−1.0	4.2
0.9	2.6	−0.2	0.8	−0.8	−3.2	0.6	−4.2	3.8	5.3
1.8	−3.2	4.7	−2.0	2.5	−1.3	3.5	10.8	6.2	−0.8
4.6	7.3	−1.4	6.6	0.6	−2.0	3.3	−0.8	3.0	2.2

a) Überprüfen Sie die Herstellerangaben, indem Sie den durchschnittlichen Haarwuchs sowie den Median des Haarwuchses berechnen. Betrachten Sie zusätzlich den Modus.

b) Ermitteln Sie auch Varianz und Standardabweichung.

c) Hätte man als statistisch gebildeter Mensch unmittelbar aus der Werbeanzeige Zweifel an der Wirksamkeit des Mittels äußern können?

d) Zeichnen Sie einen Boxplot sowie ein Stem–and–Leaf–Diagramm.

Aufgabe 1.14

Der allgemeine Ökotrend hat auch vor der Schwäbischen Alb nicht Halt gemacht: Reitstallbesitzer Calvin Groß setzt mit großem Erfolg sein Eau de Toilette "ROSS" um, das er als direktes Abfallprodukt seiner Haustiere gewinnt.
Getreu dem Motto "Auf diese Schweine können Sie schauen - Schwäbisch' Stall" führt Landwirtin Claire Grube mit steigendem Erfolg Stadtbewohner durch ihren heimischen Zoo.
Die zusätzlichen Einnahmen (in 1000 DM) der beiden innovativen Unternehmer betrugen in den letzten 12 Monaten

bei Calvin Groß: 1.1, 1.3, 1.7, 1.8, 1.8, 1.8, 2.0, 2.0, 2.0, 2.1, 2.1, 3.8,

bei Claire Grube: 1.3, 1.3, 1.4, 1.5, 1.6, 1.6, 1.6, 1.7, 1.7, 1.8, 1.9, 2.0.

Verdeutlichen Sie die Unterschiede der beiden Verteilungen, indem Sie zwei Boxplots zeichnen.

***

Statistik-Witz Nr. 2

Zwei Statistiker sitzen in einer Wirtschaft und beklagen den Verfall des statistischen Allgemeinwissens in der Bevölkerung. Als einer der beiden die Toilette aufsucht, schiebt der zweite der Bedienung 10 DM zu und bittet sie, auf seine Frage, die er in Kürze stellen wird, exakt folgendes zu antworten: "Die Integration der Funktion über die reellen Zahlen muß 1 ergeben und ihre Funktionswerte müssen größer oder gleich 0 sein."
Die Bedienung murmelt nun fortwährend vor sich hin: "Die Integration . . . ." Als der erste Statistiker von der Toilette zurückkehrt, ruft der zweite Statistiker die Bedienung an den Tisch und fragt sie: "Welche Bedingungen muß eine Funktion erfüllen, um eine Dichte darzustellen?" Die Bedienung antwortet prompt und exakt so, wie ihr aufgetragen wurde. Als die Statistiker daraufhin – einer verblüfft, der andere innerlich triumphierend – das Lokal verlassen, ruft ihnen die Bedienung noch hinterher: ". . . bis auf abzählbar viele Stellen."

Aufgabe 1.15

Der durch das Ende des Sozialismus' in seinem Heimatland verbitterte (aber keineswegs bekehrte) Altkommunist Erik Anecker macht sich auf die Suche nach einer neuen Heimat. Er beschließt, als Auswahlkriterium das Pro–Kopf–Einkommen einzelner Länder heranzuziehen. Beim Durchblättern statistischer Jahrbücher stößt er auf den Inselstaat Republica de las Bananas mit einem durchschnittlichen Einkommen von 60 000 Bananendollar (B$) – genau das Richtige für einen durch seine sozialistische Vergangenheit nicht gerade spartanisch lebenden, ehemaligen Parteifunktionär. Mit Sack und Pack dort angekommen, muß er jedoch feststellen, daß die Verhältnisse zwar durch Reichtum an Bananen, sonst aber eher von allgemeiner Armut geprägt sind. Aus einer staatlichen Veröffentlichung über die Einkommensverteilung wird folgendes ersichtlich:

Einkommen (B$) von ...	–	bis unter ...	Absolute Häufigkeit der Einkommensbezieher
0	–	10 000	26
10 000	–	20 000	20
20 000	–	30 000	15
30 000	–	50 000	3
50 000	–	75 000	3
75 000	–	100 000	1
100 000	–	200 000	3
200 000	–	500 000	9
			80

a) Berechnen Sie das arithmetische Mittel und die Standardabweichung der Einkommen.

b) Wenn E. Anecker auch noch zusätzlich den Gini–Koeffizienten herangezogen hätte, hätte er sich die Flugkosten sparen können. Ermitteln Sie also auch diesen und zeichnen Sie die Lorenz–Kurve!

c) Berechnen Sie den Herfindahlindex.

Aufgabe 1.16

Studentin Omega, nebenberuflich Servicekraft im Schnellimbiß–Restaurant "Murder Inn", möchte das Trinkgeldverhalten ihrer Kunden analysieren.
Mangels Zeit kann sie sich nicht die exakten Beträge notieren, sondern steckt das Trinkgeld je nach Höhe in eine von fünf Spardosen K_1, K_2, K_3, K_4, K_5 und führt für jede Spardose eine Strichliste. Am Feierabend wertet sie die Strichliste aus und zählt das Trinkgeld in den Spardosen zusammen. Das Ergebnis eines Tages gibt die folgende Tabelle wieder:

Spar-dose	Trinkgeld [DM] von ... bis unter ...	Anzahl der Trinkgelder	Summe der Trinkgelder [DM]
K_1	0.00 – 0.50	102	10.50
K_2	0.50 – 1.00	45	28.80
K_3	1.00 – 2.00	27	35.90
K_4	2.00 – 5.00	3	7.90
K_5	5.00 – 10.00	3	16.90

a) Berechnen Sie arithmetisches Mittel und geben Sie eine untere Schranke für die Varianz des Trinkgeldes an.

b) Zeichnen Sie die Lorenzkurve für das Trinkgeld.

c) Berechnen Sie das Gini–Maß.

d) Auf welchen Anteil der Geber konzentrieren sich die 50% niedrigsten Trinkgelder?

Aufgabe 1.17

Berta Feministi, Reporterin des von Frauen für Frauen gemachten Magazins "Tante Emma", stellt Recherchen für ihren geplanten Artikel "Dann heirate doch Dein Auto" an. Der Beitrag soll als Thema das (aus der Sicht von Berta Feministi) krankhafte Verhältnis von Männern zu ihren Autos haben. Zu diesem Zweck befragt die leidenschaftliche Anhängerin der weiblichen Gleichberechtigung die 10 verheirateten Männer eines Mehrfamilienhauses nach der Zeit, die sie wöchentlich der Pflege und Reinigung ihres Gefährts sowie (nun weniger der Pflege und Reinigung) ihrer Gattin widmen. Die Studie hat das folgende Ergebnis (in Stunden):

Befragung	1	2	3	4	5	6	7	8	9	10
Zeitaufwand für das Auto:	2	2	2	3	5	5	6	10	26	39
Zeitaufwand für die Ehefrau:	7	10	6	7	5	11	8	3	1	2

a) Zeichnen Sie die Lorenzkurve für die Konzentration der Zeit, die die Männer in ihre Autos investieren.

b) Welcher Wert ergibt sich für das Gini-Maß? Interpretieren Sie den ermittelten Wert!

c) Zwei der befragten Männer (Nr. 2 und 4), deren Frauen Leserinnen von "Tante Emma" sind, 'müssen' (aus welchen Gründen auch immer) nach Erscheinen des Artikels ihre Autos verkaufen. Zeichnen Sie die Lorenzkurve und berechnen Sie den Gini-Koeffizienten auch für diese geänderte Situation.

d) Berechnen Sie den Herfindahlindex für die beiden Situation in a) und c).

e) Berechnen Sie die Korrelation zwischen der Zeit, die die 10 Herren ihren Autos und Gattinnen widmen. Verwenden Sie den Korrelationskoeffizienten von Bravais–Pearson.

Aufgabe 1.18

Erik Anecker (vgl. Aufgabe 1.15) ist es inzwischen gelungen, die Republica de las Bananas durch eine Mauer in die Federala Republica de las Bananas und die Socialistica Republica de las Bananas zu spalten. In letzterer ist Anecker mittlerweile Vorsitzender der SEB (Sozialistische Einheitspartei der Bananenrepublik).

Für das SEB–Jahrbuch stellt Anecker das Einkommen (in 10.000 B$) der "Helden der Arbeit" des Vorjahres zusammen[3]:

$$x_1 = 6.05 \quad x_2 = 0.83 \quad x_3 = 0.49$$
$$x_4 = 5.64 \quad x_5 = 5.79 \quad x_3 = 2.41$$
$$x_7 = 2.43 \quad x_8 = 0.73 \quad x_3 = 0.45$$
$$x_{10} = 3.74 \quad x_{11} = 0.84 \quad x_{12} = 2.19$$

a) Bestimmen Sie die Schiefe des Datensatzes mit Hilfe der Letter–Values und der Midsummaries (bis zu den Sixteenths).

b) Der über diese realsozialistische Einkommensverteilung eher unglückliche Parteivorsitzende will vor der Veröffentlichung noch "kleinere Korrekturen" vornehmen, um auffällige Einkommensunterschiede zu kaschieren. Führen Sie deshalb eine Transformation zur Erhöhung der Symmetrie durch und überprüfen Sie, ob die Transformation tatsächlich zu einer Erhöhung der Symmetrie geführt hat.

Aufgabe 1.19

Emil Erbschleicher, begeisterter Leser des Wochenmagazins Locus, entdeckte in einer der letzten Ausgaben die folgende Tabelle, in der die Ergebnisse einer Befragung von 100 Frauen zusammengestellt sind. Im Rahmen dieser Untersuchung machten die befragten Frauen Angaben zu ihrem Alter und ihrem Vermögen:

	Alter			
Vermögen	[20;40)	[40;60)	[60;80)	[80;100)
[0;20 000)	16	16	5	4
[20 000;40 000)	4	13	5	3
[40 000;60 000)	1	1	9	6
[60 000;80 000)	2	1	0	14

a) Aus naheliegenden Gründen interessiert sich Emil Erbschleicher lediglich für Frauen der Vermögensklasse 60 000 – 80 000 DM. Berechnen Sie also die (bedingte) Altershäufigkeit für die Frauen mit 60 000 – 80 000 DM Vermögen.

---

[3]Man beachte, daß im Januar, April und Mai (siehe Einkommen x_1, x_4 und x_5) mit Erik Anecker und nahen Verwandten auch hohe Funktionäre der SEB den begehrten Titel erwarben.

b) Lothar Lebemann hat kein besonderes Interesse an einer regelmäßigen Arbeit, sondern läßt sich lieber von seiner jeweiligen Lebenspartnerin finanzieren (wobei ihm das Alter seiner "Brötchengeberin" egal ist). Untersuchen Sie seine Chancen für einen gesicherten Lebensabend mittels der Randhäufigkeit des Merkmals Vermögen.

c) L. Lebemann fragt sich nun, ob er seine Werbemaßnahmen eher auf Diskotheken oder Altersheime konzentrieren sollte. Berechnen Sie den Korrelationskoeffizienten nach Bravais–Pearson als Maß für den Zusammenhang zwischen Alter und Vermögen.

Aufgabe 1.20

In Walzerstadt finden alljährlich die mit großer Spannung verfolgten Tanzmeisterschaften statt. Die sechs am Finale teilnehmenden Paare sind in diesem Jahr Heidi und Herbert Hübscher (H), Ida und Ingo Intrigo (I), Jutta und Jupp Jovial (J), Käthe und Karl Korrupti (K), Lotte und Lothar Loser (L) sowie Mia und Markus Mooslos (M). In der Endrunde müssen die Wertungsrichter Norbert Neutral (N), Otto Ordentlich (O), Peter Pingelich (P), Quentin Querulant (Q), Rudi Redlich (R), Siggi Schmiergut (S) und Trude Treuhand (T) in offener Wertung die Punkte 1 bis 6 an die Paare vergeben, wobei die "1" dem besten Paar und die "6" dem schlechtesten Paar zukommen soll. Anschließend wird pro Paar das Punktemittel gebildet. Gewinner des Turniers ist das Paar mit der geringsten Durchschnittspunktzahl.

a) Berechnen Sie die Durchschnittspunktzahlen der Paare sowie die Plazierungen, wenn folgende Wertung vorgenommen wurde:

		Punktrichter						
		N	O	P	Q	R	S	T
	H	4	3	3	5	3	6	3
	I	3	4	5	4	4	1	4
Tanz-	J	5	5	4	3	5	4	5
paar	K	1	2	2	2	2	2	1
	L	6	6	6	6	6	3	6
	M	2	1	1	1	1	5	2

b) Bestechungsversuche des Wertungsrichters Siggi Schmiergut seitens der Paare L. und L. Loser bzw. I. und I. Intrigo zwecks Erringung eines besseren Platzes sind nicht von der Hand zu weisen. Wie lautet die Plazierung, wenn man statt des arithmetischen Mittels das 0.2–getrimmte Mittel als Entscheidungsgrundlage verwendet?

c) Suchen Sie auffällige Punktrichter, indem Sie die Korrelationen der Punktrichter untereinander vergleichen. Berechnen Sie zunächst die Korrelation nach Bravais–Pearson. Wie sieht die Korrelation nach Spearman aus?

Aufgabe 1.21

Rom, im Jahr 154 nach Christus.
Um die Sicherheit auf den Straßen in und nach Rom zu gewährleisten (dorthin führen ja bekanntlich alle Wege), wird auf kaiserliches Dekret hin der Verkehrssicherheit–Untersuchungsverein (kurz: VESUV) gegründet. Seine Aufgabe besteht darin, die römischen Wagen regelmäßig auf ihre Verkehrstüchtigkeit hin zu überprüfen und gegebenenfalls den goldenen Lorbeerkranz zu verleihen, der für weitere zwei Jahre das Fahren auf Roms Straßen ermöglicht.

Claudius Controllator, einem integren Beamten der Gewerbeaufsicht, kommt der Verdacht zu Ohren, daß Antonius Amor als Leiter von VESUV bei der Vergabe der Lorbeerkränze nicht ganz objektiv zu Werke geht. So soll das charmante Lächeln einer Halterin schon einmal zur Verleihung des Lorbeerkranzes sogar an technisch nicht ganz so einwandfreie Wagen geführt haben. Controllator postiert sich daraufhin eine Woche in einem Gebüsch vor dem VESUV–Gebäude und registriert bei den ankommenden Fahrzeugen das Geschlecht des Halters und ob der Lorbeerkranz vergeben wurde oder nicht. Das Ergebnis zeigt die folgende Tabelle:

	n_{ij}	Lorbeerkranz vergeben	nicht vergeben
Halter	weiblich	7	8
	männlich	5	40

a) Wie müßte die Tabelle bei Unabhängigkeit unter Beibehaltung der Randverteilungen aussehen?

b) Berechnen Sie den Assoziationskoeffizienten nach Yule.

c) Ermitteln Sie auch den Phi–Koeffizienten sowie die Kontingenzkoeffizienten nach Pearson und Cramer.

Aufgabe 1.22

Der Startenor Carl Ouzo (weltbekannt durch gemeinsame Auftritte mit Luciano Sarotti und Placido Flamingo) singt in dieser Saison die Rolle des Alfredo in "La Rabiata". Um seine Stimmbänder nicht zuletzt für die berühmte Trinkszene geschmeidig zu halten, trinkt Ouzo für gewöhnlich vor dem Auftritt noch ein paar Gläschen vom gleichnamigen Getränk. Wenn Ouzo anschließend auf der Bühne steht, muß der Intendant leider feststellen, daß hin und wieder gewisse Wanderungsbewegungen im Publikum auftreten. Um einen möglichen Zusammenhang zwischen der konsumierten Ouzo-Menge und den beschriebenen Fluchttendenzen des Publikums zu untersuchen, erhebt er an zufällig ausgewählten Vorstellungen den Ouzo-Konsum des Startenors sowie die Abwanderungsbewegungen der Zuschauer:

Abwanderungsbewegung	Ouzo-Konsum (in Gläsern)			
	0–2	3–5	6–8	≥ 9
gering	$n_{11} = 1$	$n_{12} = 1$	$n_{13} = 0$	$n_{14} = 0$
mittel	$n_{21} = 2$	$n_{22} = 3$	$n_{23} = 1$	$n_{24} = 3$
hoch	$n_{31} = 0$	$n_{32} = 1$	$n_{33} = 2$	$n_{34} = 2$

Berechnen Sie mit einem geeigneten Korrelationsmaß einen Zusammenhang zwischen der Anzahl getrunkener Gläser Ouzo und der Abwanderungsbewegung der Zuschauer.

Aufgabe 1.23

Arno Warzenschocker, weltweit bekannt durch seine Hauptrolle als bayerischer Bierbrauer im Film "Der Salvator", besitzt einen durch jahrelanges Training gestählten Körper, der einer griechischen Statue zur Ehre gereichen würde. Die aus seiner Sicht ungerechtfertigten Vorwürfe vieler Frauen, daß Männer mit starken Muskeln "intellektuelle Defizite" aufweisen, möchte er entkräften. Zu diesem Zweck erhebt er an 10 zufällig ausgewählten Männern die Muskelstärke in Form des Oberarmumfangs sowie deren letzte Schulnote im Fach Mathematik. Das Ergebnis gibt folgende Tabelle wieder (eine "1" steht für die Note "sehr gut", eine "2" für "gut", usw.):

Oberarmumfang (cm)	17	18	21	25	26	32	34	35	37	42
Schulnote in Mathematik	3	1	2	3	2	3	4	4	3	5

Untersuchen Sie mit einem geeigneten Korrelationsmaß, ob ein Zusammenhang zwischen Intellekt und Körperbau besteht.

Aufgabe 1.24

Ein Filmverleih möchte feststellen, ob die Filmsparten Heimat-, Action- und Erotikfilm gleichermaßen anziehend auf Männer wie Frauen wirken. Zu diesem Zweck werden in K. die weiblichen und männlichen Besucher der drei Filme "Der Förster von Filderstadt" (Heimat), "Mambo IV" mit Action-Star Silvester Mallone sowie "Die nackte Matrone $444\frac{1}{4}$" (Erotik) gezählt. Die Erhebung brachte folgende Ergebnisse:

Geschlecht	Filmgattung		
	Heimat	Action	Erotik
Frauen	53	27	6
Männer	9	96	69

a) Wie sind die Merkmale Geschlecht und Filmgattung skaliert?

b) Berechnen Sie ein geeignetes Zusammenhangsmaß.

Aufgabe 1.25

Die Zwillingsschwestern Anna und Berta Spannagel sind seit ihrer frühesten Kindheit ein unzertrennliches Paar und teilen in vielen Lebensbereichen "ähnliche" Ansichten.
Durch Zufall kommen beide in die Jury zur Wahl des "Mr. Bodensee". Sie vergeben deshalb getrennt voneinander acht Jünglingen Punkte auf einer Skala von 5.1 bis 6.0, die anschließend mit den Punkten der übrigen Wertungsrichter aggregiert werden. Die von A. und B. Spannagel vergebenen Haltungsnoten sind der nachfolgenden Tabelle zu entnehmen:

Model	1	2	3	4	5	6	7	8
Bewertung A.	5.2	5.2	5.4	5.5	5.6	5.7	5.9	5.9
Bewertung B.	5.4	5.5	5.4	5.5	5.9	5.8	5.6	5.7

Beurteilen Sie, ob sich der gemeinsame Lebensweg der Spannagels in einer Korrelation hinsichtlich der Punktevergabe niederschlägt, indem Sie folgende Zusammenhangsmaße berechnen:

a) den Korrelationskoeffizienten nach Bravais–Pearson,

b) den Korrelationskoeffizienten nach Fechner,

und

c) die unterschiedlichen Ergebnisse interpretieren.

Aufgabe 1.26

Statistiker Carl Ampari vermutet einen sachlichen Zusammenhang zwischen der Anzahl am Sonntagmorgen konsumierter Heringe (y_i) und der Anzahl der tags zuvor zu sich genommenen Drinks (x_i). Um diesen Sachverhalt genauer zu untersuchen, hat C. Ampari an zufällig ausgewählten Wochenenden folgende Werte erhoben:

x_i	2	3	4	4	6	7	8	10	11	16	17
y_i	1	2	2	11	3	3	6	7	7	11	2

a) Berechnen Sie die Regressionsgerade nach der Methode der kleinsten Quadrate. Beurteilen Sie die Anpassung mit Hilfe des Bestimmtheitsmaßes.

b) Bestimmen Sie die 3–Schnitt–Median–Gerade (resistant line) nach Tukey (ohne Iteration).

c) Zeichnen Sie die beiden Geraden in den Scatterplot (die Punktewolke) ein.

d) Beurteilen Sie die Anpassungen, indem Sie die Trash–Kurven vergleichen.

e) Ermitteln Sie die Regressionskoeffizienten nach Wald.

f) Bestimmen Sie die Regressionsgerade nach Theil.

Aufgabe 1.27

Der in K. am B. wohnhafte Posaunist T. Rompete verdient sein tägliches Brot damit, in der Innenstadt von K. seine Virtuosität am Blasinstrument zu Gehör zu bringen und auf die Freigiebigkeit seiner Mitmenschen zu hoffen. Obwohl er bereits mehrere Ein- und Mehrfamilienhäuser sein eigen nennt, erwägt er den Kauf eines Anwesens im Süden Italiens, da ihm die triste Winterstimmung in K. auf die Laune und den Atem schlägt (wobei sich letzteres auch noch geschäftsschädigend auswirkt). Zur Finanzierung seines Winterdomizils will er deswegen die Tageseinnahmen der letzten Wochen analysieren:

t	1	2	3	4	5	6	7	8	9
y_t	158.99	165.55	182.34	165.90	194.49	186.57	204.10	199.77	196.10
t	10	11	12	13	14	15	16	17	18
y_t	197.97	199.93	216.31	212.37	217.49	220.12	212.91	210.18	227.08
t	19	20	21	22	23	24	25	26	27
y_t	220.11	208.62	210.87	217.42	217.56	197.04	199.30	190.76	192.67

Ein befreundeter Statistiker, den es trotz oder gerade wegen seiner Ausbildung ebenfalls an den Bettelstab getrieben hat, kann keine auffälligen Saisonmuster entdecken und rät ihm daher, durch verschiedene einfache gleitende Mittel die Zeitreihe zu glätten.

Helfen Sie T. Rompete, indem Sie einfache gleitende Dreier-, Fünfer- und Siebenerdurchschnitte bilden.

Aufgabe 1.28

Automarder Klaus Doch verdient seinen Lebensunterhalt, indem er sich der noch brauchbaren Teile (z.B. Autoradios) von herrenlos abgestellten Kraftfahrzeugen bedient. Während der letzten 5 Wochen hat er folgende Stückzahlen an Autos (y_t) entsorgt:

t	y_t	Wochentag
1	3	Do
2	6	Fr
3	8	Sa
4	7	So
5	3	Do
6	7	Fr
7	9	Sa
8	7	So
9	5	Do
10	10	Fr

t	y_t	Wochentag
11	13	Sa
12	10	So
13	6	Do
14	12	Fr
15	12	Sa
16	8	So
17	10	Do
18	15	Fr
19	16	Sa
20	14	So

a) Ermitteln Sie einen Trend unter Verwendung eines geeigneten Durchschnittes.

b) Verwenden Sie die trendbereinigte Zeitreihe, um den saisonalen Einfluß zu bestimmen.

Aufgabe 1.29

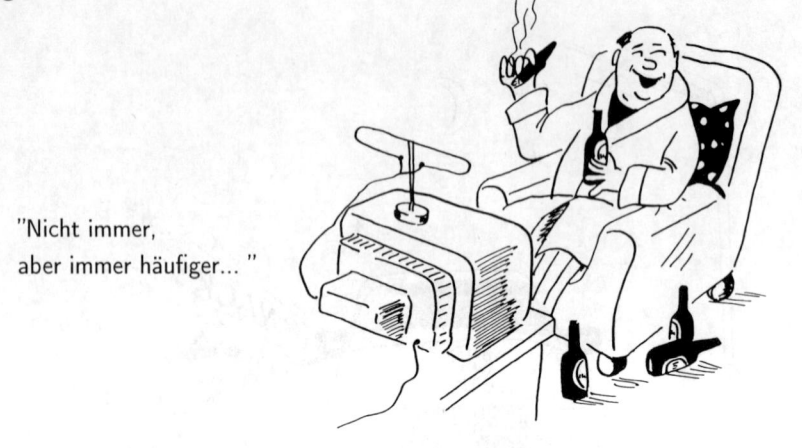

"Nicht immer,
aber immer häufiger..."

Claus Thaler hat seine Vorliebe für alkoholfreies Bier entdeckt. Während der letzten 29 Monate hat Thaler folgende Anzahlen an alkoholfreiem Bier (in Flaschen) konsumiert:

Monat	04/92	05/92	06/92	07/92	08/92	09/92	10/92	11/92	12/92
Konsum	2	5	6	7	9	6	5	2	1
Monat	01/93	02/93	03/93	04/93	05/93	06/93	07/93	08/93	09/93
Konsum	0	1	3	5	7	8	9	10	9
Monat	10/93	11/93	12/93	01/94	02/94	03/94	04/94	05/94	06/94
Konsum	8	4	3	1	3	5	7	9	11
Monat	07/94	08/94							
Konsum	13	15							

Führen Sie eine Saisonbereinigung durch, indem Sie

a) eine lineare Trendgerade nach der Methode der kleinsten Quadrate anpassen,

b) einen geeigneten gleitenden Durchschnitt berechnen.

Aufgabe 1.30

Alljährlich erfreut Knecht Ruprecht die Kinderschar mit Äpfel, Nuß und Mandelkern. So begibt er sich auch in diesem Jahr wegen der gebotenen Eile zu der Supermarktkette WALDI, um die benötigten Schleckereien zu erstehen. Alle Jahre wieder jedoch ärgert sich Knecht Ruprecht dabei über die Preisentwicklung, nicht zuletzt bei den Äpfeln. Von ihm wurden die folgenden Preise für die Jahre 1988 – 1994 ermittelt:

"Von drinnen, vom WALDI komm ich her ..."

Jahr	1988	1989	1990	1991	1992	1993	1994
$\frac{DM}{kg}$	4.00	4.25	4.80	3.75	4.50	4.60	4.20

a) Ermitteln Sie die Preismeßziffern zur Basis 1988.

b) Nehmen Sie eine Umbasierung der Preismeßziffern von 1988 auf 1990 vor.

c) Gegeben seien die folgenden Preismeßziffern für Mandelkerne (für die Basisjahre 1990 bzw. 1992). Ergänzen Sie die fehlenden Werte:

Basis 1990

Jahr	1990	1991	1992	1993	1994
PMZ		1.20		0.90	

Basis 1992

Jahr	1990	1991	1992	1993	1994
PMZ				0.6	1.20

Aufgabe 1.31

OPA, eine vergreiste, nichtsdestoweniger reaktionäre Hochschulgruppe von "Spät – 68ern", erregt die öffentliche Aufmerksamkeit durch Stinkbombenanschläge.

Techniker Horst Hippie hat festgestellt, daß die von OPA attackierte Gesellschaft in den letzten Jahren drastische Preiserhöhungen für den notwendigen Bestandteil Schwefelsulfid (S) sowie für das Porto der Bekennerschreiben (B) durchgesetzt hat. Hingegen hat sich der Preis für die Reagenzgläser (R), in die das brisante Material abgefüllt wird, nur geringfügig reduziert. Die folgende Tabelle gibt die Preise in DM (p_{ij}) und benötigten Mengen (q_{ij}) der Produkte $j = S, R, B$ zur Basisperiode $i = 0$ und zu den Berichtszeiträumen $i = 1, 2$ an:

i	p_{iS}	q_{iS}	p_{iR}	q_{iR}	p_{iB}	q_{iB}
0	2.00	8	1.20	10	0.50	24
1	4.50	4	1.00	10	1.00	20
2	6.00	5	1.00	20	3.00	20

a) Berechnen Sie die Preisindizes nach Laspeyres und Paasche.

b) Der ebenfalls in der Öffentlichkeitsarbeit von OPA tätige Karl Kommune – er überbringt Politikern des anderen Lagers bei deren Auftritten in der Öffentlichkeit Eier und Tomaten, deren Haltbarkeitsdaten allerdings geringfügig überschritten sind – beklagt sich ebenfalls über Preissteigerungen in seinem Bereich. Er gibt für Eier (E) und Tomaten (T) die folgenden Umsatzanteile (in der Basisperiode 0) und Preismeßziffern (zum Basisjahr 0 für die Berichtsjahre $t = 1, 2$) an:

Umsatzanteile:

Eier: 0.25
Tomaten: 0.75

Preismeßziffern:

t	$M_{0,t}^E$	$M_{0,t}^T$
0	1.0	1.0
1	2.0	1.2
2	2.4	1.5

Bestimmen Sie den Preisindex nach Laspeyres für K. Kommunes Artikel.

c) Berechnen Sie nun aus den unter a) und b) ermittelten Werten den Gesamtindex nach Laspeyres für B, R, S, E und T (fassen Sie die Ergebnisse von a) und b) als Subindizes auf). Der Umsatzanteil der Warengruppe für die Stinkbomben beträgt in der Basisperiode 0.6, der der Warengruppe für die in Aufgabenteil b) geschilderten Wurfgeschosse 0.4.

***

Statistik-Witz Nr. 3

Zwei mathematisch nicht ganz ungebildete Statistiker befinden sich trotz – vielleicht auch gerade wegen – ihres Berufes in einer Irrenanstalt. Natürlich rauben sie sich gegenseitig nahezu den letzten Verstand. Schließlich droht einer der beiden dem anderen: „Wenn Du nicht sofort still bist, dann differenziere ich Dich!" Darauf antwortet der andere: „Macht nichts, ich bin ja e^x."

Aufgabe 1.32

PATRONAE BAVARIAE

Das aus Geizing in Oberbayern stammende Ehepaar Xaver und Zensi Wildmoser verläßt zum ersten Mal im Rahmen eines Urlaubs die heimatlichen bayerischen Gefilde gen Süden (Italien). Erfreut stellen sie fest, daß sie auch in Pasta Risotto mit den wichtigsten bayerischen Grundnahrungsmitteln versorgt sind (Schweinshaxen, Sauerkraut, Weißbier, Radi, Brezeln). Allerdings erscheinen ihnen die Preise dort deutlich von denen in der Heimat zu differieren. Deshalb stellt sich für sie die Frage, ob es nicht vielleicht finanziell günstiger wäre, die oben erwähnten Genußmittel beim nächsten Urlaub nach Italien einzuführen, statt sie dort zu kaufen.

a) Berechnen Sie aus der nachfolgenden Tabelle die Kaufkraftparität Italien–Bayern auf Basis der Verbrauchsgewohnheiten der Wildmosers.

	p_{iI}[in BM] [4]	Menge q_i	p_{iA}[in LIT]
Schweinshaxe	12.00	5	24 000
Sauerkraut	4.00	6	10 500
Weißbier	3.50	26	3 750
Radi	2.00	3	7 500
Brezeln	1.00	19	3 000

b) Entsteht ein Kaufkraftgewinn für die heimische Bayernmark, wenn der Wechselkurs 1 500 LIT/BM beträgt?

---

[4] 1 BM = 1 Bayernmark

Kapitel 2

Wahrscheinlichkeitsrechnung

Aufgabe 2.1

Im fernen Land Emanzia, wo es einer Frau gestattet ist, ja – geradezu ihren Wohlstand widerspiegelt, mehrere Männer zu besitzen, residierte einst Fürstin Ruth die Große mit ihrem 13 Männer umfassenden Harem. Eine weitere Leidenschaft Ruths bestand in ihrer umfangreichen Briefmarkensammlung, die sie vorzugsweise mit einem oder auch mehreren ihrer Haremsmitglieder betrachtete.

- a) Betrachten Sie die Auswahl eines Haremsherren als Zufallsexperiment und erläutern Sie daran die Begriffe Ereignisraum und Potenzmenge und bestimmen Sie deren Mächtigkeit.
- b) Die folgenden Situationen geben einen typischen Wochenablauf am Hofe Ruths wieder. Helfen Sie der für die Hofstatistik zuständigen Eunuchin Statistica bei der Berechnung der Anzahl an Möglichkeiten, mit denen sich folgende Ereignisse zugetragen haben können:
    - i) Am ersten Tage führte Ruth nacheinander einem jeden ihrer Haremsherren das Album mit ihren Lieblingsmarken vor.
    - ii) Am zweiten Tage begnügte sich Ruth damit, drei Haremsmitgliedern nacheinander ihre Lieblingsmarken zu zeigen, um die Herren anschließend in den Rosengarten zu entlassen.
    - iii) Am dritten Tage kam lediglich der Lieblingsherr in den Genuß der Briefmarkensammlung, dafür aber umso intensiver. Von den zehn nacheinander vorgeführten

Alben vermochte der Arme lediglich zwischen zwei mit englischen Marken, fünf mit französischen und drei mit deutschen Marken gefüllten Alben zu unterscheiden.

iv) Am vierten Tage bat Ruth nacheinander sieben Herren in ihr Gemach (zwecks Briefmarkenbetrachtung), doch mußten sie anschließend in den Harem zurück, um ggf. für eine weitere Runde zur Verfügung zu stehen.

v) Am fünften Tage wiederholte sich die Prozedur vom Vortag, jedoch wollte Statistica fortan die Reihenfolge nicht mehr berücksichtigen, so daß sie sich von den Herren nur noch die Namen und die Anzahl ihrer Audienzen notierte.

vi) Am sechsten Tage erlebt das bislang monotone Hofzeremoniell eine Abwechslung, denn Ruth empfängt vier Haremsherren gleichzeitig, die ihr einen Bauchtanz vorführen.

vii) Am siebten Tage ruhte Ruth (allein).

Aufgabe 2.2

Verona Waldbusch, bekannte Fernsehmoderatorin und begnadete Köchin, möchte wieder einmal ihr Lieblingsgericht, das "Hähnchen à la Dieter", zubereiten. Zu diesem Zweck muß sie die Reihenfolge des nachfolgenden Rezepts genau einhalten:

Schritt A: Man entferne die Plastikfolie.

Schritt B: Man würze das Hähnchen mit Salz und Pfeffer.

Schritt C: Man schalte den Backofen auf 200 Grad.

Schritt D: Man schiebe das Hähnchen 60 Minuten in die Röhre.
(Dazu verwendet sie gerne ihren Holz-Bohlen-Grill.)

"Komm, mach noch einmal 'Piep'!"

Verona hat sich jeden einzelnen Schritt ihres Lieblingsrezepts sorgfältig auf je einem Karteikärtchen notiert. Leider sind diese Kochhilfen durcheinandergeraten, so daß Verona nun zufällig einen Schritt nach dem anderen ausführen muß.

a) Wie groß ist die Wahrscheinlichkeit, daß Verona zufällig die richtige Reihenfolge wählt?

b) Wie groß ist die Wahrscheinlichkeit, daß Verona die richtige Reihenfolge einhält, wenn sie weiß, daß Schritt C direkt auf Schritt B folgt?

Aufgabe 2.3

Der Stadtrat von Macho–Picho beschließt, vor dem Rathaus Frauenparkplätze (FP's) einzurichten. Nach harter Diskussion einigt man sich schließlich dahingehend, daß von den 16 zusammenhängenden Parkplätzen 6 in FP's umgewandelt werden sollen.

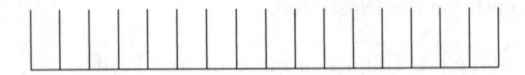

a) Wie viele Möglichkeiten gibt es für dieses Vorhaben?

b) Britta Bitburg von der Frauenfraktion möchte aus Sicherheitsgründen die FP's zusammenhängend bereitstellen. Wie viele Möglichkeiten stehen zur Auswahl?

c) Die Macho–Partei sieht in der Einrichtung von speziell von Frauen genutzten Parkplätzen andere Sicherheitsrisiken verborgen. Damit die hochwertigen Limousinen der Stadträte auch weiterhin unbeschadet vor dem Rathaus stehen können, schlägt man(n) deshalb vor, aus jeweils drei zusammenhängenden Parkplätzen zwei Frauenparkplätze zu installieren. Wie viele Möglichkeiten gibt es nun zur Bereitstellung der insgesamt 6 FP's?

Aufgabe 2.4

Der Schotte MacGeiz hat eine Wette gegen seinen Nachbarn MacNepp verloren und muß daraufhin im kommenden Jahr eine Geburtstagsparty ausrichten, wann immer ein Geburtstag im 30–köpfigen Clan der MacNepps anliegt. MacGeiz befürchtet nun, daß er für die MacNepps 30 Feiern ausrichten muß.

a) Ist es wahrscheinlicher, daß alle MacNepps an verschiedenen Tagen Geburtstag haben, oder ist es wahrscheinlicher, daß mindestens zwei Personen am gleichen Tag Geburtstag haben? (Gehen Sie davon aus, daß es keine Zwillinge, Drillinge, etc. gibt, und daß die Geburten gleichmäßig über das Jahr verteilt sind. Vernachlässigen Sie Schaltjahre und rechnen Sie mit 365 Tagen pro Jahr.)

b) Ab welcher Größe einer Gruppe von zufällig ausgewählten Personen ist es wahrscheinlicher, daß mindestens zwei Personen am gleichen Tag Geburtstag haben?

Aufgabe 2.5

Giovanni unterhält vier Beziehungen zu Freundinnen, mit denen er mehr oder weniger intensiv verkehrt. Seinem großen Vorbild und Namensgeber Don Giovanni folgend unterstreicht er seinen Charme, indem er hin und wieder feurige Liebesbriefe an seine Verehrerinnen schreibt.

Um dieses Verfahren zum anstehenden Weihnachtsfest abzukürzen, beauftragt er seinen kleinen Bruder Piccolo, den einmal formulierten, mit mühevoll erdachten Liebesschwüren versehenen Brief viermal abzuschreiben, jeweils mit persönlicher Anrede zu versehen und in bereits beschriftete Kuverts zu stecken. Abgelenkt durch die Suche nach versteckten Weihnachtsgeschenken ist Piccolo dabei jedoch so unkonzentriert, daß die Zuordnung der Briefe zu den Kuverts rein zufällig erfolgt. Dieses Mißgeschick gesteht er Giovanni am nächsten Tag, als die Briefe natürlich bereits unterwegs sind, und das Unheil seinen Lauf nimmt.

a) Giovanni möchte auf der Neujahrsparty seines Freundes Charles Chauvi natürlich nicht ohne weibliche Begleitung erscheinen. Ihm ist allerdings klar, daß ein falsch zugeordneter Brief einen solch starken Vertrauensverlust bedeuten würde, daß die entsprechende Adressatin wohl kaum an der Aufrechterhaltung einer Beziehung zu ihm interessiert sein wird.
Wie groß ist die Wahrscheinlichkeit, daß Giovanni nicht allein an Charles' Party teilnehmen muß?

b) Mit welcher Wahrscheinlichkeit ändert sich die Größe von Giovannis "Harem" trotz dieses weihnachtlichen Intermezzos überhaupt nicht?

c) *Gehen Sie nun allgemein von n Briefen und n Kuverts aus ($n \geq 2$). Wie wahrscheinlich ist es, daß genau k Briefe im richtigen Umschlag landen ($k = 0, \ldots, n$)?*

Aufgabe 2.6

Prof. Schönberg besitzt insgesamt 10 sorgfältig aufeinander abgestimmte Garderoben, jeweils bestehend aus Hemd, Hose, Krawatte, Sakko, Hut, Schuhen und Socken. Diese $10 \cdot 7$ Kleidungsstücke sind so konzipiert, daß sie untereinander ausgetauscht nicht harmonieren (d.h., die Krawatte aus Garnitur 1 paßt zwar zum Hemd und den anderen Kleidungsstücken aus Garnitur 1, nicht jedoch zu den Kleidungsstücken der übrigen Garnituren, usw.).

Mit wachsender Zuneigung zur 12-Ton-Musik möchte Prof. Schönberg auch durch sein Äußeres die schrillen, dissonanten Töne unterstreichen. Einem Vorschlag der Zeitschrift Absurda-Moden folgend will er sich fortan so kleiden, daß von den 7 getragenen Kleidungsstücken maximal 2 aus der gleichen Garnitur stammen.

Wie groß ist die Wahrscheinlichkeit, daß er dieses Vorhaben verwirklicht, wenn er all seine Kleidungsstücke in eine große Truhe wirft und zufällig je eines der erforderlichen Kleidungsstücke zieht?

Aufgabe 2.7

Für den Tennisfanatiker Curt Center hat sich ein Lebenstraum erfüllt. Im Zuge einer Game–Show darf er gegen seine Tennislieblinge Moritz Mecker und Elfi Brav spielen. Die Wahrscheinlichkeit, ein Spiel gegen Mecker zu gewinnen, schätzt er auf 0.4, während er ein Spiel gegen Brav mit Wahrscheinlichkeit 0.7 zu gewinnen glaubt.

a) Centers Aufgabe in der Game–Show besteht nun darin, bei wechselnden Spielpartnern zwei von drei Spielen hintereinander zu gewinnen.
Soll er im Turnier die Paarung Mecker/Brav/Mecker wählen, d.h., zweimal gegen den stärkeren Partner spielen, oder soll er sich für die Reihenfolge Brav/Mecker/Brav entscheiden?

b) Untersuchen Sie nun allgemein, wie die Entscheidung aussehen wird, wenn die Wahrscheinlichkeit, gegen Mecker zu gewinnen, p beträgt und die Wahrscheinlichkeit, gegen Brav zu gewinnen, q ist, wobei $0 \leq p < q \leq 1$ vorauszusetzen ist. D.h., Mecker ist der bessere Spielpartner.
Wie erklären Sie jemandem das Ergebnis, der behauptet, er würde im vorliegenden Fall zweimal den leichteren Spielpartner auswählen?

Aufgabe 2.8

Ein phantasievoller, aber unglücklich verliebter Statistiker beabsichtigt, ein zweistufiges Zufallsexperiment darüber entscheiden zu lassen, ob er seinem Leben ein Ende setzen soll. Zunächst will er mit einem fairen Würfel einmal würfeln. Entsprechend der Augenzahl wird eine gleiche Anzahl Patronen in die Kammern eines sechsschüssigen Trommelrevolvers geladen. Anschließend will er sich nach zufälliger Rotation der Trommel den Revolver an die Stirn setzen und abdrücken.

a) Wie groß ist die Wahrscheinlichkeit, daß der Statistiker überlebt, falls seine Angebetete Omega nicht noch rechtzeitig erscheint und ihn von seiner Spielleidenschaft abhält?

b) Omega hat sich überlegt, zu ihrem Verehrer zurückzukehren. Statt Omega jedoch verliebt um den Hals zu fallen, liegt der unglückliche Statistiker regungslos, in der einen Hand einen Würfel, in der anderen einen rauchenden Colt, auf dem Boden. Ein Schreck durchfährt Omega, denn sie denkt sofort: "Hoffentlich hat er keine 5 geworfen". (Denn diese ist, darf sie den Sternen trauen, eine magische Unglückszahl für Omega.)
Wie groß ist die Wahrscheinlichkeit, daß Omega Glück im Unglück hat, und daß der dahingeschiedene Statistiker keine 5 geworfen hat?

Aufgabe 2.9

Studentin Jealousy mißtraut den samstagabendlichen Aktivitäten ihres Freundes Mike Macho. Aus Erfahrung weiß sie, daß er mit Wahrscheinlichkeit 0.4 in die Diskothek "Adonis", mit Wahrscheinlichkeit 0.2 in den Biergarten, mit Wahrscheinlichkeit 0.25 den "Charming Club" aufsucht und mit Wahrscheinlichkeit 0.1 daheim bleibt, sowie mit Wahrscheinlichkeit 0.05 zum "Einsame–Herzen–Treffen" geht. Die Wahrscheinlichkeit, daß M. Macho zum Flirten verleitet wird, schätzt sie auf 0.3 im "Adonis", 0.15 im Biergarten, 0.4 im "Charming–Club", 0.0 daheim und 1.0 beim "Einsame–Herzen–Treffen".

a) Wie groß ist die Wahrscheinlichkeit, daß Macho am nächsten Samstag abend flirtet?

b) Jealousy erfährt von ihrer Freundin Susi Spitzel, daß diese Mike am vergangenen Samstag mit einer anderen Frau gesehen hat. Wie groß ist die Wahrscheinlichkeit, daß Mike diesen Flirt im "Adonis" kennengelernt hat?

Nehmen Sie nun an, daß die Entscheidungen für die jeweiligen Freizeitaktivitäten an den unterschiedlichen Samstagen unabhängig voneinander erfolgen.

c) Wie groß ist die Wahrscheinlichkeit, daß Macho an drei der nächsten vier Samstagen Flirts hat?

d) Wie groß ist die Wahrscheinlichkeit, daß Macho innerhalb des nächsten Jahres (unterstellen Sie $n = 50$ Samstage) mindestens 20 Mal flirtet, wenn Sie diese Wahrscheinlichkeit

   i) exakt

   ii) durch Anwendung des zentralen Grenzwertsatzes

   berechnen?

Aufgabe 2.10

Das Büro des Assistenten R.J. aus K. zeichnet sich durch eine für Außenstehende scheinbar wahllose Unordnung aus. Türmen sich 40 % seiner Unterlagen auf dem Schreibtisch, 30 % im Regal und 20 % auf dem Boden, so ist der Wandschrank mit 10 % relativ leer. In diesem heillosen Chaos vermag allein R.J. mit Wahrscheinlichkeit 0.95 ein auf dem Schreibtisch verborgenes Dokument wiederzufinden. Für das Regal beträgt die Wahrscheinlichkeit des Wiederauffindens 0.8, für den Boden 0.9 und für den Wandschrank 0.3 .

a) Wie groß ist die Wahrscheinlichkeit, daß R.J. ein in seinem Büro untergegangenes Dokument wiederfindet?

b) R.J. sucht vergeblich nach einem speziellen Dokument. Wie groß ist die Wahrscheinlichkeit, daß es sich im Wandschrank befindet?

Aufgabe 2.11

"Und hier ist Ihr Herzblatt"

Kandidatin Hella Wahnsinn nimmt an der Fernsehshow "Nur die Liebe quält" teil, bei der sie eines von drei verschlossenen Toren auswählen darf. Hinter jedem der Tore befindet sich ein Mann, mit dem Hella einen kostenlosen Wochenendurlaub verbringen darf. Einer von ihnen, Buddy Builder, frisch gekürter Mister "Universum", ist charmant und von athletischer Natur. Die anderen beiden dürfen getrost als Trostpreise angesehen werden.

Hella wählt ein Tor, sagen wir Tor 1. Das Tor bleibt jedoch vorerst verschlossen. Stattdessen erhöht der eingeweihte Moderator Kai Pfirsich die Spannung und öffnet eines der anderen Tore, sagen wir Tor 3. Dort lacht Hella einer der Trostpreise an.

Kai Pfirsich stellt die Kandidatin nun vor die Wahl, bei Tor 1 zu bleiben oder auf Tor 2 zu wechseln.

Welchen Ratschlag geben Sie der Kandidatin? Ist es wahrscheinlicher, daß Buddy hinter Tor 1 oder hinter Tor 2 steht? Oder ist die Wahrscheinlichkeit, den Hauptpreis hinter einem der verbleibenden Tore zu finden jeweils 0.5, also gleich wahrscheinlich?

Aufgabe 2.12

Ihre Kommilitonin Frieda Vielfraß nutzt gern die Mensa zur Einnahme eines Mittagsmahles in Form des Stammgerichtes. (Gehen Sie davon aus, daß es keine anderen Gerichte gibt.) Frieda ißt stets das Stammgericht, falls es sich um Maultaschen handelt, und nie, falls es sich um die Reichenauer Fischvesper handelt. Darüber hinaus entscheidet sie sich für das Stammgericht mit Wahrscheinlichkeit 0.8, falls es sich um ein Schweinerückensteak handelt bzw. mit Wahrscheinlichkeit 0.5, falls ein sonstiges Essen angeboten wird. Aus langjähriger Erfahrung wissen Sie, daß die Wahrscheinlichkeit für ein Schweinerückensteak als Stammgericht 0.4, für Maultaschen 0.2 und für die Reichenauer Fischvesper 0.1 beträgt.

a) Wie groß ist die Wahrscheinlichkeit, daß Frieda an einem zufällig ausgewählten Tag in der Mensa (ein Stammgericht) ißt?

b) Frieda Vielfraß hat bereits frühzeitig eine langweilige Statistikvorlesung verlassen, um den Mensastau zu umgehen. So kommt es, daß sie Ihnen auf dem Weg zur Mensa bereits entgegenkommt. Frische Beilagenreste am Revers lassen eindeutig darauf schließen, daß Frieda gerade in der Mensa gegessen hat. Wie groß ist die Wahrscheinlichkeit, daß die Mensa Schweinerückensteak anbietet?

Aufgabe 2.13

"Der Anteil der Männer muß auf ungefähr 10% der menschlichen Rasse reduziert und festgeschrieben werden."

Sally Miller Gaerhart[1]

Kitty Killmann, eine aufmerksame Leserin der Autorin obiger Zeilen, wechselt Männer wie andere Frauen Handtücher. Jeweils in der Hochzeitsnacht ereilt den gerade Auserwählten ("bis daß der Tod sie scheidet") eines von zwei möglichen Schicksalen:

- Kitty füttert den frisch Vermählten mit Schokolade der Sorte "Zart–Bittermandel" von Flitter–Mord.

- Der frisch Vermählte hat großes Glück und verläßt aufrecht und mit eigener Kraft das Hotel, um zum nächsten Scheidungsanwalt zu eilen.

Dem Liftboy sind wegen diverser Hochzeitsnächte, die Kitty Killmann bereits im Hotel verbracht hat, einige ihrer Gewohnheiten bekannt. Kitty trägt schwarze Kleidung mit einer Wahrscheinlichkeit von 0.9 beim morgendlichen Verlassen des Hotelzimmers. Falls ihr "Ex–Gatte" ein Betthupferl in Form der oben erwähnten Spezialschokolade zu sich genommen hat, trägt sie schwarz mit Wahrscheinlichkeit 0.99. Außerdem weiß der Boy, daß Kitty mit einer Wahrscheinlichkeit von 0.05 schwarz trägt, wenn ihr nächtlicher Zimmergenosse (zumindest hinsichtlich der Süßigkeiten) abstinent gelebt hat.

---
[1] Sally Miller Gaerhart (1982): "The Future – if there is one – is female" in McAllister, Pam (Hrsg.) "Reweaving the Web of Life", Philadelphia (1982)

a) Wie groß ist die Wahrscheinlichkeit dafür, daß ihr Mann noch lebt, falls Kitty in schwarzer Kleidung das Hotel verläßt?

b) Der Liftboy sieht Kitty mit einem bunten Frühlingskleid aus dem Zimmer kommen. Wie wahrscheinlich ist es, daß ihr Gatte noch am Leben ist?

Aufgabe 2.14

Der frisch diplomierte Otto Grafie nimmt im Zuge von Bewerbungsgesprächen an einem Assessment Center teil. Dort wird ihm folgender Satz diktiert:

"**Daß** man **das** 'das', **das** man mit 's' schreibt, anders schreibt als **das** '**daß**', **das** man mit 'ß' schreibt, **das** ist doch klar!"

Wie unschwer zu erkennen ist, besteht die Schwierigkeit u. a. darin, acht Mal zwischen 'das' und 'daß' zu unterscheiden.

a) Wie viele Möglichkeiten besitzt Otto Grafie, wenn er sich bei jedem 'das' bzw. 'daß' rein zufällig, also etwa durch Werfen einer Laplace–Münze, für die eine oder andere Schreibweise entscheidet?
Wie groß ist die Wahrscheinlichkeit, daß er sich dabei stets richtig entscheidet?
Wie groß ist die Wahrscheinlichkeit, daß er mindestens drei Fehler begeht?

b) Als ausgeglichener Mensch beschließt Otto mangels tieferer Kenntnisse der deutschen Rechtschreibung, je vier Mal 'das' bzw. 'daß' zu verwenden. Dazu beschriftet er je vier Zettel mit 'das' und 'daß' und zieht ohne Zurücklegen einen Zettel aus seinem Hut, wenn eine Entscheidung ansteht.
Wie wahrscheinlich ist es, daß Otto dabei genau k–mal ($k = 0, 1, \ldots, 8$) die richtige Entscheidung trifft?

Aufgabe 2.15

Der Großhändler Rudi Reibach kauft 50 Markenjeans der Firma WIESEL und gleichzeitig 10 Billigkopien, die er unter die Original WIESEL–Jeans mischt. Rosi Redlich, die eine kleine Boutique betreibt, erwirbt von Reibach 8 Jeans, die dieser zufällig aus seinem Bestand zieht. Wie groß ist die Wahrscheinlichkeit, daß Redlich höchstens 5 Originaljeans erwirbt?

Aufgabe 2.16

"Laß Dich überraschen!"

Pater Gaudino, ein begeisterter Anhänger der Statistik, hat sich für seine Beichtstunde einen besonderen Clou einfallen lassen. Statt willkürlich Absolution zu erteilen, steckt er seine Bußanregungen in schokoladenumhüllte Plastikkugeln, um seinen Schäflein die Buße zu versüßen. Nach abgelegter Beichte dürfen die Bußwilligen nun zufällig eine sogenannte "Sünderüberraschung" aus einer großen Urne ziehen.

Pater Gaudino füllt seine Urne mit 25 Kugeln, die eine Bußanweisung beinhalten, und 5 "Jokern", d.h. Kugeln, die die Buße erlassen.

a) Wie groß ist die Wahrscheinlichkeit, daß nach 7 abgelegten Beichten noch genau 2 Joker enthalten sind?

b) Wie groß ist die Wahrscheinlichkeit, daß nach 5 abgelegten Beichten mindestens noch 2 Joker in der Urne liegen?

Aufgabe 2.17

Automobilhersteller MORD hat bei seinem Modell "Wolf" etwas zuviel Biß festgestellt: bei einem Anteil $p \in (0,1)$ der Wagen öffnet sich ab einer gewissen Fahrtgeschwindigkeit selbsttätig die Beifahrertür.

Volkswirt Erbgut aus K. hat von dieser technischen Raffinesse gehört und beschließt, an den kommenden Wochenenden mit seiner Gattin Spritztouren in einem Leihwagen zu unternehmen. Her*tz*los wie er nun einmal ist, mietet er sich fortan Samstag für Samstag einen Wolf bei Treulos Car.

a) Wie oft muß Erbgut einen Wagen mieten, damit er mit einer Wahrscheinlichkeit von mindestens 99% wenigstens einen Wolf mit der oben genannten Zusatzausrüstung erhält?

b) Die Treulos Car GmbH bietet Erbgut ein besonders günstiges Wolf–Abonnement für 12 Wochenenden an. Wie groß ist die Wahrscheinlichkeit, daß er sich auf diese Weise nicht nur von seiner Gattin, sondern auch noch von Erbtante Golda trennt, falls $p = 0.05$ ($p = 0.1$)?

c) Die aufgeschreckte Konkurrenz von MORD schleust die Detektive Hercule Peugeot und Miss Opel ins Unternehmen ein, um den Anteil der o.g. "Sonderklasse" zu schätzen. Wie groß ist die Wahrscheinlichkeit, daß bei einer Stichprobe vom Umfang $n = 100$ der Anteil der Sonderklasse zwischen 5% und 15% liegt, falls $p = 0.1$ ist?

Aufgabe 2.18

Die eingefleischte Vegetarierin Witta Mine muß zu ihrer Verärgerung feststellen, daß der als vegetarisches Essen deklarierte Salat der Werkskantine immer wieder tierische Bestandteile enthält (s.o.). Die Kantinenleitung teilt Witta mit, daß die Wahrscheinlichkeit, daß ein Salatblatt vor dem Servieren nicht von Schnecken, Raupen und sonstigem Getier befreit wurde, $p = 0.01$ betrage.

a) Witta bestellt sich einen Salat, der aus 15 Salatblättern besteht. Wie groß ist die Wahrscheinlichkeit, daß es sich um ein rein vegetarisches Gericht handelt?

b) Im Laufe eines Monats hat Witta Mine insgesamt 300 Salatblätter zu sich genommen. Wie groß ist die Wahrscheinlichkeit, daß höchstens 5 schädlingsbefallen waren? Ermitteln Sie die Wahrscheinlickeit

   i) exakt,

   ii) durch Approximation der Binomialverteilung durch die Poissonverteilung.

Wäre eine Approximation durch die Normalverteilung zulässig?

Aufgabe 2.19

Rudi Reiselustig fliegt mit der Lusthansa nach Thailand. Die Maschine besitzt pro Tragfläche zwei Motoren, also insgesamt vier Motoren, die unabhängig voneinander mit einer Wahrscheinlichkeit von 0.001 ausfallen mögen.
Wie groß ist die Wahrscheinlichkeit eines Absturzes, wenn das Flugzeug navigationsfähig bleibt, solange

a) mindestens zwei Motoren laufen?

b) mindestens je ein Motor pro Tragfläche funktionsfähig bleibt?

Aufgabe 2.20

Dieter Drücker, Verkaufsrepräsentant der Staubsaugerfirma "Dreck Weg", weiß aufgrund langjähriger Erfahrungen, daß 5 % seiner Verkaufsgespräche im Abschluß eines Kaufvertrages resultieren.

a) Wie groß ist die Wahrscheinlichkeit, daß Drücker bei 100 geführten Gesprächen mindestens 4 Verträge abschließt?

b)   i) Drücker hat am 31.09. allein 6 Verträge abgeschlossen, der Rest der Drücker–Kolonne weitere 24. Von den insgesamt 30 Verträgen der Kolonne werden 5 zurückgezogen. Wie groß ist die Wahrscheinlichkeit, daß Drücker an diesem Tag k Verträge abgeschlossen hat ($k = 0, 1, \ldots, 6$), die nicht zurückgezogen wurden?

    ii) Für den Abschluß eingehaltener Verträge erhält Drücker folgende Prämienzahlungen:

– Für keinen Vertragsabschluß: –50 DM (d.h. Strafe!)

– Für einen Vertragsabschluß: 0 DM

– Für zwei Vertragsabschlüsse: je 30 DM

– Für drei Vertragsabschlüsse: je 40 DM

– Für vier Vertragsabschlüsse: je 45 DM

– Für fünf oder mehr Vertragsabschlüsse: je 50 DM zuzüglich einer einfachen Gratifikation in Höhe von 100 DM.

Berechnen Sie den erwarteten Gewinn von Drücker für den 31.09.

Aufgabe 2.21

Jimmy Walker trinkt oft und gern in seiner Stammkneipe "Northern Comfort" einen (oder auch mehrere) über den Durst. Genau genommen plündert er mit diversen Gesinnungsgenossen meist bis in die frühen Morgenstunden die gesamten Getränkevorräte des "Northern Comfort"

"Der Tag kommt, Jimmy Walker geht"

Da Jimmy ab einem gewissen Alkoholpegel sehr lustig und temperamentvoll wird, enden die durchzechten Nächte regelmäßig in einer kleinen bis mittleren Verwüstung der Umgebung. Ted Daniels, der Wirt, gibt an, daß das Ausmaß des Schadens (durch Jimmys Gefühlsausbrüche) in DM verteilt ist gemäß einer Dichtefunktion

$$f(x) = \frac{c}{x^3}\mathbf{1}_{(3,\infty)}(x) = \begin{cases} 0 & x \leq 3 \\ \frac{c}{x^3} & x > 3 \end{cases}.$$

a) Bestimmen Sie c derart, daß $f(x)$ eine Dichte darstellt.

b) Beurteilen Sie, ob Erwartungswert und Varianz des Schadens existieren, und ermitteln Sie ggf. diese.

c) Wie groß ist die Wahrscheinlichkeit, daß der Schaden höchstens 10 DM beträgt? Geben Sie auch allgemein die Verteilungsfunktion an.

d) Johnny Beam, ein Jugendfreund, bestätigt, daß es bereits in frühester Kindheit Temperamentsausbrüche bei Jimmy gab, wann immer diesem (nach hartem Kampf) die Milchflasche entrissen wurde. Der bei der Verwüstung der Wohnung entstandene Sachschaden (in DM) war verteilt gemäß der Verteilungsfunktion

$$F(x) = \begin{cases} 0 & x < 0 \\ \frac{3}{16}x^5 - \frac{15}{16}x^4 + \frac{5}{4}x^3 & 0 \leq x \leq 2 \\ 1 & x > 2 \end{cases}.$$

Berechnen Sie die zugehörige Dichtefunktion.

Aufgabe 2.22

Roman Ticker seit gemeinsamen Kindergartenzeiten glühender Verehrer der Lisa Mona. Seine Annäherungsversuche beschränken sich jedoch wegen angeborener Schüchternheit auf ein gelegentliches "Hallo" auf der Straße und verstohlene Blicke, wenn Roman sich unbeobachtet glaubt. Als er schließlich in den Besitz eines neuen Autos kommt, wagt er es, sich mit ihr für eine Spritztour zu verabreden. Zuvor muß jedoch noch die Zulassung des Wagens erledigt werden. Von Wanda Warteschlange, einer Angestellten der Zulassungsstelle, erfährt er, daß die Wartezeit X (in Minuten) verteilt ist gemäß einer Exponentialverteilung mit Dichte

$$f(x) = \lambda e^{-\lambda x} \mathbf{1}_{(0,\infty)}(x) = \begin{cases} \lambda e^{-\lambda x} & x > 0 \\ 0 & \text{sonst} \end{cases}, \quad \lambda > 0.$$

a) Ermitteln Sie zunächst für allgemeines λ (anschließend für $\lambda = 0.1$) Erwartungswert und Varianz der Wartezeit.

b) Roman kalkuliert "großzügig" und nimmt sich $2 \cdot E(X)$ (also 20 Minuten, falls $\lambda = 0.1$ gilt) Zeit für die Zulassungsstelle. Als er jedoch nach $3 \cdot E(X)$ Wartezeit seine Geschäfte noch immer nicht erledigt hat, rennt er erbost nach Hause und verbrennt alle Statistikbücher. Geben Sie ihm den Glauben an die Statistik zurück, indem Sie folgende Wahrscheinlichkeit berechnen:

$$P(X > k \cdot E(X)) \quad \text{mit} \quad k > 0.$$

c) Berechnen Sie den Median einer Exponentialverteilung. Wie lautet der Median, falls $\lambda = 0.1$ gilt?

Aufgabe 2.23

Stellen Sie sich vor, auf dem Jahrmarkt bietet Ihnen jemand folgendes Spiel an:
Sie werfen eine Münze. Zeigt sie Zahl, so erhalten sie zwei Geldeinheiten (z.B. 2 DM) und das Spiel ist beendet. Zeigt die Münze Kopf, so dürfen Sie weiterwerfen bis zum ersten Mal Zahl erscheint, dabei verdoppelt sich Ihr Auszahlungsbetrag mit jedem Werfen. D.h., werfen Sie erst Kopf, dann Zahl, so erhalten Sie 4 Geldeinheiten, werfen Sie zweimal Kopf und anschließend Zahl, so erhalten Sie 8 Geldeinheiten, usw.

a) Wie viele Würfe können Sie erwarten, wenn Sie mit einer Münze werfen, die mit Wahrscheinlichkeit p Zahl zeigt? Wie viele Würfe können Sie erwarten, falls Sie mit einer fairen Münze ("Laplace–Münze", d.h. $p = 0.5$) werfen?

b) Für welchen Maximaleinsatz pro Spiel würden Sie dieses Spiel mit einer fairen Münze spielen, oder anders ausgedrückt, welchen Auszahlungsbetrag können Sie erwarten? (Sie verblüffen sich umso mehr, wenn Sie vorher einen Tip abgeben: 2 DM, 4 DM, 1000 DM ?)

Aufgabe 2.24

Anton Ängstlich, Siggi Sorglos und Curt Clever wollen sich ein Aktienportfolio aus Pharmawerten zusammenstellen. Ihnen werden Aktien angeboten

- des Chemiegiganten Flitzer, der durch die Wunderpille "Niagara" weltweites Aufsehen erregte,

- des Ökokonzerns Fun-Direct, der mit seinem "XXX-Pflaster" ein Konkurrenzprodukt zu Niagara herstellt.

Über die Rendite X von Flitzer und Y von Fun-Direct sei bekannt, daß

$$E(X) = 0.09, \quad \text{Var}(X) = 0.08,$$
$$E(Y) = 0.07, \quad \text{Var}(Y) = 0.12, \quad \text{Corr}(X,Y) = 0.5.$$

a) Anton Ängstlich möchte das Risiko seiner Geldanlage minimieren und entscheidet sich dafür, sein gesamtes Kapital in Flitzer-Aktien zu investieren, da sie eine höhere erwartete Rendite und gleichzeitig noch ein geringeres Risiko (gemessen an der Varianz) haben.
Siggi Sorglos, eine Spielernatur, investiert 90% seines Kapitals in Flitzer und 10% in Fun-Direct.
Welcher der beiden hat die Anlageform mit geringerem Risiko gewählt?

b) Curt Clever behauptet, eine optimale Strategie (im Sinne eines minimalen Risikos) zu kennen. Wie wird er sich entscheiden?

Aufgabe 2.25

Gastronom Rudi Reibach erfreut die Gäste seines Gourmettempels mit der norddeutschen Spezialität des Labskaus, von der er täglich n Einheiten Ě 100g herstellt. Diese – aus hochwertigen Resten hergestellte – Mahlzeit erzielt einen Gewinn in Höhe von g DM pro 100g, für die Entsorgung nicht verkaufter Ware entstehen Kosten in Höhe von k DM pro 100g ($g, k > 0$).
Bestimmen Sie die Menge n_0 (in 100g), die den erwarteten Tagesgewinn G maximiert, falls die Zufallsvariable X, die die nachgefragte Menge (in 100g) an Labskaus zähle,

a) auf dem Intervall $[0, b]$ gleichverteilt (rechteckverteilt) ist $(b \geq n)$,

b) gemäß $f_X(x) = -\dfrac{2}{b^2}(x-b)\mathbf{1}_{[0,b]}(x)$ $\quad (b \geq n)$ verteilt ist.

Aufgabe 2.26

Die Dienstleistungsgesellschaft Cabanossi, die sich gegen ein geringfügiges Entgelt bereit erklärt, die Ladenlokale gut betuchter Gastronomiebesitzer zu beschützen, möchte im Zuge weltweiter Expansion ihre Geschäfte auch an den Bodensee ausdehnen. Vor der Eröffnung einer neuen Filiale müssen jedoch noch wichtige Standortfaktoren überprüft werden, hängt eine Niederlassung doch entscheidend vom Beharrungsvermögen untergetauchter Geschäftskonkurrenten ab (siehe rechts). Ein eigens zu diesem Zweck beauftragter Sachverständiger ermittelt für die Dichte der gemeinsamen Verteilung von Wassertiefe X (in 100m) und Strömungsgeschwindigkeit Y (in $\frac{m}{s}$):

$$f_{X,Y}(x,y) = \left[\frac{3}{16}x^2 + \frac{1}{4}xy + \frac{1}{16}\right]\mathbf{1}_{[0,1]}(x)\mathbf{1}_{[2,4]}(y)$$

$$= \begin{cases} \frac{3}{16}x^2 + \frac{1}{4}xy + \frac{1}{16} & 0 \leq x \leq 1,\ 2 \leq y \leq 4 \\ 0 & \text{sonst} \end{cases}.$$

a) Geben Sie die Randdichten von X und Y an.

b) Ermitteln Sie die Erwartungswerte von X und Y.

c) Berechnen Sie die Varianzen von X und Y.

d) Wie groß ist die Kovarianz von X und Y, ermitteln Sie auch die Korrelation zwischen X und Y.

Aufgabe 2.27

Herr König ist Sachbeauftragter bei der Homburg–Stammheimer Versicherung. Die Tatsache, daß Versicherte den entstandenen Schaden eher zu hoch als zu niedrig taxieren, ist Herrn König nur allzu gut bekannt. Langjährige Erhebungen des Mannes von der Homburg–Stammheimer ergaben eine gemeinsame Dichte von Y, der von den Versicherten angegebenen Schadenshöhe in Mio. DM, und X, der tatsächlichen Schadenshöhe in Mio. DM, von

$$f_{X,Y}(x,y) = \frac{1}{2}\mathbf{1}_{[0,y]}(x)\mathbf{1}_{[0,2]}(y)$$
$$= \begin{cases} \frac{1}{2} & 0 \leq x \leq y \leq 2 \\ 0 & \text{sonst} \end{cases}$$

a) *Berechnen Sie die Korrelation zwischen X und Y.*

"Das Haus verbrannt, der Nachbar kichert, hoffentlich HS–versichert"

b) Berechnen Sie die bedingte Dichte von $X|Y=1$.

Aufgabe 2.28

Bruno und Berta Beule sind Autofahrer aus Leidenschaft. Leider schaffen sie es jedoch nicht, ein Jahr unfallfrei zu überstehen.
Sei X, die Anzahl der jährlichen Unfälle von Bruno Beule, poissonverteilt mit Parameter λ_1. Davon unabhängig sei Y, die Anzahl der Unfälle innerhalb eines Jahres von Berta Beule, poissonverteilt mit Parameter λ_2.

a) Wie ist die Anzahl der jährlichen Unfälle von Bruno Beule verteilt, falls Bruno und Berta zusammen n Unfälle haben?

b) Nehmen Sie an, daß $\lambda_1 = 0.3$ und $\lambda_2 = 0.2$.
Wie groß ist die Wahrscheinlichkeit, daß Berta Beule in einem zufällig ausgewählten Jahr mindestens 3 Unfälle hat?
Wie groß ist die Wahrscheinlichkeit, daß Bruno Beule höchstens 4 Unfälle verursacht, falls Ehepaar Beule zusammen 10 Unfälle hat?

Aufgabe 2.29

Brokerin Victoria Erfolg bringt als erfolgreiche, emanzipierte Karrierefrau "die Kohlen nach Hause". Ihr Einkommen X [in 10 000 DM] ist verteilt gemäß der Dichte

$$f_X(x) = (1 - |1-x|)\,\mathbf{1}_{[0,2]}(x) = \begin{cases} x & 0 \leq x \leq 1 \\ 2-x & 1 \leq x \leq 2 \\ 0 & \text{sonst} \end{cases}.$$

Hausmann und Gatte Kain pflegt unabhängig von Victorias Einkommen monatlich Ausgaben Y [in 10 000 DM] zu tätigen, die gemäß der Dichte

$$f_Y(y) = \frac{1}{2}\mathbf{1}_{[0,2]}(y) = \begin{cases} \frac{1}{2} & 0 \leq y \leq 2 \\ 0 & \text{sonst} \end{cases}$$

verteilt sind.

a) Wie ist der Saldo des Ehepaares Victoria und Kain Erfolg verteilt?

b) Wieviel Geld wird Ehepaar Erfolg auf lange Sicht monatlich sparen?

c) Aufgrund des ruinösen Verhaltens seitens des Gatten Kain hat sich Ehepaar Erfolg beruflich verändert. Beide Partner verdienen nun (siehe unten) unabhängig voneinander Einkommen, die identisch verteilt sind gemäß einer $\text{Exp}(\lambda)$–Verteilung. Wie ist das gemeinsame Einkommen verteilt?

Statistik-Witz Nr. 4

Ein Verwaltungswissenschaftler, ein Statistiker und ein Mathematiker fahren zu einer interdisziplinären Tagung von Konstanz nach Zürich. Den Aufenthalt am Gottlieber Zoll nutzen sie, um eine einzelne lila Kuh auf schweizerischer Seite zu betrachten. Der Verwaltungswissenschaftler zeigt sich begeistert und sagt: "Alle Kühe in der Schweiz sind lila." Worauf der Statistiker ihn wie folgt korrigiert: "Eine Zufallsstichprobe vom Umfang 1 der schweizerischen Kühe ergab einen Anteil von 100% lila Kühen." Der Mathematiker sieht sich genötigt, auch diese Aussage dahingehend zu präzisieren, daß mindestens eine schweizerische Kuh halbseitig lila sei.

Kapitel 3

Mathematische Statistik

Aufgabe 3.1

Peter Pott, ein im Dienst des österreichischen Bundesheeres stehender Friseur, geizt nicht mit seinen Fähigkeiten. Die Fachzeitschrift "Le Figaro" (die Pott zwar abonniert, aber nicht liest) gibt Auskunft, daß die Haarlängen Y eingezogener Soldaten näherungsweise χ_3^2-verteilt sind. Unabhängig von etwaigen Wünschen erzeugt Pott dann nach einem von ihm patentierten Schnittmuster den sogenannten Pott–Schnitt (siehe oben). Die Länge der resultierenden Haarschnitte X ist nach Eingriff Potts annähernd normalverteilt (mit $\mu = 1.2$ und $\sigma^2 = 0.3^2$).

a) Mit welcher Wahrscheinlichkeit hat ein nichts ahnender Kunde Glück und nach seinem Besuch bei Pott eine Haarlänge von mehr als 1.5 cm auf dem Kopf?

b) Betrachten Sie jetzt 10 Kunden! Wie wahrscheinlich ist eine durchschnittliche Haarlänge von mehr als 1.5 cm nach Verlassen des Friseursalons?

c) Erklären Sie die unterschiedlichen Ergebnisse von a) und b).

d) Welchen Wert überschreitet bei Ankunft im Salon bzw. beim Verlassen des Salons die Haarlänge eines zufällig ausgewählten Kunden mit 90%iger Wahrscheinlichkeit nicht?

e) Berechnen Sie

$$P(|X - \mu| < k\sigma) \qquad k = 1, 2, 3$$

(i) unter der Annahme, daß X normalverteilt ist,

(ii) ohne Verteilungsannahme.

Aufgabe 3.2

Um das Geschenkverhalten seiner Verwandten zu Ostern besser beurteilen zu können, beabsichtigt Gerhard Geizig, die Geschenkfreudigkeit seiner Mitmenschen zu Weihnachten zu schätzen. Erfahrungen der letzten Jahre ergaben, daß die in Betracht kommenden n Geber entweder ein oder kein Geschenk überbracht haben. Die Wahrscheinlichkeit, daß er im Einzelfall ein Präsent erhalte, sei p. Darüber hinaus unterstellt er seinen Verwandten und Freunden eine unabhängige Gabebereitschaft. D. h., die Zufallsvariable X_i, die die Anzahl der Geschenke von Überbringer i zähle, ist Bernoulli-verteilt ($X_i \sim \text{Bin}(1,p)$, $i = 1, \ldots, n$).

a) Berechnen Sie den ML–Schätzer für p.

b) Berechnen Sie den Momenten–Schätzer für p.

c) Sind diese Schätzer erwartungstreu?

d) *Zeigen Sie, daß gilt: Die Wahrscheinlichkeit*

$$P\left(X_1 = x_1, X_2 = x_2, \ldots, X_n = x_n \bigg| \sum_{i=1}^{n} X_i = t\right)$$

hängt nicht von p ab.

Aufgabe 3.3

Um neue Leser für das Magazin "Der Igel" zu gewinnen, will sich Chefredakteur Heinz Prielmann in Zukunft auch mit "hohen Tieren" (lat. bonzi parteii) beschäftigen. Für den ersten Beitrag "Sterben Amigos aus?" beschäftigt er sich mit Politikern, die die täglichen Geschäfte aus der Tristesse ihrer Büros auf die Yachten befreundeter Industrieller verlegen. Um die Gesamtzahl der vom Aussterben bedrohten Spezies schätzen zu können, wurde die bayerische Adria an einem zufällig ausgewählten Tag abgesucht. Zur besseren Wiedererkennung wurden die T ermittelten Amigos beringt (s. o.).

Nach einigen Wochen hielt Prielmann erneut Ausschau nach Politikern, die die Staatsgeschicke von Bord eines Luxuskreuzers aus lenken. Von den n beim zweiten Mal ermittelten Amigos, waren bereits x in der ersten Stichprobe vertreten.

Berechnen Sie unter der Annahme, daß sich die Gesamtanzahl der Amigos (N) während beider Stichproben nicht verändert hat,

a) den Maximum–Likelihood–Schätzer,

b) einen Momentenschätzer

für N.

Aufgabe 3.4

Archimedes arbeitet fieberhaft an der Quadratur des Kreises. Bei seinen Versuchen, ein einem Kreis flächengleiches Quadrat zu erzeugen[1], zerstört er – sehr zum Mißfallen seiner Gattin Heureka – Stück für Stück des Gartens.

Um den Flächeninhalt eines Quadrates zu berechnen, muß er die Seitenlänge des Quadrates erheben. Nun hat Archimedes bei n Versuchen, die Seitenlänge zu ermitteln, die Realisationen $x_1, \ldots, x_n$ unabhängig identisch verteilter Zufallsvariablen $X_1, \ldots, X_n$ (mit $E(X_i) = \mu$ und $Var(X_i) = \sigma^2$ für $i = 1, \ldots, n$) erhoben. Für Archimedes stellt sich nun die Frage, ob er als Schätzung für den Flächeninhalt $F = \mu^2$ besser das Stichprobenmittel quadrieren soll oder das arithmetische Mittel der aus den jeweiligen Beobachtungen ermittelten Flächeninhalte verwenden sollte.

Helfen Sie Archimedes, indem Sie diese Schätzer auf Erwartungstreue bzw. asymptotische Erwartungstreue untersuchen.

Aufgabe 3.5

Die mehrheitsbildende Partei der Dieberalen fürchtet, bei den anstehenden Parlamentswahlen in der Republica de las Bananas den Einzug in den Bananenrat durch die bestehende 10%-Hürde zu verfehlen. Zu diesem Zweck ließ man in einer Vorstichprobe 200 Personen befragen, von denen 21 angaben, die Dieberalen wählen zu wollen.

a) Berechnen Sie ein 95%-Konfidenzintervall für den Stimmenanteil der Dieberalen.

b) Wie viele Personen müssen in einer weiteren Stichprobe befragt werden, damit mit einem Sicherheitsgrad von 99% der geschätzte Anteil der Wählerstimmen vom wahren Anteil um nicht mehr als ±1 Prozentpunkte abweichen soll?

---

[1] Der mathematisch aufmerksame Leser weiß von den vergeblichen Mühen Archimedes'

Aufgabe 3.6

Gastwirt Pit Burger schätzt sich glücklich, fünf elternlose, aber konsumfreudige Biertrinker, die sogenannten "Fünf Wirtschafts–Waisen", zu seinen Stammgästen zu zählen.

"Bitte ein Bier, Pit"

a) Pit unterstellt den Trägern seiner Wirtschaft eine unabhängig identisch, approximativ $N(\mu, \sigma^2)$-verteilte Trinkbereitschaft in Gläsern der Größe 200 ml.
Berechnen Sie ein 95%–Konfidenzintervall für μ, falls Pit Burger folgende Stichprobe von seinen Gästen erhoben hat:

$$31, 27, 5, 19, 23$$

b) Wie lautet das Konfidenzintervall zum gleichen Niveau für μ, falls Pit Burger weiß, daß $\sigma^2 = 100$?

c) Vergleichen Sie die Länge der beiden Konfidenzintervalle aus den Aufgabenteilen a) und b). Wodurch wird sich allgemein die Länge der beiden Konfidenzintervalle unterscheiden? Kann man sagen, daß stets eines der beiden länger als das andere sein wird?

d) Zur Fasnacht ermittelt Burger einen Gesamtkonsum der fünf in Höhe von 132 Gläsern. Seien μ_1 der mittlere Konsum in der ersten Stichprobe und μ_2 der mittlere Konsum zur Fasnacht. Untersuchen Sie, ob der Konsum zur Fasnacht zugenommen hat, indem Sie $H_0 : \mu_1 \geq \mu_2$ gegen $H_1 : \mu_1 < \mu_2$ zum Niveau $\alpha = 0.05$ testen, wenn Sie unterstellen, daß die Varianz beider Stichproben $\sigma^2 = 100$ beträgt.
Testen Sie auch $H_0 : \mu_1 \leq \mu_2$ gegen $H_1 : \mu_1 > \mu_2$ zum Niveau $\alpha = 0.05$.

Aufgabe 3.7

Alljährlich wird in der Villa Frieda und in der Villa Macho ein großes Fest gefeiert, das durch einen Wettbewerb im Haarewaschen beendet wird. Die Schweiß-Girls in der Villa Frieda verwenden dazu ein herkömmliches Haarshampoo, während die Mega-Kerls in der Villa Macho mit Hairy-Ultra spülen.

Während man in der Villa Frieda noch spült, bereitet man in der Villa Macho bereits das nächste Fest vor.

Für die Spüldauer der Schweiß-Girls wurden folgende Zeiten gemessen:
    66, 178, 259, 75, 119, 301, 38 .
Die Mega-Kerls benötigten folgende Zeiten:
    18, 231, 120, 116, 12, 35, 104, 376 .
Man nehme an, daß die Spüldauern (in Sekunden) jeweils (approximativ) normalverteilt seien mit Erwartungswert μ_1 (für die Schweiß-Girls) und μ_2 (für die Mega-Kerls) und gleicher Varianz σ^2.

Testen Sie zum Niveau $\alpha = 0.05$

$$H_0 : \mu_1 \leq \mu_2 \quad \text{vs.} \quad H_1 : \mu_1 > \mu_2 \,,$$

wenn Sie

a) $\sigma^2 = 120^2$ als bekannt annehmen,

b) σ^2 nicht kennen.

***

Statistik-Witz Nr. 5

Es begab sich, daß ein Professor für Statistik mit seinem gesamten Lehrstuhl im Zug zu einer interdisziplinären Tagung fuhr. Mit gleichem Fahrtziel saß ein Ordinarius für Soziologie – ebenfalls mit komplettem wissenschaftlichen Anhang – im Zug. Alle Soziologen waren im Besitz einer gültigen Fahrkarte, während sich die Statistiker lediglich ein Ticket teilten.

Neugierig, wie Soziologen nun einmal sind, wollten sie natürlich von den Statistikern erfahren, wie diese es denn nun handhaben würden, unbeschadet die Kontrolle des Schaffners zu überstehen. "Das ist ganz einfach", antwortet der oberste Statistiker, "wir Statistiker haben diesbezüglich ein spezielles Verfahren entwickelt: Sobald der Schaffner naht, drängen wir uns alle in die Toilette und schieben ihm auf sein Klopfen die Fahrkarte unter der Tür hindurch." Gesagt, getan – die Kontrolle verläuft reibungslos.

Auch auf der Heimreise teilen sich Soziologen und Statistiker wieder den gleichen Zug. Stolz berichtet der Soziologie-Ordinarius seinem Amtskollegen, daß sie das statistische Verfahren adaptiert hätten und nun ebenfalls mit nur einem Fahrschein reisen würden. Sein Statistik-Kollege antwortet, daß er seinerseits das Verfahren verbessert habe und die Statistiker nunmehr vollkommen ohne Ticket fahren würden.

Als der Schaffner naht, drängen sich die Soziologen in eine Toilette. Der Statistiker klopft einmal energisch an die Toilettentür, hebt die Fahrkarte auf und verschwindet mit seinen Leuten in der gegenüberliegenden Toilette.

Und die Moral von der Geschichte:
Verwende keine statistischen Methoden, von denen Du die zugrundeliegende Theorie nicht beherrschst!

Aufgabe 3.8

James Blond ist nun schon seit 20 Jahren königlicher Kammerjäger im Dienste Ihrer Majestät. Wann immer Blond (der Mann mit der Lizenz zu töten) einen Auftrag von Honeypussy, der Sekretärin, zugeteilt bekommt, macht er sich sofort (ausgestattet mit entsprechendem Spezialwerkzeug von Q., dem Gerätewart) auf den Weg.

"Ich bin Blond, James Blond, Sozialversicherungsnummer 008".

Nachdem er dann selbst die hartnäckigsten Plagen im Angesicht des Todes beseitigt hat (Flöhe, Kakerlaken, Octopussies usw.), hofft Blond natürlich auf ein stattliches Trinkgeld ("Sag niemals nein."). Blond vermutet, daß ein Zusammenhang zwischen der Arbeitszeit X und der Höhe des Trinkgeldes Y besteht.

Berechnen Sie auf Basis der unten angegebenen Werte ein Konfidenzintervall zum Niveau 95% für die Korrelation zwischen Arbeitszeit und Trinkgeld, wenn Sie unterstellen, daß beide normalverteilt sind.

Arbeitszeit X_i (in min)	20	25	18	31	10	12	45	23	10	6	20	20
Trinkgeld Y_i (in DM)	16	40	14	42	5	5	25	34	0	4	20	15

Aufgabe 3.9

Martin I., Bewohner und ehrenamtlicher Feten–Manager des Wohnheims "Trink Dich fit", zeichnet sich verantwortlich für die ordnungsgemäße Organisation der samstäglichen Parties im Wohnheim. Für ihn können zwei gleichermaßen unerfreuliche Zustände eintreten:
1) Der Getränkevorrat geht zur Neige, bevor das Fest beendet ist, was arge Enttäuschung aller Anwesenden hervorrufen würde.
2) Am Ende des Festes bleiben volle Flaschen übrig, die das Betreten des Wohnheimes für die folgende Woche zu einem Slalomlauf entarten lassen.

a) Um diesen Widrigkeiten des Studentenlebens zu begegnen, hat Martin I. die Verbrauchsgewohnheiten seiner Gäste an zufällig ausgewählten Samstagen erhoben und dabei folgende Stückzahlen an Flaschen seines Spezialgetränkes ermittelt:

$$94, \ 83, \ 99, \ 88, \ 92, \ 81, \ 89, \ 90.$$

Geben Sie ein 90 %–iges Prognoseintervall für die Anzahl der benötigten Flaschen für den nächsten Samstag an, wenn Sie unterstellen, daß die Zahlen der konsumierten Flaschen der unterschiedlichen Konsumenten unabhängig und approximativ normalverteilt sind.

b) Nach einigen Wochen stellt Martin I. fest, daß der Konsum den in a) prognostizierten Vertrauensbereich nicht mehr einhält. Er erhebt deshalb erneut eine einfache Zufallsstichprobe:

$$95, \ 97, \ 103, \ 89, \ 108, \ 102.$$

Hat sich der Konsum gegenüber der ersten Stichprobe erhöht? Testen Sie zum Niveau $\alpha = 0.01$.

Aufgabe 3.10

Von einem Wunderheiler wird behauptet, daß ihn übersinnliche Kräfte dazu befähigen, Studenten mit 80%-iger Wahrscheinlichkeit erfolgreich durch eine Statistik-Klausur zu bringen, falls sie zuvor an seiner Vorlesung teilgenommen haben. Hingegen ergaben langjährige Betrachtungen, daß in den Jahren vor Einwirken des Wunderheilers nur 50% (bzw. 70%) der Teilnehmer die Klausur erfolgreich absolvierten.

a) An der Universität in K. erklären sich sofort 100 Studenten bereit, an diesem Experiment teilzunehmen.
Wie lautet die Entscheidungsregel, wenn zum Niveau $\alpha = 0.01$ getestet werden soll, ob der Mann fälschlicherweise als Wunderheiler bezeichnet wird?

b) Wie groß ist die Wahrscheinlichkeit, bei Zugrundelegung der Entscheidungsregel aus Aufgabenteil a) den Mann zu nicht entlarven, obwohl er die versprochenen übersinnlichen Kräfte nicht besitzt?

Aufgabe 3.11

Die Firma T-fix verpackt Tee zu 100g-Packungen. Da Tee die unangenehme Eigenschaft besitzt, je nach Luftfeuchtigkeit mehr oder weniger in seinem Gewicht zu schwanken, ergab eine Stichprobe folgende Packungsgewichte (in g):

100.3 , 99.9 , 102.0 , 98.7 , 103.2 , 101.1 , 100.8 , 99.2 ,
98.7 , 100.5 , 100.1 , 97.9 , 101.3 , 100.1 , 98.2 , 101.2 .

a) Wenn man die Grundgesamtheit als normalverteilt ansieht, kann man dann die Nullhypothese, daß das mittlere Packungsgewicht 100g beträgt, zum Niveau $\alpha = 0.05$ verwerfen?

b) Nach der Beschaffung einer neuen Abfüllanlage ermittelt man in einer einfachen Zufallsstichprobe folgende Packungsgewichte (in g):

99.9 , 100.3 , 100.2 , 100.0 , 100.5 , 100.0 ,
100.1 , 99.5 , 100.2 , 100.4 , 99.6 , 101.1 ,

Testen Sie $H_0 : \sigma_1^2 \leq \sigma_2^2$ vs. $H_1 : \sigma_1^2 > \sigma_2^2$ zum Niveau $\alpha = 0.05$.

***

Statistik-Witz Nr. 6

Ein englischer, ein amerikanischer und ein deutscher Statistiker sitzen zusammen im Flugzeug, um an einer Tagung teilzunehmen.
Als das Flugzeug abzustürzen droht, richtet der Engländer ein Stoßgebet gen Himmel: "Herr, laß mich zuvor noch einmal einen englischen Tee trinken." Der Deutsche entnimmt seinem Koffer das Manuskript und beginnt seinen statistischen Vortrag mit den Worten "Der Herr gebe es, daß ich meinen Vortrag noch beenden kann." Der Amerikaner betet: "Lieber Gott, laß das Flugzeug abstürzen, bevor der Deutsche seinen Vortrag beendet hat."

Aufgabe 3.12

Sportlerin Anna Bolika möchte untersuchen, ob zwischen der Zeit X (in Sekunden), in der sie einen 100m–Lauf absolviert, und der Menge Y (in ml) eines zuvor konsumierten Spezialgetränkes eine Abhängigkeit besteht. Eine Zufallsstichprobe vom Umfang 10 ergab folgendes Ergebnis:

Laufzeit x_i	11.27	11.15	10.98	11.02	10.94
Konsumierte Menge y_i	50	100	150	200	250

Laufzeit x_i	10.93	10.97	10.89	10.92	10.92
Konsumierte Menge y_i	300	350	400	450	500

a) Testen Sie zum Niveau $\alpha = 0.05$, ob ein Zusammenhang zwischen Laufzeit und konsumierter Menge des Getränkes besteht.

b) Testen Sie für die Korrelation ϱ der beiden Merkmale X und Y:

$$H_0: \quad \varrho \geq -0.6 \quad \text{vs.} \quad H_1: \quad \varrho < -0.6$$

zum Niveau $\alpha = 0.05$.

Aufgabe 3.13

Der passionierte Skifahrer Paulchen Pistenschreck möchte testen, ob der Genuß des Getränkes "Jagatee" einen Einfluß auf die Zahl seiner Stürze beim Skifahren hat.
Zu diesem Zweck erhebt er an zufällig ausgewählten Tagen folgende Sturzzahlen:

    ohne Jagatee: 16, 10, 7, 11, 14
    mit Jagatee: 14, 9, 18, 9, 8, 13, 15, 14

a) Testen Sie, ob sich die erwartete Anzahl seiner Stürze zum Niveau 5% signifikant verändert hat, wenn Sie die Anzahl seiner Stürze in beiden Stichproben als normalverteilt mit konstanter Varianz ansehen.

b) Verwenden Sie auch einen nichtparametrischen Test, um zum Niveau 5% zu testen, ob sich die Verteilung seiner Stürze verändert hat.

Aufgabe 3.14

"Don't marry – be happy!"

Emil Erbschleicher, dessen Überlegungen zur Sicherung seines Lebensunterhaltes bereits in Aufgabe (1.19) dargestellt wurden, hat sich inzwischen auf das Altersheim "Ruhe sanft, aber gediegen" spezialisiert. Er geht davon aus, daß die Zufallsvariable X, die das Einkommen (in DM) der potentiellen Gönnerinnen angibt, eine um den Wert 100 000 symmetrische Verteilung besitzt (über die tatsächliche Gestalt ist er jedoch unschlüssig). Eine Zufallsstichprobe vom Umfang $n = 16$ ergab folgende Ergebnisse:

| 89 500 | 94 120 | 112 000 | 130 900 | 78 530 | 99 880 | 103 270 | 99 350 |
| 91 300 | 81 880 | 86 360 | 108 350 | 85 430 | 114 710 | 105 340 | 101 100 |

Testen Sie nichtparametrisch auf Basis der angegebenen Werte zum Niveau $\alpha = 0.05$, ob die symmetrische Verteilung tatsächlich den Wert 100 000 als Symmetriezentrum besitzt.

Aufgabe 3.15

Harri Bo ist begeisterter Konsument von Gummibärchen. Die mit Heißhunger verzehrten Objekte seiner Begierde unterscheiden sich farblich in weiß, gelb, orange, rot und grün. Harri will zum Niveau $\alpha = 0.05$ zeigen, daß die Anzahl der Gummibärchen in seiner Tüte nicht gleichverteilt ist. Dazu hat er in einer einfachen Zufallsstichprobe 17 weiße, 29 gelbe, 35 orange, 18 rote und 31 grüne Gummibärchen erhoben. Formulieren Sie das Testproblem und führen Sie einen geeigneten Test durch.

Aufgabe 3.16

Eduard Schwätzig beobachtet seit langem das Telefonierverhalten von Gattin Gisela. Zufällig ausgewählte Telefongespräche ergaben folgende Gesprächsdauern [in Minuten]:

$$\begin{array}{ccccccc}
236.3 & 27.6 & 22.3 & 468.9 & 190.4 & 59.7 & 142.5 \\
280.1 & 52.7 & 29.2 & 82.4 & 22.9 & 94.4 & 53.0 \\
61.0 & 12.2 & 52.4 & 3.3 & 126.0 & 82.7 &
\end{array}$$

a) Ein befreundeter Statistiker unterstellt der Gesprächsdauer von G. Schwätzig eine Exponentialverteilung. Schätzen Sie den Parameter λ mit Hilfe des Maximum–Likelihood Verfahrens.

b) Testen Sie die Vermutung des Statistikers auf Vorliegen einer Exponentialverteilung mittels eines χ^2–Anpassungstests zum Niveau $\alpha = 0.05$, indem Sie die Daten in vier Klassen einteilen, die unter H_0 gleiche Besetzungszahlen haben.

c) *Eduard Schwätzig versucht wieder einmal vergeblich, Gattin Gisela telefonisch zu erreichen. Stets ist jedoch die Leitung am anderen Ende besetzt. Zunächst ist E. Schwätzig guten Mutes und meint, daß sich mit andauerndem Gespräch die Wahrscheinlichkeit erhöht, Gisela zu erreichen. Langsam jedoch steigen in ihm Zweifel auf, und er befürchtet gar, daß die Wahrscheinlichkeit eher sinkt, wenn sich Gisela erst einmal richtig "in Fahrt" redet. Können Sie Herrn Schwätzig bei Unterstellung einer Exponentialverteilung mitteilen, daß die Wahrscheinlichkeit mit andauerndem Gespräch steigt oder sinkt, seine Gattin zu erreichen?*

Aufgabe 3.17

Um seiner schrecklich netten Familie einen höheren Lebensstandard bieten zu können, hat sich Schuhverkäufer Al Monday einen Zusatzjob zugelegt, bei dem er allabendlich Taschenuhren verkauft. Sein Tagesgewinn der letzten Tage betrug:

102.54, 126.22, 142.75, 104.31, 114.14, 151.83, 96.93, 74.61, 118.34, 149.01,
98.53, 109.71, 101.88, 108.69, 148.28, 106.82, 89.01, 134.52, 112.38, 105.16

Gegenüber Ehefrau Peg behauptet Al Monday, seine zusätzlichen Tageseinnahmen (in DM) seien approximativ N(100,900) verteilt. Peg Monday mißtraut ihrem Gatten. Helfen Sie ihr, indem Sie zum Niveau $\alpha = 0.05$ einen Kolmogoroff-Smirnoff-Anpassungstest durchführen.

Aufgabe 3.18

"Ohne Krimi geht die Omi nie ins Bett"

Die schon 80–jährige Frau Meuchel (von ihrer Umgebung nur liebevoll Oma Meuchel genannt) hat ein für ihr Alter ungewöhnliches Hobby: Abend für Abend sitzt sie mit Fernbedienung, Strickzeug und Fernsehbrille bewaffnet in ihrem Schaukelstuhl und durchsucht die einschlägigen Kanäle nach Krimis, Mord und Totschlag.

Irgendwann im Laufe des Abends schläft Oma Meuchel mit einem seligen Lächeln auf den Lippen ein. Meist nach Sendeschluß erwacht sie dann wieder, siedelt über ins Bett und freut sich über den gelungenen Abend. Ihre Enkel fragen sich nun, ob eine Abhängigkeit besteht zwischen der Anzahl der "Toten" eines Fernsehabends (X) und der Zeit, die Oma im Schaukelstuhl schläft (Y). An zufällig ausgewählten Abenden wurden folgende Realisationen beobachtet:

Schlafdauer (in Std.) von ... bis unter ...	Anzahl der Morde im Krimi			
	0 - 1	2 - 5	6 - 7	mehr als 8
0 - 0.5	3	4	0	0
0.5 - 2	5	2	1	0
2 - 5	1	3	2	3
5 - 8	0	1	2	2
8 - 12	1	0	1	4

Testen Sie mit Hilfe des χ^2–Unabhängigkeitstestes zum Niveau $\alpha = 0.05$, ob X und Y unabhängig verteilt sind.

Aufgabe 3.19

Es war einmal – vor gar nicht allzulanger Zeit – eine kleine Stadt namens Constantia, die all ihre Bewohner und Besucher durch eine ganz besondere Schönheit beeindrucken wollte. Der Stadtrat beschloß daher, das Abbild einer steinernen Statue namens Imperia im Hafen aufzustellen, auf daß ein jeder, der nach Constantia käme, alsbald von der Figur und der Stadt begeistert wäre.

Das Schicksal wollte es jedoch, daß die allzu weiblichen Reize der Figur die Aufmerksamkeit der einfahrenden Schiffer dermaßen auf sich zu ziehen vermochten, daß fortan eine Häufung von schweren Schiffsunfällen vor dem Hafen von Constantia zu verzeichnen war.

Da nun aber die Stadtväter gar nicht glücklich waren über diese Entwicklung, beschloß man, den Hafen für männliche Seeleute zu sperren, um die Schadenshöhe möglicher Vorfälle gering zu halten. Im Jahr vor dieser Aktion entstanden bei Unfällen Schäden in Höhe von

$$32\,180 \text{ DM}, \quad 65\,278 \text{ DM}, \quad 18\,853 \text{ DM}, \quad 32\,675 \text{ DM},$$
$$53\,664 \text{ DM}, \quad 36\,025 \text{ DM}, \quad 38\,947 \text{ DM}, \quad 42\,378 \text{ DM}.$$

Im Jahr nach dem Verbot entstanden bei Unfällen Schäden in Höhe von

$$18\,347 \text{ DM}, \quad 9\,470 \text{ DM}, \quad 47\,831 \text{ DM}, \quad 38\,857 \text{ DM}, \quad 25\,495 \text{ DM}.$$

Testen Sie zum Niveau $\alpha = 0.05$ die Nullhypothese, die Schadenshöhe habe sich nicht verändert, gegen die Alternative, daß sich die Höhe der Unfallschäden durch die Maßnahmen des Stadtrates verringert hat. Verwenden Sie dazu den Kolmogoroff–Smirnoff–Homogenitätstest.

(Apropos, wenn Sie, lieber Leser, nun glauben, dies sei alles nur ein Märchen, dann haben Sie natürlich recht, aber immer steckt in Märchen auch ein kleines Stückchen Wahrheit, wie Sie bei einem Besuch von Constantia erfahren können.)

Aufgabe 3.20

Versuchsperson Claire Asyl testet während zweier fest vorgegebener Zeiträume zwei Mittel gegen lästigen Hautausschlag. Sowohl nach der Einnahme der "April-Spezialdragees" als auch nach der äußerlichen Anwendung des "Oil of OLAF" werden jeweils die Anzahl von Hautverunreinigungen an Stirn, Wangen, Nase, Kinn und Armen gemessen:

Anzahl Hautverunreinigungen	April-Spezialdragees	Oil of OLAF
Stirn	3	5
Wangen	9	7
Nase	0	4
Kinn	2	0
Arme	10	12

Verwenden Sie den χ^2–Homogenitätstest, um zum Niveau $\alpha = 0.05$ zu testen, ob die Verteilung der Hautunreinheiten bei den beiden Präparaten unterschiedlich ist.

Kapitel 4

Lösungen zu Kapitel 1

Lösung Aufgabe 1.1

a) Die Grundgesamtheit ist gegeben durch die Gesamtheit aller Freundinnen von Walter Fair. Eine einzelne Freundin stellt eine Untersuchungseinheit dar.

b) Die erhobenen Merkmale sind gerade Augenfarbe, Haarfarbe,..., Zensur in Statistik. Für die einzelnen Merkmale wären u.a. folgende Merkmalsausprägungen möglich[1]:

Augenfarbe:	blau, braun
Haarfarbe:	blond, braun, schwarz
Familienstand:	ledig, verheiratet, geschieden, verwitwet
Kontostand (in DM):	1 813.22 , 23 478.01 , −520.58
Studienfach:	Volkswirtschaftslehre, Mathematik, Biologie, Jura
Alter (in Jahren):	20, 32, 27
Telefonnummer:	874149, 759102, 4652
Zensur in Statistik:	sehr gut, gut,..., mangelhaft

c) Ein jedes der Merkmale ist stetig (metrisch skaliert) oder diskret und quantitativ oder qualitativ. Darüber hinaus kann man jedem Merkmal eine der Eigenschaften nominal, ordinal oder kardinal zuordnen.
Die folgende Tabelle gibt in Kürze die Charakterisierung der Merkmale wieder:

	nominal	ordinal	kardinal	quantitativ	qualitativ	stetig	diskret
Augenfarbe	×				×		×
Haarfarbe	×				×		×
Familienstand	×				×		×
Kontostand			×	×			(×)
Studienfach	×				×		×
Alter			×	×			×
Telefonnr.	×				×		×
Zensur in Statistik		×			×		×

---

[1]Man beachte, daß bei der Telefonnummer oder dem Studienfach auch Mehrfachnennungen möglich sind.

Die Zuordnung der Eigenschaften zu den Merkmalen Augenfarbe, Haarfarbe, Familienstand und Studienfach ist einfach: alle Merkmale besitzen Merkmalsausprägungen, die keiner Reihenfolge unterliegen, und sind deshalb nominal. Damit sind diese Merkmale auch qualitativ und diskret.

Etwas schwieriger ist die Zuordnung der Eigenschaften für das Merkmal Kontostand. Dieses Merkmal ist quantitativ, da sich verschiedene Kontostände durch ihre Größe unterscheiden. Das Merkmal ist darüber hinaus kardinal, da man Differenzen der Merkmalsausprägungen interpretieren kann: eine Lastschrift über 200 DM verringert beispielsweise jeden Kontostand – gleich welcher Höhe – um 200 DM. Eigentlich kann der Kontostand nur diskrete Merkmalsausprägungen annehmen, denn Zehntel oder Hundertstel Pfennige sind als Ausprägungen nicht möglich. Dennoch kann der Kontostand derart viele Ausprägungen annehmen, daß man ihn als quasi–stetig bezeichnet.

Merkmalsausprägungen des Merkmals Alter unterscheiden sich durch ihre Größe. Damit ist Alter ein quantitatives Merkmal. Abstände lassen sich interpretieren, damit ist das Merkmal kardinal. Die Zuordnung zu einem stetigen oder diskreten Merkmal unterliegt der Interpretation. Natürlich könnte man Alter in Jahren, Monaten, Sekunden, Mikrosekunden, etc. erfassen, so daß man das Merkmal als stetig auffassen könnte. In der Regel wird man sich jedoch auf die Jahresangabe beschränken und hat damit ein diskretes Merkmal vorliegen.

Die Zuordnung der Eigenschaften für das Merkmal Telefonnummer gibt häufig Anlaß zur Diskussion. Dieses Merkmal ist nominal und nicht ordinal, wie vielfach angenommen wird. Telefonnummern unterscheiden sich nämlich nicht durch ihre Größe, sondern durch ihre Art, d.h., durch die jeweilige Ziffernfolge. Damit sind dem Merkmal auch die Eigenschaften qualitativ und diskret zuzuordnen.

Das Merkmal Statistikzensur ist ordinal, da die Merkmalsausprägungen einer Reihenfolge unterliegen. Die Abstände sind jedoch nicht zu interpretieren, denn der Unterschied zwischen den Noten "sehr gut" und "gut" ist gänzlich anders als zwischen den Noten "ausreichend" und "mangelhaft", da die Note "mangelhaft" etwa ein Nichtbestehen der Statistikklausur bedeutet. Das Merkmal Zensur ist damit **nicht** kardinal, obgleich es häufig als ein solches angenommen wird, wenn in Assoziation mit Zahlenwerten fälschlicherweise Durchschnittszensuren gebildet werden. Darüber hinaus unterscheiden sich die fünf Ausprägungen "sehr gut", "gut", ..., "mangelhaft" durch ihre Art, es handelt sich um ein qualitatives Merkmal. Da es nur fünf mögliche Ausprägungen gibt, ist das Merkmal Zensur diskret.

Lösung Aufgabe 1.2

Die folgende Tabelle gibt die geordneten Stichproben der Mitarbeiter wieder, zudem wurden die Summen des jeweiligen Papierverbrauchs gebildet:

A. LEIDER	S. NUR	S. WENIG	I. ERFOLG	S. REICH
1	1	4	8	29
1	2	5	13	37
1	2	7	16	
2	3	8	22	
2	3	12	28	
2	3	15	33	
2	5	21		
3	6	23		
3	8	27		
4	8	28		
5	9			
6	10			
7				
7				
8	—	—	—	—
54	60	150	120	66

a) Die Häufigkeitsverteilung des Papierverbrauchs sowie die zur Erstellung des Kreisdiagramms notwendigen Winkel gibt die folgende Tabelle wieder:

Mitarbeiter	absolute Häufigkeit n_i	relative Häufigkeit $r_i = \frac{n_i}{n}$	Kreissektor $360° \cdot r_i$
Leider	54	0.12	43.2°
Nur	60	$0.1\bar{3}$	48.0°
Wenig	150	$0.\bar{3}$	120.0°
Erfolg	120	$0.2\bar{6}$	96.0°
Reich	66	$0.14\bar{6}$	52.8°
	450	1.0	360.0°

Damit erhält man folgendes Kreisdiagramm:

Kreisdiagramm Papierverbrauch

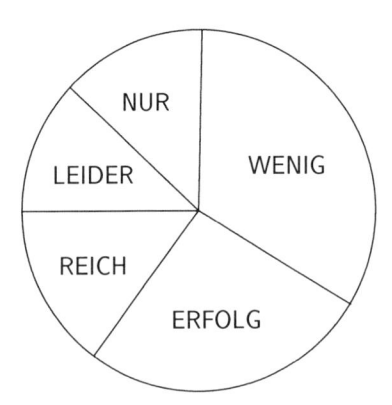

Für das Blockdiagramm wird für jeden Mitarbeiter eine Säule gleicher Breite abgetragen, deren Höhe den relativen oder absoluten Häufigkeiten entspricht. In der folgenden Abbildung sind sowohl relative als auch absolute Häufigkeiten angegeben.

Blockdiagramm Papierverbrauch

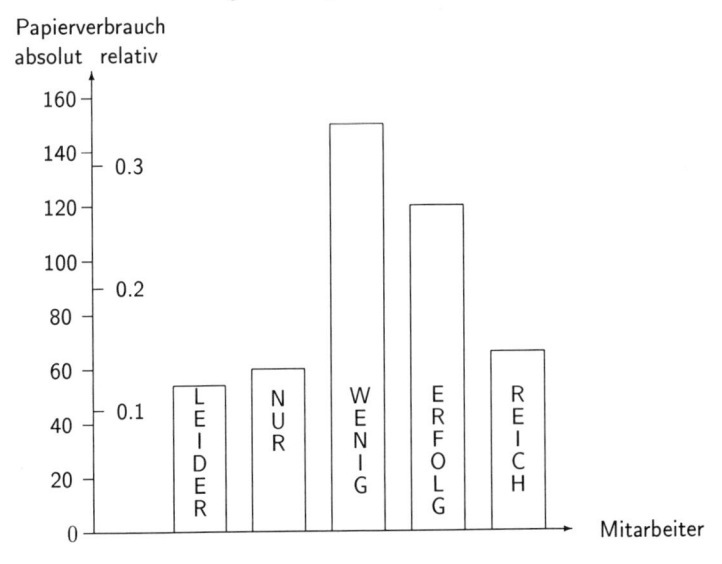

Ähnlich wie beim Blockdiagramm wird beim Stabdiagramm vorgegangen; an die Stelle der Säulen treten hier die "schlankeren" Stäbe, die zur besseren Übersicht am Ende in der Regel mit einem kurzen Querbalken versehen werden:

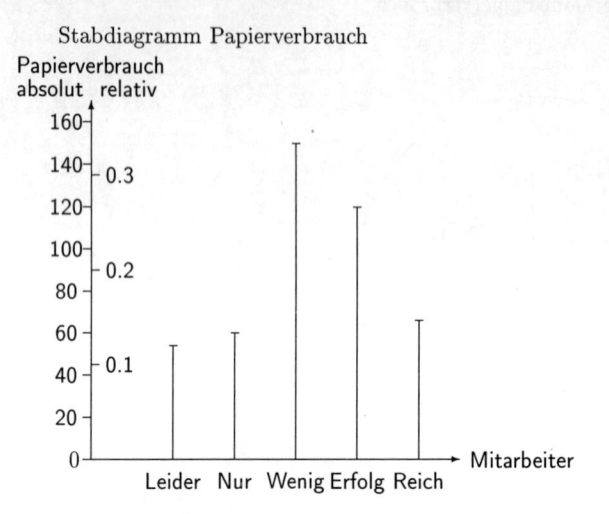

Für das Häufigkeitspolygon verbindet man die Endpunkte des Stabdiagramms zu einem sog. Polygonzug:

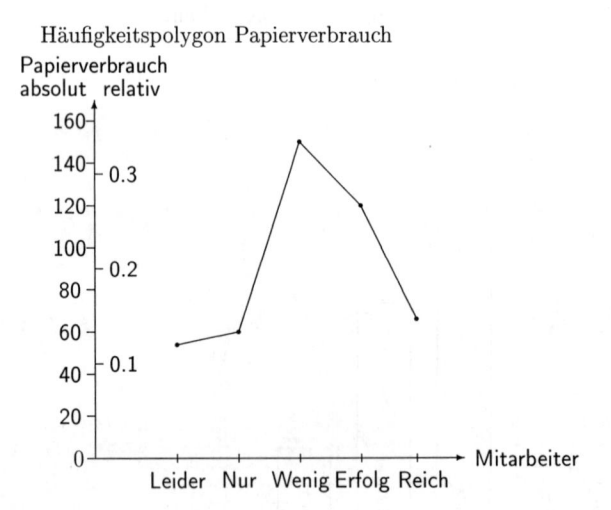

b) Die Ordnungsliebe der Mitarbeiter läßt sich an der Zahl der Papierkorbleerungen ablesen. Die Häufigkeitsverteilung findet sich in der nachfolgenden Tabelle wieder:

Mitarbeiter	absolute Häufigkeit n_i	relative Häufigkeit $r_i = \frac{n_i}{n}$
Leider	15	$0.\bar{3}$
Nur	12	$0.2\bar{6}$
Wenig	10	$0.\bar{2}$
Erfolg	6	$0.1\bar{3}$
Reich	2	$0.0\bar{4}$
$\sum$	45	1.0

Damit erhält man folgendes Blockdiagramm:

Blockdiagramm Ordnungsliebe

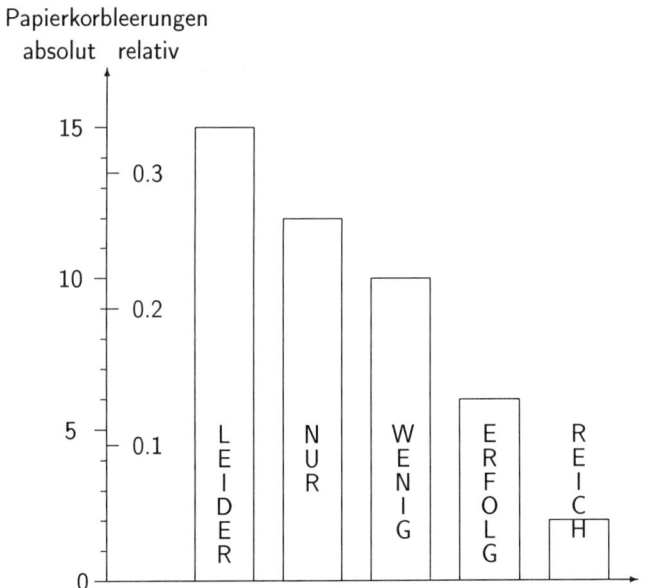

Lösung Aufgabe 1.3

a) i) Für das arithmetische Mittel $\bar{x}$ erhält man:
$$\bar{x} = \frac{1}{7}(2750 + 3300 + 4300 + 2750 + 3250 + 2850 + 3200) = 3200 \ .$$

ii) Als Modus ermittelt man $\bar{x}_M = 2750$.

Für die Berechnung der weiteren Lagemaße benötigt man die geordnete Stichprobe:

$x_{(1)}$	$x_{(2)}$	$x_{(3)}$	$x_{(4)}$	$x_{(5)}$	$x_{(6)}$	$x_{(7)}$
2750	2750	2850	3200	3250	3300	4300

iii) Der Median ist damit gegeben durch $\tilde{x} = x_{(4)} = 3200$.

iv) Für $\alpha = 0.2$ und $n = 7$ erhält man:
$$q = [n \cdot \alpha] = [7 \cdot 0.2] = [1.4] = 1 \ . \tag{1.1}$$

Damit errechnet man für das 0.2–getrimmte Mittel:
$$\begin{aligned} \bar{x}_\alpha &= \frac{1}{n-2q} \sum_{i=q+1}^{n-q} x_{(i)} = \frac{1}{5} \sum_{i=2}^{6} x_{(i)} \\ &= \frac{1}{5}(2750 + 2850 + 3200 + 3250 + 3300) = 3070 \ . \end{aligned}$$

v) Mit (1.1) ergibt sich für das 0.2–winsorisierte Mittel:
$$\begin{aligned} \bar{x}_{w,\alpha} &= \frac{1}{n}\left[\sum_{i=q+1}^{n-q} x_{(i)} + q(x_{(q+1)} + x_{(n-q)})\right] = \frac{1}{7}\left[\sum_{i=2}^{6} x_{(i)} + 1 \cdot (x_{(2)} + x_{(6)})\right] \\ &= \frac{1}{7}[2850 + 3200 + 3250 + 2(2750 + 3300)] \\ &= 3057.14 \ . \end{aligned}$$

vi) Da $7 \cdot 0.25 = 1.75 \notin \mathbb{N}$, erhält man für die Quartile:
$$\begin{aligned} \tilde{x}_{0.25} &= x_{([7 \cdot 0.25]+1)} = x_{(2)} = 2750 \ , \\ \tilde{x}_{0.75} &= x_{([7 \cdot 0.75]+1)} = x_{(6)} = 3300 \ . \end{aligned}$$

Der Median (das "mittlere" Quartil) wurde bereits in Teil iii) als $\tilde{x} = \tilde{x}_{0.5} = 3200$ ermittelt.

Damit erhält man den Trimean:
$$\begin{aligned} \tilde{x}_T &= \frac{1}{4}\tilde{x}_{0.25} + \frac{1}{2}\tilde{x}_{0.5} + \frac{1}{4}\tilde{x}_{0.75} = \frac{2750}{4} + \frac{3200}{2} + \frac{3300}{4} \\ &= 3112.5 \ . \end{aligned}$$

b) i) Die Quadratsumme der x_i liefert:

$$\sum_{i=1}^{7} x_i^2 = 2750^2 + 3300^2 + 4300^2 + 2750^2 + 3250^2 + 2850^2 + 3200^2$$
$$= 73\,430\,000\,.$$

Mit $\bar{x}$ aus a) i) erhält man daher für die Varianz:

$$\sigma^2 = \frac{1}{7}\sum_{i=1}^{7} x_i^2 - \bar{x}^2 = 10\,490\,000 - 10\,240\,000$$
$$= 250\,000\,.$$

ii) Die Standardabweichung ergibt sich als Wurzel der Varianz σ^2:

$$\sigma = \sqrt{\sigma^2} = \sqrt{250\,000} = 500\,.$$

iii) Die Spannweite R ist gerade die Differenz zwischen größter und kleinster Beobachtung:

$$R = x_{(7)} - x_{(1)} = 4300 - 2750 = 1550\,.$$

iv) Zur Berechnung des MAD betrachte man folgende Arbeitstabelle:

i	1	2	3	4	5	6	7
$x_{(i)}$	2750	2750	2850	3200	3250	3300	4300
$\lvert x_{(i)} - \tilde{x} \rvert$	450	450	350	0	50	100	1100

Die geordneten Abweichungen ergeben dann:

$$0 \quad 50 \quad 100 \quad 350 \quad 450 \quad 450 \quad 1100\,,$$

und man erhält als Median dieser Daten den MAD als

$$\text{MAD} = 350\,.$$

v) Für die mittlere absolute Abweichung vom Median erhält man mit Hilfe des Teils iv):

$$d = \frac{1}{7}\sum_{i=1}^{7} \lvert x_i - \tilde{x} \rvert = \frac{1}{7}(450 + 450 + 350 + 0 + 50 + 100 + 1100)$$
$$= \frac{2500}{7} \approx 357{,}14\,.$$

Vorsicht! Die mittlere absolute Abweichung, im Englischen auch **Mean** Absolute Deviation genannt, wird häufig mit dem MAD (**Median** Absolute Deviation) verwechselt.

vi) Der H–Spread ergibt sich als Differenz zwischen oberem und unterem Hinge. Zu deren Berechnung benötigt man die Tiefe der Hinges, die sich wiederum aus der Tiefe des Medians M [2] ergibt:

$$d(M) = \frac{n+1}{2} = 4$$

und

$$d(H) = \frac{[d(M)]+1}{2} = \frac{5}{2} = 2.5 \ .$$

Damit ist das untere Hinge der Mittelwert aus zweit– und drittgrößter Beobachtung:

$$H_u = \frac{1}{2}(x_{(2)} + x_{(3)}) = 2800 \ ,$$

und das obere Hinge berechnet sich analog zu:

$$H_o = \frac{1}{2}(x_{(7+1-2)} + x_{(7+1-3)}) = \frac{1}{2}(x_{(6)} + x_{(5)}) = \frac{3300 + 3250}{2}$$
$$= 3275 \ .$$

Folglich erhält man den H–Spread zu

$$d_H = H_o - H_u = 3275 - 2800$$
$$= 475 \ .$$

vii) Mit den in a) vi) berechneten Quartilen erhält man den Quartilsabstand

$$QD_{0.25} = \tilde{x}_{0.75} - \tilde{x}_{0.25} = 3300 - 2750$$
$$= 550 \ .$$

---

[2]Man beachte die zwei Symbole für den Median: Berechnet man den Median über die geordnete Stichprobe (in Assoziation mit Quantilen), so verwendet man in der Regel die Notation $\tilde{x}$ oder $\tilde{x}_{0.5}$.
Berechnet man den Median im Zusammenhang mit Lettervalues, so bezeichnet man ihn meist mit M. Beide Rechenweisen liefern denselben Wert für den Median! **Aber Vorsicht!** Dieses gilt für Quartile und Hinges **nicht**! Zwar liegen Quartile und Hinges nahe beieinander, aber i.allg. stimmen sie **nicht** überein, wie die Aufgabenteile v) und vi) ergeben werden.

Lösung Aufgabe 1.4

a) Zunächst einmal sollte man aus den Zeitungsmeldungen folgende statistische Begriffe herauslesen: Spiegel–Bild gibt den Modus an, Anarchia betrachtet den Median und die Opulentia Times berechnet das arithmetische Mittel.

Offenbar haben alle Zeitungen recht, denn für die Lagemaße wird man folgende Werte erhalten:

$$\begin{aligned}
\bar{x} &= \frac{1}{n}\sum_{i=1}^{k} n_i a_i \\
&= \frac{1}{300\,000}\Big(36\,000 \cdot 7\,500 + 60\,000 \cdot 22\,500 + 37\,000 \cdot 35\,000 \\
&\quad + 34\,000 \cdot 50\,000 + 82\,000 \cdot 70\,000 + 13\,000 \cdot 90\,000 \\
&\quad + 15\,000 \cdot 125\,000 + 23\,000 \cdot 200\,000\Big) \\
&= \frac{180\,000\,000}{300\,000} = 60\,000.
\end{aligned}$$

Damit ist das arithmetische Mittel $\bar{x} = 60\,000$.

Den Modus $\bar{x}_M$ erhält man als Klassenmitte der Klasse mit der größten Häufigkeitsdichte $\frac{r_i}{b_i}$. D.h.,

$$\bar{x}_M = \frac{u_{i-1} + u_i}{2} \quad \text{mit } i \text{ derart, daß } \frac{r_i}{b_i} = \frac{r_i}{u_i - u_{i-1}} = \max_j\left\{\frac{r_j}{b_j}\right\}.$$

Nun sind

$$\frac{r_1}{b_1} = \frac{n_1}{n(u_1 - u_0)} = \frac{36\,000}{300\,000(15\,000 - 0)} = \frac{24}{3\,000\,000}, \tag{1.2}$$

$$\frac{r_2}{b_2} = \frac{n_2}{n(u_2 - u_1)} = \frac{60\,000}{300\,000(30\,000 - 15\,000)} = \frac{40}{3\,000\,000}, \tag{1.3}$$

$$\frac{r_3}{b_3} = \frac{n_3}{n(u_3 - u_2)} = \frac{37\,000}{300\,000(40\,000 - 30\,000)} = \frac{37}{3\,000\,000}, \tag{1.4}$$

$$\frac{r_4}{b_4} = \frac{n_4}{n(u_4 - u_3)} = \frac{34\,000}{300\,000(60\,000 - 40\,000)} = \frac{17}{3\,000\,000}, \tag{1.5}$$

$$\frac{r_5}{b_5} = \frac{n_5}{n(u_5 - u_4)} = \frac{82\,000}{300\,000(80\,000 - 60\,000)} = \frac{41}{3\,000\,000}, \tag{1.6}$$

$$\frac{r_6}{b_6} = \frac{n_6}{n(u_6 - u_5)} = \frac{13\,000}{300\,000(100\,000 - 80\,000)} = \frac{6.5}{3\,000\,000}, \tag{1.7}$$

$$\frac{r_7}{b_7} = \frac{n_7}{n(u_7 - u_6)} = \frac{15\,000}{300\,000(150\,000 - 100\,000)} = \frac{3}{3\,000\,000}, \tag{1.8}$$

$$\frac{r_8}{b_8} = \frac{n_8}{n(u_8 - u_7)} = \frac{23\,000}{300\,000(250\,000 - 150\,000)} = \frac{2.3}{3\,000\,000}. \tag{1.9}$$

Damit liegt die höchste Häufigkeitsdichte in der Klasse 5 vor, und es gilt:

$$\overline{x}_M = \frac{1}{2}(u_4 + u_5) = \frac{1}{2}(60\,000 + 80\,000) = 70\,000 \ .$$

Zur Ermittlung des Medians bestimme man die Klasse i, für die gilt:

$$\widehat{F}_n(u_i) \geq 0.5 \quad \text{aber} \quad \widehat{F}_n(u_{i-1}) < 0.5 \ ,$$

wobei $\widehat{F}_n$ die empirische Verteilungsfunktion darstellt.
D.h., gesucht ist i derart, daß

$$\sum_{j=1}^{i} r_j \geq 0.5 \quad \text{aber} \quad \sum_{j=1}^{i-1} r_j < 0.5 \ .$$

Dazu betrachte man folgende Arbeitstabelle:

i	1	2	3	4	5	6	7	8
r_i	0.120	0.200	$0.12\overline{3}$	$0.11\overline{3}$	$0.27\overline{3}$	$0.04\overline{3}$	0.05	$0.07\overline{6}$
$\sum_{j=1}^{i} r_j$	0.120	0.320	$0.44\overline{3}$	$0.55\overline{6}$	0.830	$0.87\overline{3}$	$0.92\overline{3}$	1.000

Gesucht ist nun die Einfallsklasse des Medians (oder auch die "Medianklasse"), d.h. die Klasse, in der der Median liegt. Dies ist offenbar die 4. Klasse, denn dort gilt zum ersten Mal

$$\sum_{j=1}^{i} r_j \geq 0.5 \ .$$

Damit berechnet sich der Median zu

$$\begin{aligned}
\widetilde{x} &= \widetilde{x}_{0.5} = u_{4-1} + \frac{0.5 - \sum\limits_{j=1}^{4-1} r_j}{r_4} \cdot b_4 \\
&= u_3 + \frac{0.5 - \sum\limits_{j=1}^{3} r_j}{r_4} \cdot b_4 \\
&= 40\,000 + \frac{0.5 - 0.44\overline{3}}{0.11\overline{3}} \cdot (60\,000 - 40\,000) \\
&= 40\,000 + 0.5 \cdot 20\,000 = 50\,000 \ .
\end{aligned}$$

b) Im Aufgabenteil a) wurden bei der Berechnung des Modus' bereits die Häufigkeitsdichten berechnet (vgl. (1.2) – (1.9)), so daß man folgendes Histogramm erhält:

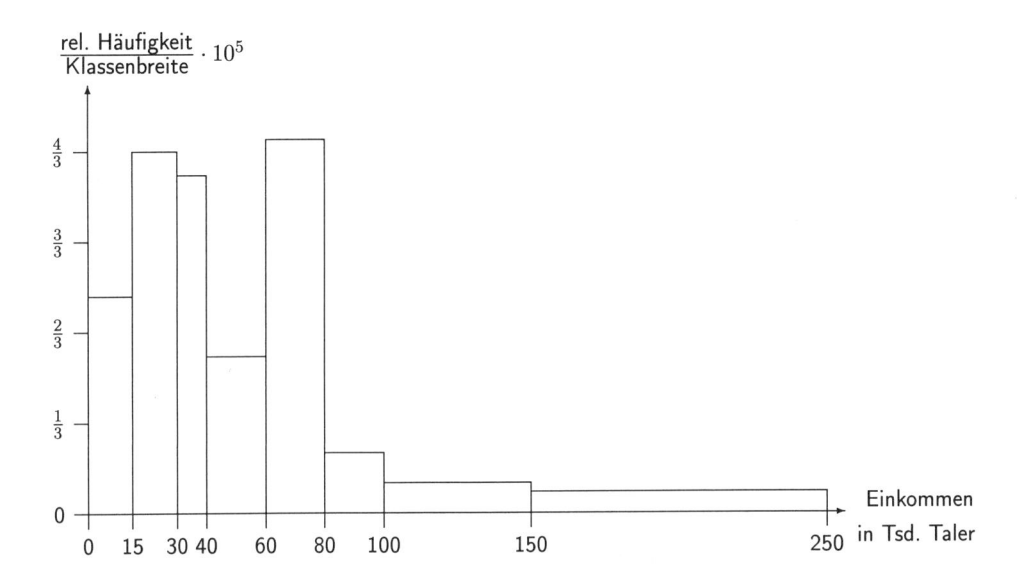

$\frac{\text{rel. Häufigkeit}}{\text{Klassenbreite}} \cdot 10^5$

[Histogramm mit Klassengrenzen 0, 15, 30, 40, 60, 80, 100, 150, 250; Einkommen in Tsd. Taler]

Aus dem Histogramm liest man eine zweigipflige Verteilung ab. Diese Tatsache legt es nahe, überhaupt kein Lagemaß zu verwenden. Der Modus fällt auf eine Klasse, die nur eine geringfügig höhere Häufigkeitsdichte besitzt als die zweite Spitze der Verteilung. Das arithmetische Mittel wird durch einige wenige hohe Werte beeinflußt, und selbst der Median hat hier ungünstige Eigenschaften, liegt er doch genau im Einschnitt zwischen den beiden Spitzen. Bei mehrgipfligen Verteilungen ist deshalb davon abzuraten, die Daten durch ein Lagemaß zu verdichten, das gleiche gilt für Streuungsmaße. Stattdessen könnte man die Daten durch Quantile beschreiben oder, falls die Beobachtungen wie im vorliegenden Fall bereits klassiert sind, durch ein Histogramm. Interessiert die Konzentration des Einkommens, so sind Lorenzkurve und Gini–Maß wichtige Analysemittel. (vgl. etwa Aufgabe 1.15)

Lösung Aufgabe 1.5

a) Die durchschnittliche Zuschauerzahl für die Sendung "Die Alptraumscheidung" berechnet sich durch das arithmetische Mittel zu

$$\overline{x}^A = \frac{1}{6}(2\,000\,000 + 4\,000\,000 + 6\,000\,000 \\ + 7\,500\,000 + 7\,200\,000 + 7\,500\,000)$$
$$= 5\,700\,000\ .$$

Zur Berechnung der durchschnittlichen Zuschauerzahl für "Meins bleibt meins" gilt es zunächst die eigentlichen Zuschauerzahlen zu berechnen: Wenn die zweite Sendung x_2^M einen Zuwachs von 10% gegenüber der ersten Sendung x_1^M hat, so gilt

$$x_2^M = x_1^M + 0.1 \cdot x_1^M = (1 + 0.1)x_1^M \\ = 1.1 \cdot 5\,000\,000 = 5\,500\,000\ .$$

Entsprechend erhält man:

$$x_3^M = 1.05 \cdot x_2^M = 1.05 \cdot 5\,500\,000 = 5\,775\,000\ ,$$
$$x_4^M = 0.95 \cdot x_3^M = 0.95 \cdot 5\,775\,000 = 5\,486\,250\ ,$$
$$x_5^M = 1.20 \cdot x_4^M = 1.20 \cdot 5\,486\,250 = 6\,583\,500\ ,$$
$$x_6^M = 1.05 \cdot x_5^M = 1.05 \cdot 6\,583\,500 = 6\,912\,675\ .$$

Als durchschnittliche Zuschauerzahl für die Sendung "Meins bleibt meins" erhält man daher:

$$\overline{x}^M = \frac{1}{6}(5\,000\,000 + 5\,500\,000 + 5\,775\,000 \\ + 5\,486\,250 + 6\,583\,500 + 6\,912\,675)$$
$$= 5\,876\,237.5\ .$$

Damit hat der Sender STATT 2 die höhere Zuschauerzahl.

b) Für die Sendung "Meins bleibt meins" ermittelt man die durchschnittliche Zuwachsrate durch das geometrische Mittel wie folgt:

$$\overline{y}_g^M = \sqrt[5]{1.1 \cdot 1.05 \cdot 0.95 \cdot 1.2 \cdot 1.05} \\ = 1.067\ ,$$

d.h., diese Sendung hat einen durchschnittlichen Zuwachs von 6.7%.
Die Sendung "Alptraumscheidung" hat eine Zuwachsrate von der ersten bis zur sechsten Sendung von

$$\frac{7\,500\,000}{2\,000\,000} = 3.75 \ .$$

Dies entspricht einer durchschnittlichen Wachstumsrate pro Sendung von

$$\overline{y}_g^A = \sqrt[5]{3.75} = 1.303 \ .$$

In anderen Worten, diese Sendung hat mit durchschnittlich 30.3% Zuschauerzuwachs den höheren Zuwachs.

Lösung Aufgabe 1.6

a) Für die Durchschnittsgeschwindigkeit bildet man das harmonische Mittel der einzelnen Geschwindigkeiten, das man gewichtet mit der jeweiligen Streckenlänge. Für Ricki Raserati erhält man als Durchschnittsgeschwindigkeit (in $\frac{m}{\text{Std}}$):

$$\begin{aligned}\overline{x}_h &= \frac{n}{\sum_{i=1}^{4}\frac{n_i}{x_i}} = \frac{3.2+1.9+3.5+3.4}{\frac{3.2}{0.8}+\frac{1.9}{0.6}+\frac{3.5}{0.95}+\frac{3.4}{0.9}} \\ &= 0.820 \ ,\end{aligned} \qquad (1.10)$$

analog für Emilio Escargot (in $\frac{m}{\text{Std}}$):

$$\begin{aligned}\overline{y}_h &= \frac{3.2+1.9+3.5+3.4}{\frac{3.2}{0.75}+\frac{1.9}{0.65}+\frac{3.5}{0.9}+\frac{3.4}{0.95}} \\ &= 0.819 \ .\end{aligned}$$

b) Sei y_5 die Durchschnittsgeschwindigkeit (in m/Std) von Emilio Escargot im fünften und letzten Rennen. Escargots Durchschnittsgeschwindigkeit für das gesamte Rennen ist dann gegeben durch:

$$\overline{y}_h = \frac{3.2+1.9+3.5+3.4+3.0}{\frac{3.2}{0.75}+\frac{1.9}{0.65}+\frac{3.5}{0.9}+\frac{3.4}{0.95}+\frac{3.0}{y_5}} = \frac{15}{14.658+\frac{3}{y_5}} \ .$$

Wenn Raserati an seiner bisherigen Durchschnittsgeschwindigkeit festhält, so beträgt seine Durchschnittsgeschwindigkeit für das gesamte Rennen nach wie vor

$$\overline{x}_h = 0.820 \quad (\text{vgl. } (1.10)) \ .$$

Damit nun Escargot mit der letzten Etappe das ganze Rennen gewinnt, muß gelten:

$$\overline{y}_h > \overline{x}_h$$
$$\iff \frac{15}{14.658 + \frac{3}{y_5}} > 0.82 \ .$$

Man beachte, daß sich das Ungleichheitszeichen beim Bilden des Kehrwertes umdreht:

$$\iff \frac{14.658 + \frac{3}{y_5}}{15} < \frac{1}{0.82}$$
$$\iff 14.658 + \frac{3}{y_5} < 18.293$$
$$\iff \frac{3}{y_5} < 3.635$$
$$\iff \frac{y_5}{3} > \frac{1}{3.635}$$
$$\iff y_5 > \frac{3}{3.635} = 0.825 \ .$$

Lösung Aufgabe 1.7

a) Zur Ermittlung der empirischen Verteilungsfunktion betrachte man folgende Häufigkeitsverteilung der gruppierten Daten:

i	$x_{(i)}$	absolute Häufigkeit n_i	relative Häufigkeit $r_i = \frac{n_i}{n}$	kumulierte rel. Häufigkeit $\sum_{j=1}^{i} r_j$
1	0	3	0.1875	0.1875
2	1	4	0.2500	0.4375
3	2	1	0.0625	0.5000
4	4	1	0.0625	0.5625
5	5	2	0.1250	0.6875
6	6	2	0.1250	0.8125
7	7	1	0.0625	0.8750
8	11	1	0.0625	0.9375
9	15	1	0.0625	1.0000

Die empirische Verteilungsfunktion wird nun wie folgt gezeichnet:
Bis zur kleinsten Beobachtung $x_{(1)} = 0$ ist die empirische Verteilungsfunktion null. An der Stelle 0 macht sie einen Sprung der Höhe 0.1875. Dieser Wert wird bis zur nächstgrößeren Beobachtung $x_{(2)} = 1$ beibehalten, dort erfolgt der nächste Sprung auf 0.4375, usw., bis die empirische Verteilungsfunktion an der Stelle $x_{(9)} = 15$ den Wert 1 annimmt. Die eckigen bzw. runden Klammern deuten an, daß die Randpunkte von links kommend nicht enthalten sind, wohl aber, wenn man sich von rechts nähert (diese Eigenschaft einer Verteilungsfunktion nennt man auch "rechtsseitig stetig").

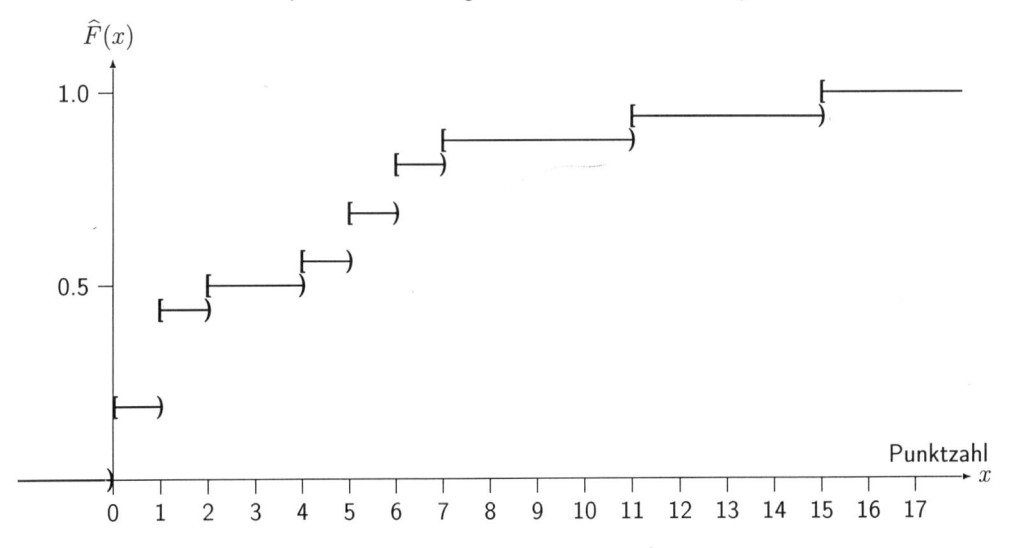

b) Die zur Erstellung eines Histogramms notwendigen absoluten oder relativen Häufigkeiten sind bereits in der Tabelle zur Berechnung der empirischen Verteilungsfunktion angegeben. In diesem Beispiel entscheiden wir uns dafür, die absoluten Häufigkeiten abzutragen. (Genausogut könnte man auch die relativen Häufigkeiten kenntlich machen oder beide, siehe etwa Aufgabe 1.8).

Da es sich um ein diskretes Merkmal handelt, werden Klassen derart gebildet, daß die jeweiligen Beobachtungen in der Mitte der Klassen liegen, also

$$K_1 = [-0.5; 0.5) , \quad K_2 = [0.5; 1.5) , \quad \ldots , \quad K_{16} = [14.5; 15.5) ,$$

so daß man zu folgendem Histogramm gelangt:

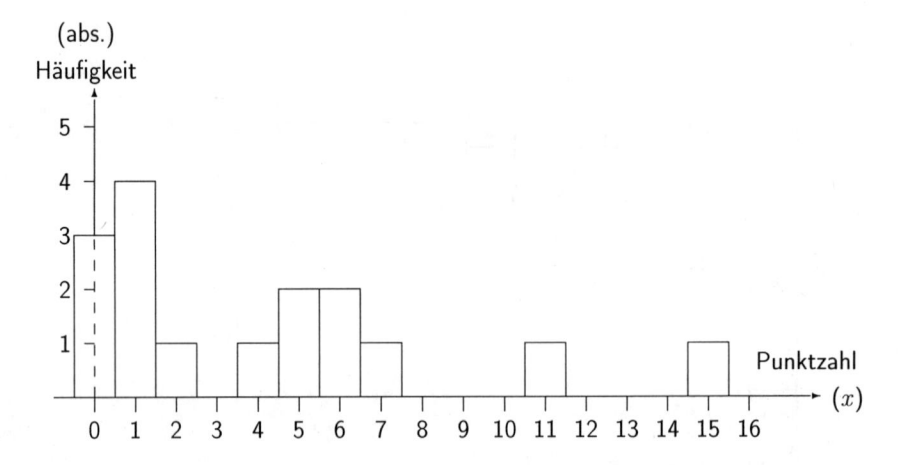

c) Die vorliegenden Daten haben eine Spannweite von

$$R = x_{(64)} - x_{(1)} = 8.9 - 0.1 = 8.8 \ .$$

Die Regel von Kronmal/Dixon legt es nahe, $[10 \cdot \log_{10} n] = [18.06] = 18$ Klassen zu bilden. Als äquidistante Klassenbreite erhält man damit etwa

$$\frac{8.8}{18} = 0.49 \approx 0.5 \ .$$

Da die Daten bereits sortiert sind, ermittelt man leicht die Klassenhäufigkeiten, die in folgender Tabelle dargestellt sind:

i	Klasse $K_i = [u_{i-1}, u_i)$	abs. Häufig- keit n_i	rel. Häufig- keit r_i	kum. rel. Häufig- keit $\sum_{j=1}^{i} r_j$
1	[0.0;0.5)	6	0.093750	0.093750
2	[0.5;1.0)	12	0.187500	0.281250
3	[1.0;1.5)	10	0.156250	0.437500
4	[1.5;2.0)	7	0.109375	0.546875
5	[2.0;2.5)	5	0.078125	0.625000
6	[2.5;3.0)	3	0.046875	0.671875
7	[3.0;3.5)	2	0.031250	0.703125
8	[3.5;4.0)	4	0.062500	0.765625
9	[4.0;4.5)	4	0.062500	0.828125
10	[4.5;5.0)	2	0.031250	0.859375
11	[5.0;5.5)	2	0.031250	0.890625
12	[5.5;6.0)	1	0.015625	0.906250
13	[6.0;6.5)	1	0.015625	0.921875
14	[6.5;7.0)	2	0.031250	0.953125
15	[7.0;7.5)	1	0.015625	0.968750
16	[7.5;8.0)	1	0.015625	0.984375
17	[8.0;8.5)	0	0	0.984375
18	[8.5;9.0)	1	0.015625	1.000000

Das Summenpolygon wird nun wie folgt gezeichnet: Bis zur unteren Grenze der untersten Klasse (hier $u_0 = 0.0$) ist der Funktionswert des Summenpolygons null, ab der oberen Grenze der obersten Klasse (hier $u_{18} = 9.0$) hat das Summenpolygon den Wert 1. Dazwischen trage man die Punkte

$$\left(u_i, \sum_{j=1}^{i} r_j \right)$$

ab und verbinde die aufeinanderfolgenden Punkte durch einen Polygonzug:

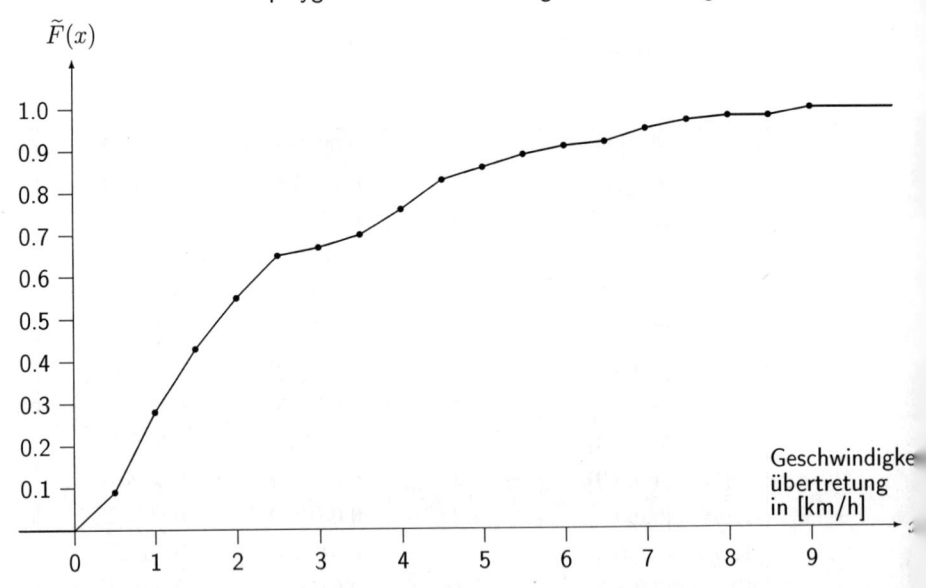

Lösung Aufgabe 1.8

a) Da zahlreiche Beobachtungen mehrfach auftreten, betrachte man zur Vereinfachung nachfolgende Tabelle der gruppierten Daten (die letzte Spalte dient Berechnungen für den Aufgabenteil c)):

i	x_i	n_i	$n_i x_i$	$n_i x_i^2$
1	72	1	72	5184
2	84	1	84	7056
3	92	1	92	8464
4	96	1	96	9216
5	98	2	196	19208
6	100	7	700	70000
7	102	4	408	41616
8	104	2	208	21632
9	106	1	106	11236
10	108	1	108	11664
11	112	2	224	25088
12	116	1	116	13456
13	124	1	124	15376
$\sum$		25	2534	259196

Mit Hilfe obiger Tabelle ermittelt man als arithmetisches Mittel

$$\overline{x} = \frac{1}{n}\sum_{i=1}^{13} n_i x_i = \frac{2534}{25} = 101.36 , \tag{1.11}$$

der Median ist gegeben durch

$$\widetilde{x} = x_{(\frac{25+1}{2})} = x_{(13)} = 100 ,$$

und der Modus ist ebenfalls

$$\overline{x}_M = 100 . \tag{1.12}$$

b) Für die Klassenbildung von A. Einbein ermittelt man folgende Klassenmitten a_i sowie relative Häufigkeiten r_i (die Spalten $n_i a_i$ und $n_i a_i^2$ dienen wiederum Berechnungen im Aufgabenteil c)):

i	K_i	a_i	n_i	$n_i a_i$	$n_i a_i^2$	$r_i = \frac{n_i}{n}$	$\sum_{j=1}^{i} r_j$
1	[71,75)	73	1	73	5329	0.04	0.04
2	[83,87)	85	1	85	7225	0.04	0.08
3	[91,95)	93	1	93	8649	0.04	0.12
4	[95,99)	97	3	291	28227	0.12	0.24
5	[99,103)	101	11	1111	112211	0.44	0.68
6	[103,107)	105	3	315	33075	0.12	0.80
7	[107,111)	109	1	109	11881	0.04	0.84
8	[111,115)	113	2	226	25538	0.08	0.92
9	[115,119)	117	1	117	13689	0.04	0.96
10	[123,127)	125	1	125	15625	0.04	1.00
$\sum$			25	2545	261449		

Damit erhält man folgendes Histogramm:

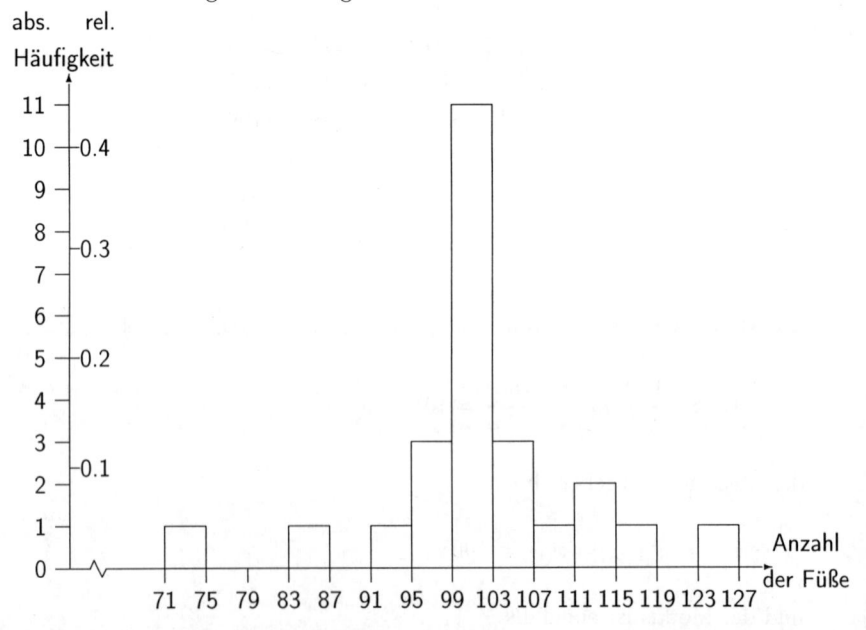

Sieht man von einem zweiten kleinen Peak ab, so vermittelt dieses Histogramm einen eher symmetrischen Eindruck der Verteilung.

Die Klassenbildung des Mitarbeiters Zweifuß gibt die folgende Tabelle wieder:

i	K_i	a_i	n_i	$n_i a_i$	$n_i a_i^2$	$r_i = \frac{n_i}{n}$	$\sum_{j=1}^{i} r_j$
1	[69,73)	71	1	71	5041	0.04	0.04
2	[81,85)	83	1	83	6889	0.04	0.08
3	[89,93)	91	1	91	8281	0.04	0.12
4	[93,97)	95	1	95	9025	0.04	0.16
5	[97,101)	99	9	891	88209	0.36	0.52
6	[101,105)	103	6	618	63654	0.24	0.76
7	[105,109)	107	2	214	22898	0.08	0.84
8	[109,113)	111	2	222	24642	0.08	0.92
9	[113,117)	115	1	115	13225	0.04	0.96
10	[121,125)	123	1	123	15129	0.04	1.00
$\sum$			25	2523	256993		

Damit erhält man folgendes Histogramm:

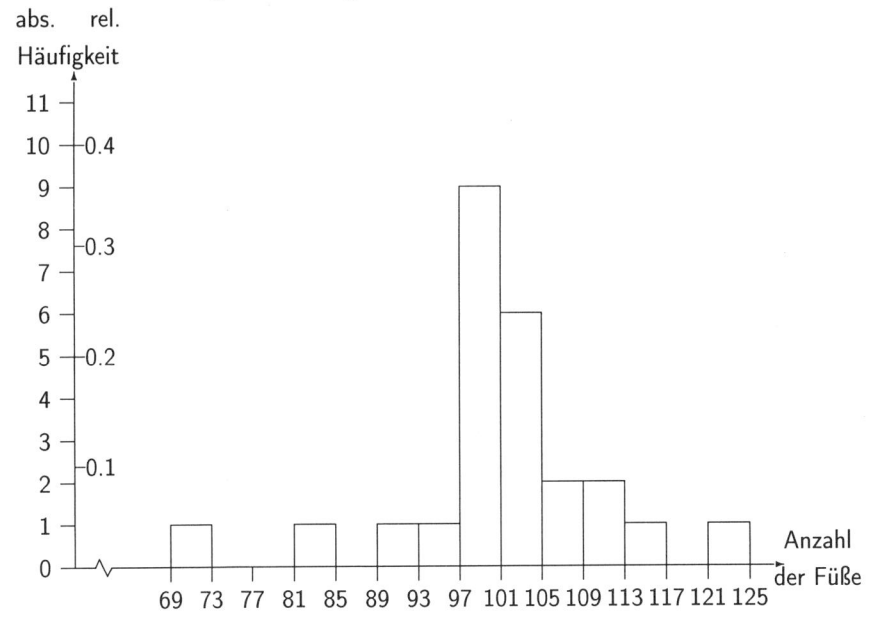

Sieht man von den extrem niedrigen Beobachtungen ab, so suggeriert dieses Histogramm eine eher rechtsschiefe Verteilung.

Wie bereits erwähnt, weist eines der Histogramme auf eine eher rechtsschiefe Verteilung, eines auf eine eher symmetrische Verteilung hin.

Dabei haben beide Wissenschaftler sicher mit gutem statistischen Gewissen gehandelt:

- Mit Anwendung der $[10\log_{10} n]$-Regel ermittelten sie eine Anzahl von
$$[10\log_{10} 25] = [13.98] = 13$$
Klassen, was bei einer Spannweite von
$$R = x_{(25)} - x_{(1)} = 124 - 72 = 52$$
einer äquidistanten Klassenbreite von
$$\frac{52}{13} = 4$$
entspricht.

- Weiterhin haben beide Wissenschaftler darauf geachtet, daß keine Beobachtungen auf den Klassengrenzen liegen, indem sie ungerade Werte als Klassengrenzen wählten.

Die erstaunlichen Unterschiede in den Ergebnissen sind vielmehr im Verfahren selbst zu suchen. Ein Histogramm hängt ab von der Wahl des Ursprungs und von der Klassenbreite. Welche Auswirkungen die unterschiedliche Wahl des Ursprungs (d.h. Verschiebung der Klassen) hat, haben wir in der vorliegenden Aufgabe gesehen. Weitere Unterschiede können entstehen durch die Wahl unterschiedlicher Klassenbreiten.

Diese Eigenschaft vergessen viele Anwender, wenn sie standardmäßig ein spezielles Histogramm mittels eines Software-Paketes ausdrucken lassen und anschließend dieses spezielle Histogramm zum Ausgangspunkt aller möglichen Interpretationen machen.

c) Für die Originaldaten liegen mit Aufgabenteil a) bereits $\bar{x} = 101.36$ (vgl. 1.11) und $\bar{x}_M = 100$ (vgl. 1.12) vor. Darüber hinaus entnimmt man der Tabelle mit den gruppierten Daten:

$$\sum_{i=1}^{13} n_i x_i^2 = 259\,196\,.$$

Damit erhält man als Varianz

$$\sigma^2 = \frac{1}{25}\sum_{i=1}^{13} n_i x_i^2 - \bar{x}^2 = \frac{259\,196}{25} - 101.36^2 = 93.99$$

und folglich als Standardabweichung

$$\sigma = \sqrt{\sigma^2} = \sqrt{93.99} = 9.69\ ,$$

so daß für den ersten Pearsonschen Schiefekoeffizienten folgt:

$$SK_1 = \frac{\overline{x} - \overline{x}_M}{\sigma} = \frac{101.36 - 100}{9.69} = 0.14\ .$$

Für die Klassierung von Einbein erhält man mit Hilfe der Tabelle zur ersten Klassierung

$$\overline{x} = \frac{1}{25}\sum_{i=1}^{10} n_i a_i = \frac{2545}{25} = 101.8\ .$$

Zur Berechnung der Varianz sollte man aufgrund der äquidistanten Klassenbreiten den Sheppardschen Korrekturfaktor berücksichtigen:

$$\frac{b^2}{12} = \frac{16}{12} = 1.33\ .$$

Für die Varianz erhält man damit:

$$\sigma^2 = \frac{1}{25}\sum_{i=1}^{10} n_i a_i^2 - \overline{x}^2 - \frac{b^2}{12} = \frac{261\ 449}{25} - 101.8^2 - 1.33 = 93.39$$

und ermittelt die Standardabweichung zu

$$\sigma = 9.66\ .$$

Der Modus ist bei klassierten Daten gegeben durch die Klassenmitte der Klasse mit der höchsten Häufigkeitsdichte. Da im vorliegenden Fall gleiche Klassenbreiten gewählt wurden, kann man auch nach der größten relativen oder absoluten Häufigkeit suchen. Bei Einbein ist die am stärksten besetzte Klasse $[99, 103)$, so daß man den Modus

$$\overline{x}_M = \frac{99 + 103}{2} = 101$$

erhält.

Der erste Pearsonsche Schiefekoeffizient ist damit gegeben durch

$$SK_1 = \frac{\overline{x} - \overline{x}_M}{\sigma} = \frac{101.8 - 101}{9.66} = 0.08\ .$$

In analoger Vorgehensweise ermittelt man für die Klassierung von Zweifuß:

$$\overline{x} = \frac{1}{25}\sum_{i=1}^{10} n_i a_i = \frac{2523}{25} = 100.92\,,$$

$$\overline{x}_M = \frac{97+101}{2} = 99\,,$$

$$\sigma^2 = \frac{1}{25}\sum_{i=1}^{10} n_i a_i^2 - \overline{x}^2 - \frac{b^2}{12} = \frac{256\,993}{25} - 100.92^2 - 1.25 = 93.62\,,$$

$$\sigma = 9.68\,,$$

so daß man für den Schiefekoeffizienten nach Pearson

$$SK_1 = \frac{\overline{x} - \overline{x}_M}{\sigma} = \frac{100.92 - 99}{9.68} = 0.20$$

erhält. Quantitativ kann man die Schiefekoeffizienten zwar nicht vergleichen, doch stellt man fest, daß die Klassierung im einen Fall auf eine schwächere, im anderen Fall auf eine stärkere Rechtsschiefe hinweist als die Originaldaten.

Lösung Aufgabe 1.9

Sei nun $y_i = ax_i + b$ für $i = 1,\ldots,n$.

a) Dann gilt für das arithmetische Mittel der y_i:

$$\begin{aligned}\overline{y} &= \frac{1}{n}\sum_{i=1}^{n} y_i = \frac{1}{n}\sum_{i=1}^{n}(ax_i+b) = \frac{1}{n}\sum_{i=1}^{n} ax_i + \frac{1}{n}\underbrace{\sum_{i=1}^{n} b}_{=n\cdot b}\\ &= \frac{1}{n} a\sum_{i=1}^{n} x_i + \underbrace{\frac{1}{n}\cdot n}_{=1}\cdot b = a\cdot \underbrace{\frac{1}{n}\sum_{i=1}^{n} x_i}_{=\overline{x}} + b\end{aligned}$$

$$\Rightarrow \quad \overline{y} = a\overline{x} + b\,. \tag{1.13}$$

Bei der Berechnung des Medians ändert sich die Reihenfolge der Beobachtungen nicht, wenn man alle Beobachtungen mit dem gleichen Wert $a \in \mathbb{R}$ multipliziert. Für positives a ändert sich die Reihenfolge der geordneten Stichprobe nicht. Für negatives a dreht sich die Reihenfolge genau um. Das hat aber weder für ungeraden Stichprobenumfang einen Einfluß, denn der Median bleibt in der Mitte, noch für geraden Stichprobenumfang, da die beiden Werte, deren arithmetisches Mittel den Median liefert, zwar umgedreht werden, in ihrer Summe aber gleich bleiben. D.h.,

$$\operatorname*{med}_{i}\{ax_i\} = a \cdot \operatorname*{med}_{i}\{x_i\} \ .$$

Darüber hinaus kann man sämtliche Beobachtungen um eine Konstante $b \in \mathbb{R}$ verschieben, ohne daß sich die Reihenfolge der Beobachtungen überhaupt ändert und damit für den Median gilt:

$$\operatorname*{med}_{i}\{ax_i + b\} = \operatorname*{med}_{i}\{ax_i\} + b \ .$$

Daraus folgt

$$\widetilde{y} = a\widetilde{x} + b \ . \tag{1.14}$$

Analoge Überlegungen für den Modus führen zu

$$\overline{y}_M = a\overline{x}_M + b \ . \tag{1.15}$$

Die Eigenschaften (1.13) – (1.15) nennt man auch Translationsäquivarianz des arithmetischen Mittels, des Medians bzw. des Modus'.
Die Transformation Grad Fahrenheit in Grad Celsius erfolgt durch die Beziehung

$$C = \frac{5}{9}(F - 32) \ . \tag{1.16}$$

Für den vorliegenden Datensatz ermittelt man mit

$$a = \frac{5}{9} \quad \text{und} \quad b = -\frac{160}{9}$$

deshalb leicht:

$$\begin{aligned}
\overline{y} &= \frac{5}{9}\overline{x} - \frac{160}{9} = \frac{5}{9}(-0.65) - \frac{160}{9} \approx -18.14 \ , \\
\overline{y}_M &= \frac{5}{9}\overline{x}_M - \frac{160}{9} = \frac{5}{9} \cdot 3.3 - \frac{160}{9} \approx -15.94 \ , \\
\widetilde{y} &= \frac{5}{9}\widetilde{x} - \frac{160}{9} = \frac{5}{9} \cdot 0.8 - \frac{160}{9} \approx -17.33 \ .
\end{aligned}$$

b) i) **Fall 1:**
Man betrachte zunächst den Fall $a \geq 0$. Dann gilt:

$$\max_i\{y_i\} = \max_i\{ax_i + b\}$$
$$= \max_i\{ax_i\} + b$$
$$= a \cdot \max_i\{x_i\} + b.$$

Analog erhält man:

$$\min_i\{y_i\} = a \cdot \min_i\{x_i\} + b.$$

Und damit:

$$R_y = \max_i\{y_i\} - \min_i\{y_i\}$$
$$= a\max_i\{x_i\} + b - \left(a \cdot \min_i\{x_i\} + b\right)$$
$$= a\left(\max_i\{x_i\} - \min_i\{x_i\}\right)$$
$$= a \cdot R_x.$$

Fall 2:
Sei nun $a < 0$. Dann gilt:

$$\max_i\{y_i\} = \max_i\{ax_i + b\}$$
$$= \max_i\{ax_i\} + b$$
$$= \max_i\{-|a|x_i\} + b$$
$$= |a| \cdot \underbrace{\max_i\{-x_i\}}_{=-\min_i\{x_i\}} + b$$
$$= -|a| \cdot \min_i\{x_i\} + b.$$

Analog:

$$\min_i\{y_i\} = -|a| \cdot \max_i\{x_i\} + b.$$

Damit gilt:

$$R_y = \max_i\{y_i\} - \min_i\{y_i\}$$
$$= -|a|\min_i\{x_i\} + b - \left(-|a| \cdot \max_i\{x_i\} + b\right)$$
$$= |a|\left(\max_i\{x_i\} - \min_i\{x_i\}\right)$$
$$= |a| \cdot R_x.$$

ii) Aus dem Aufgabenteil a) ist bereits bekannt, daß $\tilde{y} = a\tilde{x} + b$ (vgl.(1.14)).
Damit gilt:

$$\begin{aligned}
\text{MAD}_y = \text{med}_i\{|y_i - \tilde{y}|\} &= \text{med}_i\{|ax_i + b - (a\tilde{x} + b)|\} \\
&= \text{med}_i\{|a(x_i - \tilde{x})|\} \\
&= \text{med}_i\{|a| \cdot |x_i - \tilde{x}|\} \\
&= |a| \cdot \underbrace{\text{med}_i\{|x_i - \tilde{x}|\}}_{=\text{MAD}_x} \\
&= |a| \cdot \text{MAD}_x \ .
\end{aligned}$$

iii) Aus Teil a) ist bekannt, daß $\bar{y} = a\bar{x} + b$ (vgl.(1.13)).
Damit gilt:

$$\begin{aligned}
\sigma_y^2 &= \frac{1}{n}\sum_{i=1}^n (y_i - \bar{y})^2 = \frac{1}{n}\sum_{i=1}^n [ax_i + b - (a\bar{x} + b)]^2 \\
&= \frac{1}{n}\sum_{i=1}^n [a(x_i - \bar{x})]^2 = a^2 \cdot \frac{1}{n}\sum_{i=1}^n (x_i - \bar{x})^2 = a^2 \sigma_x^2 \ .
\end{aligned}$$

iv) Mit iii) erhält man:

$$\sigma_y = +\sqrt{\sigma_y^2} = \sqrt{a^2 \sigma_x^2} = |a|\sigma_x \ . \tag{1.17}$$

Für die vorgegebenen Daten erhält man durch die Transformation (1.16):

$$\sigma_y = \left|\frac{5}{9}\right|\sigma_x = \frac{5}{9} \cdot 6.99 \approx 3.88 \ ,$$

$$\text{MAD}_y = \left|\frac{5}{9}\right|\text{MAD}_x = \frac{5}{9} \cdot 4.55 \approx 2.53 \ ,$$

$$R_y = |a|R_x = \frac{5}{9} \cdot 30.8 \approx 17.11 \ .$$

Die Eigenschaften, die besagen, daß für ein Streuungsmaß $S(X)$

$$S(aX + b) = |a| \cdot S(X)$$

gilt, heißen Verschiebungsinvarianz und Skalenäquivarianz.

c) Streuungsmaße, die unverändert bleiben unter der Transformation $y_i = ax_i$ für $a > 0$, sind gegeben durch den Variationskoeffizienten

$$V_x = \frac{\sigma_x}{\bar{x}}$$

sowie den Quartilsdispersionskoeffizienten

$$QD_x = \frac{\tilde{x}_{0.75} - \tilde{x}_{0.25}}{\tilde{x}_{0.75} + \tilde{x}_{0.25}} \;.$$

Aufgrund dieser Eigenschaft nennt man diese Streuungsmaße auch "dimensionslose Streuungsmaße" oder "Maße der relativen Streuung".
Für den Variationskoeffizienten gilt mit (1.13) und (1.17):

$$\begin{aligned} V_y &= \frac{\sigma_y}{\bar{y}} = \frac{|a|\sigma_x}{a \cdot \bar{x}} = \frac{a\sigma_x}{a\bar{x}} \quad \text{(da } a > 0\text{)} \\ &= \frac{\sigma_x}{\bar{x}} = V_x \;. \end{aligned}$$

Für $a > 0$ bleibt die Reihenfolge der geordneten Stichprobe erhalten, so daß gilt:

$$\tilde{y}_\alpha = \widetilde{(ax)}_\alpha = a \cdot \tilde{x}_\alpha \;.$$

Damit erhält man für den Quartilsdispersionskoeffizienten:

$$\begin{aligned} QD_y &= \frac{\tilde{y}_{0.75} - \tilde{y}_{0.25}}{\tilde{y}_{0.75} + \tilde{y}_{0.25}} = \frac{a\tilde{x}_{0.75} - a\tilde{x}_{0.25}}{a\tilde{x}_{0.75} + a\tilde{x}_{0.25}} \\ &= \frac{\tilde{x}_{0.75} - \tilde{x}_{0.25}}{\tilde{x}_{0.75} + \tilde{x}_{0.25}} = QD_x \;. \end{aligned}$$

Lösung Aufgabe 1.10

a) Die geordnete Stichprobe ist gegeben durch

$x_{(1)}$	$x_{(2)}$	$x_{(3)}$	$x_{(4)}$	$x_{(5)}$	$x_{(6)}$	$x_{(7)}$	$x_{(8)}$
262.0	627.2	707.3	741.2	863.2	954.6	1014.6	1044.9
$x_{(9)}$	$x_{(10)}$	$x_{(11)}$	$x_{(12)}$	$x_{(13)}$	$x_{(14)}$	$x_{(15)}$	$x_{(16)}$
1072.6	1097.6	1189.0	1210.1	1332.6	2328.1	2838.4	3480.8
$x_{(17)}$	$x_{(18)}$	$x_{(19)}$	$x_{(20)}$				
4164.1	6201.2	8047.6	10 242.9				

Für die Tiefe des Medians erhält man

$$d(M) = \frac{20 + 1}{2} = 10.5 \;.$$

Damit ist der Median gegeben durch das arithmetische Mittel aus der 10. und 11. Beobachtung der geordneten Stichprobe:

$$M = \frac{1}{2}\left(x_{(10)} + x_{(11)}\right) = \frac{1}{2}\left(1097.6 + 1189.0\right) = 1143.3 \ . \tag{1.18}$$

Die Tiefe der Hinges ermittelt sich durch die Tiefe des Medians zu

$$d(H) = \frac{[d(M)] + 1}{2} = \frac{[10.5] + 1}{2} = \frac{10 + 1}{2} = 5.5 \ .$$

Damit sind unteres Hinge (H_u) und oberes Hinge (H_0) gegeben durch

$$\begin{aligned} H_u &= \frac{1}{2}\left(x_{(5)} + x_{(6)}\right) = \frac{1}{2}(863.2 + 954.6) = 908.9 \\ \text{und} \quad H_o &= \frac{1}{2}\left(x_{(20+1-5)} + x_{(20+1-6)}\right) = \frac{1}{2}\left(x_{(16)} + x_{(15)}\right) \\ &= \frac{1}{2}(3480.8 + 2838.4) = 3159.6 \ . \end{aligned}$$

Für den Abstand der Hinges, den H–Spread d_H, erhält man:

$$d_H = H_o - H_u = 3159.6 - 908.9 = 2250.7 \ .$$

Damit gilt:

$$\begin{aligned} 1.5 \cdot d_H &= 3376.05 \ , \\ 3 \cdot d_H &= 6752.10 \ . \end{aligned}$$

Die inneren Zäune ergeben sich damit zu

$$\begin{aligned} H_u - 1.5 \cdot d_H &= 908.9 - 3376.05 = -2467.15 \\ \text{und} \quad H_o + 1.5 \cdot d_H &= 3159.6 + 3376.05 = 6535.65 \ , \end{aligned}$$

entsprechend die äußeren Zäune zu

$$\begin{aligned} H_u - 3 \cdot d_H &= 908.9 - 6752.1 = -5843.2 \\ \text{und} \quad H_o + 3 \cdot d_H &= 3159.6 + 6752.1 = 9911.7 \ . \end{aligned}$$

(Weder der untere innere noch der untere äußere Zaun können in diesem Beispiel unterschritten werden, da nur positive Werte in der Stichprobe vorhanden sind.)
Anrainer, also Beobachtungen, die gerade noch innerhalb der inneren Zäune liegen, sind damit $x_{(1)} = 262.0$ und $x_{(18)} = 6201.2$.

Der Punkt $x_{(19)} = 8047.6$ liegt zwar außerhalb der inneren Zäune aber innerhalb der äußeren Zäune und ist somit ein **Außenpunkt**. Der Punkt $x_{(20)} = 10242.9$ liegt außerhalb der äußeren Zäune, es handelt sich also um einen **Fernpunkt**.
Nun wird der Boxplot gezeichnet, indem man eine "Box" in Höhe der beiden Hinges $H_u = 908.9$ und $H_o = 3159.6$ zeichnet, die durch den Median $M = 1143.3$ unterteilt wird. Von den Seitenmitten der Box werden gestrichelte Linien bis zu den Anrainern gezeichnet, wo sie in einem Querbalken enden. Der Außenpunkt wird durch das Symbol "o", der Fernpunkt durch das Symbol "•" gekennzeichnet.

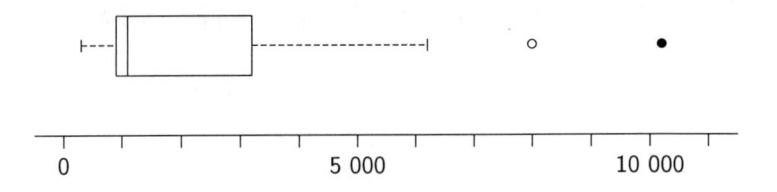

b) Grob gesprochen befinden sich beim Boxplot in den durch unteres Hinge, Median und oberes Hinge unterteilten vier Bereichen jeweils etwa "gleich" viele Beobachtungen. Wenn nun die Bereiche bis zum unteren Hinge bzw. zwischen unterem Hinge und Median schmal sind, so müssen dort relativ viele Werte nahe beieinanderliegen, während die Daten in den eher breiten Bereichen zwischen Median und oberem Hinge sowie oberhalb des oberen Hinges relativ weit verstreut sind.
Dies läßt auf eine rechtsschiefe Verteilung schließen.

Zur Berechnung des Quartilskoeffizienten der Schiefe benötigt man die Quartile $\tilde{x}_{0.25}$ und $\tilde{x}_{0.75}$.
Da $q = 20 \cdot 0.25 = 5$ ganzzahlig ist, erhält man für das untere Quartil:

$$\tilde{x}_{0.25} = \frac{1}{2}(x_{(5)} + x_{(6)}) = 908.9 .$$

Analog erhält man mit $q' = 20 \cdot 0.75 = 15$:

$$\tilde{x}_{0.75} = \frac{1}{2}(x_{(15)} + x_{(16)}) = 3159.6 .$$

D.h., im vorliegenden Fall entsprechen die Quartile gerade den Hinges. Dies ist nicht stets der Fall! Zwar liegen Hinges und Quartile in der Regel nahe beieinander, doch sind sie i.allg. nicht identisch (siehe etwa Aufgabe (1.3)).

Für den Quartilskoeffizienten der Schiefe erhält man unter Verwendung des Medians $\tilde{x} = 1143.3$ (vgl. (1.18)):

$$QS_{0.25} = \frac{(\tilde{x}_{0.75} - \tilde{x}) - (\tilde{x} - \tilde{x}_{0.25})}{\tilde{x}_{0.75} - \tilde{x}_{0.25}} = \frac{\tilde{x}_{0.75} + \tilde{x}_{0.25} - 2\tilde{x}}{\tilde{x}_{0.75} - \tilde{x}_{0.25}}$$
$$= \frac{3159.6 + 908.9 - 2 \cdot 1143.3}{3159.6 - 908.9} \approx 0.79 \ .$$

D.h., der Quartilskoeffizient der Schiefe weist auf eine rechtsschiefe Verteilung hin.
Zur Berechnung der Schiefekoeffizienten nach Fisher und Pearson berechne man folgende Momente:

$$m_1 = \overline{x} = \frac{1}{20} \sum_{i=1}^{20} x_i = 2471.0 \ , \tag{1.19}$$

$$\mu_2 = \sigma^2 = \frac{1}{20} \sum_{i=1}^{20} (x_i - \overline{x})^2 = 7\,062\,183.2 \ , \tag{1.20}$$

$$\mu_3 = \frac{1}{20} \sum_{i=1}^{20} (x_i - \overline{x})^3 \approx 32\,422\,484\,542.0 \ .$$

Damit erhält man für den Schiefekoeffizienten nach Fisher:

$$\gamma_1 = \frac{\mu_3}{\sigma^3} = \frac{32\,422\,484\,542}{(\sqrt{7\,062\,183.2})^3} \approx 1.73 \ .$$

Da $\gamma_1 > 0$ ist, weist auch der Fishersche Schiefekoeffizient auf eine rechtsschiefe Verteilung hin.

Weil in der vorliegenden Aufgabe alle Beobachtungen exakt einmal vorkommen, ist kein Modus anzugeben, daher wird der zweite Pearsonsche Schiefekoeffizient unter Beachtung der Formeln (1.18) – (1.20) wie folgt berechnet:

$$SK_2 = \frac{3(\overline{x} - \tilde{x})}{\sigma} = \frac{3(2471.0 - 1143.3)}{\sqrt{7\,062\,183.2}} \approx 1.50 \ .$$

Folglich deutet auch der Pearsonsche Schiefekoeffizient auf eine rechtsschiefe Verteilung hin, denn $SK_2 > 0$.

Alle betrachteten Schiefemaße sprechen für eine rechtsschiefe Verteilung. Vergleichen kann man diese Schiefemaße untereinander jedoch nicht, da sie unterschiedliche Wertebereiche besitzen:

$$QS_{0.25} \in [-1, 1] \ ,$$
$$\gamma_1 \in (-\infty, \infty) \ ,$$
$$SK_2 \in [-3, 3] \ .$$

Gemeinsam haben die Schiefemaße jedoch folgende Eigenschaft:

- bei symmetrischen Verteilungen sind sie 0,
- bei rechtsschiefen Verteilungen sind sie größer als 0,
- bei linksschiefen Verteilungen sind sie kleiner als 0.

Man beachte, daß die Umkehrung i.allg. nicht gilt. D.h., aus der Tatsache, daß ein Schiefemaß etwa größer als 0 ist, folgt **nicht** unbedingt, daß die theoretisch zugrundeliegende Verteilung rechtsschief sein muß. Man ist im Sprachgebrauch deshalb vorsichtig und sagt, das Schiefemaß "weist" oder "deutet" auf eine rechtsschiefe Verteilung hin.

Häufig betrachtet man auch verschiedene Schiefemaße, um sicher zu gehen, daß man keine falschen Schlüsse zieht. Dabei kann durchaus der Fall eintreten, daß verschiedene Schiefemaße auf verschiedene Verteilungstypen hinweisen (siehe dazu etwa Aufgabe 1.11).

Lösung Aufgabe 1.11

Die geordnete Stichprobe ist gegeben durch

$x_{(1)}$	$x_{(2)}$	$x_{(3)}$	$x_{(4)}$	$x_{(5)}$
40 000	50 000	60 000	60 000	70 000

$x_{(6)}$	$x_{(7)}$	$x_{(8)}$	$x_{(9)}$	$x_{(10)}$
70 000	70 000	80 000	80 000	80 000

$x_{(11)}$	$x_{(12)}$	$x_{(13)}$	$x_{(14)}$	$x_{(15)}$
80 000	90 000	90 000	100 000	180 000

Da $n = 15$ ungerade ist, erhält man für den Median:

$$\tilde{x} = x_{(\frac{15+1}{2})} = x_{(8)} = 80\,000 \,.$$

Für die Quartile erhält man wegen $[0.25 \cdot 15] = [3.75] = 3$ und $[0.75 \cdot 15] = [11.25] = 11$:

$$\tilde{x}_{0.25} = x_{(3+1)} = x_{(4)} = 60\,000$$

und $\tilde{x}_{0.75} = x_{(11+1)} = x_{(12)} = 90\,000$.

Damit ergibt sich der Quartilskoeffizient der Schiefe zu

$$QS_{0.25} = \frac{(\tilde{x}_{0.75} - \tilde{x}) - (\tilde{x} - \tilde{x}_{0.25})}{\tilde{x}_{0.75} - \tilde{x}_{0.25}} = \frac{\tilde{x}_{0.75} + \tilde{x}_{0.25} - 2\tilde{x}}{\tilde{x}_{0.75} - \tilde{x}_{0.25}}$$
$$= \frac{90\,000 + 60\,000 - 2 \cdot 80\,000}{90\,000 - 60\,000} = \frac{-10\,000}{30\,000} \approx -0.33\,.$$

D.h., der Quartilskoeffizient der Schiefe weist auf eine linksschiefe Verteilung hin.

Für die Schiefekoeffizienten nach Fisher und Pearson benötigt man verschiedene Momente, die in der folgenden Tabelle hergeleitet werden:

i	x_i	n_i	$x_i - \overline{x}$	$n_i(x_i - \overline{x})^2$	$n_i(x_i - \overline{x})^3$
1	40 000	1	$-40\,000$	$16 \cdot 10^8$	$-64 \cdot 10^{12}$
2	50 000	1	$-30\,000$	$9 \cdot 10^8$	$-27 \cdot 10^{12}$
3	60 000	2	$-20\,000$	$8 \cdot 10^8$	$-16 \cdot 10^{12}$
4	70 000	3	$-10\,000$	$3 \cdot 10^8$	$-3 \cdot 10^{12}$
5	80 000	4	0	0	0
6	90 000	2	10 000	$2 \cdot 10^8$	$2 \cdot 10^{12}$
7	100 000	1	20 000	$4 \cdot 10^8$	$8 \cdot 10^{12}$
8	180 000	1	100 000	$100 \cdot 10^8$	$1000 \cdot 10^{12}$
$\sum$	1200 000	15	0	$142 \cdot 10^8$	$900 \cdot 10^{12}$

$$\overline{x} = \frac{1\,200\,000}{15} = 80\,000$$

Damit erhält man für den Schiefekoeffizienten nach Fisher:

$$\gamma_1 = \frac{\frac{1}{15} \cdot 900 \cdot 10^{12}}{(\sqrt{\frac{1}{15} \cdot 142 \cdot 10^8})^3} = \frac{60}{(\sqrt{\frac{142}{15}})^3} \approx 2.06\,.$$

Damit deutet der Schiefekoeffizient von Fisher auf eine rechtsschiefe Verteilung hin. Zur Berechnung des 1. Schiefekoeffizienten nach Pearson ermittelt man den Modus zu

$$\overline{x}_M = 80\,000\,.$$

Damit ist $\overline{x} - \overline{x}_M = 0$, so daß der erste Pearsonsche Schiefekoeffizient 0 wird und damit auf eine symmetrische Verteilung verweist.

D.h., drei verschiedene Schiefemaße weisen auf drei verschiedene Verteilungstypen hin. Man beachte nämlich, daß die Implikationsrichtung die folgende ist:

- Symmetrische Verteilung $\Rightarrow$ Schiefemaß $= 0$
- Rechtsschiefe Verteilung $\Rightarrow$ Schiefemaß > 0
- Linksschiefe Verteilung $\Rightarrow$ Schiefemaß < 0

Diese Implikationsrichtung ist eigentlich nicht gefragt: Wenn man die tatsächliche Verteilung kennt, interessiert man sich nicht mehr für ein Schiefemaß.

Von Interesse ist vielmehr die Gegenrichtung: Durch Berechnung eines Schiefemaßes möchte man Rückschlüsse auf die unbekannte Verteilung ziehen. Man spricht deshalb davon, daß ein Schiefemaß auf eine rechtsschiefe, linksschiefe oder symmetrische Verteilung hinweist, wenn es größer, kleiner oder gleich Null wird.

Es ist daher nicht erstaunlich, daß der vorliegende Fall eintreten kann, und unterschiedliche Schiefemaße auf unterschiedliche Verteilungstypen hinweisen können.

Die nähere Betrachtung des Datensatzes läßt den Ausreißer 180 000 entdecken, der einen hohen Einfluß auf die Schiefekoeffizienten von Pearson und Fisher nimmt. Die Information des ausreißerresistenten Quartilskoeffizienten ist deshalb verläßlicher.

Lösung Aufgabe 1.12

a) Für diverse weitere Betrachtungen empfiehlt es sich, die geordnete Stichprobe zu betrachten:

$x_{(1)}$	$x_{(2)}$	$x_{(3)}$	$x_{(4)}$	$x_{(5)}$	$x_{(6)}$	$x_{(7)}$	$x_{(8)}$
7.6	7.6	7.6	7.7	7.7	7.7	7.8	7.8

$x_{(9)}$	$x_{(10)}$	$x_{(11)}$	$x_{(12)}$	$x_{(13)}$	$x_{(14)}$	$x_{(15)}$	$x_{(16)}$
7.8	7.8	7.8	7.8	7.8	7.9	7.9	7.9

$x_{(17)}$	$x_{(18)}$	$x_{(19)}$	$x_{(20)}$	$x_{(21)}$	$x_{(22)}$	$x_{(23)}$	$x_{(24)}$
8.1	8.1	8.1	8.2	10.0	10.0	10.0	10.0

$x_{(25)}$	$x_{(26)}$	$x_{(27)}$	$x_{(28)}$	$x_{(29)}$	$x_{(30)}$	$x_{(31)}$	$x_{(32)}$
10.1	10.1	10.2	10.2	31.7	32.1	34.6	35.5

Beim Stichprobenumfang $n = 32$ erhält man für die Tiefe des Medians:

$$d(M) = \frac{n+1}{2} = \frac{33}{2} = 16.5 \; .$$

Damit erhält man den Median

$$M = \frac{1}{2}(x_{(16)} + x_{(17)}) = \frac{1}{2}(7.9 + 8.1) = 8.0 \; . \tag{1.21}$$

Entsprechend erhält man für die Hinges:

$$\begin{aligned}d(H) &= \frac{[d(M)] + 1}{2} = \frac{[16.5] + 1}{2} = \frac{16 + 1}{2} \; , \\ &= 8.5 \; , \end{aligned} \tag{1.22}$$

so daß die Hinges gegeben sind durch

$$H_u = \frac{1}{2}(x_{(8)} + x_{(9)}) = \frac{1}{2}(7.8 + 7.8) = 7.8 \tag{1.23}$$

$$\begin{aligned}\text{und} \quad H_o &= \frac{1}{2}(x_{(32+1-8)} + x_{(32+1-9)}) = \frac{1}{2}(x_{(25)} + x_{(24)}) \\ &= \frac{1}{2}(10.1 + 10.0) = 10.05 \; . \end{aligned} \tag{1.24}$$

Der Abstand der Hinges, der H–Spread, berechnet sich damit zu

$$d_H = H_o - H_u = 10.05 - 7.8 = 2.25 \; ,$$

und damit gilt:

$$\begin{aligned}1.5 \cdot d_H &= 3.375 \; , \\ 3 \cdot d_H &= 6.75 \; . \end{aligned}$$

Damit erhält man die inneren Zäune

$$\begin{aligned}H_u - 1.5 \, d_H &= 7.8 - 3.375 = 4.425 \\ \text{und} \quad H_o + 1.5 \, d_H &= 10.05 + 3.375 = 13.425 \end{aligned}$$

sowie die äußeren Zäune

$$H_u - 3\,d_H = 7.8 - 6.75 = 1.05$$
$$\text{und} \quad H_o + 3\,d_H = 10.05 + 6.75 = 16.80\ .$$

Als **Anrainer** (adjacent values), dies sind Beobachtungen, die gerade noch innerhalb oder auf den inneren Zäunen liegen, erhält man folgende Werte:

unterer Anrainer: 7.6 (kleinste Beobachtung in [4.425, 13.425])
oberer Anrainer: 10.2 (größte Beobachtung in [4.425, 13.425]).

Außenpunkte sind Punkte, die zwischen inneren Zäunen und äußeren Zäunen (einschließlich) liegen. Im vorliegenden Fall gibt es keine Punkte in [1.05, 4.425) bzw. in (13.425, 16.80] .
Damit gibt es im vorliegenden Beispiel keine Außenpunkte, wohl aber **Fernpunkte**, die außerhalb der äußeren Zäune liegen, also kleiner als 1.05 oder größer als 16.80 sind. Die Längen der vier Eckzähne 31.7, 32.1, 34.6 und 35.5 stellen gerade diese Fernpunkte dar.
Nun wird der Boxplot wie folgt gezeichnet:
Man zeichne eine "Box" um die beiden Hinges $H_u = 7.8$ und $H_o = 10.05$, die durch den Median $M = 8.0$ unterteilt wird.
Außerhalb der Box wird jeweils eine gestrichelte Linie bis zu den Anrainern 7.6 und 10.2 gezeichnet (Im vorliegenden Fall sind diese Linien so kurz, daß sie nicht gestrichelt gezeichnet werden können). Außenpunkte, die allerdings in diesem Beispiel nicht vorhanden sind, würden mit "o" bezeichnet; die vier vorhandenen Fernpunkte werden mit "•" bezeichnet.

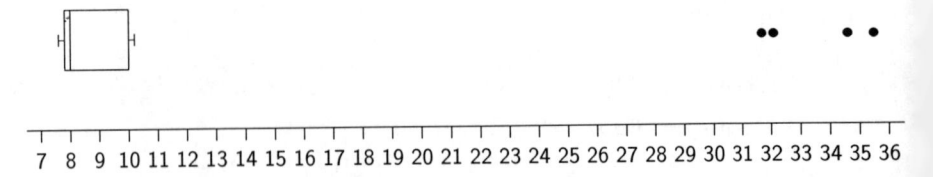

Da die Fernpunkte extrem weit außerhalb liegen, und somit eine maßstabsgerechte Darstellung den Boxplot eher unübersichtlich macht, kann man die Fernpunkte auch näher an die Box heranzeichnen und durch einen Pfeil sowie die konkrete Angabe der Punkte aufzeigen, daß es weit außerhalb liegende Fernpunkte gibt. Man sollte allerdings darauf achten, daß die "verschobenen" Fernpunkte nach wie vor außerhalb der äußeren Zäune liegen (in diesem Fall größer als 16.8). Für das vorliegende Beispiel sieht ein solcher Boxplot wie folgt aus:

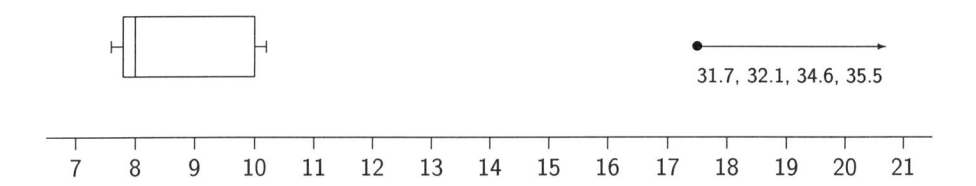

31.7, 32.1, 34.6, 35.5

Wenden wir uns nun dem Stem–and–leaf–Diagramm zu:
Verwendet man die $[10 \log_{10} n]$–Regel nach Dixon-Kronmal, so wird man

$$[10 \log_{10} 32] = [15.05] = 15$$

Klassen bilden.
Bei einer Spannweite der Daten von

$$x_{(32)} - x_{(1)} = 35.5 - 7.6 = 27.9$$

sollte die Klassenbreite in etwa

$$\frac{27.9}{15} = 1.86$$

sein. Da bei Stem–and–leaf–Diagrammen nur Klassenbreiten von 1, 2, 5 oder einer vielfachen Zehnerpotenz möglich sind, wird man hier eine Klassenbreite von 2 wählen. Die Beobachtungen bestehen aus einem Stamm, etwa der **3** bei 35.5, der **1** bei 10.1 oder auch der **0** bei 7.8 , sowie aus dem Blatt der nachfolgenden Ziffer. Da nur eine nachfolgende Ziffer in das Stem–and–leaf–Diagramm eingetragen wird, sollten alle Betrachtungen auf die dem Stamm folgende Ziffer gerundet werden, also etwa 35.5 auf 36, 10.1 auf 10 und 7.8 auf 8 [3]. Damit erhält man die Blätter **6**, **0** bzw. **8**, usw.

---

[3]Viele Statistiker streichen die nachfolgenden Ziffern einfach weg, d.h., sie runden stets zum Nullpunkt hin ab. Auch diese Vorgehensweise hat ihren Vorteil, denn in der Regel wird man dann die Originaldaten im Stem–and–leaf–Diagramm einfacher wiederfinden können.

Die gerundeten Werte sind:

```
8  8  8  8  8  8  8  8  8  8  8  8  8  8  8  8
8  8  8  8  10 10 10 10 10 10 10 10 32 32 35 36
```

Diese Werte werden nun in das Stem–and–leaf Diagramm eingetragen, wobei ⋆ im Stamm für Blätter 0 und 1 steht, t für 2 und 3 (**t**wo, **t**hree), f für 4 und 5 (**f**our, **f**ive), s für 6 und 7 (**s**ix, **s**even) sowie • für 8 und 9:

```
Tiefe   Einheit: 10⁰
(20)    0 •  | 8 8 8 8 8 8 8 8 8 8 8 8 8 8 8 8 8 8 8 8
 12     1 ⋆  | 0 0 0 0 0 0 0 0
        1 t  |
        1 f  |
        1 s  |
        1 •  |
        2 ⋆  |
        2 t  |
        2 f  |
        2 s  |
        2 •  |
        3 ⋆  |
  4     3 t  | 2 2
  2     3 f  | 5
  1     3 s  | 6
```

Einheit: 10^0

Das Ergebnis dieses Stem–and–leaf-Diagramms kann wohl keineswegs als befriedigend angesehen werden. Es gibt Klassen (0 • und 1 ⋆), in denen sich die Mehrzahl der Beobachtungen befinden, welche in sich zudem nicht zu unterscheiden sind, zum anderen gibt es 10 unbesetzte Klassen, ehe die Zahnlängen der Eckzähne auftreten. Diese Werte waren ja bereits beim Boxplot als ungewöhnliche Beobachtungen aufgefallen.

Auch beim Stem–and–leaf-Diagramm besteht die Möglichkeit, diese Werte gesondert zu kennzeichnen. Handelt es sich um Außenpunkte, so werden sie in eine mit **lo** bzw. **hi** gekennzeichnete Klasse geschrieben, je nachdem, ob es sich um niedrige ("**low**") oder hohe ("**high**") Werte handelt. Liegen Fernpunkte vor, so werden sie analog in eine mit LO bzw. HI bezeichnete Klasse eingetragen:

Tiefe   Einheit: 10^0
(20)   0 • | 8 8 8 8 8 8 8 8 8 8 8 8 8 8 8 8 8 8 8 8
 12   1 ⋆ | 0 0 0 0 0 0 0 0

        HI | 32,32,35,36

Um die Beobachtungen zwischen 7.6 und 10.2 weiter zu differenzieren, empfiehlt es sich, für diese Beobachtungen Klassen der Breite 0.5 zu wählen, so daß man folgendes Stem–and–Leaf–Diagramm erhält (⋆ steht für Blätter 0, 1, 2, 3, 4 und • für 5, 6, 7, 8, 9):

Tiefe   Einheit: 10^{-1}
 16   7 • | 6 6 6 7 7 7 8 8 8 8 8 8 8 9 9 9
 16   8 ⋆ | 1 1 1 2
        8 • |
        9 ⋆ |
        9 • |
 12   10 ⋆ | 0 0 0 0 1 1 2 2

        HI | 317,321,346,355

Man beachte, daß die beiden Werte mit der größten Tiefe, die den Median bestimmen, auf zwei Klassen fallen. Deshalb wird die Medianklasse hier **nicht** gesondert gekennzeichnet, sondern es wird für alle Klassen die Tiefe angegeben.

b) Zur Anwendung der Fechnerschen Lageregel benötigt man das arithmetische Mittel $\bar{x}$, den Median $\tilde{x}$ und den Modus $\bar{x}_M$.
Der Median wurde bereits in Aufgabenteil a) berechnet:

$$\tilde{x} = 8.0 \ .$$

Der Modus läßt sich ebenfalls aus Aufgabenteil a) ablesen, etwa aus dem letzten Stem–and–leaf–Diagramm (siehe oben):

$$\bar{x}_M = 7.8 \ . \tag{1.25}$$

Das arithmetische Mittel berechnet sich zu:

$$\bar{x} = \frac{1}{32} \sum_{i=1}^{32} x_i = 11.6 \ . \tag{1.26}$$

Da $\bar{x} > \tilde{x} > \bar{x}_M$, weist die Fechnersche Lageregel auf eine rechtsschiefe Verteilung hin.

Im Aufgabenteil a) wurden in Zusammenhang mit dem zu erstellenden Boxplot bereits Median, Hinges und H–Spread berechnet. Bildet man das arithmetische Mittel aus oberem und unterem Hinge (vgl. (1.23),(1.24)), so erhält man das sog. Midhinge mid(H):

$$\mathrm{mid}(H) = \frac{1}{2}(H_u + H_o) = \frac{1}{2}(7.8 + 10.05) = 8.925 \ .$$

Analog verfährt man mit den Eighths: Betrug die Tiefe für die Hinges

$$d(H) = 8.5 \qquad (\text{vgl. (1.22)}) \ ,$$

so berechnet sich die Tiefe der Eighths zu:

$$d(E) = \frac{[d(H)] + 1}{2} = \frac{[8.5] + 1}{2} = \frac{9}{2} = 4.5 \ .$$

Damit erhält man die Eighths:

$$\begin{aligned}
E_u &= \frac{1}{2}(x_{(4)} + x_{(5)}) = \frac{1}{2}(7.7 + 7.7) = 7.7 \ , \\
E_o &= \frac{1}{2}(x_{(32+1-4)} + x_{(32+1-5)}) = \frac{1}{2}(x_{(29)} + x_{(28)}) = \frac{1}{2}(31.7 + 10.2) \\
&= 20.95 \ .
\end{aligned}$$

Als Mideighth ermittelt man:

$$\mathrm{mid}(E) = \frac{1}{2}(E_u + E_o) = \frac{1}{2}(7.7 + 20.95) = 14.325 \ .$$

Man könnte weiter so verfahren und noch Midsixteenths, Midthirtyseconds oder allgemein weitere "Midsummaries" berechnen. Bei kleineren Stichproben beschränkt man sich jedoch auf Median, Midhinges und Mideighths.
Da $M < \mathrm{mid}(H) < \mathrm{mid}(E)$, spricht auch die Betrachtung der Midsummaries für eine rechtsschiefe Verteilung .

Wir haben sowohl in Teil a) als auch b) festgestellt, daß wenige Informationen über die Lettervalues M, H und E ausreichen, um Aussagen über die Verteilung zu machen. Diese wichtigen Charakteristika (Lettervalues, Tiefe, Midsummaries und Spreads) sowie den Stichprobenumfang beinhaltet das sogenannte "Lettervalue-Display", das in moderner Statistik–Software standardmäßig zur Verfügung gestellt wird. Für den vorliegenden Fall bekäme man unter Verwendung weiterer Lettervalues das folgende Lettervalue–Display:

n=32	Depth	Lower	Upper	Mid	Spread
M	16.5	8.00		8.000	
H	8.5	7.80	10.05	8.925	2.25
E	4.5	7.70	20.95	14.325	13.25
D	2.5	7.60	33.35	20.475	25.75
	1	7.60	35.50	21.550	27.90

c) Sowohl für die Schiefekoeffizienten nach Fisher als auch nach Pearson benötigt man die Standardabweichung σ. Die Varianz σ^2 berechnet sich wie folgt:

$$\sigma^2 = \frac{1}{32}\sum_{i=1}^{32}(x_i - \overline{x})^2 = \frac{1}{32}\sum_{i=1}^{32}x_i^2 - \overline{x}^2 \, .$$

Da $\overline{x} = 11.6$ bereits im Aufgabenteil b) (vgl. (1.26)) berechnet wurde, erhält man:

$$\sigma^2 = \frac{6533.14}{32} - 11.6^2 = 204.16 - 134.56 \tag{1.27}$$
$$= 69.60$$
$$\Rightarrow \quad \sigma = \sqrt{69.60} = 8.34 \, .$$

Für den ersten Schiefekoeffizienten nach Pearson erhält man mit (1.25):

$$SK_1 = \frac{\overline{x} - \overline{x}_M}{\sigma} = \frac{11.6 - 7.8}{8.34} = 0.46 \, .$$

Für den Fisherschen Schiefekoeffizienten berechnet man zunächst das dritte zentrale Moment:

$$\mu_3 = \frac{1}{n}\sum_{i=1}^{n}(x_i - \overline{x})^3$$
$$= 1295.38 \, . \tag{1.28}$$

Damit erhält man den Schiefekoeffizienten nach Fisher:

$$\gamma_1 = \frac{\mu_3}{\sigma^3} = \frac{1295.38}{8.34^3} = 2.23 \, .$$

Bemerkung: Das dritte zentrale Moment μ_3 kann man unter Zuhilfenahme von Ergebnissen in (1.26) und (1.27) auch wie folgt berechnen:

$$\mu_3 = m_3 - 3m_1m_2 + 2m_1^3 \, . \tag{1.29}$$

D.h.,

$$\frac{1}{n}\sum_{i=1}^{n}(x_i - \overline{x})^3 = \frac{1}{n}\sum_{i=1}^{n}x_i^3 - 3\overline{x}\frac{1}{n}\sum_{i=1}^{n}x_i^2 + 2\overline{x}^3$$
$$= 5278.38 - 3 \cdot 11.6 \cdot 204.16 + 2 \cdot 11.6^3$$
$$= 1295.27 \ .$$

Leichte Abweichungen in den Nachkommastellen sind darauf zurückzuführen, daß bei großen Zahlen leicht Rundungsfehler auftreten, wenn man die nichtzentralen Momente verwendet (siehe (1.29)). Im vorliegenden Fall ist es deshalb günstiger, das dritte zentrale Moment direkt über Formel (1.28) zu berechnen.

Lösung Aufgabe 1.13

a) Das arithmetische Mittel berechnet sich zu

$$\overline{x} = \frac{1}{40}\sum_{i=1}^{40} x_i = 1.4 \ . \tag{1.30}$$

Die geordnete Stichprobe ermittelt man zu:

−4.2	−3.2	−3.2	−2.0	−2.0	−2.0	−1.4	−1.3	−1.0	−0.8
−0.8	−0.8	−0.8	−0.7	−0.2	0.4	0.6	0.6	0.7	0.8
0.8	0.9	1.0	1.8	2.2	2.2	2.5	2.6	3.0	3.3
3.5	3.8	4.2	4.6	4.7	5.3	6.2	6.6	7.3	10.8

Damit erhält man für $n = 40$ den Median

$$\tilde{x} = \frac{1}{2}\left(x_{(20)} + x_{(21)}\right) = \frac{0.8 + 0.8}{2} = 0.8 \ .$$

Der Modus ist gegeben durch die am häufigsten auftretende Beobachtung. Aus der geordneten Stichprobe liest man leicht ab:

$$\overline{x}_M = -0.8 \ .$$

b) Für die Quadratsummen der Beobachtungen erhält man:

$$\sum_{i=1}^{40} x_i^2 = 475.74 \ .$$

Somit gilt mit (1.30) für die Varianz:

$$\begin{aligned} \sigma^2 &= \frac{1}{40} \sum_{i=1}^{40} x_i^2 - \bar{x}^2 \\ &= \frac{475.74}{40} - 1.4^2 = 9.93 \ . \end{aligned}$$

Entsprechend erhält man für die Standardabweichung:

$$\sigma = \sqrt{9.93} = 3.15 \ .$$

c) Die doppelte Information in Form von arithmetischem Mittel und Median, die jeweils für sich genommen werbungstaktisch positiv klingen mögen, bekommt als Paar einen schlechten Beigeschmack:
Wenn zwar der Durchschnittswert hoch liegt, andererseits aber 50% der Anwender einen wesentlich geringeren Haarwuchs hatten, so besteht die Möglichkeit, daß es wenige Anwender gegeben hat, die einen hohen Haarwuchs hatten, und mehr Anwender, die einen geringen Haarwuchs hatten. Man sollte auf jeden Fall die Schiefe des Datensatzes betrachten. Im vorliegenden Beispiel weist die Fechnersche Lageregel ($\bar{x}_M < \tilde{x} < \bar{x}$) auf eine rechtsschiefe Verteilung hin. Paul Glatzel muß deshalb nicht erstaunt sein über seinen Haarausfall. Die Rapunzel AG hat eben geschickt nur die Vorteile ihres Präparates geschildert.

d) Der Median wurde bereits im Aufgabenteil a) ermittelt. Die Tiefe des Medians ist

$$d(M) = \frac{40+1}{2} = 20.5$$

und damit ist die Tiefe der Hinges

$$d(H) = \frac{[d(M)]+1}{2} = \frac{[20.5]+1}{2} = \frac{20+1}{2} = 10.5 \ ,$$

so daß man folgende Werte für die Hinges ermittelt:

$$\begin{aligned} H_u &= \frac{1}{2}\left(x_{(10)} + x_{(11)}\right) = \frac{1}{2}(-0.8 - 0.8) = -0.8 \ , \\ H_o &= \frac{1}{2}\left(x_{(40+1-10)} + x_{(40+1-11)}\right) = \frac{1}{2}(x_{(31)} + x_{(30)}) = \frac{1}{2}(3.5 + 3.3) \\ &= 3.4 \ . \end{aligned}$$

Der Abstand zwischen den Hinges liefert den H–Spread

$$d_H = H_o - H_u = 3.4 - (-0.8) = 4.2 \ .$$

Damit ergeben sich die inneren Zäune

$$H_u - 1.5 \cdot d_H = -0.8 - 1.5 \cdot 4.2 = -7.1$$
$$\text{und} \quad H_o + 1.5 \cdot d_H = 3.4 + 1.5 \cdot 4.2 = 9.7$$

sowie die äußeren Zäune

$$H_u - 3 \cdot d_H = -0.8 - 3 \cdot 4.2 = -13.4$$
$$\text{und} \quad H_o + 3 \cdot d_H = 3.4 + 3 \cdot 4.2 = 16.0 \ .$$

Sieht man von $x_{(40)} = 10.8$ ab, so liegen alle Beobachtungen innerhalb der inneren Zäune. Als Anrainer, also den kleinsten und größten Wert, die gerade noch im inneren Bereich liegen, erhält man $x_{(1)} = -4.2$ und $x_{(39)} = 7.3$. Die Beobachtung $x_{(40)} = 10.8$ liegt zwar außerhalb des inneren Bereiches $[-7.1, 9.7]$, aber innerhalb des äußeren Bereiches $[-13.4, 16.0]$, so daß es sich um einen Außenpunkt handelt.
Der Boxplot wird nun wie folgt gezeichnet:
Die Box umfaßt den Bereich zwischen unterem Hinge (-0.8) und oberem Hinge (3.4) und wird durch einen senkrechten Strich in Höhe des Medians (0.8) unterteilt.

Außerhalb der Box zieht man gestrichelte Linien, die in Höhe der Anrainer $(-4.2$ und $7.3)$ in einem senkrechten Balken enden. Der Außenpunkt (10.8) wird durch das Symbol 'o' gesondert gekennzeichnet:

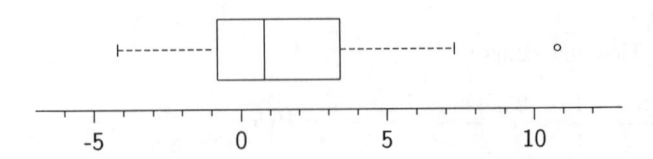

Zur Erstellung des Stem–and–leaf–Diagramms wird man zunächst die Klassenbreite bestimmen:
Bei einem Stichprobenumfang von $n = 40$ wird man nach Kronmal/Dixon etwa

$$[10 \log_{10} 40] = [16.02] = 16$$

Klassen bilden.

Bei einer Spannweite von

$$R = x_{(40)} - x_{(1)} = 10.8 - (-4.2) = 15.0$$

bedeutet dies eine Klassenbreite von

$$\frac{15}{16} \approx 0.94 \; ,$$

so daß wir uns für eine Klassenbreite von 1 entscheiden.

Zu diesem Zweck wird in das Stem–and–leaf–Diagramm der sog. **Stamm** eingetragen, der die Ziffern von –5 bis 13 trägt. Man beachte, daß es einen Stamm "+0" gibt für die Klasse von 0.0 bis unter 1.0 und einen Stamm "–0" für die Klasse von –1.0 bis 0.0 .

Hinter dem durch einen senkrechten Strich abgetrennten Stamm werden nun die Blätter eingetragen: Für die Beobachtung –5.3 wird **3** als Blatt hinter dem Stamm –5 eingetragen, für 3.1 wird **1** als Blatt hinter dem Stamm +3 eingefügt, usw.

Dabei werden die Blätter in aufsteigender Reihenfolge hinter dem Stamm eingetragen. Diese Konvention behält man auch beim negativen Stamm bei, wobei zu beachten ist, daß etwa –1.4 kleiner ist als –1.3 , und die **4** deshalb vor der **3** steht. Die Einheit der in das Stem–and–leaf–Diagramm eingetragenen Werte wird als Zehnerpotenz über dem Diagramm angegeben.

Das fertige Stem–and–leaf–Diagramm stellt die folgende, linke Abbildung dar:

Tiefe	Einheit: 10^{-1}		Tiefe	Einheit: 10^{-1}	
1	–4	2	1	–4	2
3	–3	2 2	3	–3	2 2
6	–2	0 0 0	6	–2	0 0 0
9	–1	4 3 0	9	–1	4 3 0
15	–0	8 8 8 8 7 2	15	–0	8 8 8 8 7 2
(7)	+0	4 6 6 7 8 8 9	(7)	+0	4 6 6 7 8 8 9
18	+1	0 8	18	+1	0 8
16	+2	2 2 5 6	16	+2	2 2 5 6
12	+3	0 3 5 8	12	+3	0 3 5 8
8	+4	2 6 7	8	+4	2 6 7
5	+5	3	5	+5	3
4	+6	2 6	4	+6	2 6
2	+7	3	2	+7	3
	+8				
	+9			hi	108
1	+10	8			

Nachdem alle Beobachtungen eingetragen wurden, ergänzt man das Stem–and–leaf–Diagramm links neben dem Stamm mit einer Spalte, die die maximale Tiefe der Beobachtungen in der jeweiligen Klasse wiedergibt.

Die Tiefe gibt die Position zum nächsten Rand hin an: Der größte und der kleinste Wert einer Stichprobe bekommen die Tiefe 1, der zweitgrößte und der zweitkleinste die Tiefe 2, usw.

Für die Klasse, in der bei ungeradem Stichprobenumfang der Wert des Medians liegt oder (wie im vorliegendem Beispiel) bei geradem Stichprobenumfang die beiden Werte liegen, deren arithmetisches Mittel den Median ausmacht, gibt man keine Tiefe an, stattdessen trägt man in Klammern die Anzahl der Beobachtungen in dieser Klasse ein.

Um zu vermeiden, daß durch ungewöhnliche, weit außerhalb liegende Beobachtungen das Stem–and–leaf–Diagramm mit vielen unbesetzten Klassen unnötig lang wird, werden Außenpunkte in eine mit hi ("**high**") bezeichnete Klasse eingetragen, wenn es sich um hohe Beobachtungswerte handelt, bzw. in eine lo ("**low**") benannte Klasse geschrieben, wenn es sich um untere Außenpunkte handelt. Analog werden Fernpunkte in eine mit LO bzw. HI bezeichnete Klasse eingetragen.

Im vorliegenden Beispiel gibt es einen oberen Außenpunkt. Das zugehörige verkürzte Stem–and–leaf–Diagramm ist rechts neben dem ursprünglichen zu sehen.

Lösung Aufgabe 1.14

Seien die (der Größe nach geordneten) Einnahmen von Calvin Groß mit $x_{(1)}, \ldots, x_{(12)}$ bezeichnet und die von Claire Grube mit $y_{(1)}, \ldots, y_{(12)}$.
Dann gilt für die Mediane:

$$M_x = \frac{1}{2}(x_{(6)} + x_{(7)}) = \frac{1}{2}(1.8 + 2.0) = 1.9,$$
$$M_y = \frac{1}{2}(y_{(6)} + y_{(7)}) = \frac{1}{2}(1.6 + 1.6) = 1.6.$$

Für die Tiefe der Hinges gilt jeweils:

$$d(H) = \frac{[d(M)] + 1}{2} = \frac{[6.5] + 1}{2} = \frac{7}{2} = 3.5.$$

Damit sind die unteren Hinges gegeben durch

$$H_{u,x} = \frac{1}{2}(x_{(3)} + x_{(4)}) = \frac{1}{2}(1.7 + 1.8) = 1.75,$$
$$H_{u,y} = \frac{1}{2}(y_{(3)} + y_{(4)}) = \frac{1}{2}(1.4 + 1.5) = 1.45.$$

Analog erhält man die oberen Hinges durch

$$H_{o,x} = \frac{1}{2}(x_{(12+1-3)} + x_{(12+1-4)}) = \frac{1}{2}(x_{(10)} + x_{(9)}) = \frac{1}{2}(2.0 + 2.1) = 2.05,$$
$$H_{o,y} = \frac{1}{2}(y_{(10)} + y_{(9)}) = \frac{1}{2}(1.7 + 1.8) = 1.75.$$

Für die H–spreads erhält man daher:

$$d_{H,x} = H_{o,x} - H_{u,x} = 2.05 - 1.75 = 0.3,$$
$$d_{H,y} = H_{o,y} - H_{u,y} = 1.75 - 1.45 = 0.3.$$

Damit ist der H–spread in beiden Fällen gleich und man erhält:

$$1.5 \cdot d_{H,x} = 1.5 \cdot d_{H,y} = 0.45,$$
$$3 \cdot d_{H,x} = 3 \cdot d_{H,y} = 0.9,$$

so daß die inneren Zäune gegeben sind durch

$$H_{u,x} - 1.5 d_{H,x} = 1.75 - 0.45 = 1.3,$$
$$H_{o,x} + 1.5 d_{H,x} = 2.05 + 0.45 = 2.5,$$

bzw.

$$H_{u,y} - 1.5 d_{H,y} = 1.45 - 0.45 = 1.0,$$

$$H_{o,y} + 1.5d_{H,y} = 1.75 + 0.45 = 2.2 \ .$$

Die äußeren Zäune sind gegeben durch

$$H_{u,x} - 3d_{H,x} = 1.75 - 0.9 = 0.85 \ ,$$
$$H_{o,x} + 3d_{H,x} = 2.05 + 0.9 = 2.95 \ .$$

bzw.

$$H_{u,y} - 3d_{H,y} = 1.45 - 0.9 = 0.55 \ ,$$
$$H_{o,y} + 3d_{H,y} = 1.75 + 0.9 = 2.65 \ .$$

Als Anrainer, also Punkte, die gerade noch innerhalb der inneren Zäune liegen, erhält man für Calvin Groß die Werte 1.3 und 2.1 sowie für Claire Grube die Werte 1.3 und 2.0 . Damit gibt es bei dem zweiten Datensatz keine Punkte, die außerhalb der inneren Zäune liegen. Beim ersten Datensatz liegt der Punkt 1.1 außerhalb der inneren Zäune, aber innerhalb der äußeren Zäune, es handelt sich daher um einen Außenpunkt. Der Wert 3.8 liegt sogar außerhalb der äußeren Zäune, so daß es sich um einen Fernpunkt handelt.

Damit sehen die Boxplots wie folgt aus:

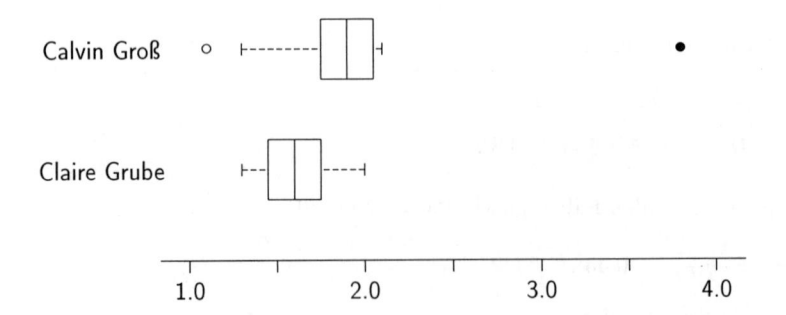

Lösung Aufgabe 1.15

Man betrachte die folgende Arbeitstabelle:

i	K_i	$a_{(i)}$	n_i	$a_{(i)}n_i$	$\sum_{j=1}^{i} a_{(j)}n_j$	$\dfrac{\sum_{j=1}^{i} a_{(j)}n_j}{\sum_{j=1}^{8} a_{(j)}n_j}$	r_i	$\sum_{j=1}^{i} r_j$
1	[0 ; 10 000)	5 000	26	130 000	130 000	**0.027**	0.3250	**0.3250**
2	[10 000 ; 20 000)	15 000	20	300 000	430 000	**0.090**	0.2500	**0.5750**
3	[20 000 ; 30 000)	25 000	15	375 000	805 000	**0.168**	0.1875	**0.7625**
4	[30 000 ; 50 000)	40 000	3	120 000	925 000	**0.193**	0.0375	**0.8000**
5	[50 000 ; 75 000)	62 500	3	187 500	1112 500	**0.232**	0.0375	**0.8375**
6	[75 000 ; 100 000)	87 500	1	87 500	1200 000	**0.250**	0.0125	**0.8500**
7	[100 000 ; 200 000)	150 000	3	450 000	1650 000	**0.344**	0.0375	**0.8875**
8	[200 000 ; 500 000)	350 000	9	3 150 000	4800 000	**1.000**	0.1125	**1.0000**
			80	4 800 000				

a) Mit obiger Tabelle erhält man das Durchschnittseinkommen als arithmetisches Mittel:

$$\overline{x} = \frac{4\,800\,000}{80} = 60\,000 \ . \tag{1.31}$$

Für die Varianz erhält man mit dem Verschiebungssatz:

$$\sigma^2 = \frac{1}{n}\sum_{i=1}^{k} n_i a_{(i)}^2 - \overline{x}^2 = \frac{1}{80} \cdot 1\,208\,700\,000\,000 - 60\,000^2 = 11\,508\,750\,000 \ .$$

Damit erhält man für die Standardabweichung:

$$\sigma = 107\,278.8 \ . \tag{1.32}$$

b) Die Lorenzkurve ergibt sich mittels der dick gedruckten Werte in obiger Tabelle zu:

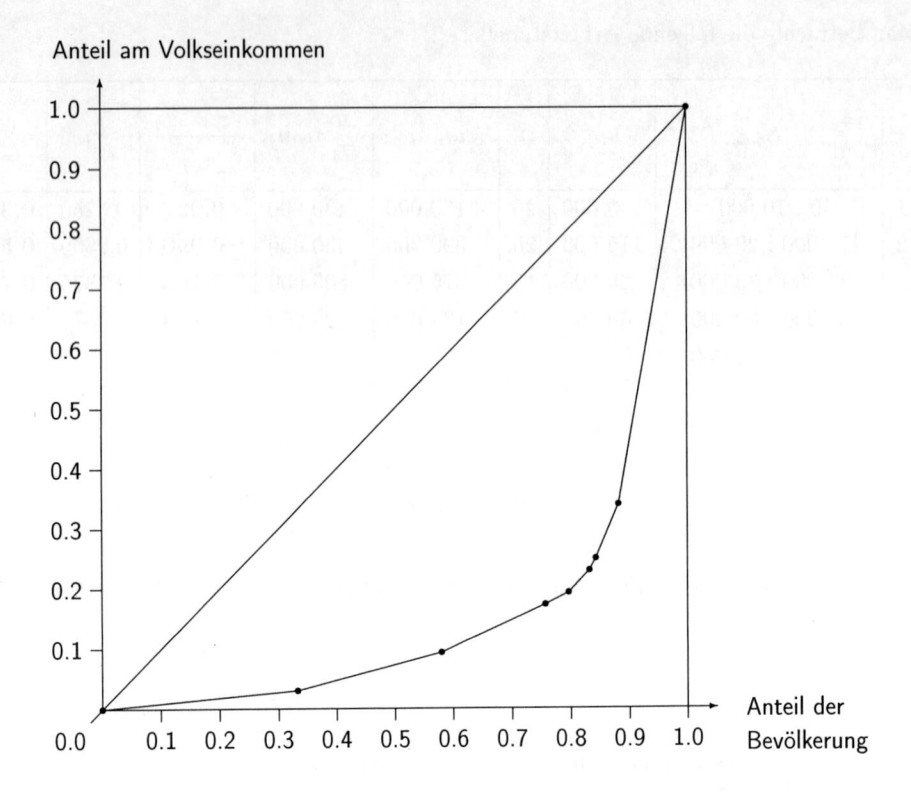

Für die Berechnung des Gini–Maßes sei die folgende Arbeitstabelle erstellt:

i	$a_{(i)}n_i$	r_i	$\sum\limits_{j=1}^{i} r_j$	$\left(\sum\limits_{j=1}^{i-1} r_j + \sum\limits_{j=1}^{i} r_j\right)$	$\left(\sum\limits_{j=1}^{i-1} r_j + \sum\limits_{j=1}^{i} r_j\right) a_{(i)}n_i$
1	130 000	0.3250	0.3250	0.3250	42 250.00
2	300 000	0.2500	0.5750	0.9000	270 000.00
3	375 000	0.1875	0.7625	1.3375	501 562.50
4	120 000	0.0375	0.8000	1.5625	187 500.00
5	187 500	0.0375	0.8375	1.6375	307 031.25
6	87 500	0.0125	0.8500	1.6875	147 656.25
7	450 000	0.0375	0.8875	1.7375	781 875.00
8	3 150 000	0.1125	1.0000	1.8875	5 945 625.00
$\sum$	4 800 000				8 183 500.00

Damit erhält man als Gini–Maß:

$$G = \frac{\sum\limits_{i=1}^{8} \left(\sum\limits_{j=1}^{i-1} r_j + \sum\limits_{j=1}^{i} r_j\right) n_i a_{(i)}}{\sum\limits_{i=1}^{8} n_i a_{(i)}} - 1 = \frac{8\,183\,500}{4\,800\,000} - 1 \approx 0.705 \;.$$

c) Da in Aufgabenteil a) bereits arithmetisches Mittel und Standardabweichung berechnet wurden, wählt man für den Herfindahlindex in diesem Fall die Darstellung über den Variationskoeffizienten:

$$H = \frac{V^2 + 1}{n} \;.$$

Für den Variationskoeffizienten gilt mit (1.31) und (1.32):

$$V = \frac{\sigma}{\overline{x}} = \frac{107\,278.8}{60\,000} = 1.79 \;.$$

Damit gilt für den Herfindahlindex:

$$H = \frac{1.79^2 + 1}{80} = 0.05 \;.$$

Lösung Aufgabe 1.16

Seien der Übersicht halber folgende Notationen eingeführt:

$K_i = [u_{i-1}, u_i]$ sei die i-te Klasse $(i = 1, \ldots, k)$, wobei $k = 5$,
d.h., $u_0 = 0.00$, $u_1 = 0.50$, $u_2 = 1.00$,
$u_3 = 2.00$, $u_4 = 5.00$, $u_5 = 10.00$,

n_i sei die Anzahl der Trinkgelder in Klasse i,

x_{ij} sei das j-te Trinkgeld in Klasse i $i = 1, \ldots, 5$ $j = 1, \ldots, n_i$,

$\overline{x}_i = \frac{1}{n_i} \sum\limits_{j=1}^{n_i} x_{ij}$ sei das Klassenmittel[4] der i-ten Klasse $(i = 1, \ldots, 5)$.

Dann erhält man die Summe der Trinkgelder in Klasse i durch:

$$n_i \overline{x}_i = n_i \cdot \frac{1}{n_i} \sum_{j=1}^{n_i} x_{ij} = \sum_{j=1}^{n_i} x_{ij} \;. \tag{1.33}$$

a) Für das arithmetische Mittel des gesamten Datensatzes erhält man dann:

$$\overline{x} = \frac{1}{n}\sum_{i=1}^{k} n_i \overline{x}_i = \frac{1}{180}(10.5 + 28.8 + 35.9 + 7.9 + 16.9)$$
$$= \frac{100}{180} = 0.56 \ .$$

Noch einmal sei auf die Besonderheit dieser Aufgabe hingewiesen. Hier sind die "wahren" Klassenmittel bekannt, so daß man sich nicht wie sonst mangels weiterer Informationen mit den Klassenmitten begnügt. Als Statistiker sollte man immer soviel Information wie möglich verarbeiten. Würde man auf die Information der Klassenmittel verzichten und mit den Klassenmitten rechnen, so erhielte man ein deutlich verzerrtes Ergebnis ($\overline{x}^* = 0.74$).

Die Varianz erhält man, indem man die mittlere quadratische Abweichung der Trinkgelder x_{ij} vom Gesamtmittel $\overline{x}$ berechnet:

$$\sigma^2 = \frac{1}{n}\sum_{i=1}^{k}\sum_{j=1}^{n_i}(x_{ij} - \overline{x})^2 \ .$$

Dieser Ausdruck läßt sich durch Addition von $\overline{x}_i - \overline{x}_i = 0$ wie folgt umschreiben:

$$\begin{aligned}\sigma^2 &= \frac{1}{n}\sum_{i=1}^{k}\sum_{j=1}^{n_i}(x_{ij} - \overline{x}_i + \overline{x}_i - \overline{x})^2 \\ &= \frac{1}{n}\sum_{i=1}^{k}\sum_{j=1}^{n_i}(x_{ij} - \overline{x}_i)^2 + \frac{2}{n}\sum_{i=1}^{k}\sum_{j=1}^{n_i}(x_{ij} - \overline{x}_i)(\overline{x}_i - \overline{x}) \\ &\quad + \frac{1}{n}\sum_{i=1}^{k}\sum_{j=1}^{n_i}(\overline{x}_i - \overline{x})^2 \ .\end{aligned} \qquad (1.34)$$

Zunächst betrachte man den mittleren Term. Da $\overline{x}_i - \overline{x}$ unabhängig vom Laufindex j ist, erhält man:

$$\sum_{i=1}^{k}\sum_{j=1}^{n_i}(x_{ij} - \overline{x}_i)(\overline{x}_i - \overline{x}) = \sum_{i=1}^{k}\left[(\overline{x}_i - \overline{x})\sum_{j=1}^{n_i}(x_{ij} - \overline{x}_i)\right]$$

---

[4]**Achtung!** Man unterscheide die Begriffe Klassenmitte und Klassenmittel.
In der Regel ist bei gruppierten Daten das Klassenmittel $\overline{x}_i$ unbekannt und man setzt an dessen Stelle die Klassenmitte $a_i = \frac{u_{i-1}+u_i}{2}$.

$$= \sum_{i=1}^{k}\left[(\overline{x}_i - \overline{x})\left(\sum_{j=1}^{n_i} x_{ij} - \sum_{j=1}^{n_i}\overline{x}_i\right)\right]$$
$$= \sum_{i=1}^{k}\left[(\overline{x}_i - \overline{x})\left(\sum_{j=1}^{n_i} x_{ij} - n_i\overline{x}_i\right)\right] = 0 \; ,$$

denn es gilt:

$$\sum_{j=1}^{n_i} x_{ij} = n_i \cdot \underbrace{\frac{1}{n_i}\sum_{j=1}^{n_i} x_{ij}}_{=\overline{x}_i} = n_i\overline{x}_i \; .$$

Damit entfällt der mittlere Term in (1.34), so daß man erhält:

$$\sigma^2 = \frac{1}{n}\sum_{i=1}^{k}\sum_{j=1}^{n_i}(x_{ij} - \overline{x}_i)^2 + \frac{1}{n}\sum_{i=1}^{k}\sum_{j=1}^{n_i}(\overline{x}_i - \overline{x})^2$$
$$= \frac{1}{n}\sum_{i=1}^{k}\sum_{j=1}^{n_i}(x_{ij} - \overline{x}_i)^2 + \frac{1}{n}\sum_{i=1}^{k}n_i(\overline{x}_i - \overline{x})^2 \; . \tag{1.35}$$

Bezeichnet man mit

$$\sigma_i^2 = \frac{1}{n_i}\sum_{j=1}^{n_i}(x_{ij} - \overline{x}_i)^2 \qquad i = 1,\ldots,k$$

die Varianz innerhalb der Gruppe i, so erhält man für (1.35):

$$\sigma^2 = \frac{1}{n}\sum_{i=1}^{k} n_i\sigma_i^2 + \frac{1}{n}\sum_{i=1}^{k} n_i(\overline{x}_i - \overline{x})^2$$

$$\Longleftrightarrow \boxed{\sigma^2 = \underbrace{\sum_{i=1}^{k} r_i\sigma_i^2}_{\text{interne Streuung}} + \underbrace{\sum_{i=1}^{k} r_i(\overline{x}_i - \overline{x})^2}_{\text{externe Streuung}} \; .}$$

D.h., die Gesamtvarianz läßt sich zerlegen in eine Streuung innerhalb der Klassen und eine Streuung zwischen den Klassen (Satz von der Streuungszerlegung bei klassierten Daten).

Im vorliegenden Fall ist die interne Streuung nicht beobachtet worden, so daß eine untere Schranke für die Gesamtvarianz durch die externe Varianz gegeben ist:

$$\sigma^2 \geq \frac{1}{n}\sum_{i=1}^{k} n_i(\overline{x}_i - \overline{x})^2 \; .$$

Mit dem Verschiebungssatz

$$\frac{1}{n}\sum_{i=1}^{k} n_i(\overline{x}_i - \overline{x})^2 = \frac{1}{n}\sum_{i=1}^{k} n_i\overline{x}_i^2 - \overline{x}^2$$

erhält man dann:

$$\begin{aligned}
\sigma^2 &\geq \frac{1}{n}\sum_{i=1}^{k} \frac{1}{n_i}(n_i\overline{x}_i)^2 - \overline{x}^2 \\
&= \frac{1}{180}\left(\frac{1}{102}\cdot 10.5^2 + \frac{1}{45}\cdot 28.8^2 + \frac{1}{27}\cdot 35.9^2 + \frac{1}{3}\cdot 7.9^2 + \frac{1}{3}\cdot 16.9^2\right) - 0.56^2 \\
&= 1.02 - 0.31 = 0.71 \ .
\end{aligned}$$

b) Zur Berechnung der Lorenzkurve sei nun folgende Arbeitstabelle[5] erstellt:

i	n_i	$\overline{x}_{(i)}n_i$	$\sum_{j=1}^{i}\overline{x}_{(j)}n_j$	$\dfrac{\sum_{j=1}^{i}\overline{x}_{(j)}n_j}{\sum_{j=1}^{5}\overline{x}_{(j)}n_j}$	$r_i = \frac{n_i}{n}$	$\sum_{j=1}^{i} r_j$
1	102	10.50	10.50	**0.105**	0.567	**0.567**
2	45	28.80	39.30	**0.393**	0.250	**0.817**
3	27	35.90	75.20	**0.752**	0.150	**0.967**
4	3	7.90	83.10	**0.831**	0.017	**0.983**
5	3	16.90	100.00	**1.000**	0.017	**1.000**
$\sum$	$n = 180$	100.00				

---

[5]Kleinere Fehler in der letzten Stelle sind auf Rundungsfehler zurückzuführen.

Mit den in der Arbeitstabelle fett gedruckten Werten erhält man die folgende Lorenzkurve:

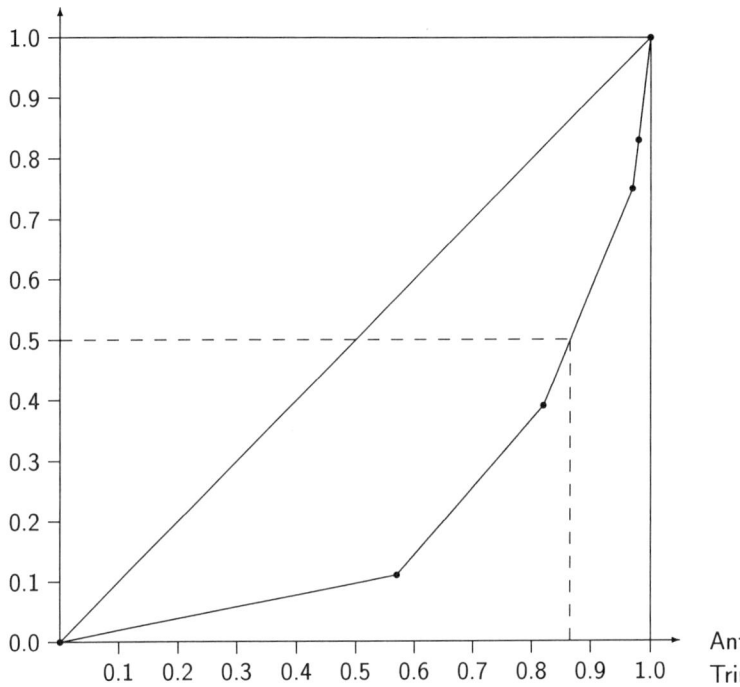

Anteil an der Trinkgeldsumme

[Lorenzkurve: Anteil an der Trinkgeldsumme gegen Anteil der Trinkgeldgeber]

c) Zur Berechnung des Gini–Maßes sei die folgende Tabelle erstellt:

i	$n_i \overline{x}_{(i)}$	$\sum\limits_{j=1}^{i} r_j$	$\sum\limits_{j=1}^{i-1} r_j + \sum\limits_{j=1}^{i} r_j$	$\left(\sum\limits_{j=1}^{i-1} r_j + \sum\limits_{j=1}^{i} r_j\right) n_i \overline{x}_{(i)}$
1	10.50	$0.56\overline{6}$	$0.56\overline{6}$	5.950
2	28.80	$0.81\overline{6}$	$1.38\overline{3}$	39.840
3	35.90	$0.96\overline{6}$	$1.78\overline{3}$	64.022
4	7.90	$0.98\overline{3}$	1.950	15.405
5	16.90	1.000	$1.98\overline{3}$	33.518
$\sum$	**100.00**			158.735

Aus der Tabelle liest man ab:

$$\sum_{j=1}^{5} n_j \bar{x}_{(j)} = 100.00$$

und

$$\sum_{i=1}^{5} \left(\sum_{j=1}^{i-1} r_j + \sum_{j=1}^{i} r_j \right) n_i \bar{x}_{(i)} = 158.735 \ .$$

Damit ergibt sich das Gini–Maß zu

$$G = \frac{\sum_{i=1}^{5} \left(\sum_{j=1}^{i-1} r_j + \sum_{j=1}^{i} r_j \right) n_i \bar{x}_{(i)}}{\sum_{j=1}^{5} n_j \bar{x}_{(j)}} - 1 \approx 0.587 \ .$$

d) Anhand der gestrichelten Linien in der Lorenzkurve kann man ablesen, daß sich die Hälfte mit den kleineren Trinkgeldern auf etwa 86% der Geber konzentriert, während sich die Hälfte mit den höheren Trinkgeldern auf etwa 14% der Trinkgeldgeber konzentriert.

Lösung Aufgabe 1.17

a) Zur Erstellung der Lorenzkurve dient die folgende Arbeitstabelle:

i	$x_{(i)}$	n_i	$n_i x_{(i)}$	$\sum_{j=1}^{i} n_j x_{(j)}$	$\dfrac{\sum_{j=1}^{i} n_j x_{(j)}}{\sum_{j=1}^{7} n_j x_{(j)}}$	$r_i = \dfrac{n_i}{n}$	$\sum_{j=1}^{i} r_j$
1	2	3	6	6	**0.06**	0.3	**0.3**
2	3	1	3	9	**0.09**	0.1	**0.4**
3	5	2	10	19	**0.19**	0.2	**0.6**
4	6	1	6	25	**0.25**	0.1	**0.7**
5	10	1	10	35	**0.35**	0.1	**0.8**
6	26	1	26	61	**0.61**	0.1	**0.9**
7	39	1	39	100	**1.00**	0.1	**1.0**
$\sum$		10					

Man verbindet die fett gedruckten Werte mit dem Punkt (0,0) zu einem Polygonzug, der die folgende Lorenzkurve liefert:

Anteil an der gesamten Autopflege

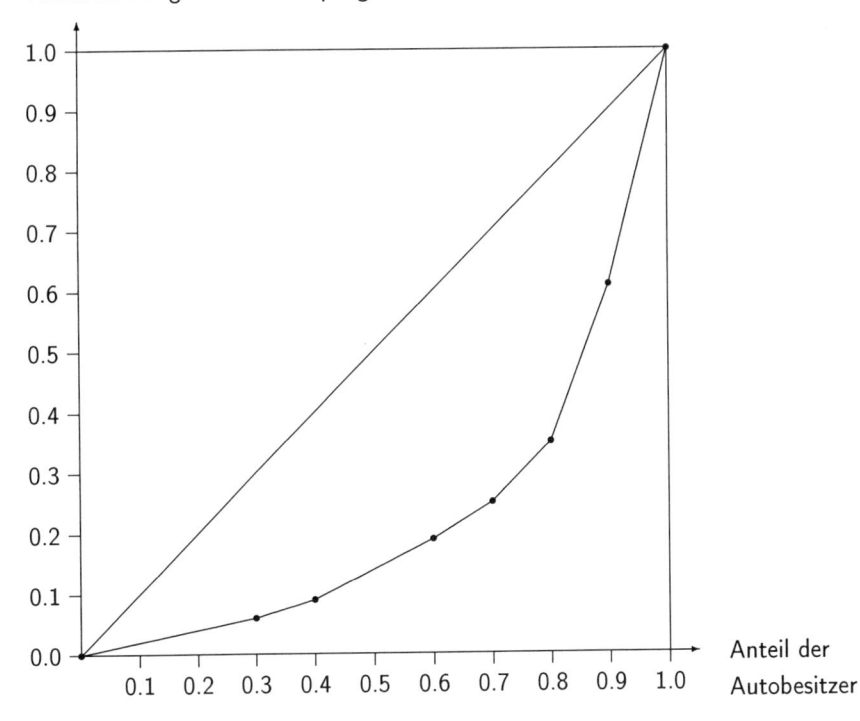

Anteil der Autobesitzer

b) Zur Berechnung des Gini–Maßes übernimmt man aus der Tabelle zur Berechnung der Lorenzkurve die Werte für $n_i x_{(i)}$ und r_i, aus denen man die für das Gini–Maß relevanten Werte $\left(\sum_{j=1}^{i-1} r_j + \sum_{j=1}^{i} r_j\right) x_{(i)} n_i$ ermittelt:

i	$n_i x_{(i)}$	$r_i = \frac{n_i}{n}$	$\sum_{j=1}^{i-1} r_j + \sum_{j=1}^{i} r_j$	$\left(\sum_{j=1}^{i-1} r_j + \sum_{j=1}^{i} r_j\right) x_{(i)} n_i$
1	6	0.3	0.3	1.8
2	3	0.1	0.7	2.1
3	10	0.2	1.0	10.0
4	6	0.1	1.3	7.8
5	10	0.1	1.5	15.0
6	26	0.1	1.7	44.2
7	39	0.1	1.9	74.1
$\sum$	100			155.0

Damit erhält man also als Gini–Maß

$$G = \frac{\sum_{i=1}^{7}\left(\sum_{j=1}^{i-1} r_j + \sum_{j=1}^{i} r_j\right) x_{(i)} n_i}{\sum_{i=1}^{7} n_i x_{(i)}} - 1 = \frac{155}{100} - 1 = 0.55 \ .$$

c) Zur erneuten Berechnung der Lorenzkurve wird wieder eine Arbeitstabelle erstellt:

i	$x_{(i)}$	n_i	$n_i x_{(i)}$	$\sum_{j=1}^{i} n_j x_{(j)}$	$\dfrac{\sum_{j=1}^{i} n_j x_{(j)}}{6\sum_{j=1}^{} n_j x_{(j)}}$	$r_i = \frac{n_i}{n}$	$\sum_{j=1}^{i} r_j$
1	2	2	4	4	0.042	0.250	0.250
2	5	2	10	14	0.147	0.250	0.500
3	6	1	6	20	0.211	0.125	0.625
4	10	1	10	30	0.316	0.125	0.750
5	26	1	26	56	0.589	0.125	0.875
6	39	1	39	95	1.000	0.125	1.000
$\sum$		8					

Mit den fett gedruckten Werten erhält man nun folgende Lorenzkurve:

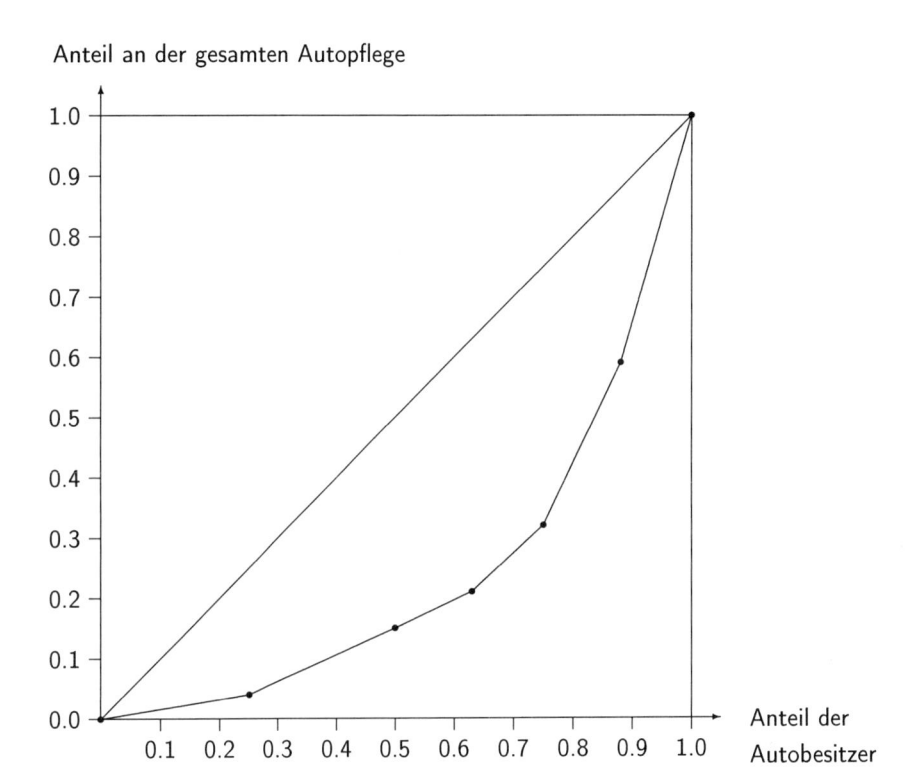

Anteil an der gesamten Autopflege

[Lorenzkurve-Diagramm mit Achsen 0.0 bis 1.0, Anteil der Autobesitzer auf x-Achse]

Das Gini–Maß berechnet sich mittels folgender Tabelle

i	$n_i x_{(i)}$	$r_i = \frac{n_i}{n}$	$\sum_{j=1}^{i-1} r_j + \sum_{j=1}^{i} r_j$	$\left(\sum_{j=1}^{i-1} r_j + \sum_{j=1}^{i} r_j\right) x_{(i)} n_i$
1	4	0.250	0.250	1.000
2	10	0.250	0.750	7.500
3	6	0.125	1.125	6.750
4	10	0.125	1.375	13.750
5	26	0.125	1.625	42.250
6	39	0.125	1.875	73.125
$\sum$	**95**			**144.375**

zu:

$$G = \frac{\sum_{i=1}^{6}\left(\sum_{j=1}^{i-1} r_j + \sum_{j=1}^{i} r_j\right) x_{(i)} n_i}{\sum_{i=1}^{6} n_i x_{(i)}} - 1 = \frac{144.375}{95} - 1 \approx 0.52 \;.$$

Das würde bedeuten, daß die Konzentration abgenommen hätte. Dies ist in Wirklichkeit nicht der Fall, denn zwei Männer, die ohnehin "wenig" Zeit in ihr Auto investierten, haben es verkauft. D.h., die Konzentration hat zugenommen. Um diesen Effekt auszuschließen, der regelmäßig dann auftritt, wenn sich bei der Betrachtung von Lorenzkurve bzw. Gini–Maß über einen zeitlichen Verlauf die Grundgesamtheit ändert, führt man die ausgeschiedenen Beobachtungen mit dem Wert 0 weiter, wie die folgende Tabelle verdeutlicht:

i	$x_{(i)}$	n_i	$n_i x_{(i)}$	$\sum_{j=1}^{i} n_j x_{(j)}$	$\dfrac{\sum_{j=1}^{i} n_j x_{(j)}}{\sum_{j=1}^{7} n_j x_{(j)}}$	$r_i = \dfrac{n_i}{n}$	$\sum_{j=1}^{i} r_j$
1	0	2	0	0	**0.000**	0.2	**0.2**
2	2	2	4	4	**0.042**	0.2	**0.4**
3	5	2	10	14	**0.147**	0.2	**0.6**
4	6	1	6	20	**0.211**	0.1	**0.7**
5	10	1	10	30	**0.316**	0.1	**0.8**
6	26	1	26	56	**0.589**	0.1	**0.9**
7	39	1	39	95	**1.000**	0.1	**1.0**
$\sum$		10					

Die neue Lorenzkurve hat dann folgendes Aussehen:

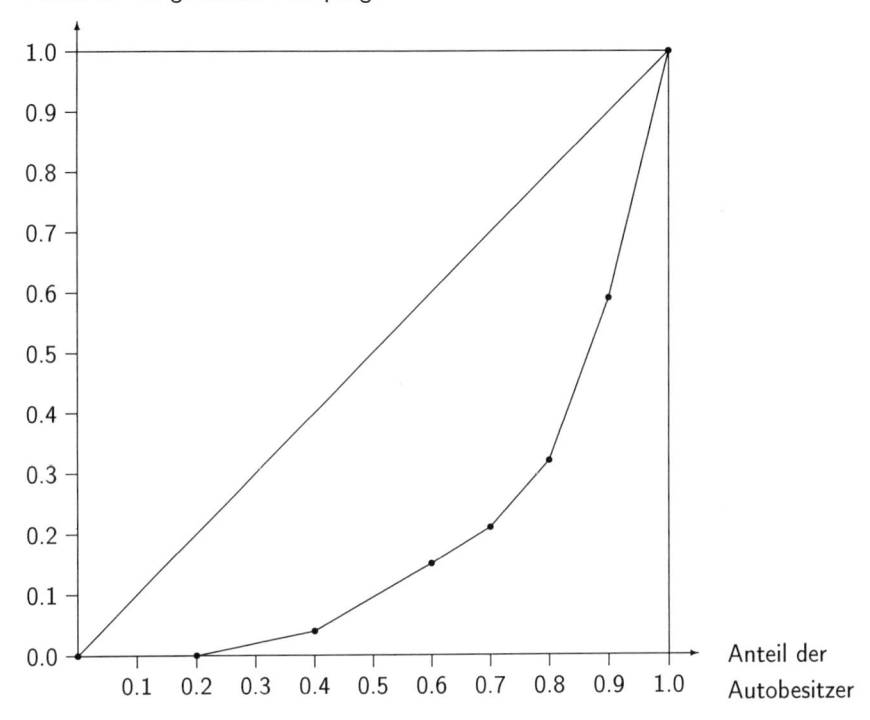

Anteil an der gesamten Autopflege

[Lorenzkurve-Diagramm: x-Achse "Anteil der Autobesitzer" von 0.0 bis 1.0, y-Achse von 0.0 bis 1.0]

Die Berechnung des Gini-Maßes erleichtert wiederum folgende Tabelle:

i	$n_i x_{(i)}$	$r_i = \frac{n_i}{n}$	$\sum_{j=1}^{i-1} r_j + \sum_{j=1}^{i} r_j$	$\left(\sum_{j=1}^{i-1} r_j + \sum_{j=1}^{i} r_j\right) n_i x_{(i)}$
1	0	0.2	0.2	0.0
2	4	0.2	0.6	2.4
3	10	0.2	1.0	10.0
4	6	0.1	1.3	7.8
5	10	0.1	1.5	15.0
6	26	0.1	1.7	44.2
7	39	0.1	1.9	74.1
$\sum$	95			153.5

Damit ist das Gini-Maß:

$$G = \frac{\sum\limits_{i=1}^{6} \left(\sum\limits_{j=1}^{i-1} r_j + \sum\limits_{j=1}^{i} r_j \right) n_i x_{(i)}}{\sum\limits_{i=1}^{6} n_i x_{(i)}} - 1 = \frac{153.5}{95} - 1 \approx 0.62 \;.$$

D.h., in dieser Betrachtungsweise hat die Konzentration tatsächlich zugenommen.

d) Für den Herfindahlindex betrachte man folgende Arbeitstabelle:

i	$x_{(i)}$	n_i	$n_i x_{(i)}$	$n_i x_{(i)}^2$
1	2	3	6	12
2	3	1	3	9
3	5	2	10	50
4	6	1	6	36
5	10	1	10	100
6	26	1	26	676
7	39	1	39	1521
$\sum$			100	2404

Damit ergibt sich für den Herfindahlindex in der Ausgangssituation:

$$H = \frac{\sum\limits_{i=1}^{7} n_i x_{(i)}^2}{\left(\sum\limits_{i=1}^{7} n_i x_{(i)} \right)^2} = \frac{2404}{100^2} = 0.2404 \;.$$

Für den Herfindahlindex nach der Änderung betrachte man die folgende Tabelle:

i	$x_{(i)}$	n_i	$n_i x_{(i)}$	$n_i x_{(i)}^2$
1	2	2	4	8
2	5	2	10	50
3	6	1	6	36
4	10	1	10	100
5	26	1	26	676
6	39	1	39	1521
$\sum$			95	2391

Für die geänderte Situation erhält man den folgenden Herfindahlindex:

$$H = \frac{\sum\limits_{i=1}^{6} n_i x_{(i)}^2}{\left(\sum\limits_{i=1}^{6} n_i x_{(i)}\right)^2} = \frac{2391}{95^2} = 0.2649 \;.$$

Da der Herfindahlindex zugenommen hat, ist die Konzentration gesunken.

e) Zur Berechnung des Korrelationskoeffizienten nach Bravais–Pearson betrachte man folgende Arbeitstabelle:

i	x_i	y_i	x_i^2	y_i^2	$x_i y_i$
1	2	7	4	49	14
2	2	10	4	100	20
3	2	6	4	36	12
4	3	7	9	49	21
5	5	5	25	25	25
6	5	11	25	121	55
7	6	8	36	64	48
8	10	3	100	9	30
9	26	1	676	1	26
10	39	2	1521	4	78
$\sum$	100	60	2404	458	329

Damit ergibt sich

$$\begin{aligned}
r_{xy} &= \frac{\sum\limits_{i=1}^{n} x_i y_i - n\,\overline{x}\,\overline{y}}{\sqrt{\left(\sum\limits_{i=1}^{n} x_i^2 - n\overline{x}^2\right)\left(\sum\limits_{i=1}^{n} y_i^2 - n\overline{y}^2\right)}} \\
&= \frac{\sum\limits_{i=1}^{n} x_i y_i - \frac{1}{n}\left(\sum\limits_{i=1}^{n} x_i\right)\left(\sum\limits_{i=1}^{n} y_i\right)}{\sqrt{\left[\sum\limits_{i=1}^{n} x_i^2 - \frac{1}{n}\left(\sum\limits_{i=1}^{n} x_i\right)^2\right]\cdot\left[\sum\limits_{i=1}^{n} y_i^2 - \frac{1}{n}\left(\sum\limits_{i=1}^{n} y_i\right)^2\right]}} \\
&= \frac{329 - \frac{1}{10}\cdot 100\cdot 60}{\sqrt{[2404 - \frac{1}{10}\cdot 100^2][458 - \frac{1}{10}\cdot 60^2]}} = -0.73 \;.
\end{aligned}$$

Dieser beachtliche negative Zusammenhang besagt, daß Männer, die viel Zeit in ihre Autos investieren, eher wenig Zeit ihren Ehefrauen widmen.

Lösung Aufgabe 1.18

a) Zunächst ermittelt man die geordnete Stichprobe:

$x_{(1)}$	$x_{(2)}$	$x_{(3)}$	$x_{(4)}$	$x_{(5)}$	$x_{(6)}$
0.45	0.49	0.73	0.83	0.84	2.19

$x_{(7)}$	$x_{(8)}$	$x_{(9)}$	$x_{(10)}$	$x_{(11)}$	$x_{(12)}$
2.41	2.43	3.74	5.64	5.79	6.05

Die Tiefe des Medians beträgt

$$d(M) = \frac{12+1}{2} = 6.5 \ .$$

Damit ist der Median gegeben durch

$$M = \frac{1}{2}\left(x_{(6)} + x_{(7)}\right) = \frac{1}{2}(2.19 + 2.41) = 2.30 \ .$$

Die Tiefe der Hinges ermittelt man zu

$$d(H) = \frac{[d(M)] + 1}{2} = \frac{[6.5] + 1}{2} = \frac{6+1}{2} = 3.5 \ .$$

Damit erhält man die Hinges

$$\begin{aligned} H_u &= \frac{1}{2}\left(x_{(3)} + x_{(4)}\right) = \frac{1}{2}(0.73 + 0.83) = 0.78 \\ \text{und} \quad H_o &= \frac{1}{2}\left(x_{(12+1-3)} + x_{(12+1-4)}\right) = \frac{1}{2}(x_{(10)} + x_{(9)}) = \frac{1}{2}(5.64 + 3.74) = 4. \end{aligned}$$

Analog ermittelt man die Tiefe der Eighths als

$$d(E) = \frac{[3.5]+1}{2} = \frac{3+1}{2} = 2 \ ,$$

und erhält damit:

$$E_u = x_{(2)} = 0.49$$
$$\text{sowie} \quad E_o = x_{(12+1-2)} = x_{(11)} = 5.79 \, .$$

Für die Sixteenths ermittelt man

$$d(D) = \frac{[2]+1}{2} = 1.5 \, ,$$

so daß die Sixteenths wie folgt gegeben sind:

$$D_u = \frac{1}{2}\left(x_{(1)} + x_{(2)}\right) = \frac{1}{2}(0.45 + 0.49) = 0.47 \, ,$$
$$D_o = \frac{1}{2}\left(x_{(12+1-1)} + x_{(12+1-2)}\right) = \frac{1}{2}\left(x_{(12)} + x_{(11)}\right) = \frac{1}{2}(6.05 + 5.79) = 5.92 \, .$$

Damit erhält man die Midsummaries

$$\text{mid}(H) = \frac{1}{2}(H_u + H_o) = \frac{1}{2}(0.78 + 4.69) \approx 2.74 \, ,$$
$$\text{mid}(E) = \frac{1}{2}(E_u + E_o) = \frac{1}{2}(0.49 + 5.79) \approx 3.14 \, ,$$
$$\text{mid}(D) = \frac{1}{2}(D_u + D_o) = \frac{1}{2}(0.47 + 5.92) \approx 3.20 \, .$$

Da $M < \text{mid}(H) < \text{mid}(E) < \text{mid}(D)$ gilt, weisen die Midsummaries auf eine rechtsschiefe Verteilung hin.

b) Die Lettervalues sowie die für den Transformationsplot notwendigen Werte sind in der folgenden Tabelle wiedergegeben:

Q	Q_u	Q_o	$\xi = \frac{(Q_u-M)^2+(Q_o-M)^2}{4M}$	$\eta = \frac{Q_u+Q_o}{2} - M$	$\frac{\eta}{\xi}$	$1 - \frac{\eta}{\xi}$
M	2.30	2.30	0	0	–	–
H	0.78	4.69	0.87	0.44	0.51	0.49
E	0.49	5.79	1.68	0.84	0.50	0.50
D	0.47	5.92	1.79	0.90	0.50	0.50

Die Steigung des Transformationsplots beträgt in etwa 0.5 . Damit ist die naheliegende Potenztransformation

$$p = 1 - 0.5 = 0.5 \, .$$

D.h., man wird die Quadratwurzeln aus den Daten ziehen.
Für die transformierten Werte erhält man folgende geordnete Stichprobe:

$x^*_{(1)}$	$x^*_{(2)}$	$x^*_{(3)}$	$x^*_{(4)}$	$x^*_{(5)}$	$x^*_{(6)}$
0.67	0.70	0.85	0.91	0.92	1.48

$x^*_{(7)}$	$x^*_{(8)}$	$x^*_{(9)}$	$x^*_{(10)}$	$x^*_{(11)}$	$x^*_{(12)}$
1.55	1.56	1.93	2.37	2.41	2.46

Analog zum Aufgabenteil a) erhält man mit den dort ermittelten Tiefen folgende Lettervalues für den transformierten Datensatz:

$$M = \frac{1}{2}\left(x^*_{(6)} + x^*_{(7)}\right) = \frac{1}{2}(1.48 + 1.55) \approx 1.52,$$

$$H_u = \frac{1}{2}\left(x^*_{(3)} + x^*_{(4)}\right) = \frac{1}{2}(0.85 + 0.91) = 0.88,$$

$$H_o = \frac{1}{2}\left(x^*_{(10)} + x^*_{(9)}\right) = \frac{1}{2}(2.37 + 1.93) = 2.15,$$

$$E_u = x^*_{(2)} = 0.70,$$

$$E_o = x^*_{(11)} = 2.41,$$

$$D_u = \frac{1}{2}\left(x^*_{(1)} + x^*_{(2)}\right) = \frac{1}{2}(0.67 + 0.70) \approx 0.69,$$

$$D_o = \frac{1}{2}\left(x^*_{(12)} + x^*_{(11)}\right) = \frac{1}{2}(2.46 + 2.41) \approx 2.44.$$

Für die Midsummaries erhält man:

$$\text{mid}(H) = \frac{1}{2}(H_u + H_o) = \frac{1}{2}(0.88 + 2.15) \approx 1.52,$$

$$\text{mid}(E) = \frac{1}{2}(E_u + E_o) = \frac{1}{2}(0.70 + 2.41) \approx 1.56,$$

$$\text{mid}(D) = \frac{1}{2}(D_u + D_o) = \frac{1}{2}(0.69 + 2.44) \approx 1.57.$$

Da $M \approx \text{mid}(H) \approx \text{mid}(E) \approx \text{mid}(D)$ gilt, sind die transformierten Daten annähernd symmetrisch.

Lösung Aufgabe 1.19

Seien der Einfachheit halber die Alters- und Vermögensklassen jeweils durch die Zahlen 1 bis 4 abgekürzt, dann stellt sich die Tabelle wie folgt dar:

		\multicolumn{4}{c}{Altersklasse}			
		1	2	3	4
Vermögens-klasse	1	16	16	5	4
	2	4	13	5	3
	3	1	1	9	6
	4	2	1	0	14

Als Klassenmitten für das Vermögen erhält man:

$a_1 = 10\,000$, $a_2 = 30\,000$, $a_3 = 50\,000$, und $a_4 = 70\,000$.

Analog ergeben sich die Klassenmitten für das Alter zu

$b_1 = 30$, $b_2 = 50$, $b_3 = 70$, und $b_4 = 90$.

Seien weiter

n_{ij} = Anzahl der befragten Frauen mit Vermögensklasse i in der Altersklasse j.

a) Für die bedingte (absolute) Altershäufigkeit von Frauen mit Vermögensklasse 4 (d.h. 60 000 — 80 000 DM) gilt:

$$n_{j|i=4} = \begin{cases} 2 & j=1 \\ 1 & j=2 \\ 0 & j=3 \\ 14 & j=4 \end{cases}$$

bzw. (für die relative bedingte Häufigkeit):

$$r_{j|i=4} = \frac{n_{j|i=4}}{n_{4\bullet}} = \begin{cases} \frac{2}{17} & j=1 \\ \frac{1}{17} & j=2 \\ 0 & j=3 \\ \frac{14}{17} & j=4 \end{cases},$$

da

$$n_{4\bullet} = \sum_{j=1}^{4} n_{4j} = 2+1+0+14 = 17.$$

b) Die Randhäufigkeit des Merkmals Vermögen ist gegeben durch:

$$n_{i\bullet} \qquad i = 1, \ldots, 4$$

bzw.

$$r_{i\bullet} = \frac{n_{i\bullet}}{n} \qquad j = 1, \ldots, 4 \; .$$

Nun sind

$$n_{1\bullet} = \sum_{j=1}^{4} n_{1j} = 16 + 16 + 5 + 4 = 41 \; , \tag{1.36}$$
$$n_{2\bullet} = 4 + 13 + 5 + 3 = 25 \; , \tag{1.37}$$
$$n_{3\bullet} = 1 + 1 + 9 + 6 = 17 \; , \tag{1.38}$$
$$n_{4\bullet} = 2 + 1 + 0 + 14 = 17 \; , \tag{1.39}$$

und damit:

$$r_{1\bullet} = 0.41 \; , \quad r_{2\bullet} = 0.25 \; , \quad r_{3\bullet} = r_{4\bullet} = 0.17 \; .$$

c) Die Randhäufigkeit des Merkmals Vermögen wurde bereits in (1.36) – (1.39) im Aufgabenteil b) hergeleitet. Die Randhäufigkeit des Merkmals Alter ergibt sich analog zu:

$$n_{\bullet 1} = 16 + 4 + 1 + 2 = 23 \; ,$$
$$n_{\bullet 2} = 16 + 13 + 1 + 1 = 31 \; ,$$
$$n_{\bullet 3} = 5 + 5 + 9 + 0 = 19 \; ,$$
$$n_{\bullet 4} = 4 + 3 + 6 + 14 = 27 \; ,$$

Damit erhält man:

$$\sum_{i=1}^{4} n_{i\bullet} a_i = 41 \cdot 10\,000 + 25 \cdot 30\,000 + 17 \cdot 50\,000 + 17 \cdot 70\,000$$
$$= 3\,200\,000 = 32 \cdot 10^5 \; ,$$
$$\sum_{i=1}^{4} n_{i\bullet} a_i^2 = 41 \cdot 10\,000^2 + 25 \cdot 30\,000^2 + 17 \cdot 50\,000^2 + 17 \cdot 70\,000^2$$
$$= 152\,400\,000\,000 = 1524 \cdot 10^8 \; ,$$
$$\sum_{j=1}^{4} n_{\bullet j} b_j = 23 \cdot 30 + 31 \cdot 50 + 19 \cdot 70 + 27 \cdot 90$$

$$\begin{aligned}
&= 6\,000\,, \\
\sum_{j=1}^{4} n_{\bullet j} b_j^2 &= 23 \cdot 30^2 + 31 \cdot 50^2 + 19 \cdot 70^2 + 27 \cdot 90^2 \\
&= 410\,000\,, \\
\sum_{i=1}^{4}\sum_{j=1}^{4} n_{ij} a_i b_j &= \sum_{i=1}^{4} a_i \left(\sum_{j=1}^{4} n_{ij} b_j\right) \\
&= 10\,000 \cdot (16 \cdot 30 + 16 \cdot 50 + 5 \cdot 70 + 4 \cdot 90) \\
&\quad + 30\,000 \cdot (4 \cdot 30 + 13 \cdot 50 + 5 \cdot 70 + 3 \cdot 90) \\
&\quad + 50\,000 \cdot (1 \cdot 30 + 1 \cdot 50 + 9 \cdot 70 + 6 \cdot 90) \\
&\quad + 70\,000 \cdot (2 \cdot 30 + 1 \cdot 50 + 0 \cdot 70 + 14 \cdot 90) \\
&= 220\,000\,000 = 22 \cdot 10^7\,.
\end{aligned}$$

Der Korrelationskoeffizient nach Bravais–Pearson ergibt sich damit zu

$$\begin{aligned}
r &= \frac{\sum_{i=1}^{4}\sum_{j=1}^{4} n_{ij} a_i b_j - \frac{1}{100}\left(\sum_{i=1}^{4} n_{i\bullet} a_i\right)\left(\sum_{j=1}^{4} n_{\bullet j} b_j\right)}{\sqrt{\left[\sum_{i=1}^{4} n_{i\bullet} a_i^2 - \frac{1}{100}\left(\sum_{i=1}^{4} n_{i\bullet} a_i\right)^2\right] \cdot \left[\sum_{j=1}^{4} n_{\bullet j} b_j^2 - \frac{1}{100}\left(\sum_{i=1}^{4} n_{\bullet j} b_j\right)^2\right]}} \\
&= \frac{22 \cdot 10^7 - \dfrac{1}{100} \cdot 32 \cdot 10^5 \cdot 6\,000}{\sqrt{\left[1524 \cdot 10^8 - \dfrac{1}{100}\left(32 \cdot 10^5\right)^2\right]\left[41 \cdot 10^4 - \dfrac{1}{100} \cdot 6\,000^2\right]}} \\
&= \frac{28\,000\,000}{50\,000\,000} = 0.56\,.
\end{aligned}$$

Lösung Aufgabe 1.20

a) Der nachfolgenden Tabelle kann man neben den einzelnen Punktwertungen die summierten Punktzahlen und das arithmetische Mittel der Punkte der jeweiligen Paare entnehmen. Die daraus resultierende Plazierung beim Wettbewerb findet sich in der letzten Spalte:

		Punktrichter						$\sum_{i=1}^{7} x_i$	$\bar{x}$	Platz
		N	O	P	Q	R	S	T			
	H	4	3	3	5	3	6	3	27	3.86	4
	I	3	4	5	4	4	1	4	25	3.57	3
Tanz-	J	5	5	4	3	5	4	5	31	4.43	5
paar	K	1	2	2	2	2	2	1	12	1.71	1
	L	6	6	6	6	6	3	6	39	5.57	6
	M	2	1	1	1	1	5	2	13	1.86	2

b) Verwendet man statt des arithmetischen Mittels das 0.2–getrimmte Mittel, so gilt wegen $q = [7 \cdot 0.2] = [1.4] = 1$:

$$\bar{x}_\alpha = \frac{1}{7 - 2 \cdot q} \sum_{i=q+1}^{7-q} x_{(i)} = \frac{1}{5} \sum_{i=2}^{6} x_{(i)} \ .$$

D.h., gemittelt wird über alle Werte ohne den jeweils kleinsten bzw. größten Wert. Die nachfolgende Tabelle gibt u.a. die geordneten Punktzahlen an. Die Werte, die in die Berechnung des 0.2–getrimmten Mittels eingehen, sind dick gedruckt:

		Punktrichter						geordnete Punkte						$\sum_{i=2}^{6} x_{(i)}$	$\bar{x}_{0.2}$	Pl
		N	O	P	Q	R	S	T									
	H	4	3	3	5	3	6	3	3	**3**	**3**	**3**	**4**	**5**	6	18	3.60	3
	I	3	4	5	4	4	1	4	1	**3**	**4**	**4**	**4**	**4**	5	19	3.80	4
Tanz-	J	5	5	4	3	5	4	5	3	**4**	**4**	**5**	**5**	**5**	5	23	4.60	5
paar	K	1	2	2	2	2	2	1	1	**1**	**2**	**2**	**2**	**2**	2	9	1.80	2
	L	6	6	6	6	6	3	6	3	**6**	**6**	**6**	**6**	**6**	6	30	6.00	6
	M	2	1	1	1	1	5	2	1	**1**	**1**	**1**	**2**	**2**	5	7	1.40	1

Bei Verwendung des arithmetischen Mittels erhält man die Reihenfolge

K M I H J L ,

bei Verwendung des 0.2–getrimmten Mittels ergibt sich die Reihenfolge

M K H I J L ,

so daß bei Verwendung des 0.2–getrimmten Mittels jeweils das erste und zweite bzw. das dritte und vierte Paar die Plätze tauschen.

c) Sei x_i^j die Punktzahl, die Punktrichter j dem Paar i zuteilt.
Dann gilt für alle $j = N, O, P, Q, R, S, T$:

$$\overline{x}^j = \tfrac{1}{6} \sum_{i=H}^{M} x_i^j = \tfrac{1}{6}(1 + 2 + 3 + 4 + 5 + 6) = \tfrac{7}{2} ,$$
$$\sum_{i=H}^{M} \left(x_i^j\right)^2 = \tfrac{1}{6}\left(1^2 + 2^2 + 3^2 + 4^2 + 5^2 + 6^2\right) = 91 ,$$

und somit:

$$\sum_{i=H}^{M} \left(x_i^j\right)^2 - 6 \cdot \left(\overline{x}^j\right)^2 = 91 - 6 \cdot \left(\tfrac{7}{2}\right)^2 = \tfrac{35}{2} .$$

Damit reduziert sich die Berechnung des Korrelationskoeffizienten zwischen den Punktrichtern j und k zu:

$$r_{jk} = \frac{\sum_{i=H}^{M} x_i^j x_i^k - 6 \cdot \left(\tfrac{7}{2}\right)^2}{\tfrac{35}{2}} = \frac{2 \cdot \sum_{i=H}^{M} x_i^j x_i^k - 147}{35} .$$

Nun ist

$$\sum_{i=H}^{M} x_i^N x_i^O = 4 \cdot 3 + 3 \cdot 4 + 5 \cdot 5 + 1 \cdot 2 + 6 \cdot 6 + 2 \cdot 1 = 89 ,$$

analog erhält man:

$$\sum_{i=H}^{M} x_i^N x_i^P = 87, \quad \sum_{i=H}^{M} x_i^N x_i^Q = 87, \quad \sum_{i=H}^{M} x_i^N x_i^R = 89, \quad \sum_{i=H}^{M} x_i^N x_i^S = 77,$$

$$\sum_{i=H}^{M} x_i^N x_i^T = 90, \quad \sum_{i=H}^{M} x_i^O x_i^P = 90, \quad \sum_{i=H}^{M} x_i^O x_i^Q = 87, \quad \sum_{i=H}^{M} x_i^O x_i^R = 91,$$

$$\sum_{i=H}^{M} x_i^O x_i^S = 69, \quad \sum_{i=H}^{M} x_i^O x_i^T = 90, \quad \sum_{i=H}^{M} x_i^P x_i^Q = 88, \quad \sum_{i=H}^{M} x_i^P x_i^R = 90,$$

$$\sum_{i=H}^{M} x_i^P x_i^S = 66, \quad \sum_{i=H}^{M} x_i^P x_i^T = 89, \quad \sum_{i=H}^{M} x_i^Q x_i^R = 87, \quad \sum_{i=H}^{M} x_i^Q x_i^S = 73,$$

$$\sum_{i=H}^{M} x_i^Q x_i^T = 86, \quad \sum_{i=H}^{M} x_i^R x_i^S = 69, \quad \sum_{i=H}^{M} x_i^R x_i^T = 90, \quad \sum_{i=H}^{M} x_i^S x_i^T = 72.$$

Damit berechnen sich die Korrelationskoeffizienten nach Bravais–Pearson wie folgt:

r	N	O	P	Q	R	S
O	0.89					
P	0.77	0.94				
Q	0.77	0.77	0.83			
R	0.89	1.00	0.94	0.77		
S	0.20	−0.26	−0.43	−0.03	−0.26	
T	0.94	0.94	0.89	0.71	0.94	−0.09

Deutlich ist zu erkennen, daß die Wertungsrichter N, O, P, Q, R und T stark positiv miteinander korreliert sind. Hingegen sind die Bewertungen des Punktrichters Schmiergut schwach, mitunter gar negativ mit denen der anderen Wertungsrichter korreliert.

Im vorliegenden Fall sind die Korrelationskoeffizienten nach Spearman identisch mit denen nach Bravais–Pearson, denn die zugehörigen Ränge stimmen in diesem Beispiel mit den Punkten selbst überein.

Lösung Aufgabe 1.21

Sei n_{ij} die Anzahl der Wagen, deren Halter das Geschlecht i (1 steht für weiblich, 2 steht für männlich) hat und die die Hauptuntersuchung erfolgreich ($j = 1$) bzw. nicht erfolgreich ($j = 2$) passiert haben.
Man betrachte nun die folgende Vierfeldertafel mit den Randhäufigkeiten $n_{i\bullet}$ bzw. $n_{\bullet j}$:

n_{ij}	1	2	$n_{i\bullet}$
1	7	8	15
2	5	40	45
$n_{\bullet j}$	12	48	60

a) Bei Unabhängigkeit der beiden Merkmale müßte bei gleichen Randhäufigkeiten gelten:

$$n_{ij} = \frac{n_{i\bullet} \cdot n_{\bullet j}}{n} .$$

Daraus würde folgen, daß

$$n_{11} = \frac{n_{1\bullet} \cdot n_{\bullet 1}}{n} = \frac{15 \cdot 12}{60} = 3 ,$$
$$n_{12} = \frac{n_{1\bullet} \cdot n_{\bullet 2}}{n} = \frac{15 \cdot 48}{60} = 12 ,$$
$$n_{21} = \frac{n_{2\bullet} \cdot n_{\bullet 1}}{n} = \frac{45 \cdot 12}{60} = 9 ,$$
$$n_{22} = \frac{n_{2\bullet} \cdot n_{\bullet 2}}{n} = \frac{45 \cdot 48}{60} = 36 .$$

D.h., bei Unabhängigkeit hätte die Vierfeldertafel folgende Gestalt:

n_{ij}	1	2	$n_{i\bullet}$
1	3	12	15
2	9	36	45
$n_{\bullet j}$	12	48	60

b) Der Assoziationskoeffizient nach Yule ist gegeben durch:

$$\begin{aligned}
y &= \frac{n_{11} n_{22} - n_{12} n_{21}}{n_{11} n_{22} + n_{12} n_{21}} \\
&= \frac{7 \cdot 40 - 5 \cdot 8}{7 \cdot 40 + 5 \cdot 8} = 0.75 .
\end{aligned}$$

c) Zur Ermittlung der weiteren Assoziationsmaße berechnet man zunächst χ^2 :

$$\chi^2 = \sum_{i=1}^{k}\sum_{j=1}^{m} \frac{\left(n_{ij} - \frac{n_{i\bullet}n_{\bullet j}}{n}\right)^2}{\frac{n_{i\bullet}n_{\bullet j}}{n}},$$

D.h., in χ^2 werden die standardisierten quadrierten Abweichungen der vorliegenden Einträge von den Einträgen der Tafel bei Unabhängigkeit aufsummiert.
Im vorliegenden Fall erhält man mit Aufgabenteil a):

$$\chi^2 = \frac{(7-3)^2}{3} + \frac{(8-12)^2}{12} + \frac{(5-9)^2}{9} + \frac{(40-36)^2}{36} = \frac{80}{9} = 8.\bar{8} \ .$$

Damit erhält man den Phi–Koeffizienten als

$$\phi = \sqrt{\frac{\chi^2}{n}} = \sqrt{\frac{\frac{80}{9}}{60}} \approx 0.38 \ .$$

der Kontingenzkoeffizient nach Cramer ist ebenfalls gegeben durch

$$V_{xy} = \sqrt{\frac{\chi^2}{n(\min\{k,m\}-1)}} = \sqrt{\frac{\chi^2}{n}} \approx 0.38 \ .$$

Für den Kontingenzkoeffizienten nach Pearson ermittelt man:

$$P_{xy} = \sqrt{\frac{\chi^2}{\chi^2+n}} = \sqrt{\frac{\frac{80}{9}}{\frac{80}{9}+60}} \approx 0.36 \ ,$$

und damit gilt für den korrigierten Kontingenzkoeffizienten nach Pearson:

$$P_{xy}^* = \sqrt{\frac{\min\{k,m\}}{\min\{k,m\}-1}} P_{xy} = \sqrt{2}P_{xy} \approx 0.51 \ .$$

Bemerkung: Im Fall einer Vierfeldertafel, d.h. einer 2×2–Kontingenztafel spricht man statt von Kontingenz auch von Assoziation.

Lösung Aufgabe 1.22

Da es sich bei dem Merkmal Abwanderungsbewegung mit den Ausprägungen gering, mittel und hoch um ein ordinal skaliertes Merkmal handelt, stehen als geeignete Korrelationskoeffizienten der Rangkorrelationskoeffizient nach Spearman sowie Kendall's Tau und Goodman-and-Kruskal's Gamma zur Verfügung. Ersterer wird in einem Aufgabenteil i), die letzteren beiden aufgrund ihrer Ähnlichkeit in einem Aufgabenteil ii) berechnet:

i) Das Datenmaterial sei in folgender Tabelle wiedergegeben:

n_{ij}	Konsumgruppe j			
	1	2	3	4
Abwanderung gering $(i=1)$	1	1	0	0
Abwanderung mittel $(i=2)$	2	3	1	3
Abwanderung hoch $(i=3)$	0	1	2	2

Für die Randhäufigkeiten erhält man damit:

$$n_{\bullet 1} = n_{11} + n_{21} + n_{31} = 1 + 2 + 0 = 3 \;,$$
$$n_{\bullet 2} = n_{12} + n_{22} + n_{32} = 1 + 3 + 1 = 5 \;,$$
$$n_{\bullet 3} = n_{13} + n_{23} + n_{33} = 0 + 1 + 2 = 3 \;,$$
$$n_{\bullet 4} = n_{14} + n_{24} + n_{34} = 0 + 3 + 2 = 5$$

sowie

$$n_{1 \bullet} = n_{11} + n_{12} + n_{13} + n_{14} = 1 + 1 + 0 + 0 = 2 \;,$$
$$n_{2 \bullet} = n_{21} + n_{22} + n_{23} + n_{24} = 2 + 3 + 1 + 3 = 9 \;,$$
$$n_{3 \bullet} = n_{31} + n_{32} + n_{33} + n_{34} = 0 + 1 + 2 + 2 = 5 \;.$$

Für das Merkmal Konsum gibt es drei Beobachtungen in der Gruppe 1, so daß für diese die Ränge 1, 2 und 3 bzw. als midrank

$$\frac{1+2+3}{3} = 2$$

vergeben wird, in der zweiten Gruppe sind als midranks die Ränge

$$\frac{4+5+6+7+8}{5} = 6$$

zu vergeben. Den Gruppen 3 und 4 werden schließlich die Ränge

$$\frac{9+10+11}{3} = 10 \quad \text{bzw.} \quad \frac{12+13+14+15+16}{5} = 14 \quad \text{vergeben.}$$

Analog verfährt man mit dem Merkmal der Abwanderung, es werden als midranks

$$\frac{1+2}{2} = 1.5 \;, \quad \frac{3+4+\ldots+11}{9} = 7 \quad \text{bzw.} \quad \frac{12+13+14+15+16}{5} = 14$$

vergeben. Als Kontingenztafel für die Ränge erhält man damit folgende Tabelle:

n_{ij}		\multicolumn{4}{c}{$R_{(y_i)}$}	$n_{i\bullet}$
		2	6	10	14	
	1.5	1	1	0	0	2
$R(x_i)$	7	2	3	1	3	9
	14	0	1	2	2	5
$n_{\bullet j}$		3	5	3	5	16

Mit

$$\overline{R(x)} = \overline{R(y)} = \frac{1}{16}\sum_{i=1}^{16} i = 8.5$$

sowie

$$\sum_{i=1}^{3} n_{i\bullet} R(x_i)^2 = 2 \cdot 1.5^2 + 9 \cdot 7^2 + 5 \cdot 14^2 = 1425.5\,,$$

$$\sum_{j=1}^{4} n_{\bullet j} R(y_j)^2 = 3 \cdot 2^2 + 5 \cdot 6^2 + 3 \cdot 10^2 + 5 \cdot 14^2 = 1472\,,$$

$$\sum_{i=1}^{3}\sum_{j=1}^{4} n_{ij} R(x_i) R(y_j) = 1 \cdot 1.5 \cdot 2 + 1 \cdot 1.5 \cdot 6 + 0 + 0$$
$$+ 2 \cdot 7 \cdot 2 + 3 \cdot 7 \cdot 6 + 1 \cdot 7 \cdot 10 + 3 \cdot 7 \cdot 14$$
$$+ 0 + 1 \cdot 14 \cdot 6 + 2 \cdot 14 \cdot 10 + 2 \cdot 14 \cdot 14$$
$$= 1286$$

erhält man damit als Rangkorrelationskoeffizient nach Spearman:

$$R_{xy} = \frac{\sum\limits_{i=1}^{3}\sum\limits_{j=1}^{4} n_{ij} R(x_i) R(y_j) - 16 \cdot \overline{R(x)} \cdot \overline{R(y)}}{\sqrt{\sum\limits_{i=1}^{3} n_{i\bullet} R(x_i)^2 - 16\overline{R(x)}^2}\sqrt{\sum\limits_{j=1}^{4} n_{\bullet j} R(y_j)^2 - 16\overline{R(y)}^2}}$$

$$= \frac{1286 - 16 \cdot 8.5^2}{\sqrt{1425.5 - 16 \cdot 8.5^2}\sqrt{1472 - 16 \cdot 8.5^2}} \approx 0.445 \; .$$

ii) Um Goodman–and–Kruskal's Gamma zu berechnen, müssen die Anzahlen konkordanter Paare N_C sowie diskordanter Paare N_D bestimmt werden. Für die vorliegende 3 × 4–Kontingenztafel (siehe Aufgabenteil i)) geschieht dies mittels

$$N_C = \sum_{i=1}^{3}\sum_{j=1}^{4} n_{ij} \cdot C_{ij}$$

und $\quad N_D = \sum\limits_{i=1}^{3}\sum\limits_{j=1}^{4} n_{ij} \cdot D_{ij}$

wobei die C_{ij} bzw. D_{ij} folgendermaßen ermittelt werden:

$$C_{ij} = \sum_{r>i}\sum_{s>j} n_{rs} \; , \qquad D_{ij} = \sum_{r>i}\sum_{s<j} n_{rs} \; . \tag{1.40}$$

Im vorliegenden Fall erhält man:

$$C_{11} = \sum_{r=2}^{3}\sum_{s=2}^{4} n_{rs}$$
$$= n_{22} + n_{23} + n_{24} + n_{32} + n_{33} + n_{34}$$
$$= 3 + 1 + 3 + 1 + 2 + 2 = 12 \; ,$$
$$C_{12} = \sum_{r=2}^{3}\sum_{s=3}^{4} n_{rs} = n_{23} + n_{24} + n_{33} + n_{34} = 1 + 3 + 2 + 2 = 8 \; ,$$
$$C_{13} = n_{24} + n_{34} = 3 + 2 = 5 \; , \quad C_{14} = 0 \; ,$$
$$C_{21} = 5 \; , \quad C_{22} = 4 \; , \quad C_{23} = 2 \; , \quad C_{24} = 0 \; ,$$
$$C_{3j} = 0 \quad 1 \leq j \leq 4 \; ,$$
$$D_{11} = 0 \; ,$$
$$D_{12} = \sum_{r=2}^{3}\sum_{s=1}^{1} n_{rs} = n_{21} + n_{31} = 2 + 0 = 2 \; ,$$
$$D_{13} = \sum_{r=2}^{3}\sum_{s=1}^{2} n_{rs} = n_{21} + n_{22} + n_{31} + n_{32} = 2 + 3 + 0 + 1 = 6 \; ,$$

$$D_{14} = \sum_{r=2}^{3}\sum_{s=1}^{3} n_{rs} = n_{21}+n_{22}+n_{23}+n_{31}+n_{32}+n_{33} = 2+3+1+0+1+2 =$$
$$D_{21} = 0, \quad D_{22} = 0, \quad D_{23} = 1, \quad D_{24} = 3,$$
$$D_{3j} = 0, \quad 1 \leq j \leq 4.$$

Man kann sich rein graphisch die Berechnung der C_{ij} und D_{ij} auch wie folgt klarmachen:

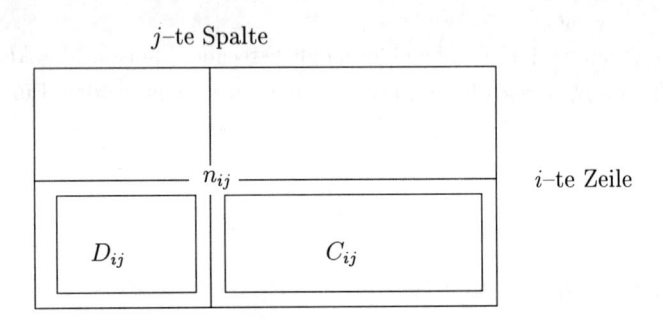

j-te Spalte

i-te Zeile

An einer jeden Stelle n_{ij} summiert man gemäß (1.40) die links unten vorhandenen Einträge zu D_{ij} sowie die rechts unten stehenden Einträge zu C_{ij}. Die daraus resultierenden Kontingenztabelle hat dann folgendes Aussehen, wobei in jeder Zelle die Einträge

$$\begin{array}{c} \mathbf{n_{ij}} \\ D_{ij} \quad C_{ij} \end{array}$$

stehen:

n_{ij}		Konsumklasse j							
		1		2		3		4	
Abwanderung gering ($i=1$)		**1**		**1**		**0**		**0**	
		0	12	2	8	6	5	9	0
Abwanderung mittel ($i=2$)		**2**		**3**		**1**		**3**	
		0	5	0	4	1	2	3	0
Abwanderung hoch ($i=3$)		**0**		**1**		**2**		**2**	
		0	0	0	0	0	0	0	0

Für N_C und N_D ermittelt man damit:

$$N_C = 1 \cdot 12 + 1 \cdot 8 + 0 \cdot 5 + 0 \cdot 0 + 2 \cdot 5 + 3 \cdot 4$$

$$+1\cdot 2 + 3\cdot 0 + 0\cdot 0 + 1\cdot 0 + 2\cdot 0 + 2\cdot 0 = 44\ .$$
$$N_D = 1\cdot 0 + 1\cdot 2 + 0\cdot 6 + 0\cdot 9 + 2\cdot 0 + 3\cdot 0$$
$$+1\cdot 1 + 3\cdot 3 + 0\cdot 0 + 1\cdot 0 + 2\cdot 0 + 2\cdot 0 = 12\ .$$

Mit den so ermittelten Werten erhält man für Kendall's Tau:

$$\tau = \frac{N_C - N_D}{\binom{n}{2}} = \frac{44 - 12}{\binom{16}{2}} = \frac{4}{15} = 0.2\overline{6}\ ,$$

sowie für Goodman–and–Kruskal's Gamma:

$$\gamma_{xy} = \frac{N_C - N_D}{N_C + N_D} = \frac{44 - 12}{44 + 12} = \frac{4}{7} = 0.571\ .$$

Diese deutlichen Unterschiede sind darin zu suchen, daß eine Standardisierung auf $\binom{n}{2}$ bei Kendall's Tau aufgrund der vielen Bindungen nicht sinnvoll ist.

Lösung Aufgabe 1.23

Da es sich neben dem kardinalen Merkmal Oberarmumfang bei der Mathematikzensur um ein **ordinales** Merkmal handelt, kommen als Korrelationsmaße der Rangkorrelationskoeffizient nach Spearman, Kendall's Tau sowie Goodman–and–Kruskal's Gamma in Frage.
Betrachten wir zunächst den Rangkorrelationskoeffizienten nach Spearman. Dieser entspricht dem Korrelationskoeffizienten nach Bravais–Pearson für die Ränge der Beobachtungen. Die Zuordnung der Ränge erfolgt, indem man der jeweils kleinsten Beobachtung den Rang 1 zumißt, der nächsthöheren Beobachtung den Rang 2, usw., bis man schließlich der größten Beobachtung den Rang n zuteilt.
Die Zuordnung der Ränge für die Beobachtungen $x_1,\ldots,x_{10}$ ist einfach, da die Beobachtungen bereits sortiert vorliegen (d.h. $x_i = x_{(i)}$): $x_{(1)} = 17$ ist der kleinste Wert und bekommt somit den Rang $R(x_{(1)}) = 1,\ldots,\ x_{(10)} = 42$ erhält den Rang $R(x_{(10)}) = 10$.
Etwas schwieriger ist die Zuordnung der Ränge für $y_1,\ldots,y_{10}$. Die geordnete Stichprobe ist gegeben durch

$y_{(1)}$	$y_{(2)}$	$y_{(3)}$	$y_{(4)}$	$y_{(5)}$	$y_{(6)}$	$y_{(7)}$	$y_{(8)}$	$y_{(9)}$	$y_{(10)}$
1	2	2	3	3	3	3	4	4	5

Eine Reihe von Beobachtungswerten kommt mehrfach vor, es treten sog. Bindungen auf. In diesem Fall könnte man dem Beobachtungswert 2 etwa die Ränge 2 oder 3 zuteilen, dem Beobachtungswert 3 gar die Ränge 4, 5, 6 oder 7. Und natürlich hätte es einen Einfluß auf den Korrelationskoeffizienten, ob der Beobachtung $y_3 = 2$ der Rang 2 und der Beobachtung $y_5 = 2$ der Rang 3 oder umgekehrt zugeteilt würde. Aus diesem Grund verwendet man bei Bindungen das arithmetische Mittel der Ränge (sog. "midranks") :
Der Beobachtungswert 2 (dies entspricht den Beobachtungen y_3 und y_5) erhält jeweils den Rang $\frac{2+3}{2} = 2.5$, der Beobachtungswert 3 (d.h. die Beobachtungen y_1, y_4, y_6 und y_9) bekommt den Rang $\frac{4+5+6+7}{4} = 5.5$, und schließlich teilt man dem Beobachtungswert 4 den midrank $\frac{8+9}{2} = 8.5$ zu.
Zur Berechnung des Rangkorrelationskoeffizienten nach Spearman sei nun folgende Arbeitstabelle erstellt:

i	x_i	y_i	$R(x_i)$	$R(y_i)$	$R(x_i)R(y_i)$	$R(x_i)^2$	$R(y_i)^2$
1	17	3	1	5.5	5.5	1	30.25
2	18	1	2	1.0	2.0	4	1.00
3	21	2	3	2.5	7.5	9	6.25
4	25	3	4	5.5	22.0	16	30.25
5	26	2	5	2.5	12.5	25	6.25
6	32	3	6	5.5	33.0	36	30.25
7	34	4	7	8.5	59.5	49	72.25
8	35	4	8	8.5	68.0	64	72.25
9	37	3	9	5.5	49.5	81	30.25
10	42	5	10	10.0	100.0	100	100.00
			Σ	55	55.0	359.5	385	379.00

Damit erhält man:

$$R_{xy} = \frac{\sum_{i=1}^{10} R(x_i)R(y_i) - \frac{1}{10}\left(\sum_{i=1}^{10} R(x_i)\right)\left(\sum_{i=1}^{10} R(y_i)\right)}{\sqrt{\left[\sum_{i=1}^{10} R(x_i)^2 - \frac{1}{10}\left(\sum_{i=1}^{10} R(x_i)\right)^2\right]\left[\sum_{i=1}^{10} R(y_i)^2 - \frac{1}{10}\left(\sum_{i=1}^{10} R(y_i)\right)^2\right]}}$$

$$= \frac{359.5 - \frac{1}{10} \cdot 55^2}{\sqrt{\left[385 - \frac{1}{10}55^2\right]\left[379 - \frac{1}{10}55^2\right]}} \approx 0.72 \ .$$

Zur Berechnung von Kendall's Tau und Goodman–and–Kruskal's Gamma benötigt man

die Anzahl der konkordanten und diskordanten Paare.
Dazu sortiert man die Ränge des einen Merkmals und schreibt die zugehörigen Ränge des anderen Merkmals darunter.
Nun zählt man mit u_i die Anzahl der Ränge $R(y_j)$ des zweiten Merkmals rechts von $R(y_i)$, die größer als $R(y_i)$ sind, sowie mit v_i die Anzahl der Ränge $R(y_j)$ rechts von $R(y_i)$, die kleiner als $R(y_i)$ sind. Summation über alle u_i liefert dann die Anzahl der konkordanten Paare, Summation über v_i die Anzahl der diskordanten Paare.
Man betrachte also folgende Arbeitstabelle:

$R(x_i)$	1	2	3	4	5	6	7	8	9	10	
$R(y_i)$	5.5	1	2.5	5.5	2.5	5.5	8.5	8.5	5.5	10	$\sum$
u_i	3	8	6	3	5	3	1	1	1	0	31
v_i	3	0	0	1	0	0	1	1	0	0	6

Die Anzahl der konkordanten Paare beträgt damit

$$N_C = \sum_{i=1}^{10} u_i = 31 ,$$

die der diskordanten Paare

$$N_D = \sum_{i=1}^{10} v_i = 6 .$$

Für Kendalls Tau erhält man damit:

$$\tau_{xy} = \frac{N_C - N_D}{\binom{10}{2}} = \frac{31 - 6}{45} = \frac{5}{9} \approx 0.56 .$$

Für den Fall, daß viele Bindungen auftreten, empfiehlt es sich nicht, durch $\binom{n}{2}$, also die Anzahl der verschiedenen Paare, zu teilen, denn die Summe von konkordanten und diskordanten Paaren kann sehr viel geringer sein. Stattdessen wird man eher zu Goodman and Kruskal's Gamma greifen:

$$\gamma_{xy} = \frac{N_C - N_D}{N_C + N_D} = \frac{31 - 6}{31 + 6} = \frac{25}{37} \approx 0.68 .$$

Lösung Aufgabe 1.24

a) Die Merkmale sind beide nominal skaliert.

b) Geeignete Zusammenhangsmaße für nominal skalierte Merkmale sind Kontingenzmaße. Sei dazu zunächst die folgende Kontingenztafel erstellt:

n_{ij}		j		$n_{i\bullet}$
	1	2	3	
i 1	53	27	6	86
2	9	96	69	174
$n_{\bullet j}$	62	123	75	260

Zur Berechnung der Kontingenzmaße benötigt man die Größe χ^2:

$$\chi^2 = \sum_{i=1}^{2}\sum_{j=1}^{3} \frac{\left(n_{ij} - \frac{n_{i\bullet}n_{\bullet j}}{n}\right)^2}{\frac{n_{i\bullet}n_{\bullet j}}{n}}$$

$$= \frac{\left(53 - \frac{86 \cdot 62}{260}\right)^2}{\frac{86 \cdot 62}{260}} + \frac{\left(27 - \frac{86 \cdot 123}{260}\right)^2}{\frac{86 \cdot 123}{260}} + \frac{\left(6 - \frac{86 \cdot 75}{260}\right)^2}{\frac{86 \cdot 75}{260}}$$

$$+ \frac{\left(9 - \frac{174 \cdot 62}{260}\right)^2}{\frac{174 \cdot 62}{260}} + \frac{\left(96 - \frac{174 \cdot 123}{260}\right)^2}{\frac{174 \cdot 123}{260}} + \frac{\left(69 - \frac{174 \cdot 75}{260}\right)^2}{\frac{174 \cdot 75}{260}}$$

$$= 105.11 \ .$$

Damit erhält man folgende Kontingenzmaße:

$\phi_{xy} = \sqrt{\frac{\chi^2}{n}} = \sqrt{\frac{105.11}{260}} = 0.64$ (Phi–Koeffizient)

$P_{xy} = \sqrt{\frac{\chi^2}{\chi^2 + n}} = \sqrt{\frac{105.11}{105.11 + 260}} = 0.54$ (Kontingenzkoeffizient nach Pearson)

$P_{xy}^* = \sqrt{\frac{\min\{2,3\}}{\min\{2,3\} - 1}} \cdot P = \sqrt{2} \cdot 0.54 = 0.76$ (Korrigierter Kontingenzkoeffizient nach Pearson)

$V_{xy} = \sqrt{\frac{\chi^2}{n(\min\{2,3\} - 1)}} = \sqrt{\frac{\chi^2}{n}} = \phi_{xy} = 0.64$ (Kontingenzkoeffizient nach Cramer)

D.h., falls eines der Merkmale nur zwei Merkmalsausprägungen besitzt oder lediglich in zwei Merkmalsklassen untergliedert wird, ist der Kontingenzkoeffizient nach Cramer identisch mit dem Phi–Koeffizienten.

Lösung Aufgabe 1.25

Zur übersichtlichen Berechnung der Korrelationsmaße betrachte man die folgende Tabelle, wobei x_i die Punktevergabe von Anna und y_i die von Berta an Kandidat i sei:

i	x_i	y_i	$x_i - \overline{x}$	$y_i - \overline{y}$	v_i	$(x_i - \overline{x})^2$	$(y_i - \overline{y})^2$	$(x_i - \overline{x})(y_i - \overline{y})$
1	5.2	5.4	−0.35	−0.2	1	0.1225	0.04	0.070
2	5.2	5.5	−0.35	−0.1	1	0.1225	0.01	0.035
3	5.4	5.4	−0.15	−0.2	1	0.0225	0.04	0.030
4	5.5	5.5	−0.05	−0.1	1	0.0025	0.01	0.005
5	5.6	5.9	0.05	0.3	1	0.0025	0.09	0.015
6	5.7	5.8	0.15	0.2	1	0.0225	0.04	0.030
7	5.9	5.6	0.35	0.0	0.5	0.1225	0.00	0.000
8	5.9	5.7	0.35	0.1	1	0.1225	0.01	0.035
$\sum$	44.4	44.8	0.00	0.0	7.5	0.5400	0.24	0.220

$\implies \overline{x} = 5.55$, $\overline{y} = 5.6$

a) Der Korrelationskoeffizient nach Bravais–Pearson ergibt sich zu

$$r_{xy} = \frac{\sum\limits_{i=1}^{n}(x_i - \overline{x})(y_i - \overline{y})}{\sqrt{\left(\sum\limits_{i=1}^{n}(x_i - \overline{x})^2\right)\left(\sum\limits_{i=1}^{n}(y_i - \overline{y})^2\right)}} = \frac{0.22}{\sqrt{0.54 \cdot 0.24}} = \frac{0.22}{0.36} = 0.611.$$

b) Für den Korrelationskoeffizient nach Fechner erhält man:

$$F = \frac{2 \cdot \sum\limits_{i=1}^{n} v_i - n}{n} = \frac{2 \cdot 7.5 - 8}{8} = \frac{7}{8} = 0.875.$$

c) Beide Schwestern stufen die Models 1–4 niedrig ein, die übrigen höher, die konkrete Punktevergabe ist dabei jedoch durchaus unterschiedlich, wie das häufig bei subjektiven Beurteilungen der Fall ist. Der Korrelationskoeffizient nach Bravais–Pearson, der einen linearen Zusammenhang mißt, kann einen solchen Zusammenhang im vorliegenden Fall nicht so gut erklären und fällt deshalb geringer aus. In den Korrelationskoeffizienten nach Fechner fließt jedoch nur ein, ob eine Merkmalsausprägung größer oder kleiner als das arithmetische Mittel ist. Er wird deshalb gern verwendet, wenn es um sogenannte "weiche Daten" geht, d.h. Daten, die einer subjektiven Beurteilung entstammen.

In den meisten Fällen metrisch skalierter Merkmale fährt man mit dem Korrelationskoeffizienten nach Bravais–Pearson jedoch besser.

Lösung Aufgabe 1.26

a) Man berechne folgende Summen:

$$\sum_{i=1}^{11} x_i = 88 \quad \text{und damit} \quad \overline{x} = \frac{1}{11}\sum_{i=1}^{11} x_i = 8,$$

$$\sum_{i=1}^{11} y_i = 55 \quad \text{und damit} \quad \overline{y} = \frac{1}{11}\sum_{i=1}^{11} y_i = 5,$$

$$\sum_{i=1}^{11} x_i y_i = 504,$$

$$\sum_{i=1}^{11} x_i^2 = 960,$$

$$\sum_{i=1}^{11} y_i^2 = 407.$$

Für die KQ–Regressionskoeffizienten $\widehat{a}$ und $\widehat{b}$ erhält man:

$$\begin{aligned}
\widehat{b} &= \frac{\sum_{i=1}^{11} x_i y_i - n \cdot \overline{x} \cdot \overline{y}}{\sum_{i=1}^{11} x_i^2 - n\overline{x}^2} \\
&= \frac{504 - 11 \cdot 5 \cdot 8}{960 - 11 \cdot 8^2} = \frac{504 - 440}{960 - 704} = \frac{64}{256} = \frac{1}{4}, \\
\widehat{a} &= \overline{y} - \widehat{b}\overline{x} = 5 - \frac{8}{4} = 3.
\end{aligned}$$

Damit lautet die Regressionsgerade $(\widehat{y} = \widehat{a} + \widehat{b}x)$ nach der Methode der kleinsten Quadrate:

$$\widehat{y} = 3 + \frac{1}{4}x. \tag{1.41}$$

Mit $\hat{b}^2 = \dfrac{1}{16}$ sowie

$$\dfrac{\sigma_x^2}{\sigma_y^2} = \dfrac{\dfrac{1}{n}\sum\limits_{i=1}^{n} x_i^2 - \overline{x}^2}{\dfrac{1}{n}\sum\limits_{i=1}^{n} y_i^2 - \overline{y}^2} = \dfrac{\sum\limits_{i=1}^{n} x_i^2 - n\overline{x}^2}{\sum\limits_{i=1}^{n} y_i^2 - n\overline{y}^2}$$

$$= \dfrac{960 - 11 \cdot 8^2}{407 - 11 \cdot 5^2} = \dfrac{256}{132}$$

erhält man als Bestimmtheitsmaß:

$$r_{xy}^2 = \hat{b}^2 \dfrac{\sigma_x^2}{\sigma_y^2} = \dfrac{1}{16} \cdot \dfrac{256}{132} = 0.12 \; .$$

D.h., lediglich 12% der Streuung werden durch die Regression erklärt. Die Anpassung ist daher als schlecht zu bezeichnen.

b) Zur Berechnung der Regressionskoeffizienten für die Drei–Schnitt–Median–Gerade nach Tukey teilt man die nach der erklärenden Variablen geordneten Daten in drei möglichst gleichgroße Gruppen ein. Aus Symmetriegründen wird man die Gruppen so wählen, daß in der linken und rechten Gruppe jeweils vier Beobachtungen liegen sowie drei Beobachtungen in der mittleren. Anschließend berechnet man in jeder Gruppe die Mediane der erklärenden Variablen und er erklärten Variablen

	L				M			R			
x_i	2	3	4	4	6	7	8	10	11	16	17
y_i	1	2	2	11	3	3	6	7	7	11	2
$\tilde{x}$	3.5				7			13.5			
$\tilde{y}$	2				3			7			

Die Regressionskoeffizienten nach Tukey erhält man nun wie folgt:

$$\begin{aligned}
\hat{b} &= \dfrac{\tilde{y}_R - \tilde{y}_L}{\tilde{x}_R - \tilde{x}_L} = \dfrac{7-2}{13.5 - 3.5} = \dfrac{5}{10} \\
&= \dfrac{1}{2}, \\
\hat{a} &= \dfrac{1}{3}\left[\tilde{y}_L + \tilde{y}_M + \tilde{y}_R - \hat{b}(\tilde{x}_L + \tilde{x}_M + \tilde{x}_R)\right]
\end{aligned}$$

$$= \frac{1}{3}[2+3+7-\frac{1}{2}(3.5+7+13.5)] = \frac{1}{3}[12-12]$$
$$= 0 .$$

Für die Drei–Schnitt–Median–Gerade nach Tukey erhält man damit:

$$\widehat{y} = \frac{1}{2}x . \qquad (1.42)$$

c) Die beiden Regressionsgeraden (1.41) und (1.42) in einem Streudiagramm zeigt das folgende Schaubild:

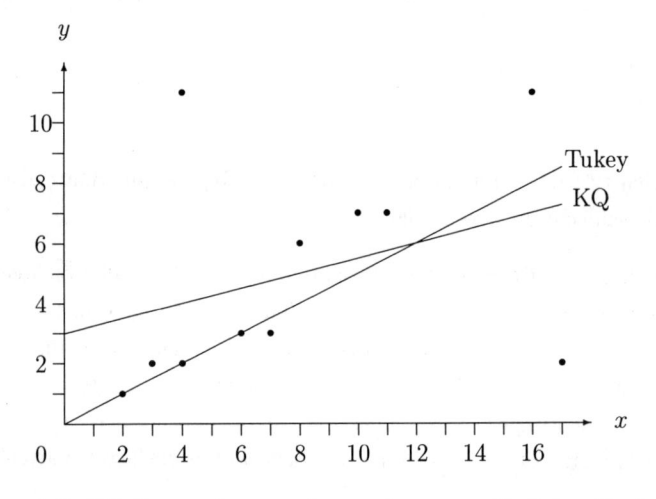

Während die KQ–Regressionsgerade von eher ungewöhnlichen Beobachtungen ((4,11) und (17,2)) angezogen wird ("Hebelwirkung", "leverage–effect"), paßt sich die Regressionsgerade nach Tukey besser den Daten an.

d) Sei zur Analyse der Residuen folgende Arbeitstabelle erstellt:

x_i	y_i	KQ			Tukey		
		$\widehat{y}_i$	$\widehat{r}_i$	$|\widehat{r}_i|$	$\widehat{y}_i$	$\widehat{r}_i$	$|\widehat{r}_i|$
2	1	3.50	−2.50	2.50	1.00	0.00	0.00
3	2	3.75	−1.75	1.75	1.50	0.50	0.50
4	2	4.00	−2.00	2.00	2.00	0.00	0.00
4	11	4.00	7.00	7.00	2.00	9.00	9.00
6	3	4.50	−1.50	1.50	3.00	0.00	0.00
7	3	4.75	−1.75	1.75	3.50	−0.50	0.50
8	6	5.00	1.00	1.00	4.00	2.00	2.00
10	7	5.50	1.50	1.50	5.00	2.00	2.00
11	7	5.75	1.25	1.25	5.50	1.50	1.50
16	11	7.00	4.00	4.00	8.00	3.00	3.00
17	2	7.25	−5.25	5.25	8.50	−6.50	6.50

Zunächst wird man die absoluten Residuen $|\widehat{r}_i|$ der Größe nach ordnen. Seien diese mit $|r|_{(i)}$ bezeichnet:

$$|r|_{(1)} \leq |r|_{(2)} \leq \ldots \leq |r|_{(11)} \, .$$

Anschließend wird man zur Berechnung der Schärfe die Teilsummen

$$R_i = \sum_{k=1}^{i} |r|_{(k)} \quad i \leq n$$

bilden.

Diese Berechnung gibt die folgende Tabelle wieder:

i	KQ		Tukey	
	$|r|_{(i)}$	R_i	$|r|_{(i)}$	R_i
1	1.00	1.00	0.00	0.00
2	1.25	2.25	0.00	0.00
3	1.50	3.75	0.00	0.00
4	1.50	5.25	0.50	0.50
5	1.75	7.00	0.50	1.00
6	1.75	8.75	1.50	2.50
7	2.00	10.75	2.00	4.50
8	2.50	13.25	2.00	6.50
9	4.00	17.25	3.00	9.50
10	5.25	22.50	6.50	16.00
11	7.00	29.50	9.00	25.00

Damit wiederum läßt sich die Schärfe $R(k)$ berechnen durch

$$R(k) = \frac{R_{n-k}}{n-k}, \qquad k = 0, 1, \ldots, n-1.$$

Die k–Schärfen für die Kleinste-Quadrate-Regression und die Regression nach Tukey gibt die folgende Tabelle wieder:

k	0	1	2	3	4	5	6	7	8	9	10
KQ $R(k)$	2.68	2.25	1.92	1.66	1.54	1.46	1.4	1.31	1.25	1.13	1
Tukey $R(k)$	2.27	1.6	1.06	0.81	0.64	0.42	0.20	0.13	0	0	0

Graphisch erhält man damit folgende Trash–Kurven:

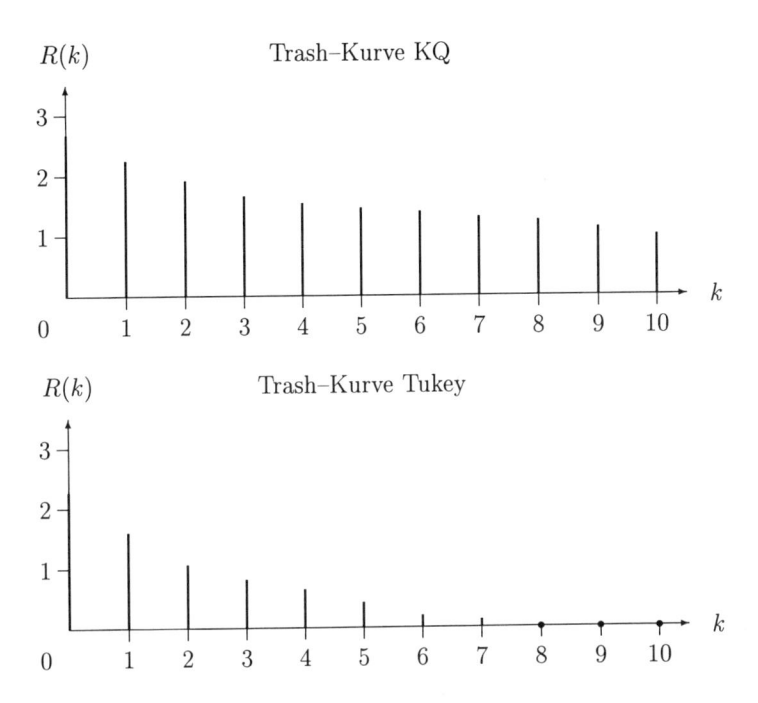

$R(k)$ Trash–Kurve KQ

$R(k)$ Trash–Kurve Tukey

Damit wird man sich für die Drei-Schnitt-Median-Gerade nach Tukey entscheiden, da die Trash-Kurve schneller fällt.

e) Um die Regressionsgerade nach Wald zu ermitteln, müssen die Beobachtungspaare zunächst nach der Größe der erklärenden Variablen (x–Variablen) geordnet werden (dies ist im vorliegenden Fall nicht notwendig, da die Daten bereits sortiert vorliegen). Dann wird der Datensatz in zwei gleich große Hälften geteilt. Wenn eine ungerade Anzahl von Beobachtungen vorliegt (wie hier für $n = 11$), wird das mittlere Paar weggelassen (hier: $(7, 3)$):

"Linke" Hälfte des Datensatzes

x_i	2	3	4	4	6
y_i	1	2	2	11	3

"Rechte" Hälfte des Datensatzes

x_i	8	10	11	16	17
y_i	6	7	7	11	2

Nun berechne man für jede Gruppe die arithmetischen Mittel in x und y:

links:
$$\overline{x}_L = \frac{2+3+4+4+6}{5} = 3.8 \,,$$
$$\overline{y}_L = \frac{1+2+2+11+3}{5} = 3.8 \,,$$

rechts:
$$\overline{x}_R = \frac{8+10+11+16+17}{5} = 12.4 \,,$$
$$\overline{y}_R = \frac{6+7+7+11+2}{5} = 6.6 \,.$$

Die Regressionskoeffizienten nach Wald ermitteln sich nun wie folgt: Als Steigungsparameter $\widehat{b}$ der Regressionsgeraden erhält man

$$\widehat{b} = \frac{\overline{y}_R - \overline{y}_L}{\overline{x}_R - \overline{x}_L} = \frac{6.6 - 3.8}{12.4 - 3.8} \approx 0.33 \,.$$

Der Achsenabschnitt wird mittels $\widehat{a} = \overline{y} - \widehat{b}\overline{x}$ ermittelt:

$$\overline{x} = \frac{\overline{x}_L + \overline{x}_R}{2} = \frac{3.8 + 12.4}{2} = 8.1 \,,$$
$$\overline{y} = \frac{\overline{y}_L + \overline{y}_R}{2} = \frac{6.6 + 3.8}{2} = 5.2 \,,$$
$$\Longrightarrow \quad \widehat{a} = 5.2 - 0.33 \cdot 8.1 \approx 2.53 \,.$$

f) Der Steigungsparameter $\widehat{b}$ der Regressionsgeraden wird nach Theil als Median der Steigungen zwischen den einzelnen Beobachtungspunkten berechnet:

$$\widehat{b} = \underset{x_i \neq x_j}{\mathrm{med}} \left\{ \frac{y_j - y_i}{x_j - x_i} \right\} \,.$$

So ergibt sich die Steigung zwischen $(x_1, y_1) = (2, 1)$ und $(x_2, y_2) = (3, 2)$ durch $\frac{2-1}{3-2} = 1$, zwischen $(x_4, y_4) = (4, 11)$ und $(x_5, y_5) = (6, 3)$ durch $\frac{3-11}{6-4} = -4$ etc.. Analog berechnet man die folgende Tabelle, die als Element a_{ij} den Wert $\frac{y_j - y_i}{x_j - x_i}$ für (x_i, y_i) und (x_j, y_j) enthält (es ist lediglich zu beachten, daß a_{34} nicht existiert, da $x_3 = x_4$):

	a_{ij}	\multicolumn{9}{c}{j}

	a_{ij}	2	3	4	5	6	7	8	9	10	11
	1	1	$\frac{1}{2}$	5	$\frac{1}{2}$	$\frac{2}{5}$	$\frac{5}{6}$	$\frac{3}{4}$	$\frac{2}{3}$	$\frac{5}{7}$	$\frac{1}{15}$
	2		0	9	$\frac{1}{3}$	$\frac{1}{4}$	$\frac{4}{5}$	$\frac{5}{7}$	$\frac{5}{8}$	$\frac{9}{13}$	0
	3			–	$\frac{1}{2}$	$\frac{1}{3}$	1	$\frac{5}{6}$	$\frac{5}{7}$	$\frac{3}{4}$	0
	4				-4	$-\frac{8}{3}$	$-\frac{5}{4}$	$-\frac{2}{3}$	$-\frac{4}{7}$	0	$-\frac{9}{13}$
	5					0	$\frac{3}{2}$	1	$\frac{4}{5}$	$\frac{4}{5}$	$-\frac{1}{11}$
i	6						3	$\frac{4}{3}$	1	$\frac{8}{9}$	$-\frac{1}{10}$
	7							$\frac{1}{2}$	$\frac{1}{3}$	$\frac{5}{8}$	$-\frac{4}{9}$
	8								0	$\frac{2}{3}$	$-\frac{5}{7}$
	9									$\frac{4}{5}$	$-\frac{5}{6}$
	10										-9

Die der Größe nach geordneten Steigungen $b_{(1)}, \cdots, b_{(54)}$ lauten damit:

$$-9, \quad -4, \quad -\frac{8}{3}, \quad -\frac{5}{4}, \quad -\frac{5}{6}, \quad -\frac{5}{7}, \quad -\frac{9}{13}, \quad -\frac{2}{3}, \quad -\frac{4}{7},$$

$$-\frac{4}{9}, \quad -\frac{1}{10}, \quad -\frac{1}{11}, \quad 0, \quad 0, \quad 0, \quad 0, \quad 0, \quad 0,$$

$$\frac{1}{15}, \quad \frac{1}{4}, \quad \frac{1}{3}, \quad \frac{1}{3}, \quad \frac{1}{3}, \quad \frac{2}{5}, \quad \frac{1}{2}, \quad \frac{1}{2}, \quad \frac{1}{2},$$

$$\frac{1}{2}, \quad \frac{5}{8}, \quad \frac{5}{8}, \quad \frac{2}{3}, \quad \frac{2}{3}, \quad \frac{9}{13}, \quad \frac{5}{7}, \quad \frac{5}{7}, \quad \frac{5}{7},$$

$$\frac{3}{4}, \quad \frac{3}{4}, \quad \frac{4}{5}, \quad \frac{4}{5}, \quad \frac{4}{5}, \quad \frac{4}{5}, \quad \frac{5}{6}, \quad \frac{5}{6}, \quad \frac{8}{9},$$

$$1, \quad 1, \quad 1, \quad 1, \quad \frac{4}{3}, \quad \frac{3}{2}, \quad 3, \quad 5, \quad 9.$$

(Eigentlich wären $\sum_{i=1}^{10} i = \frac{10 \cdot 11}{2} = 55$ Steigungen zu ermitteln, da aber a_{34} nicht existiert, liegen nur 54 Werte vor.) Damit gilt:

$$\widehat{b} = \frac{b_{(27)} + b_{(28)}}{2} = \frac{1}{2}.$$

Als nächstes berechnet man

$$z_i = y_i - \widehat{b} x_i, \quad 1 \leq i \leq 11.$$

Diese z_i entsprechen im vorliegenden Fall aber gerade den Residuen der Resistant Line Regression (vgl. Aufgabenteil d):

$$z_1 = 0 \,,\ z_2 = \frac{1}{2} \,,\ z_3 = 0 \,,\ z_4 = 9 \,,\ z_5 = 0 \,,\ z_6 = -\frac{1}{2} \,,$$

$$z_7 = 2 \,,\ z_8 = 2 \,,\ z_9 = \frac{3}{2} \,,\ z_{10} = 3 \,,\ z_{11} = -\frac{13}{2} \,.$$

Zur Ermittlung von

$$\widehat{a} = \operatorname*{med}_{i \ne j}\{a_{ij}\} = \operatorname*{med}_{i \ne j}\left\{\frac{z_i + z_j}{2}\right\}$$

betrachte man folgende Arbeitstabelle:

	a_{ij}	1	2	3	4	5	6	7	8	9	10	11
	1		$\frac{1}{4}$	0	$\frac{9}{2}$	0	$-\frac{1}{4}$	1	1	$\frac{3}{4}$	$\frac{3}{2}$	$-\frac{13}{4}$
	2			$\frac{1}{4}$	$\frac{19}{4}$	$\frac{1}{4}$	0	$\frac{3}{4}$	$\frac{3}{4}$	1	$\frac{7}{4}$	$-\frac{3}{2}$
	3				$\frac{9}{2}$	0	$-\frac{1}{4}$	1	1	$\frac{3}{4}$	$\frac{3}{2}$	$-\frac{13}{4}$
	4					$\frac{9}{2}$	$\frac{17}{4}$	$\frac{11}{2}$	$\frac{11}{2}$	$\frac{21}{4}$	6	$\frac{5}{4}$
i	5						$-\frac{1}{4}$	1	1	$\frac{3}{4}$	$\frac{3}{2}$	$-\frac{13}{4}$
	6							$\frac{3}{4}$	$\frac{3}{4}$	$\frac{1}{2}$	$\frac{5}{4}$	$-\frac{7}{2}$
	7								2	$\frac{7}{4}$	$\frac{5}{2}$	$-\frac{9}{4}$
	8									$\frac{7}{4}$	$\frac{5}{2}$	$-\frac{9}{4}$
	9										$\frac{9}{4}$	$-\frac{10}{4}$
	10											$\frac{7}{4}$

Die geordneten Einträge $a_{(1)}, \ldots, a_{(55)}$ der Tabelle sehen damit folgendermaßen aus:

$$-\frac{7}{2}, \quad -\frac{13}{4}, \quad -\frac{13}{4}, \quad -\frac{13}{4}, \quad -\frac{10}{4}, \quad -\frac{9}{4}, \quad -\frac{9}{4}, \quad -\frac{7}{4}, \quad -\frac{3}{2}, \quad -\frac{1}{4},$$

$$-\frac{1}{4}, \quad -\frac{1}{4}, \quad 0, \quad 0, \quad 0, \quad 0, \quad \frac{1}{4}, \quad \frac{1}{4}, \quad \frac{1}{4}, \quad \frac{1}{2},$$

$$\frac{3}{4}, \quad \frac{3}{4}, \quad \frac{3}{4}, \quad \frac{3}{4}, \quad \frac{3}{4}, \quad \frac{3}{4}, \quad \frac{3}{4}, \quad 1, \quad 1, \quad 1,$$

$$1, \quad 1, \quad 1, \quad 1, \quad \frac{5}{4}, \quad \frac{5}{4}, \quad \frac{3}{2}, \quad \frac{3}{2}, \quad \frac{3}{2}, \quad \frac{7}{4},$$

$$\frac{7}{4}, \quad \frac{7}{4}, \quad 2, \quad \frac{9}{4}, \quad \frac{5}{2}, \quad \frac{5}{2}, \quad \frac{17}{4}, \quad \frac{9}{2}, \quad \frac{9}{2}, \quad \frac{9}{2},$$

$$\frac{19}{4}, \quad \frac{21}{4}, \quad \frac{11}{2}, \quad \frac{11}{2}, \quad 6 \ .$$

Da 55 Werte vorliegen, erhält man als Median der a_i:

$$\widehat{a} = \underset{i}{\mathrm{med}}\{a_i\} = a_{(28)} = 1 \ .$$

Damit lautet die Regressionsgerade nach Theil:

$$\widehat{y} = \widehat{a} + \widehat{b} \cdot x = 1 + 0.5x \ .$$

Lösung Aufgabe 1.27

Ein einfacher gleitender Durchschnitt der Länge $m = 2k+1$ ist gegeben durch:

$$y_t^{(m)} = \begin{cases} \sum_{\ell=1}^{m} w_{t\ell} y_\ell & \text{für } t = 1, \ldots, k \\ \sum_{\ell=1}^{m} w_{k+1,\ell} y_{t-k-1+\ell} & \text{für } t = k+1, \ldots, n-k \ , \\ \sum_{\ell=1}^{m} w_{t-n+m,\ell} y_{n-m+\ell} & \text{für } t = n-k+1, \ldots, n \end{cases}$$

$$\text{wobei} \quad w_{ij} = \frac{1}{m} + \frac{3(i-k-1)(j-k-1)}{k(k+1)m} \quad \text{für } i, j \in \{1, \ldots, m\} \ .$$

Speziell für $m \in \{3, 5, 7\}$ erhält man folgende einfache gleitende Durchschnitte:

i) Einfacher gleitender Dreierdurchschnitt:

$$y_t^{(3)} = \begin{cases} \sum_{\ell=1}^{3} w_{1,\ell} y_\ell & \text{für } t=1 \\ \sum_{\ell=1}^{3} w_{2,\ell} y_{t-2+\ell} & \text{für } t=2,\ldots,n-1 \\ \sum_{\ell=1}^{3} w_{3,\ell} y_{n-3+\ell} & \text{für } t=n \end{cases},$$

wobei $\quad w_{ij} = \dfrac{1}{3} + \dfrac{(i-2)(j-2)}{2} \quad$ für $\quad i,j \in \{1,2,3\}$.

ii) Einfacher gleitender Fünferdurchschnitt:

$$y_t^{(5)} = \begin{cases} \sum_{\ell=1}^{5} w_{t\ell} y_\ell & \text{für } t=1,2 \\ \sum_{\ell=1}^{5} w_{3\ell} y_{t-3+\ell} & \text{für } t=3,\ldots,n-2 \\ \sum_{\ell=1}^{5} w_{t-n+5,\ell} y_{n-5+\ell} & \text{für } t=n-1,n \end{cases},$$

wobei $\quad w_{ij} = \dfrac{1}{5} + \dfrac{(i-3)(j-3)}{10} \quad$ für $\quad i,j \in \{1,\ldots,5\}$.

iii) Einfacher gleitender Siebenerdurchschnitt:

$$y_t^{(m)} = \begin{cases} \sum_{\ell=1}^{7} w_{t\ell} y_\ell & \text{für } t=1,2,3 \\ \sum_{\ell=1}^{7} w_{4\ell} y_{t-4+\ell} & \text{für } t=4,\ldots,n-3 \\ \sum_{\ell=1}^{7} w_{t-n+7,\ell} y_{n-7+\ell} & \text{für } t=n-2,n-1,n \end{cases},$$

wobei $\quad w_{ij} = \dfrac{1}{7} + \dfrac{(i-4)(j-4)}{28} \quad$ für $\quad i,j \in \{1,\ldots,7\}$.

Für den vorliegenden Datensatz erhält man folgende geglättete Zeitreihen:

t	y_t	$y_t^{(3)}$	$y_t^{(5)}$	$y_t^{(7)}$	t	y_t	$y_t^{(3)}$	$y_t^{(5)}$	$y_t^{(7)}$
1	158.99	157.28	159.18	159.40	15	220.12	216.84	214.61	216.64
2	165.55	168.96	166.32	167.66	16	212.91	214.40	217.56	217.18
3	182.34	171.26	173.45	177.19	17	210.18	216.72	218.08	216.64
4	165.90	180.91	178.97	179.71	18	227.08	219.12	215.78	215.70
5	194.49	182.32	186.68	185.53	19	220.11	218.60	215.37	215.31
6	186.57	195.05	190.17	189.90	20	208.62	213.20	216.82	215.98
7	204.10	196.81	196.21	192.13	21	210.87	212.30	214.92	214.10
8	199.77	199.99	196.90	196.99	22	217.42	215.28	210.30	210.13
9	196.10	197.95	199.57	200.11	23	217.56	210.67	208.44	205.94
10	197.97	198.00	202.02	203.79	24	197.04	204.63	204.42	203.66
11	199.93	204.74	204.54	205.71	25	199.30	195.70	199.47	199.15
12	216.31	209.54	208.81	208.61	26	190.76	194.24	193.86	194.65
13	212.37	215.39	213.24	211.01	27	192.67	190.93	188.26	190.14
14	217.49	216.66	215.84	212.76					

Die folgenden Abbildungen zeigen die Originalzeitreihe und die geglätteten Zeitreihen. Deutlich erkennt man, daß die Zeitreihe immer glatter wird, je größer man den gleitenden Durchschnitt wählt. Zwischen dem gleitenden Fünfer- und Siebenerdurchschnitt sind keine größeren Unterschiede mehr zu erkennen.

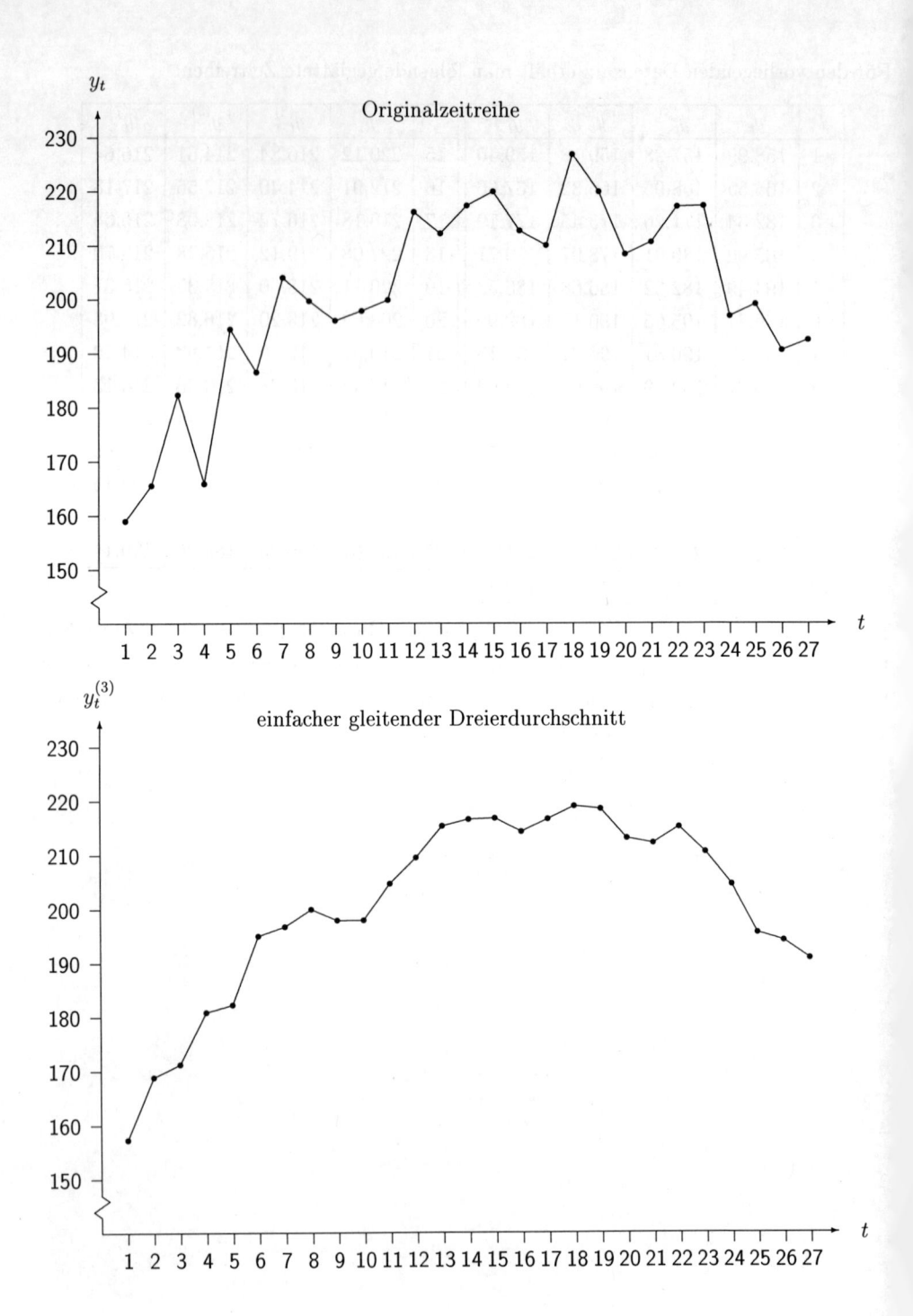

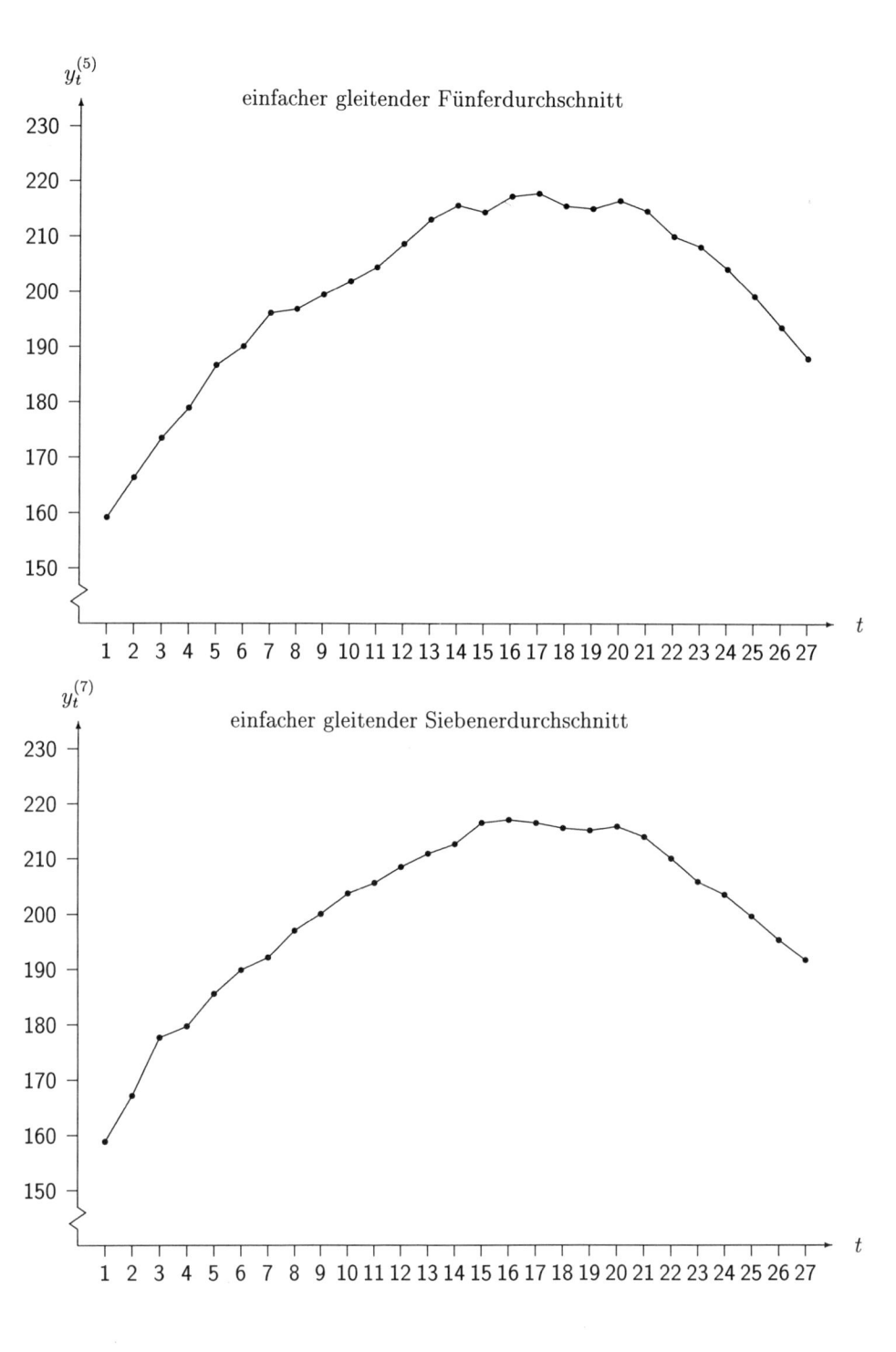

einfacher gleitender Fünferdurchschnitt

einfacher gleitender Siebenerdurchschnitt

Lösung Aufgabe 1.28

a) Die 4–Tage–Woche des Klaus Doch impliziert eine Periode von $P = 4$, so daß ein gleitender Viererdurchschnitt zur Glättung der Zeitreihe angemessen erscheint. Mit $P = 4$ gilt $k = 2$ sowie $m = 5$ und man erhält folgende geglättete Werte:

$$y_t^* = \begin{cases} \sum_{\ell=1}^{5} w_{t\ell} y_\ell & t = 1, 2 \\ \sum_{\ell=1}^{5} w_{3\ell} y_{t-3+\ell} & t = 3, \ldots, n-2 \\ \sum_{\ell=1}^{5} w_{t-n+5,\ell} y_{n-5+\ell} & t = n-1, n \end{cases}$$

wobei

$$w_{ij} = \begin{cases} \frac{1}{8} + \frac{3-i}{4} & j = 1 \\ \frac{1}{4} & j \in \{2, 3, 4\} \quad i = 1, 2, \ldots 5 \\ \frac{1}{8} + \frac{i-3}{4} & j = 5 \end{cases}$$

$$= \begin{cases} \frac{7-2i}{8} & j = 1 \\ \frac{1}{4} & j \in \{2, 3, 4\} \quad i = 1, 2, \ldots, 5 \\ \frac{2i-5}{8} & j = 5 \end{cases}$$

Damit erhält man für y_t^* :

$$y_1^* = \sum_{\ell=1}^{5} w_{1\ell} y_\ell = \frac{5}{8} y_1 + \frac{1}{4} y_2 + \frac{1}{4} y_3 + \frac{1}{4} y_4 - \frac{3}{8} y_5 ,$$

$$y_2^* = \sum_{\ell=1}^{5} w_{2\ell} y_\ell = \frac{3}{8} y_1 + \frac{1}{4} y_2 + \frac{1}{4} y_3 + \frac{1}{4} y_4 - \frac{1}{8} y_5 ,$$

$$y_t^* = \sum_{\ell=1}^{5} w_{3\ell} y_{t-3+\ell} = \frac{1}{8} y_{t-2} + \frac{1}{4} y_{t-1} + \frac{1}{4} y_t + \frac{1}{4} y_{t+1} + \frac{1}{8} y_{t+2}$$

$$\text{für } t = 3, \ldots, n-2 ,$$

$$y_{n-1}^* = \sum_{\ell=1}^{5} w_{4\ell} y_{n-5+\ell} = -\frac{1}{8} y_{n-4} + \frac{1}{4} y_{n-3} + \frac{1}{4} y_{n-2} + \frac{1}{4} y_{n-1} + \frac{3}{8} y_n ,$$

$$y_n^* = \sum_{j=1}^{5} w_{5\ell} y_{n-5+\ell} = -\frac{3}{8} y_{n-4} + \frac{1}{4} y_{n-3} + \frac{1}{4} y_{n-2} + \frac{1}{4} y_{n-1} + \frac{5}{8} y_n .$$

Die für die vorliegenden Zeitreihen ermittelten Werte sowie die zugehörige trendbereinigte Zeitreihe $y_t - y_t^*$ gibt die folgende Tabelle an:

t	y_t	y_t^*	$y_t - y_t^*$
1	3	6.000	−3.000
2	6	6.000	0.000
3	8	6.000	2.000
4	7	6.125	0.875
5	3	6.375	−3.375
6	7	6.500	0.500
7	9	6.750	2.250
8	7	7.375	−0.375
9	5	8.250	−3.250
10	10	9.125	0.875

t	y_t	y_t^*	$y_t - y_t^*$
11	13	9.625	3.375
12	10	10.000	0.000
13	6	10.125	−4.125
14	12	9.750	2.250
15	12	10.000	2.000
16	8	10.875	−2.875
17	10	11.750	−1.750
18	15	13.000	2.000
19	16	14.500	1.500
20	14	16.000	−2.000

Graphisch sehen die ursprüngliche Zeitreihe $y_1, \ldots, y_n$ (durchgezogene Linien) und die geglättete Zeitreihe $y_1^*, \ldots, y_n^*$ (gestrichelte Linien) wie folgt aus:

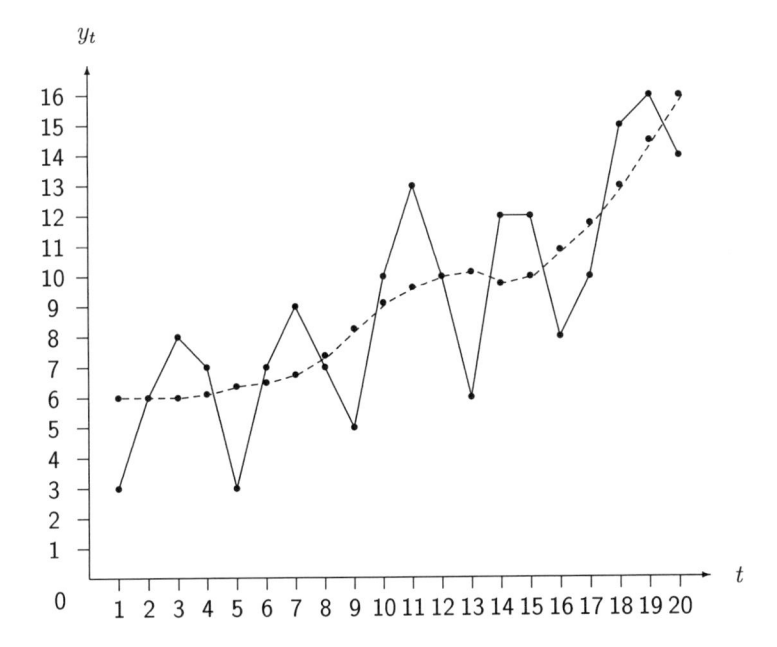

Die trendbereinigte Zeitreihe $y_t - y_t^*$ hat damit folgendes Aussehen:

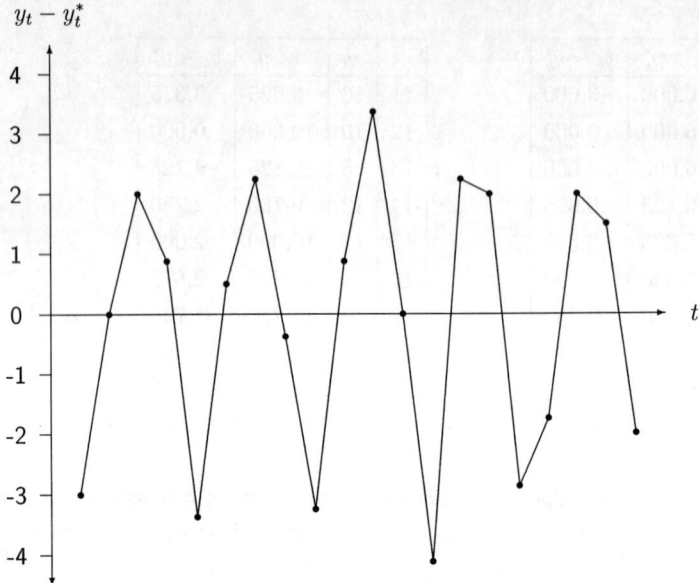

b) Zur Ermittlung einer Saisonfigur verwendet man etwa die arithmetischen Mittel für die jeweiligen Wochentage aus der trendbereinigten Reihe:

Für den Donnerstag erhält man

$$s_1 = \frac{1}{5}(-3.000 - 3.375 - 3.250 - 4.125 - 1.750)$$
$$= -3.100,$$

für den Freitag ermittelt man

$$s_2 = \frac{1}{5}(0.000 + 0.500 + 0.875 + 2.250 + 2.000)$$
$$= 1.125,$$

für den Samstag ist der Saisoneinfluß gegeben durch

$$s_3 = \frac{1}{5}(2.000 + 2.250 + 3.375 + 2.000 + 1.500)$$
$$= 2.225$$

und schließlich für den Sonntag

$$s_4 = \frac{1}{5}(0.875 - 0.375 + 0.000 - 2.875 - 2.000)$$
$$= -0.875.$$

Lösung Aufgabe 1.29

a) Die Anpassung einer linearen Trendgerade entspricht einer linearen Regression mit der Zeit als erklärende Variable (d.h., $x_t = t$):

$$y_t = a + b \cdot t + u_t ,$$

wobei u_t eine nicht zu beobachtende Störgröße darstellt. Als Regressionskoeffizienten nach der Kleinste–Quadrate–Methode erhält man:

$$\widehat{b} = \frac{\sigma_{xy}}{\sigma_x^2} \tag{1.43}$$

und

$$\widehat{a} = \overline{y} - \widehat{b}\,\overline{x} = \overline{y} - \widehat{b}\,\overline{t} . \tag{1.44}$$

Nun ist

$$\begin{aligned}
\sigma_x^2 &= \frac{1}{n}\sum_{i=1}^{n}(x_i - \overline{x})^2 = \frac{1}{n}\sum_{i=1}^{n}x_i^2 - \overline{x}^2 = \frac{1}{n}\sum_{i=1}^{n}x_i^2 - \left(\frac{1}{n}\sum_{i=1}^{n}x_i\right)^2 \\
&= \frac{1}{n}\sum_{i=1}^{n}i^2 - \left(\frac{1}{n}\sum_{i=1}^{n}i\right)^2 .
\end{aligned}$$

Diese endlichen Reihen sind aus der Mathematik wohlbekannt:

$$\sum_{i=1}^{n} i = \frac{n(n+1)}{2} ,$$
$$\sum_{i=1}^{n} i^2 = \frac{n(n+1)(2n+1)}{6} ,$$

so daß für σ_x^2 gilt:

$$\begin{aligned}
\sigma_x^2 &= \frac{1}{n} \cdot \frac{n(n+1)(2n+1)}{6} - \left(\frac{1}{n} \cdot \frac{n(n+1)}{2}\right)^2 \\
&= \frac{(n+1)(2n+1)}{6} - \frac{(n+1)^2}{4} \\
&= \frac{n+1}{12}(4n+2-3n-3) = \frac{(n+1)(n-1)}{12} . \tag{1.45}
\end{aligned}$$

Für σ_{xy} ermittelt man:

$$\begin{aligned}\sigma_{xy} &= \frac{1}{n}\sum_{i=1}^{n}(x_i - \overline{x})(y_i - \overline{y}) = \frac{1}{n}\sum_{i=1}^{n} x_i y_i - \overline{x}\,\overline{y} \\ &= \frac{1}{n}\sum_{i=1}^{n} i y_i - \overline{y}\frac{1}{n}\sum_{i=1}^{n} i \\ &= \frac{1}{n}\sum_{i=1}^{n} i y_i - \frac{n+1}{2}\overline{y} \\ &= \frac{1}{n}\sum_{i=1}^{n}\left(i - \frac{n+1}{2}\right) y_i, \end{aligned} \qquad (1.46)$$

so daß sich der Regressionskoeffizient für den Steigungsparameter $\widehat{b}$ (vgl.(1.43)) mit Hilfe von (1.45) und (1.46) ergibt zu

$$\begin{aligned}\widehat{b} &= \frac{\sigma_{xy}}{\sigma_x^2} = \frac{\frac{1}{n}\sum_{i=1}^{n}(i - \frac{n+1}{2})y_i}{\frac{(n-1)(n+1)}{12}} \\ &= \frac{12}{(n-1)n(n+1)}\sum_{i=1}^{n}\left(i - \frac{n+1}{2}\right) y_i . \end{aligned}$$

Für die vorliegende Aufgabe erhält man:

$$\sum_{i=1}^{n}(i - \frac{n+1}{2})y_i = \sum_{i=1}^{29}(i - 15)y_i = 406 ,$$

so daß gilt:

$$\widehat{b} = \frac{12}{28 \cdot 29 \cdot 30} \cdot 406 = 0.2 .$$

Mit

$$\overline{y} = \frac{1}{n}\sum_{i=1}^{n} y_i = \frac{1}{29}\sum_{i=1}^{29} y_i = \frac{174}{29} = 6$$

und Formel (1.44) erhält man als Regressionskoeffizienten für den Achsenabschnitt:

$$\widehat{a} = \overline{y} - \widehat{b}\cdot\overline{t} = \overline{y} - \frac{n+1}{2} \cdot \widehat{b} = 6 - 15 \cdot 0.2 = 3 .$$

Als Anpassung durch einen linearen Trend erhält man folgende Regressionsgerade:

$$\widehat{y} = 3 + 0.2\, t .$$

Die Werte y_t der eigentlichen Zeitreihe sowie $\widehat{y}_t$ der linearen Trendregression entnehme man der folgenden Tabelle:

t	1	2	3	4	5	6	7	8	9	10	11	12	13	14	15
y_t	2	5	6	7	9	6	5	2	1	0	1	3	5	7	8
$\widehat{y}_t$	3.2	3.4	3.6	3.8	4.0	4.2	4.4	4.6	4.8	5.0	5.2	5.4	5.6	5.8	6.0
t	16	17	18	19	20	21	22	23	24	25	26	27	28	29	
y_t	9	10	9	8	4	3	1	3	5	7	9	11	13	15	
$\widehat{y}_t$	6.2	6.4	6.6	6.8	7.0	7.2	7.4	7.6	7.8	8.0	8.2	8.4	8.6	8.8	

Graphisch sehen ursprüngliche Zeitreihe und Trendgerade wie folgt aus:

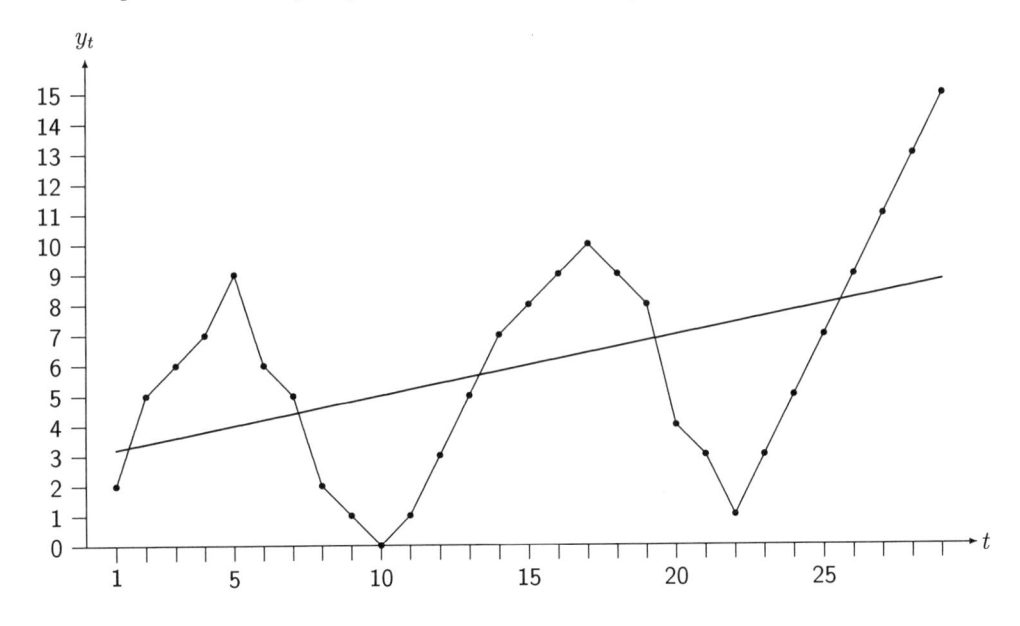

b) Wie bereits im Aufgabenteil a) gesehen, weist die Zeitreihe ein deutliches Saisonmuster auf. Bei einer Periodenlänge $P = 12$ erhält man einen gleitenden Zwölferdurchschnitt durch

$$y_t^* = \begin{cases} \sum_{\ell=1}^{13} w_{t\ell} y_\ell & \text{für} \quad t = 1, \ldots, 6 \\ \sum_{\ell=1}^{13} w_{7,\ell} y_{t-7+\ell} & \text{für} \quad t = 7, \ldots, 23 \\ \sum_{\ell=1}^{13} w_{t-16,\ell} y_{16+\ell} & \text{für} \quad t = 24, \ldots, 29 \end{cases},$$

wobei

$$w_{ij} = \begin{cases} \frac{1}{24} + \frac{7-i}{12} & j = 1 \\ \frac{1}{12} & j = 2, \ldots, 12 \\ \frac{1}{24} + \frac{i-7}{12} & j = 13 \end{cases} \quad i \in \{1, 2, \ldots, 13\} \ .$$

Die folgende Tabelle gibt die Zeitreihe $y_1, \ldots, y_{29}$ und die geglättete Zeitreihe $y_1^\star, \ldots, y_{29}^\star$ wieder:

t	1	2	3	4	5	6	7	8	9	10	11	12	13	14	15
y_t	2	5	6	7	9	6	5	2	1	0	1	3	5	7	8
$y_t^\star$	2.5	2.8	3.0	3.3	3.5	3.8	4.0	4.3	4.4	4.6	4.7	4.9	5.1	5.3	5.5
t	16	17	18	19	20	21	22	23	24	25	26	27	28	29	
y_t	9	10	9	8	4	3	1	3	5	7	9	11	13	15	
$y_t^\star$	5.6	5.8	5.9	6.1	6.3	6.5	6.8	7.1	7.5	8.0	8.4	8.8	9.2	9.6	

Graphisch sehen ursprüngliche und geglättete Zeitreihen wie folgt aus:

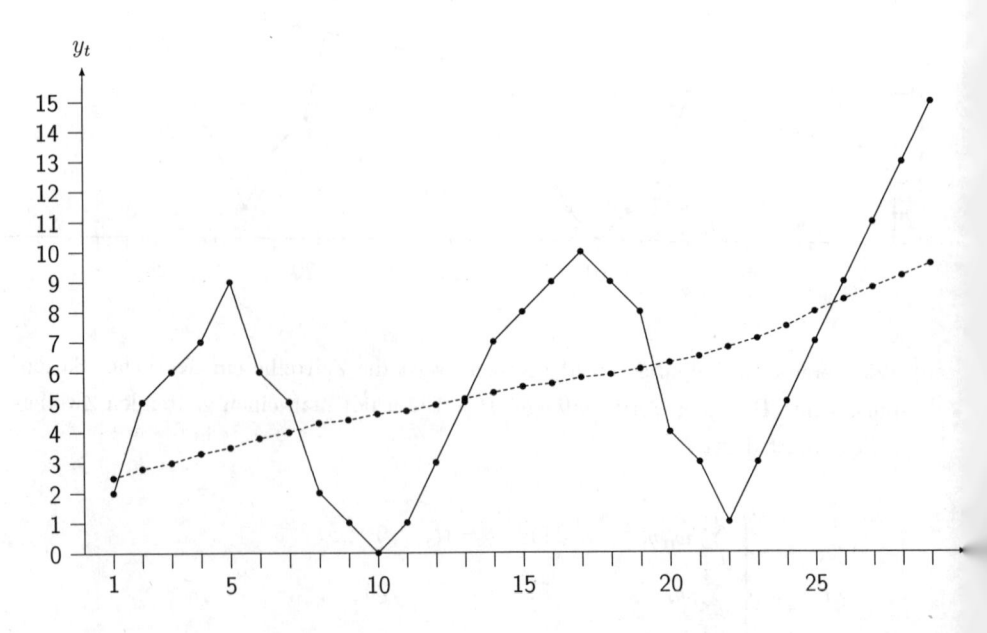

Damit ist im vorliegenden Fall kein großer Unterschied zwischen der Trendgeraden und dem gleitenden Zwölferdurchschnitt zu sehen. Dies liegt unter anderem daran, daß die Zeitreihe in Bezug auf die Periode $P = 12$ relativ kurz ist ($n = 29$).

Lösung Aufgabe 1.30

a) Für die Preismeßziffern der Berichtsperioden $t = 1988, \ldots, 1994$ zur Basisperiode 1988 gilt:

$$M_{88,t} = \frac{p_t}{p_{88}} \quad t = 1988, \ldots, 1994 \, ,$$

wobei p_t den Preis im Jahr t bezeichnet. Damit folgt:

$$\begin{aligned}
M_{88,88} &= \frac{4.00}{4.00} = 1.0 \quad \text{(die Meßziffer für das Basisjahr selbst ist immer 1)} \, , \\
M_{88,89} &= \frac{4.25}{4.00} = 1.0625 \, , \\
M_{88,90} &= \frac{4.80}{4.00} = 1.20 \, , \\
M_{88,91} &= \frac{3.75}{4.00} = 0.9375 \, , \\
M_{88,92} &= \frac{4.50}{4.00} = 1.125 \, , \\
M_{88,93} &= \frac{4.60}{4.00} = 1.15 \, , \\
M_{88,94} &= \frac{4.20}{4.00} = 1.05 \, .
\end{aligned}$$

b) Man überlegt sich leicht, daß gilt:

$$\frac{M_{j,t}}{M_{j,i}} = \frac{\frac{p_t}{p_j}}{\frac{p_i}{p_j}} = \frac{p_t}{p_i} = M_{i,t} \, , \tag{1.47}$$

d.h., das Verhältnis zweier Meßziffern, die sich auf dasselbe Basisjahr beziehen, entspricht dem Verhältnis der Preise der jeweiligen Berichtsperioden. Mehr noch, das Verhältnis der Meßziffern hängt nicht vom Basisjahr ab (die rechte Seite ist unabhängig von j), so daß bei Wahl eines anderen Basisjahres k die Beziehung erhalten bleibt:

$$\frac{M_{j,t}}{M_{j,i}} = \frac{p_t}{p_i} = \frac{M_{k,t}}{M_{k,i}} \, . \tag{1.48}$$

Mit Gleichung (1.47) können damit folgende Umbasierungen vorgenommen werden:

$$M_{90,88} = \frac{M_{88,88}}{M_{88,90}} = \frac{1.0}{1.2} = 0.8\overline{3} \,,$$

$$M_{90,89} = \frac{M_{88,89}}{M_{88,90}} = \frac{1.0625}{1.2} = 0.8854 \,,$$

$$M_{90,90} = 1.0 \,,$$

$$M_{90,91} = \frac{M_{88,91}}{M_{88,90}} = \frac{0.9375}{1.2} = 0.78125 \,,$$

$$M_{90,92} = \frac{M_{88,92}}{M_{88,90}} = \frac{1.125}{1.2} = 0.9375 \,,$$

$$M_{90,93} = \frac{M_{88,93}}{M_{88,90}} = \frac{1.15}{1.2} = 0.958\overline{3} \,,$$

$$M_{90,94} = \frac{M_{88,94}}{M_{88,90}} = \frac{1.05}{1.2} = 0.875 \,.$$

c) Zunächst einmal lassen sich die Preismeßziffern

$$M_{90,90} = M_{92,92} = 1.0$$

ergänzen. Für die Berechnung der weiteren Meßziffern beachte man die Umformung von Gleichung (1.48):

$$M_{j,t} = \frac{M_{k,t}}{M_{k,i}} \cdot M_{j,i} \,. \tag{1.49}$$

Speziell für $i = 93$, $j = 90$ und $k = 92$ lassen sich mit

$$M_{90,t} = \frac{M_{92,t}}{M_{92,93}} \cdot M_{90,93}$$

für $t = 92$ und $t = 94$ die noch fehlenden Werte für die erste Tabelle ermitteln:

$$M_{90,92} = \frac{M_{92,92}}{M_{92,93}} \cdot M_{90,93} = \frac{M_{90,93}}{M_{92,93}} = \frac{0.9}{0.6} = 1.5 \,,$$

$$M_{90,94} = \frac{M_{92,94}}{M_{92,93}} \cdot M_{90,93} = \frac{1.2}{0.6} \cdot 0.9 = 1.8 \,.$$

Entsprechend erhält man bei Wahl von $i = 93$, $j = 92$ und $k = 90$ durch Gleichung (1.49)

$$M_{92,t} = \frac{M_{90,t}}{M_{90,93}} \cdot M_{92,93}$$

für die noch fehlenden Werte $t = 90$ und $t = 91$:

$$M_{92,90} = \frac{M_{90,90}}{M_{90,93}} \cdot M_{92,93} = \frac{M_{92,93}}{M_{90,93}} = \frac{0.6}{0.9} = 0.\bar{6} ,$$

$$M_{92,91} = \frac{M_{90,91}}{M_{90,93}} \cdot M_{92,93} = \frac{1.2}{0.9} \cdot 0.6 = 0.8 .$$

Lösung Aufgabe 1.31

a) Der Preis in DM des Warenkorbes der Basisperiode ist gegeben durch

$$\sum_{j=S,R,B} p_{0j} q_{0j} = 2 \cdot 8 + 1.2 \cdot 10 + 0.5 \cdot 24 = 40 .$$

Derselbe Warenkorb kostet zum Berichtszeitraum 1

$$\sum_{j=S,R,B} p_{1j} q_{0j} = 4.5 \cdot 8 + 1 \cdot 10 + 1 \cdot 24 = 70$$

und zum Berichtszeitraum 2

$$\sum_{j=S,R,B} p_{2j} q_{0j} = 6 \cdot 8 + 1 \cdot 10 + 3 \cdot 24 = 130 .$$

Damit erhält man als Preisindex nach Laspeyres für den Berichtszeitraum 1:

$$P_{0,1}^L = \frac{\sum_{j=S,R,B} p_{1j} q_{0j}}{\sum_{j=S,R,B} p_{0j} q_{0j}} = \frac{70}{40} = 1.75$$

sowie für den Berichtszeitraum 2:

$$P_{0,2}^L = \frac{\sum_{j=S,R,B} p_{2j} q_{0j}}{\sum_{j=S,R,B} p_{0j} q_{0j}} = \frac{130}{40} = 3.25 .$$

Für die Preisindizes nach Paasche benötigt man die Preise für den Warenkorb der Berichtsperiode in der Basis- und Berichtsperiode. Der Warenkorb zum Zeitpunkt 1 kostet gerade

$$\sum_{j=S,R,B} p_{1j}q_{1j} = 4.5 \cdot 4 + 1 \cdot 10 + 1 \cdot 20 = 48 \ .$$

Derselbe Warenkorb hätte zum Zeitpunkt 0

$$\sum_{j=S,R,B} p_{0j}q_{1j} = 2 \cdot 4 + 1.2 \cdot 10 + 0.5 \cdot 20 = 30$$

gekostet. Damit ist der Preisindex nach Paasche für die Periode 1 gegeben durch

$$P_{0,1}^P = \frac{\sum_{j=S,R,B} p_{1j}q_{1j}}{\sum_{j=S,R,B} p_{0j}q_{1j}} = \frac{48}{30} = 1.6 \ .$$

Der Warenkorb des Berichtszeitraums 2 kostet

$$\sum_{j=S,R,B} p_{2j}q_{2j} = 6 \cdot 5 + 1 \cdot 20 + 3 \cdot 20 = 110 \ ,$$

Zum Zeitpunkt 0 hätte er

$$\sum_{j=S,R,B} p_{0j}q_{2j} = 2 \cdot 5 + 1.2 \cdot 20 + 0.5 \cdot 20 = 44$$

gekostet. Damit ist der Paasche–Preisindex für die Periode 2 gegeben durch

$$P_{0,2}^P = \frac{\sum_{j=S,R,B} p_{2j}q_{2j}}{\sum_{j=S,R,B} p_{0j}q_{2j}} = \frac{110}{44} = 2.5 \ .$$

b) Der Preisindex nach Laspeyres kann auch als gewogenes Mittel von Preismeßziffern der einzelnen Güter berechnet werden.
Allgemein gilt:

$$P_{0,t}^L = u_0^1 \cdot M_{0,t}^1 + \ldots + u_0^n \cdot M_{0,t}^n = \sum_{i=1}^n u_0^i \cdot M_{0,t}^i \;,$$

wobei u_0^i den Umsatzanteil des i-ten Gutes in der Basisperiode bezeichnet. Damit ergibt sich für Basisperiode 0 und Berichtsperiode 1:

$$P_{0,1}^L = 0.25 \cdot 2 + 0.75 \cdot 1.2 = 0.5 + 0.9 = 1.4 \;.$$

Für Berichtsperiode 2 gilt analog:

$$P_{0,2}^L = 0.25 \cdot 2.4 + 0.75 \cdot 1.5 = 0.6 + 1.125 = 1.725 \;.$$

c) Wenn bereits Laspeyres–Indizes für verschiedene Warengruppen berechnet wurden (Subindizes), können diese durch eine Gewichtung zu einem Gesamtindex zusammengefaßt werden. Als Gewichte dienen dabei die Umsatzanteile U_0^i der einzelen Warengruppen in der Basisperiode:

$$P_{0,t}^L = U_0^1 \cdot P_{0,t}^{L,1} + \ldots + U_0^k \cdot P_{0,t}^{L,k} = \sum_{i=1}^k U_0^i \cdot P_{0,t}^{L,i} \;.$$

Damit ergibt sich der Gesamtindex $P_{0,1}^L$ durch folgende Gewichtung der Subindizes $P_{0,1}^{L,1}$ für die Warengruppe der Stinkbomben aus Aufgabenteil a) sowie $P_{0,1}^{L,2}$ für die Warengruppe bestehend aus Tomaten und Eiern (siehe Aufgabenteil b)):

$$\begin{aligned}P_{0,1}^L &= 0.6 \cdot P_{0,1}^{L,1} + 0.4 \cdot P_{0,1}^{L,2} = 0.6 \cdot 1.75 + 0.4 \cdot 1.4 = 1.61 \;,\\ P_{0,2}^L &= 0.6 \cdot P_{0,2}^{L,1} + 0.4 \cdot P_{0,2}^{L,2} = 0.6 \cdot 3.25 + 0.4 \cdot 1.725 = 2.64 \;.\end{aligned}$$

Lösung Aufgabe 1.32

a) Der Preis des Warenkorbes in Geizing (in BM) beträgt:

$$\sum_{i=1}^{5} q_i p_{iI} = 5 \cdot 12.00 + 6 \cdot 4.00 + 26 \cdot 3.50 + 3 \cdot 2.00 + 19 \cdot 1.00$$
$$= 200.00 \ .$$

Der gleiche Warenkorb kostet in Italien (in LIT):

$$\sum_{i=1}^{5} q_i p_{iA} = 5 \cdot 24\,000 + 6 \cdot 10\,500 + 26 \cdot 3\,750 + 3 \cdot 7\,500 + 19 \cdot 3\,000$$
$$= 360\,000 \ .$$

Damit ergibt sich eine Kaufkraftparität von

$$KKP = \frac{\sum_{i=1}^{5} q_i p_{iA}}{\sum_{i=1}^{5} q_i p_{iI}} = \frac{360\,000}{200} = 1\,800 \qquad (\text{in } \frac{\text{LIT}}{\text{BM}}).$$

Diese Kaufkraftparität benutzt den heimischen Warenkorb und stellt deshalb die Kaufkraftparität nach Laspeyres dar.

Würde man den ausländischen Warenkorb verwenden, so erhielte man eine Kaufkraftparität nach Paasche.

b) Da

$$KKP = 1\,800 > 1\,500 = w \ ,$$

entsteht ein Kaufkraftverlust für die heimische Währung. D.h., tauscht man die Geldmenge für den Warenkorb in italienische Lira, so kann man in Italien nicht die gleiche Menge kaufen.

Kapitel 5

Lösungen zu Kapitel 2

Lösung Aufgabe 2.1

a) Was auch immer Studierende dazu bewegen mag, die "Bibliothek" oder gar das "Schlafzimmer" am Hofe als Ereignisraum anzusehen (von der Beschreibung der Potenzmenge einmal ganz abgesehen), richtig ist aus statistischer Sicht einzig und allein die folgende Antwort:
Der Ereignisraum ist allgemein die Menge aller Elementarereignisse, hier also die Menge aller Haremsherren. Bezeichnet man mit $\heartsuit_i$ das i–te Haremsmitglied, so ist der Ereignisraum Ω gerade gegeben durch

$$\Omega \;=\; \{\heartsuit_1, \heartsuit_2, \cdots, \heartsuit_{13}\} = \{\heartsuit_i | i \in \{1, \cdots, 13\}\}\,.$$

Die Potenzmenge $\mathcal{P}(\Omega)$ ist nun die Menge aller Teilmengen von Ω, also

$$\mathcal{P}(\Omega) \;=\; \{A | A \subset \Omega\}\,.$$

Der interessierte Student mag vielleicht fragen, wie diese Menge denn nun präziser aussieht, doch spätestens bei der Beantwortung der Frage nach der Mächtigkeit von $\mathcal{P}(\Omega)$, also der Anzahl der Elemente von $\mathcal{P}(\Omega)$, wird deutlich, daß das Ausschreiben der Potenzmenge ein arbeitsames Unterfangen wäre, besitzt die Potenzmenge einer n–elementigen Menge doch 2^n Elemente. In diesem Fall sind dies $2^{13} = 8192$ Elemente.

b) i) Da Ruth alle Herren **nacheinander** (mit ihren Briefmarken) beglückt, entspricht dies der Anordnung der Herren in einer Reihe. Bei $n = 13$ Herren erhält man

$$n! = 13! = 6\ 227\ 020\ 800 \quad \text{Permutationen (ohne Wiederholung)}.$$

ii) Weil die Herren **nacheinander** zur Fürstin gebeten werden, spielt die Reihenfolge durchaus eine Rolle. Gesucht ist also die Anzahl der Variationen, und zwar ohne Wiederholung, da die Herren anschließend in den Rosengarten und nicht zurück in den Harem geschickt werden. Daher gibt es

$$\frac{13!}{(13-3)!} = 1716 \quad \text{Möglichkeiten}.$$

iii) **Den** Lieblingsherrn gibt es lediglich einmal, so daß es hier lediglich um die Anordnung der Briefmarkenalben geht. Da die englischen wie auch die deutschen und französischen Briefmarkenalben untereinander nicht zu unterscheiden sind, erhält man durch Permutation mit Wiederholung

$$\frac{10!}{2! \cdot 5! \cdot 3!} = 2520 \quad \text{Möglichkeiten}.$$

iv) Die Herren werden **nacheinander** zur Audienz gebeten. Die Reihenfolge ist somit entscheidend, es handelt sich um Variationen. Da ein jeder der Herren mehrfach gezogen werden kann, **Wiederholungen** also erlaubt sind, erhält man

$$13^7 = 62\ 748\ 517 \quad \text{Möglichkeiten}.$$

v) Gegenüber dem Vortag ändert sich lediglich die Tatsache, daß die Reihenfolge nicht mehr berücksichtigt wird, es handelt sich somit um Kombinationen mit Wiederholung. Man erhält

$$\binom{13+7-1}{7} = \binom{19}{7} = 50\ 388 \quad \text{Möglichkeiten}.$$

vi) Da die Herren gleichzeitig empfangen werden, eine Reihenfolge somit nicht unterstellt werden kann, und darüber hinaus keiner der Herren gleichzeitig doppelt vorhanden sein kann, ist dieses Problem durch eine Kombination ohne Wiederholung zu lösen, mit der man

$$\binom{13}{4} = 715 \quad \text{Möglichkeiten}$$

erhält.

vii) Welche der Formeln man auch immer zugrundelegen mag, ob man 0 Personen anordnet oder 0 Personen aus 13 zieht, stets kommt man zu dem (auch intuitiv

einleuchtenden) Resultat
$$0! = \binom{13}{0} = \binom{13+0-1}{0} = \frac{13!}{(13-0)!} = 13^0 = 1.$$

Lösung Aufgabe 2.2

a) Die unterschiedlichen Schritte lassen sich auf genau

$$4! = 24$$

Arten anordnen (Permutationen ohne Wiederholung). Nur eine Reihenfolge ist die richtige, damit ist die Laplace-Wahrscheinlichkeit für das richtige Vorgehen gegeben durch

$$P(\text{richtige Reihenfolge}) = \frac{1}{24}.$$

b) In diesem Fall kann man Schritt B und C zu einem Schritt zusammenfassen, so daß es analog zu a) 3!=6 Möglichkeiten gibt, und es gilt:

$$P(\text{richtige Reihenfolge}) = \frac{1}{6}.$$

Lösung Aufgabe 2.3

a) Man kann die 6 Frauenparkplätze und die restlichen 10 Parkplätze auf

$$\frac{16!}{6! \cdot 10!} = 8008$$

Arten anordnen (Permutationen mit Wiederholung).

Eine alternative Lösungsmöglichkeit besteht darin, daß man die Parkplätze etwa mit den Zahlen 1–16 durchnummeriert, 16 Kugeln mit diesen Zahlen in eine Urne wirft und ohne Wiederholung 6 Kugeln herauszieht. Die entsprechenden Parkplätze werden dann zu FP's. Da die Reihenfolge der gezogenen Kugeln unwichtig ist, erhält man

$$\binom{16}{6} = 8008$$

Kombinationen (ohne Wiederholung).

b) Rein anschaulich macht man sich leicht klar, daß es 11 Möglichkeiten gibt, die 6 Parkplätze zusammenhängend zur Verfügung zu stellen:

    1. Möglichkeit: Parkplätze 1–6
    2. Möglichkeit: Parkplätze 2–7
    u.s.w.
    11. Möglichkeit: Parkplätze 11–16.

Doch auch diese Frage kann man wieder als Problem von Permutationen mit Wiederholung auffassen:
Anzuordnen gibt es einen Block von 6 Parkplätzen sowie 10 einzelne Parkplätze:

Dies geschieht gerade auf

$$\frac{11!}{1! \cdot 10!} = 11$$

Arten.

c) Analog zu b) handelt es sich auch hier um ein Problem von Permutationen mit Wiederholung. Anzuordnen gibt es nun 3 Blöcke mit ehemals 3 Parkplätzen ($\widehat{=}$ 2 FP's) sowie 7 verbleibende einzelne Parkplätze:

Die Anzahl dieser Permutationen beträgt

$$\frac{10!}{3! \cdot 7!} = 120 \ .$$

Lösung Aufgabe 2.4

a) Sei A das Ereignis, daß mindestens zwei Mitglieder des MacNepp Clans am gleichen Tag Geburtstag haben. Dann ist das Gegenereignis (oder: Komplementärereignis) $\overline{A}$ dadurch gegeben, daß alle Clanmitglieder an unterschiedlichen Tagen Geburtstag haben. Die Wahrscheinlichkeit für das Eintreten von $\overline{A}$ berechnet man durch den Laplace'schen Wahrscheinlichkeitsbegriff mit

$$\frac{\text{Anzahl der günstigen Ereignisse}}{\text{Anzahl der möglichen Ereignisse}}.$$

Die Anzahl der möglichen Ereignisse ist gegeben durch eine Variation mit Wiederholung, jeder der 30 Mitglieder kann an 365 Tagen Geburtstag haben, es gibt dazu

$$365^{30} \quad \text{Möglichkeiten}.$$

Damit alle Clanmitglieder an unterschiedlichen Tagen Geburtstag haben, gibt es für das erste Mitglied 365 mögliche Geburtstage, für das zweite noch 364 Tage, für das dritte 363 Tage,..., schließlich (365−30+1) mögliche Geburtstage für das 30. Clanmitglied.
Die Anzahl der günstigen Ereignisse ist daher gegeben durch eine Variation ohne Wiederholung:

$$\frac{365!}{(365-30)!} = 365 \cdot 364 \cdot \ldots \cdot 336.$$

Damit ist die Wahrscheinlichkeit für $\overline{A}$ gegeben durch

$$P(\overline{A}) = \frac{365 \cdot 364 \cdot \ldots \cdot 336}{365^{30}} = 0.2937.$$

Entsprechend gilt für A:

$$P(A) = 1 - P(\overline{A}) = 1 - 0.2937 = 0.7063.$$

Damit ist die Wahrscheinlichkeit wesentlich höher, daß mindestens zwei Personen am gleichen Tag Geburtstag haben als daß alle an unterschiedlichen Tagen Geburtstag haben, und MacGeiz 30 Feiern ausrichten muß.

b) Allgemein erhält man analog zu a) bei einer Gruppe von n Personen ($n \leq 365$) für die Wahrscheinlichkeit des Ereignisses A_n, daß mindestens zwei Personen am gleichen Tag Geburtstag haben,

$$P(A_n) = 1 - \frac{365 \cdot 364 \cdot \ldots \cdot (365 - n + 1)}{365^n}.$$

Für ausgewählte n gibt die nachfolgende Tabelle Aufschluß über die Wahrscheinlichkeit $P(A_n)$:

n	$P(A_n)$	n	$P(A_n)$	n	$P(A_n)$	n	$P(A_n)$	n	$P(A_n)$
		16	0.2836	31	0.7305	46	0.9483	61	0.9951
2	0.0027	17	0.3150	32	0.7533	47	0.9548	62	0.9959
3	0.0082	18	0.3469	33	0.7750	48	0.9606	63	0.9966
4	0.0164	19	0.3791	34	0.7953	49	0.9658	64	0.9972
5	0.0271	20	0.4114	35	0.8144	50	0.9704	65	0.9977
6	0.0405	21	0.4437	36	0.8322	51	0.9744	66	0.9981
7	0.0562	22	0.4757	37	0.8487	52	0.9780	67	0.9984
8	0.0743	23	0.5073	38	0.8641	53	0.9811	68	0.9987
9	0.0946	24	0.5383	39	0.8782	54	0.9839	69	0.9990
10	0.1169	25	0.5687	40	0.8912	55	0.9863	70	0.9992
11	0.1412	26	0.5982	41	0.9032	56	0.9883	71	0.9993
12	0.1670	27	0.6269	42	0.9140	57	0.9901	72	0.9995
13	0.1944	28	0.6545	43	0.9239	58	0.9917	73	0.9996
14	0.2231	29	0.6810	44	0.9329	59	0.9930	74	0.9996
15	0.2529	30	0.7063	45	0.9410	60	0.9941	75	0.9997

Bereits ab $n = 23$ ist es somit wahrscheinlicher, daß mindestens zwei Personen am gleichen Tag Geburtstag haben als daß alle an unterschiedlichen Tagen Geburtstag haben.

Dieses für viele Leute verblüffende Ergebnis wird auch "Geburtstags–Paradoxon" genannt. Der Grund, weshalb viele Leute diese Wahrscheinlichkeit falsch einschätzen, liegt darin, daß fälschlicherweise eine Person herausgegriffen wird und die Wahrscheinlichkeit berechnet wird, daß eine weitere Person an eben diesem Tag Geburtstag hat. Diese Wahrscheinlichkeit ist jedoch **nicht** gesucht.

Lösung Aufgabe 2.5

a) Die Zuordnung der 4 Briefe an die vier Damen entspricht einer Permutation (ohne Wiederholung) und kann somit auf

$$4! = 24 \quad \text{Möglichkeiten}$$

geschehen.
Anschaulich kann man sich diese unterschiedlichen Möglichkeiten wie folgt klarmachen: Für die Damen legt man eine Reihenfolge 1 bis 4 fest und ordnet diesen die an Freundin i gerichteten Briefe i $(i = 1, 2, 3, 4)$ zu, wobei Brief 1 an Freundin 1 gerichtet ist, usw. Nachfolgend sind die 24 Möglichkeiten skizziert, dabei bedeutet etwa 3 2 4 1 , daß Freundin 1 den an Freundin 3 adressierten Brief erhalten hat, Freundin 2 den an sie gerichteten Brief, etc. Die richtig zugeordneten Briefe sind dick gekennzeichnet:

1	**2**	**3**	**4**		**2**	1	**3**	**4**		3	1	2	**4**		4	1	**2**	3
1	**2**	4	3		**2**	1	4	3		3	1	4	2		4	1	3	2
1	3	2	**4**		**2**	3	1	**4**		3	**2**	1	**4**		4	**2**	1	3
1	3	4	2		**2**	3	4	1		3	**2**	4	1		4	**2**	**3**	1
1	4	2	3		**2**	4	1	3		3	4	1	2		4	**3**	1	2
1	4	**3**	2		**2**	4	**3**	1		3	4	2	1		4	**3**	2	1

Abzählen liefert, daß es 9 Möglichkeiten gibt, keinen Brief richtig zuzuordnen, 8 Möglichkeiten, genau einen Brief richtig zuzuordnen, 6 Möglichkeiten, genau zwei Briefe richtig zuzuordnen, sowie 1 Möglichkeit, alle Briefe richtig zuzuordnen. Es gibt trivialerweise keine Möglichkeit, drei von vier Briefen richtig, einen aber falsch zuzuordnen. Insgesamt gab es $4! = 24$ Möglichkeiten, die Briefe zuzuordnen. Mit dem Laplaceschen Wahrscheinlichkeitsbegriff

$$\text{Wahrscheinlichkeit} = \frac{\text{Anzahl der günstigen Ereignisse}}{\text{Anzahl der möglichen Ereignisse}}$$

erhält man damit die folgende Verteilung, falls X die Anzahl der richtig zugeordneten Briefe zähle:

$$P(X = 0) = \frac{9}{24} = 0.375 ,$$
$$P(X = 1) = \frac{8}{24} = 0.\overline{3} ,$$

B: (∗) (∗) ☐ ⊕ • ⊙ △

In diesem Fall wählt man aus den 10 Garnituren eine (∗) aus, die unter den Kleidungsstücken doppelt vertreten ist, dazu gibt es $\binom{10}{1}$ Kombinationen (ohne Wiederholung). Es stehen noch 9 Garnituren aus, um die weiteren 5 Kleidungsstücke auf $\binom{9}{5}$ Arten auszuwählen.

Nun gilt es zu beachten, daß die so getroffene Garniturauswahl unter den Kleidungsstücken noch permutiert werden kann. So macht es beispielsweise einen Unterschied, ob die doppelt vorkommende Garnitur als Hemd und Hose oder Sakko und Socken, etc. getragen wird. Es gibt 2 nicht unterscheidbare Garnituren sowie 5 unterschiedliche, somit erhält man

$$\frac{7!}{2! \cdot 1! \cdot 1! \cdot 1! \cdot 1! \cdot 1!}$$ Permutationen (mit Wiederholung).

Damit erhält man insgesamt

$$M(B) = \binom{10}{1} \cdot \binom{9}{5} \cdot \frac{7!}{2! \cdot 1! \cdot 1! \cdot 1! \cdot 1! \cdot 1!} = 3\,175\,200 \quad \text{Möglichkeiten}$$

für das Ereignis B.

C: (∗) (∗) ☐ ☐ • ⊙ △

Aus den 10 Garnituren wählt man auf

$$\binom{10}{2} \quad \text{Arten}$$

2 Garnituren aus, die doppelt auftreten. Aus den restlichen 8 Garnituren wählt man 3 Garnituren auf

$$\binom{8}{3} \quad \text{Arten}$$

aus. Die Permutation der Garnituren über die Kleidungsstücke erfolgt auf

$$\frac{7!}{2! \cdot 2! \cdot 1! \cdot 1! \cdot 1!} \quad \text{Arten},$$

so daß es für das Ereignis C

$$M(C) = \binom{10}{2} \cdot \binom{8}{3} \cdot \frac{7!}{2! \cdot 2! \cdot 1! \cdot 1! \cdot 1!} = 3\,175\,200 \quad \text{Möglichkeiten gibt.}$$

D: (∗ ∗)(□ □)(• •)(△)

In analoger Vorgehensweise wählt man auf

$$\binom{10}{3} \cdot \binom{7}{1} \quad \text{Arten}$$

3 Garnituren, die doppelt vorkommen, sowie eine einzelne aus. Diese Kleidungsstücke können über die Kleidungsstücke auf

$$\frac{7!}{2! \cdot 2! \cdot 2! \cdot 1!} \quad \text{Arten}$$

permutiert werden. Damit erhält man

$$M(D) = \binom{10}{3} \cdot \binom{7}{1} \cdot \frac{7!}{2! \cdot 2! \cdot 2! \cdot 1!} = 529\,200 \quad \text{Möglichkeiten}.$$

für Ereignis D.

Da Schoenberg insgesamt 10 Garnituren für jedes Kleidungsstück besitzt, kann er sich auf 10^7 Arten (Variationen mit Wiederholung) kleiden. Somit sind die Wahrscheinlichkeiten für die Ereignisse gegeben durch

$$P(A) = \frac{M(A)}{10^7}, \quad P(B) = \frac{M(B)}{10^7}, \quad P(C) = \frac{M(C)}{10^7}, \quad P(D) = \frac{M(D)}{10^7}.$$

Damit ist die Wahrscheinlichkeit, daß sich Schönberg nach dem Vorschlag von Absurda–Moden kleidet, gegeben durch

$$P(A) + P(B) + P(C) + P(D) = \frac{604\,800 + 3\,175\,200 + 3\,175\,200 + 529\,200}{10^7}$$
$$= 0.74844.$$

Lösung Aufgabe 2.7

a) Zur anschaulichen Lösung dieser Aufgabe betrachte man einen sog. **Wahrscheinlichkeitsbaum**, der sich ausgehend von einer Wurzel (•) unterteilt in verschiedene Knoten, die sich wiederum verzweigen, bis man schließlich in den Blättern landet, die sich nicht mehr weiterverzweigen. An den Kanten werden die Wahrscheinlichkeiten notiert, mit denen die in den nachfolgenden Knoten oder Blättern dargestellten Ereignisse eintreten (im nachfolgenden Baum steht S für Sieg und N für Niederlage). Zur Berechnung der Wahrscheinlichkeit eines Pfades von der Wurzel bis zu einem Blatt multipliziert man die Einzelwahrscheinlichkeiten an den Kanten.

Für die Turnierfolge Mecker–Brav–Mecker ergibt sich folgender Wahrscheinlichkeitsbaum:

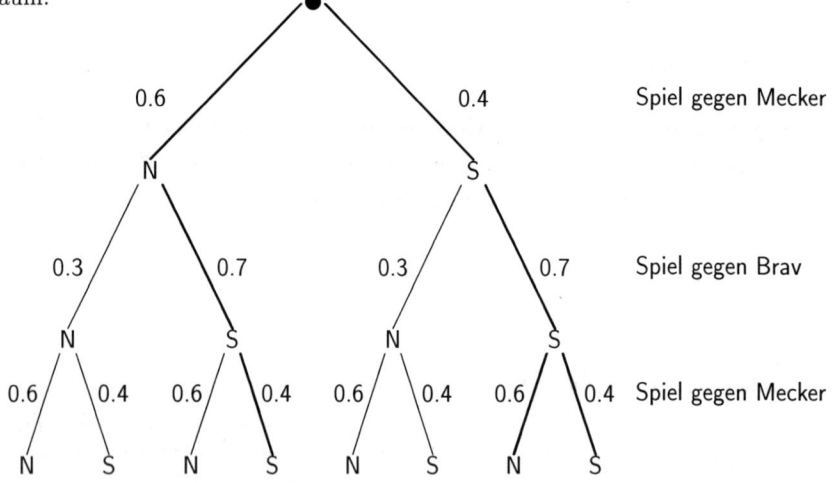

Die für Center günstigen Ausgänge NSS, SSN und SSS sind durch fettgedruckte Kanten hervorgehoben.

Die Wahrscheinlichkeit für einen Turniersieg durch C. Center ermittelt man damit zu

$$P(\text{Turniersieg}) = 0.6 \cdot 0.7 \cdot 0.4 + 0.4 \cdot 0.7 \cdot 0.6 + 0.4 \cdot 0.7 \cdot 0.4$$
$$= 0.448 \, .$$

Der Wahrscheinlichkeitsbaum für die Turnierfolge Brav–Mecker–Brav ist wie folgt gegeben:

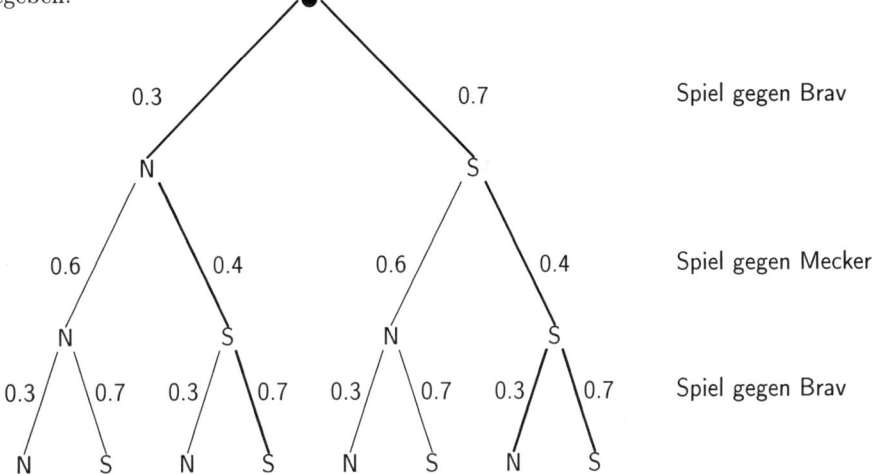

```
                    •
         0.3 /           \ 0.7           Spiel gegen Brav
           N               S
      0.6/  \0.4      0.6/  \0.4         Spiel gegen Mecker
       N    S          N    S
    0.3/\0.7 0.3/\0.7 0.3/\0.7 0.3/\0.7  Spiel gegen Brav
     N  S   N  S    N  S    N  S
```

Die günstigen Ausgänge für C. Center sind wiederum NSS, SSN und SSS. Die Wahrscheinlichkeit für einen Turniersieg beträgt hier

$$P(\text{Turniersieg}) = 0.3 \cdot 0.4 \cdot 0.7 + 0.7 \cdot 0.4 \cdot 0.3 + 0.7 \cdot 0.4 \cdot 0.7$$
$$= 0.364 \, .$$

D.h., es ist für Center günstiger, die Reihenfolge Mecker–Brav–Mecker zu wählen.

b) Analog zum Aufgabenteil a) ermittelt man als Wahrscheinlichkeiten für die Pfade NSS, SSN und SSS beim Turnier Mecker–Brav–Mecker

$$P(\text{NSS}) = (1-p)qp \, ,$$
$$P(\text{SSN}) = pq(1-p)$$
und $\quad P(\text{SSS}) = pqp \, ,$

so daß die Wahrscheinlichkeit für einen Turniersieg

$$P(\text{Turniersieg}) = (1-p)qp + pq(1-p) + pqp$$
$$= [1 - p + 1 - p + p]pq = (2-p)pq$$

beträgt.
Analog ermittelt man für die Turnierpaarung Brav–Mecker–Brav

$$P(\text{NSS}) = (1-q)pq \, ,$$

$$P(\text{SSN}) = qp(1-q)$$
und $\quad P(\text{SSS}) = qpq$,

so daß man als Wahrscheinlichkeit für einen Turniersieg

$$\begin{aligned} P(\text{Turniersieg}) &= (1-q)pq + qp(1-q) + qpq \\ &= [1-q+1-q+q]pq = (2-q)pq \end{aligned}$$

erhält.

Nun gilt:

$$\begin{aligned} & p < q \\ \iff & -p > -q \\ \iff & 2-p > 2-q \\ \iff & (2-p)pq > (2-q)pq \,. \end{aligned}$$

D.h., für den Turniersieg steigt die Wahrscheinlichkeit, wenn man zunächst (und damit insgesamt zweimal) gegen den schwereren Partner spielt.

Dieses erstaunliche Ergebnis liegt darin begründet, daß Center bei der Spielpaarung leichter Gegner–schwerer Gegner–leichter Gegner den schwereren Partner im mittleren Spiel schlagen **muß**, während man bei der anderen Turnierwahl gegen den stärkeren Partner einmal verlieren kann, ohne daß das ganze Turnier verloren wird.

Lösung Aufgabe 2.8

Seien folgende Ereignisse definiert:

A_i: "Der Statistiker würfelt die Augenzahl i" $\quad (i = 1, \ldots, 6)$,
B: "Der Statistiker überlebt das Experiment nicht".

Bekannt sind laut Aufgabenstellung folgende Wahrscheinlichkeiten:

$$\begin{aligned} P(A_i) &= \tfrac{1}{6} & \text{für} \quad i &= 1, \ldots, 6 \,, \\ P(B|A_i) &= \tfrac{i}{6} & \text{für} \quad i &= 1, \ldots, 6 \,. \end{aligned}$$

a) Gesucht ist $P(\overline{B}) = 1-P(B)$. Mit Hilfe der Formel für die Totale Wahrscheinlichkeit erhält man:

$$P(B) = \sum_{i=1}^{6} P(B|A_i) \cdot P(A_i) = \sum_{i=1}^{6} \frac{i}{36} = \frac{21}{36} = \frac{7}{12} = 0.58\overline{3}.$$

$$\Longrightarrow P(\overline{B}) = \frac{5}{12} = 0.41\overline{6}.$$

b) Gesucht ist $P(\overline{A_5}|B) = 1 - P(A_5|B)$. Die Formel von Bayes liefert:

$$P(A_5|B) = \frac{P(B|A_5) \cdot P(A_5)}{\sum_{i=1}^{6} P(B|A_i) \cdot P(A_i)}.$$

Da im Nenner die Formel der Totalen Wahrscheinlichkeit steht, erhält man folglich:

$$P(A_5|B) = \frac{\frac{5}{6} \cdot \frac{1}{6}}{\frac{21}{36}} = \frac{5}{21} = 0.238$$

$$\Longrightarrow P(\overline{A_5}|B) = \frac{16}{21} = 0.762.$$

Lösung Aufgabe 2.9

Seien folgende Ereignisse definiert:

A: "Mike geht ins Adonis",
B: "Mike geht in den Biergarten",
C: "Mike geht in den Charming Club",
D: "Mike bleibt daheim",
E: "Mike geht zum Einsame–Herzen–Treffen",
F: "Mike flirtet".

Laut Aufgabenstellung sind dann folgende Wahrscheinlichkeiten bekannt:

$P(A) = 0.4$, $P(F|A) = 0.3$,
$P(B) = 0.2$, $P(F|B) = 0.15$,
$P(C) = 0.25$, $P(F|C) = 0.4$,
$P(D) = 0.1$, $P(F|D) = 0.0$,
$P(E) = 0.05$, $P(F|E) = 1.0$.

a) Der Satz von der Totalen Wahrscheinlichkeit liefert:

$$\begin{aligned}P(F) &= P(F|A)\cdot P(A) + P(F|B)\cdot P(B) + P(F|C)\cdot P(C) + P(F|D)\cdot P(D) \\ &\quad + P(F|E)\cdot P(E) \\ &= 0.3\cdot 0.4 + 0.15\cdot 0.2 + 0.4\cdot 0.25 + 0.0\cdot 0.1 + 1.0\cdot 0.05 \\ &= 0.3\ .\end{aligned}$$

b) Mit Hilfe des Satzes von Bayes erhält man:

$$P(A|F) = \frac{P(F|A)\cdot P(A)}{\sum\limits_{i\in\{A,B,C,D,E\}} P(F|i)\cdot P(i)}\ .$$

Da im Nenner gerade die in Aufgabenteil a) berechnete Wahrscheinlichkeit für $P(F)$ steht, erhält man:

$$P(A|F) = \frac{P(F|A)\cdot P(A)}{P(F)} = \frac{0.3\cdot 0.4}{0.3} = 0.4\ .$$

c) Sei nun $p := P(F) = 0.3$.

Definiere

$X :=$ Anzahl der Flirts von Mike an 4 aufeinander folgenden Samstagen.

Dann ist $X \sim \text{Bin}(4,p)$, d.h. $X \sim \text{Bin}(4, 0.3)$, und damit:

$$P(X=3) = \binom{4}{3}\cdot (0.3)^3 \cdot 0.7^1 = 0.0756\ .$$

d) Sei nun

$X :=$ Anzahl der Flirts von Mike an 50 aufeinander folgenden Samstagen.

d.h., $X \sim \text{Bin}(50, 0.3)$. Gesucht ist dann

$$P(X \geq 20) = 1 - P(X \leq 19)\ .$$

i) Mit Tabelle 1 erhält man:

$$\begin{aligned}P(X \leq 19) &= F_X(19) \\ &= 0.9152 \\ \Longrightarrow\quad P(X \geq 20) &= 1 - 0.9152 = 0.0848\ .\end{aligned}$$

ii) Da $np(1-p) = 50 \cdot 0.3 \cdot 0.7 = 10.5 \geq 9$, liefert die Approximation durch die Standardnormalverteilung mit dem Zentralen Grenzwertsatz unter Berücksichtigung von $E(X) = np = 15, \sqrt{\text{Var}(X)} = \sqrt{np(1-p)} \approx 3.24$:

$$P(X \leq 19) = P\left(\frac{X-15}{3.24} \leq \frac{19-15}{3.24}\right)$$
$$\approx \Phi\left(\frac{19-15}{3.24}\right) = \Phi(1.235) = 0.8916$$
$$\implies P(X \geq 20) \approx 1 - 0.8916 = 0.1084 \,.$$

Dieser Wert weicht durchaus vom oben berechneten, exakten Wert ab. Eine genauere Approximation erhält man durch die sog. "Stetigkeitskorrektur": für $X \sim \text{Bin}(n,p)$ mit $np(1-p) \geq 9$ gilt:

$$P(a < X \leq b) \approx \Phi\left(\frac{b - np + 0.5}{\sqrt{np(1-p)}}\right) - \Phi\left(\frac{a - np + 0.5}{\sqrt{np(1-p)}}\right) \,.$$

Im vorliegenden Fall erhält man somit:

$$P(X \leq 19) \approx \Phi\left(\frac{19 - 15 + 0.5}{3.24}\right) = \Phi(1.389) = 0.9176$$
$$\implies P(X \geq 20) \approx 1 - 0.9176 = 0.0824 \,.$$

In der Tat nähert sich diese Approximation dem wahren Wert besser an.

Lösung Aufgabe 2.10

Man definiere folgende Ereignisse:

A : "R.J. findet ein Dokument."
B_1 : "Das Dokument befindet sich auf dem Schreibtisch."
B_2 : "Das Dokument befindet sich im Regal."
B_3 : "Das Dokument liegt auf dem Boden."
B_4 : "Das Dokument ist im Wandschrank."

Dann sind laut Aufgabenstellung bekannt:

$P(B_1) = 0.4$, $P(A|B_1) = 0.95$,
$P(B_2) = 0.3$, $P(A|B_2) = 0.8$,
$P(B_3) = 0.2$, $P(A|B_3) = 0.9$,
$P(B_4) = 0.1$, $P(A|B_4) = 0.3$.

a) Der Satz von der Totalen Wahrscheinlichkeit liefert:

$$P(A) = \sum_{i=1}^{4} P(A|B_i)P(B_i)$$
$$= 0.95 \cdot 0.4 + 0.8 \cdot 0.3 + 0.9 \cdot 0.2 + 0.3 \cdot 0.1$$
$$= 0.83 \ .$$

b) Mit dem Satz von Bayes erhält man

$$P(B_4|\overline{A}) = \frac{P(\overline{A}|B_4) \cdot P(B_4)}{\sum_{i=1}^{4} P(\overline{A}|B_i) \cdot P(B_i)} \ .$$

Man beachte, daß im Nenner nach dem Satz der Totalen Wahrscheinlichkeit gerade $P(\overline{A})$ steht, so daß man unter Zuhilfenahme von Aufgabenteil a) erhält:

$$P(B_4|\overline{A}) = \frac{P(\overline{A}|B_4) \cdot P(B_4)}{P(\overline{A})}$$
$$= \frac{[1 - P(A|B_4)] \cdot P(B_4)}{1 - P(A)}$$
$$= \frac{[1 - 0.3] \cdot 0.1}{1 - 0.83} \approx 0.41 \ .$$

Lösung Aufgabe 2.11

Man betrachte folgende Ereignisse:

B_i : "Buddy steht hinter Tor i " $i = 1, 2, 3,$
M_i : "Der Moderator öffnet Tor i " $i = 1, 2, 3.$

Die Verteilung des Hauptpreises auf die Tore wird zufällig erfolgen, da eine Regelmäßigkeit über mehrere Sendungen hinweg von den Kandidaten entdeckt würde, d.h.

$$P(B_1) = P(B_2) = P(B_3) = \frac{1}{3} \ .$$

Nehmen wir nun an, daß der Hauptpreis hinter dem von der Kandidatin ausgewählten Tor 1 steht. Dann kann der Moderator entweder Tor 2 oder Tor 3 öffnen, um einen Trostpreis zu präsentieren. Die Auswahl wird er zufällig treffen, so daß gilt:

$$P(M_2|B_1) = P(M_3|B_1) = \frac{1}{2} \ .$$

Befindet sich der Hauptpreis aber hinter Tor 2, so hat der Moderator nur die Möglichkeit, Tor 3 zu öffnen, um eine Niete zu zeigen:

$P(M_3|B_2) = 1$ und $P(M_2|B_2) = 0$.

Falls sich der Hauptpreis hinter Tor 3 befindet, so muß der Moderator Tor 2 öffnen und es gilt somit:

$P(M_2|B_3) = 1$ und $P(M_3|B_3) = 0$.

Mit dem Satz von Bayes erhält man nun

$$P(B_2|M_3) = \frac{P(M_3|B_2)P(B_2)}{\sum_{i=1}^{3} P(M_3|B_i)P(B_i)} = \frac{1 \cdot \frac{1}{3}}{\frac{1}{2} \cdot \frac{1}{3} + 1 \cdot \frac{1}{3} + 0 \cdot \frac{1}{3}} = \frac{2}{3} \; . \qquad (2.1)$$

Da $P(M_3|B_3) = 0$ gilt, folgt:

$P(B_3|M_3) = 0$,

so daß mit Gleichung (2.1) für $P(B_1|M_3)$ gilt:

$P(B_1|M_3) = \frac{1}{3}$.

D.h., Hella sollte auf Tor 2 wechseln.

Daß sich die Wahrscheinlichkeiten nicht gleichmäßig auf Tor 1 und Tor 2 aufteilen, liegt daran, daß die Entscheidung des Moderators, Tor 2 oder 3 zu öffnen davon abhängt, ob hinter dem von der Kandidatin gewählten Tor der Hauptpreis verborgen ist.

Lösung Aufgabe 2.12

Man betrachte folgende Ereignisse:

F: "Frieda ißt das Stammessen in der Mensa"
M: "Es gibt Maultaschen in der Mensa"
R: "Es gibt Reichenauer Fischvesper in der Mensa"
Sch: "Es gibt Schweinerückensteak in der Mensa"
So: "Es gibt ein sonstiges Essen in der Mensa"

Dann sind mit der Aufgabenstellung bekannt:

$$P(F|M) = 1,$$
$$P(F|R) = 0,$$
$$P(F|Sch) = 0.8,$$
$$P(F|So) = 0.5.$$

Weiterhin sind bekannt:

$$P(Sch) = 0.4,$$
$$P(M) = 0.2,$$
$$P(R) = 0.1.$$

Damit gilt:

$$P(So) = 1 - [P(Sch) + P(M) + P(R)] = 1 - 0.4 - 0.2 - 0.1 = 0.3.$$

a) Für die Wahrscheinlichkeit, daß Frieda in der Mensa ißt, gilt nach dem Satz von der Totalen Wahrscheinlichkeit:

$$\begin{aligned}P(F) &= P(F|M)P(M) + P(F|R)P(R) + P(F|Sch)P(Sch) + P(F|So)P(So) \\ &= 1 \cdot 0.2 + 0 \cdot 0.1 + 0.8 \cdot 0.4 + 0.5 \cdot 0.3 \\ &= 0.67.\end{aligned}$$

b) Die Anwendung des Satzes von Bayes liefert:

$$\begin{aligned}P(Sch|F) &= \frac{P(F|Sch)P(Sch)}{P(F|M)P(M) + P(F|R)P(R) + P(F|Sch)P(Sch) + P(F|So)P(So)} \\ &= \frac{P(F|Sch) \cdot P(Sch)}{P(F)} \quad \text{(mit Teil a))} \\ &= \frac{0.8 \cdot 0.4}{0.67} \\ &= 0.478.\end{aligned}$$

Lösung Aufgabe 2.13

a) Seien folgende Ereignisse definiert:
   S: "Kitty trägt schwarze Kleidung."
   T: "Der Frischvermählte überlebt die Hochzeitsnacht nicht."
   Dann sind mit der Aufgabenstellung bekannt:

$$P(S) = 0.9 \, ,$$
$$P(S|T) = 0.99 \, ,$$
$$P(S|\overline{T}) = 0.05 \, .$$

Durch die Formel für die Totale Wahrscheinlichkeit erhält man:

$$\begin{aligned} P(S) &= P(S|T) \cdot P(T) + P(S|\overline{T}) \cdot P(\overline{T}) \\ &= P(S|T) \cdot P(T) + P(S|\overline{T}) \cdot (1 - P(T)) \\ \Longleftrightarrow \quad 0.9 &= 0.99 \cdot P(T) + 0.05 \cdot (1 - P(T)) \\ \Longleftrightarrow \quad 0.9 - 0.05 &= (0.99 - 0.05) P(T) \\ \Longleftrightarrow \quad P(T) &= \frac{0.85}{0.94} \approx 0.904 \, . \end{aligned} \qquad (2.2)$$

Damit gilt wiederum

$$P(\overline{T}) = 1 - P(T) = 1 - 0.904 = 0.096 \, . \qquad (2.3)$$

Die Definition der bedingten Wahrscheinlichkeit liefert:

$$P(\overline{T}|S) = \frac{P(\overline{T} \cap S)}{P(S)} \quad \text{und} \quad P(S|\overline{T}) = \frac{P(S \cap \overline{T})}{P(\overline{T})} \, .$$

Durch Erweitern mit dem jeweiligen Nenner erhält man

$$P(\overline{T}|S) \cdot P(S) = P(\overline{T} \cap S) \quad \text{und} \quad P(S|\overline{T}) \cdot P(\overline{T}) = P(S \cap \overline{T}) \, ,$$

so daß gilt:

$$\begin{aligned} P(\overline{T}|S) \cdot P(S) &= P(S|\overline{T}) \cdot P(\overline{T}) \\ \Longleftrightarrow \quad P(\overline{T}|S) &= \frac{P(S|\overline{T}) \cdot P(\overline{T})}{P(S)} \\ &= \frac{0.05 \cdot 0.096}{0.9} = 0.005\overline{3} \, . \end{aligned} \qquad (2.4)$$

b) Ersetzt man in Gleichung (2.4) S durch $\overline{S}$, so erhält man:

$$\begin{aligned} P(\overline{T}|\overline{S}) &= \frac{P(\overline{S}|\overline{T}) \cdot P(\overline{T})}{P(\overline{S})} \\ &= \frac{[1 - P(S|\overline{T})] \cdot [1 - P(T)]}{1 - P(S)} \\ &= \frac{0.95 \cdot 0.096}{0.1} = 0.912 \;. \end{aligned}$$

Lösung Aufgabe 2.14

a) Da die Reihenfolge durchaus wichtig ist, und Otto sich jedes Mal wieder von neuem für eine der Schreibweisen entscheidet, handelt es sich um Variationen mit Wiederholung, d.h. er hat

$$2^8 = 256 \quad \text{Möglichkeiten.}$$

Sei nun $X=$Anzahl der Fehler.

i) Lösungsmöglichkeit mit Laplace:
Mit Hilfe von Laplace erhält man die gesuchte Wahrscheinlichkeit durch

$$\frac{\text{Anzahl der günstigen Ereignisse}}{\text{Anzahl der möglichen Ereignisse}} \;.$$

Da es nur eine Möglichkeit gibt, stets die richtige Rechtschreibung zu wählen, erhält man:

$$P(X = 0) = \frac{1}{256} \;.$$

Die Wahrscheinlichkeit, mindestens drei Fehler zu begehen, ist gerade die Wahrscheinlichkeit, genau drei Fehler oder genau vier Fehler oder ... oder genau 8 Fehler zu begehen. Man müßte somit 6 Wahrscheinlichkeiten berechnen. Man macht sich deshalb das Leben einfacher, indem man (vgl. Formel II 2.2) die Gegenwahrscheinlichkeit betrachtet:

$$\begin{aligned} P(X \geq 3) &= 1 - P(X < 3) \\ &= 1 - [P(X = 0) + P(X = 1) + P(X = 2)] \;. \end{aligned} \quad (2.5)$$

$P(X = 0)$ wurde bereits berechnet.

Wenn man genau einen Fehler begeht und damit genau sieben Mal die richtige Schreibweise wählt, so hat man dafür $\binom{8}{1}$ Möglichkeiten, damit ist

$$P(X = 1) = \frac{\binom{8}{1}}{256} = \frac{8}{256} = \frac{1}{32}.$$

Analog kann man zwei Fehler auf $\binom{8}{2}$ Arten begehen und damit gilt:

$$P(X = 2) = \frac{\binom{8}{2}}{256} = \frac{28}{256} = \frac{7}{64}.$$

Mit der Formel (2.5) berechnet sich die gesuchte Wahrscheinlichkeit zu

$$P(X \geq 3) = 1 - \frac{1}{256} - \frac{1}{32} - \frac{7}{64} = \frac{219}{256} = 0.855.$$

ii) Alternative Lösung mit Hilfe der Binomialverteilung:

Man kann sich das Experiment auch wie folgt vorstellen:

In einer Urne liegen zwei Kugeln, die einem sagen, ob man das jeweilige Wort richtig oder falsch schreiben soll. Man zieht nun bei jedem Wort eine Kugel und schreibt daraufhin das entsprechende Wort richtig oder falsch. Die Wahrscheinlichkeit, daß man das Wort richtig schreibt, beträgt $p = 0.5$. Führt man dieses Bernoulliexperiment n-mal durch, so ist die Zufallsvariable X, die die Anzahl der richtig geschriebenen Worte zählt, $\text{Bin}(n,p)$-verteilt, im vorliegenden Fall also $\text{Bin}(n, 0.5)$.

Damit erhält man

$$P(X = 0) = \binom{8}{0}\left(\frac{1}{2}\right)^0 \left(1 - \frac{1}{2}\right)^8 = \left(\frac{1}{2}\right)^8 = \frac{1}{256}.$$

Weiterhin erhält man:

$$P(X = 1) = \binom{8}{1}\left(\frac{1}{2}\right)^8 = \frac{1}{32},$$
$$P(X = 2) = \binom{8}{2}\left(\frac{1}{2}\right)^8 = \frac{7}{64},$$

so daß man mit (2.5) erhält:

$$\begin{aligned} P(X \geq 3) &= 1 - P(X < 3) = 1 - (\frac{1}{256} + \frac{1}{32} + \frac{7}{64}) \\ &= 1 - \frac{37}{256} = \frac{219}{256} = 0.855. \end{aligned}$$

b) Sei Z die Anzahl der richtig geschriebenen Wörter "daß". Dann ist Z hypergeometrisch verteilt, und es gilt:

$$P(Z=0) = \frac{\binom{2}{0}\binom{6}{4}}{\binom{8}{4}} = \frac{3}{14} = 0.21,$$

$$P(Z=1) = \frac{\binom{2}{1}\binom{6}{3}}{\binom{8}{4}} = \frac{4}{7} = 0.57,$$

$$P(Z=2) = \frac{\binom{2}{2}\binom{6}{2}}{\binom{8}{4}} = \frac{3}{14} = 0.21,$$

$$P(Z=k) = 0 \quad \text{für} \quad k \notin \{0,1,2\}.$$

Sei nun Y die Anzahl der richtig geschriebenen "daß/das", dann gilt:

$$Z=0 \quad \Longleftrightarrow \quad Y=2,$$

da keine der "daß" richtig geschrieben wird und somit "das" viermal falsch und zweimal richtig geschrieben wird.
Analog:

$$Z=1 \quad \Longleftrightarrow \quad Y=4,$$
$$Z=2 \quad \Longleftrightarrow \quad Y=6.$$

Also:

$$P(Y=2) = \frac{3}{14},$$
$$P(Y=4) = \frac{4}{7},$$
$$P(Y=6) = \frac{3}{14},$$
$$P(Y=k) = 0 \quad \text{für} \quad k \notin \{2,4,6\}.$$

Lösung Aufgabe 2.15

Sei X die Anzahl der Originaljeans beim 8-fachen Ziehen ohne Zurücklegen aus den insgesamt 60 Jeans, von denen 50 Originaljeans sind. Dann ist X hypergeometrisch verteilt:

$$X \sim \mathcal{H}(50, 8, 60)$$

und es gilt:

$$\begin{aligned} P(X \leq 5) &= 1 - P(X > 5) = 1 - P(X \geq 6) \\ &= 1 - [P(X = 6) + P(X = 7) + P(X = 8)] \\ &= 1 - \frac{\binom{50}{6}\binom{10}{2}}{\binom{60}{8}} - \frac{\binom{50}{7}\binom{10}{1}}{\binom{60}{8}} - \frac{\binom{50}{8}\binom{10}{0}}{\binom{60}{8}} \\ &= 1 - 0.279 - 0.390 - 0.210 \\ &= 0.121 \ . \end{aligned}$$

Lösung Aufgabe 2.16

a) Die Wahrscheinlichkeit, daß nach 7 abgelegten Beichten noch genau zwei Joker enthalten sind, entspricht der Wahrscheinlichkeit, daß bei siebenmaligem Ziehen ohne Zurücklegen genau 3 Joker und 4 Bußanweisungen gezogen wurden.
Sei deshalb

$$X = \text{Anzahl der gezogenen Joker}.$$

Dann ist X hypergeometrisch verteilt ($X \sim \mathcal{H}(T, n, N)$), wobei die Gesamtanzahl der Kugeln in der Urne $N = 30$ beträgt, aus denen $n = 7$ Kugeln gezogen werden, wobei in der Urne $T = 5$ Joker enthalten sind.
Die gesuchte Wahrscheinlichkeit ergibt sich dann zu

$$P(X = 3) = \frac{\binom{5}{3}\binom{30-5}{7-3}}{\binom{30}{7}} = \frac{\binom{5}{3}\binom{25}{4}}{\binom{30}{7}}$$

$$= \frac{\frac{5!}{3! \cdot 2!} \cdot \frac{25!}{21! \cdot 4!}}{\frac{30!}{23! \cdot 7!}} = \frac{10 \cdot 12\,650}{2\,035\,800} = 0.062 \; .$$

b) Sei wiederum X die Anzahl der gezogenen Joker, dann ist X ebenfalls hypergeometrisch verteilt ($X \sim \mathcal{H}(T, n, N)$), wobei wiederum $N = 30$ und $T = 5$, jedoch $n = 5$, da nur fünfmal gezogen wurde. Die Wahrscheinlichkeit, daß nach fünfmaligen Ziehen noch mindestens 2 Joker enthalten sind, entspricht der Wahrscheinlichkeit, daß höchstens 3 Joker gezogen wurden, gesucht ist also:

$$P(X \leq 3) \; .$$

Um nicht vier Einzelwahrscheinlichkeiten ($P(X = 0), P(X = 1), P(X = 2)$, $P(X = 3)$) aufzusummieren, berechnet man besser die Gegenwahrscheinlichkeit:

$$\begin{aligned} P(X \leq 3) &= 1 - P(X > 3) \\ &= 1 - [P(X = 4) + P(X = 5)] \; . \end{aligned} \qquad (2.6)$$

Mit

$$P(X = 4) = \frac{\binom{5}{4} \binom{30-5}{5-4}}{\binom{30}{5}} = \frac{\binom{5}{4} \binom{25}{1}}{\binom{30}{5}}$$

$$= \frac{5 \cdot 25}{\frac{30!}{25! 5!}} \approx 0.000877$$

und

$$P(X = 5) = \frac{\binom{5}{5} \binom{30-5}{5-5}}{\binom{30}{5}} = \frac{\binom{5}{5} \binom{25}{0}}{\binom{30}{5}}$$

$$\approx 0.000007$$

erhält man durch (2.6):

$$\begin{aligned} P(X \leq 3) &\approx 1 - 0.000877 - 0.000007 \\ &= 0.999116 \; . \end{aligned}$$

Lösung Aufgabe 2.17

a) Sei n der gesuchte Stichprobenumfang und X die Anzahl der gezogenen Wagen mit der Zusatzausrüstung. Dann ist X verteilt gemäß einer Binomialverteilung, und zwar $X \sim \text{Bin}(n, p)$.

Die Wahrscheinlichkeit, wenigstens einen Wolf mit o. g. Einrichtung zu ziehen, ist gegeben durch $P(X \geq 1)$. Diese Wahrscheinlichkeit soll größer oder gleich 0.99 sein, d.h.,

$$P(X \geq 1) \geq 0.99 \ .$$

Es empfiehlt sich, die Wahrscheinlichkeit des Gegenereignisses zu betrachten, also

$$1 - P(X < 1) \geq 0.99$$
$$\iff -P(X < 1) \geq -0.01$$
$$\iff -P(X = 0) \geq -0.01 \ .$$

Nun gilt es zu beachten, daß das Durchmultiplizieren einer Ungleichung mit einer **negativen** Zahl das Ungleichheitszeichen **umdreht**, d.h.,

$$P(X = 0) \leq 0.01$$
$$\iff \binom{n}{0} p^0 (1-p)^n \leq 0.01$$
$$\iff (1-p)^n \leq 0.01$$
$$\iff n \cdot \log(1-p) \leq \log 0.01 \qquad \text{(da } \log(x) \text{ monoton steigend in } x \text{ ist).}$$

Achtung! Auch beim nächsten Schritt dreht sich das Ungleichheitszeichen um, wenn man auf beiden Seiten durch $\log(1-p)$ dividiert! Da nämlich p im Intervall (0,1) liegt, gilt auch $1 - p \in (0, 1)$. Aber $\log x < 0$ für $x \in (0, 1)$.

$$\iff n \geq \frac{\log 0.01}{\log(1-p)} \ .$$

b) Die Anzahl der Wagen mit Zusatzausrüstung ist wie in a) binomialverteilt, und speziell bei 12-maligem Ziehen $X \sim \text{Bin}(12, p)$. Damit sich Erbgut von Gattin und

Erbtante trennt, muß er **mindestens** zweimal "erfolgreich" ziehen.

$$\begin{aligned} P(X \geq 2) &= 1 - P(X < 2) = 1 - [P(X = 0) + P(X = 1)] \\ &= 1 - \left[\binom{12}{0}p^0(1-p)^{12} + \binom{12}{1}p^1(1-p)^{11}\right] \\ &= 1 - [(1-p)^{12} + 12p(1-p)^{11}] \\ &= \begin{cases} 0.1184 & \text{für} \quad p = 0.05 \\ 0.3410 & \text{für} \quad p = 0.1 \end{cases} \end{aligned}$$

c) Der Stichprobenanteil ist durch $\frac{X}{n} = \frac{X}{100}$ gegeben, wobei $X \sim \text{Bin}(100, 0.1)$ ist. Damit gilt

$$\begin{aligned} P\left(0.05 \leq \frac{X}{100} \leq 0.15\right) &= P(5 \leq X \leq 15) \\ &= \sum_{i=5}^{15} \binom{100}{i} 0.1^i 0.9^{100-i} . \end{aligned}$$

Da dieser Ausdruck aufwendig zu berechnen ist, gibt es Tabellen zur Verteilungsfunktion einer Binomialverteilung. Aus Tabelle 1 läßt sich leicht ablesen:

$$\begin{aligned} P(5 \leq X \leq 15) &= P(4 < X \leq 15) \\ &= F_X(15) - F_X(4) \\ &= 0.96011 - 0.02371 \\ &= 0.93640 . \end{aligned}$$

Lösung Aufgabe 2.18

a) Sei X die Zufallsvariable, die die Anzahl schädlingsbefallener Salatblätter zähle. Dann ist X binomialverteilt und es gilt:

$$X \sim \text{Bin}(15, 0.01) .$$

Die Wahrscheinlichkeit, kein befallenes Salatblatt zu erhalten, ist dann gegeben durch

$$P(X = 0) = (1 - 0.01)^{15} = 0.86 .$$

b) In diesem Fall ist

$$X \sim \text{Bin}(300, 0.01) \,.$$

Gesucht ist die Wahrscheinlichkeit

$$P(X \leq 5) = \sum_{i=0}^{5} P(X = i) \,.$$

i) Exakt erhält man:

$$\begin{aligned} P(X \leq 5) &= \sum_{i=0}^{5} \binom{300}{i} 0.01^i \cdot 0.99^{300-i} \\ &= 0.049 + 0.149 + 0.224 + 0.225 + 0.169 + 0.101 \\ &= 0.917 \,. \end{aligned}$$

ii) Die Approximation der Binomialverteilung durch die Poissonverteilung (mit $np = 3$)

$$X \sim (appr.) \ Poi(3)$$

liefert:

$$P(X \leq 5) = \sum_{i=0}^{5} e^{-3} \frac{3^i}{i!} = 0.9161 \qquad \text{(Vgl. Tabelle 2)} \,.$$

Damit sind die Ergebnisse nahezu identisch.

Eine Approximation durch die Normalverteilung wäre unzulässig, da

$$np(1 - p) = 300 \cdot 0.01 \cdot 0.99 = 2.97 \not\geq 9$$

gilt.

Die Approximation der Binomialverteilung durch die Poissonverteilung (Verteilung der "seltenen Ereignisse") bildete zu Zeiten, als die Wahrscheinlichkeiten noch per Hand berechnet wurden, einen deutlichen Zeitgewinn. Im Zeitalter des Computers ist die Approximation nicht mehr so wichtig.

Lösung Aufgabe 2.19

a) Sei X die Anzahl der defekten Motoren. Dann gilt:

$$X \sim \text{Bin}(4, 0.001) .$$

Dann ist die Wahrscheinlichkeit für einen Absturz gegeben durch

$$\begin{aligned} P(X \geq 3) &= P(X = 3) + P(X = 4) \\ &= \binom{4}{3} 0.001^3 \cdot 0.999^1 + \binom{4}{4} 0.001^4 \\ &= 4 \cdot 10^{-9} . \end{aligned}$$

b) Man betrachte nun zunächst die Anzahl Y der defekten Motoren einer Tragfläche, d.h.

$$Y \sim \text{Bin}(2, 0.001).$$

Die Wahrscheinlichkeit, daß die ausgewählte Tragfläche nicht zum Absturz führt, ist dann gegeben durch

$$\begin{aligned} P(Y = 0) &= \binom{4}{0} 0.001^0 \cdot 0.999^4 \\ &= 0.996 . \end{aligned}$$

Die Wahrscheinlichkeit, daß das Flugzeug nicht abstürzt, ist somit gegeben durch

$$P(\text{kein Absturz}) = (0.996)^2 = 0.992$$

und damit:

$$P(\text{Absturz}) = 1 - 0.992 = 0.008 .$$

Lösung Aufgabe 2.20

a) Die Einzelwahrscheinlichkeit, daß ein Gespräch in einen Kaufvertrag mündet, ist laut Aufgabenstellung $p = 0.05$.
Sei Y die Anzahl der abgeschlossenen Verträge, dann ist Y verteilt gemäß einer Binomialverteilung, und zwar $Y \sim \text{Bin}(100, 0.05)$, und es gilt:

$$
\begin{aligned}
P(Y \geq 4) &= 1 - P(Y \leq 3) \\
&= 1 - \sum_{k=0}^{3} \binom{n}{k} p^k (1-p)^{n-k} \\
&= 1 - \sum_{k=0}^{3} \binom{100}{k} 0.05^k 0.95^{100-k} \\
&= 1 - \Big[0.95^{100} + 100 \cdot 0.05 \cdot 0.95^{99} \\
&\quad + \frac{100 \cdot 99}{2 \cdot 1} 0.05^2 \cdot 0.95^{98} + \frac{100 \cdot 99 \cdot 98}{3 \cdot 2 \cdot 1} 0.05^3 \cdot 0.95^{97} \Big] \\
&= 1 - 0.2578 = 0.7422 \, .
\end{aligned}
$$

b) i) Sei Y die Anzahl der von den Kunden zurückgezogenen Kaufverträge, die Drücker abgeschlossen hat. Mit Hilfe der Hypergeometrischen Verteilung erhält man:

$$
P(Y = k) = \begin{cases} \dfrac{\binom{6}{k}\binom{24}{5-k}}{\binom{30}{5}} & k = 0, \ldots, 5 \\ 0 & \text{sonst} \end{cases} .
$$

Sei nun X die Anzahl der eingehaltenen Kaufverträge, die Drücker abgeschlossen hat. Dann gilt natürlich $X = 6 - Y$ und damit

$$
P(X = i) = P(6 - Y = i) = P(Y = 6 - i)
$$

$$
= \begin{cases} \dfrac{\binom{6}{6-i}\binom{24}{i-1}}{\binom{30}{5}} & i = 1, 2, \ldots, 6 \\ 0 & \text{sonst} \end{cases} .
$$

Damit erhält man folgende Verteilung von X:

$$
P(X = 1) = \frac{\binom{6}{5}\binom{24}{0}}{\binom{30}{5}} = 4.21 \cdot 10^{-5} \approx 0 \, ,
$$

$$P(X=2) = \frac{\binom{6}{4}\binom{24}{1}}{\binom{30}{5}} = 0.0025 \,,$$

$$P(X=3) = \frac{\binom{6}{3}\binom{24}{2}}{\binom{30}{5}} = 0.0387 \,,$$

$$P(X=4) = \frac{\binom{6}{2}\binom{24}{3}}{\binom{30}{5}} = 0.2130 \,,$$

$$P(X=5) = \frac{\binom{6}{1}\binom{24}{4}}{\binom{30}{5}} = 0.4474 \,,$$

$$P(X=6) = \frac{\binom{6}{0}\binom{24}{5}}{\binom{30}{5}} = 0.2983 \,,$$

$$P(X=i) = 0 \qquad \text{für } i \notin \{1,\ldots,6\} \,.$$

ii) Sei nun A die Prämienzahlung [in DM], die Drücker erhält. Man macht sich leicht klar, daß eine "Prämienauszahlung" von –50 DM (d.h. $A = -50$) gerade einem Abschluß von 0 Verträgen (d.h. $X = 0$) entspricht. Des weiteren gilt $A = 0 \iff X = 1$, usw.

Damit erhält man:

$$P(A = -50) = P(X = 0) \,,$$
$$P(A = 0) = P(X = 1) \,,$$
$$P(A = 60) = P(X = 2) \,,$$
$$P(A = 120) = P(X = 3) \,,$$
$$P(A = 180) = P(X = 4) \,,$$
$$P(A = 350) = P(X = 5) \,,$$
$$P(A = 400) = P(X = 6) \,,$$
$$P(A = 100 + 50n) = P(X = n) \quad \text{für } n \geq 7 \,.$$

Letztere Werte sind von geringerer Bedeutung, da X ohnehin nur für die Werte $1,\ldots,6$ eine positive Wahrscheinlichkeitsmasse besitzt.

Der Erwartungswert von A berechnet sich damit wie folgt:

$$\begin{aligned}
\mathrm{E}(A) &= -50 \cdot P(A = -50) + 0 \cdot P(A = 0) + 60 \cdot P(A = 60) \\
&\quad + 120 \cdot P(A = 120) + 180 \cdot P(A = 180) + 350 \cdot P(A = 350) \\
&\quad + 400 \cdot P(A = 450) + \sum_{n \geq 7}(100 + 50n) \cdot P(X = n) \\
&= 60 \cdot 0.0025 + 120 \cdot 0.0387 + 180 \cdot 0.2130 \\
&\quad + 350 \cdot 0.4474 + 400 \cdot 0.2983 \\
&= 319.04 \ .
\end{aligned}$$

Lösung Aufgabe 2.21

a) Damit f eine Dichte darstellt, muß gelten:

i) $f(x) \geq 0$ für alle (bis auf endlich viele) $x \in \mathbb{R}$,

ii) $\int\limits_{-\infty}^{\infty} f(x)\, dx = 1$.

Aus der Bedingung i) folgt, daß $c \geq 0$ sein muß. Bedingung ii) liefert:

$$\begin{aligned}
1 &= \int_{-\infty}^{\infty} f(x)\, dx = \int_{-\infty}^{\infty} \frac{c}{x^3} \mathbf{1}_{(3,\infty)}(x)\, dx \\
&= c \int_{3}^{\infty} x^{-3}\, dx = c \left. \frac{x^{-2}}{-2} \right|_{3}^{\infty} = -\frac{c}{2} \left. \frac{1}{x^2} \right|_{3}^{\infty} \\
&= -\frac{c}{2}\left(0 - \frac{1}{9}\right) = \frac{c}{18} \\
\Longleftrightarrow \quad c &= 18 \ .
\end{aligned}$$

Damit ist die Dichte gegeben durch

$$f(x) = \frac{18}{x^3} \mathbf{1}_{(3,\infty)}(x) = \begin{cases} \dfrac{18}{x^3} & x > 3 \\ 0 & \text{sonst} \end{cases} \ . \qquad (2.7)$$

Es handelt sich damit um eine Paretoverteilung mit $\alpha = 2$ und $x_0 = 3$ (vgl. Formelsammlung II 7.6).

Die Paretoverteilung wird häufig für die Verteilung von Einkommen und Vermögen verwendet.

b) Mit (2.7) erhält man:

$$\mathrm{E}(X) = \int_{-\infty}^{\infty} x f(x)\, dx = \int_{-\infty}^{\infty} x \frac{18}{x^3} \mathbf{1}_{(3,\infty)}(x)\, dx$$

$$= 18 \cdot \int_{3}^{\infty} x^{-2}\, dx = 18 \cdot \left.\frac{x^{-1}}{-1}\right|_{3}^{\infty}$$

$$= -\left.\frac{18}{x}\right|_{3}^{\infty} = 0 - \left(-\frac{18}{3}\right) = 6\ .$$

Für die Varianz berechnet man zunächst das zweite (nichtzentrierte) Moment $\mathrm{E}(X^2)$:

$$\mathrm{E}(X^2) = \int_{-\infty}^{\infty} x^2 f(x)\, dx = \int_{-\infty}^{\infty} x^2 \frac{18}{x^3} \mathbf{1}_{(3,\infty)}\, dx$$

$$= 18 \cdot \int_{3}^{\infty} \frac{1}{x}\, dx = 18 \cdot \ln x \Big|_{3}^{\infty}$$

$$= 18 \cdot \Big(\underbrace{\lim_{x \to \infty} \ln x}_{\to +\infty} - \ln 3 \Big) \to \infty\ .$$

D.h., die Varianz existiert nicht.

c) Die Wahrscheinlichkeit, daß der Schaden höchstens 10 DM beträgt, ist gegeben durch

$$P(X \leq 10) = F(10) = \int_{-\infty}^{10} f(t)\, dt = \int_{3}^{10} 18\, t^{-3}\, dt$$

$$= 18 \left.\frac{t^{-2}}{-2}\right|_{3}^{10} = -\frac{9}{t^2}\Big|_{3}^{10} = -\frac{9}{100} - \left(-\frac{9}{9}\right)$$

$$= 1 - \frac{9}{100} = 0.91\ .$$

Allgemein wird man für die Verteilungsfunktion $F(x)$ erhalten:

$$F(x) = \int_{-\infty}^{x} f(t)\, dt = \int_{-\infty}^{x} 18\, t^{-3} \mathbf{1}_{(3,\infty)}(t)\, dt$$

$$= \begin{cases} 0 & x \leq 3 \\ 18 \int_{3}^{x} t^{-3}\, dt & x > 3 \end{cases}\ .$$

Für $x > 3$ gilt damit:

$$F(x) = 18 \left.\frac{t^{-2}}{-2}\right|_{3}^{x} = -\frac{9}{t^2}\Big|_{3}^{x} = -\frac{9}{x^2} - \left(-\frac{9}{9}\right)$$

$$= 1 - \frac{9}{x^2}\ .$$

Damit ist die Verteilungsfunktion gegeben durch

$$F(x) = \begin{cases} 0 & x \leq 3 \\ 1 - \frac{9}{x^2} & x > 3 \end{cases}$$
$$= \left(1 - \frac{9}{x^2}\right) \mathbf{1}_{(3,\infty)}(x) \ .$$

d) Da

$$\lim_{x \nearrow 0} F'(x) = \lim_{x \searrow 0} F'(x) = 0$$

und

$$\lim_{x \nearrow 2} F'(x) = \lim_{x \searrow 2} F'(x) = 0 \ ,$$

ist $F(x)$ auf ganz $\mathbb{R}$ differenzierbar und es gilt:

$$f(x) = F'(x) = \begin{cases} 0 & x < 0 \\ \frac{15}{16}x^4 - \frac{15}{4}x^3 + \frac{15}{4}x^2 & 0 \leq x \leq 2 \\ 0 & x > 2 \end{cases}$$
$$= \left[\frac{15}{16}x^4 - \frac{15}{4}x^3 + \frac{15}{4}x^2\right] \mathbf{1}_{[0,2]}(x)$$
$$= \frac{15}{16}x^2(x^2 - 4x + 4)\mathbf{1}_{[0,2]}(x)$$
$$= \frac{15}{16}x^2(x - 2)^2 \mathbf{1}_{[0,2]}(x) \ .$$

Lösung Aufgabe 2.22

a) Für den Erwartungswert erhält man:

$$E(X) = \int_{-\infty}^{\infty} x f(x) \, dx = \int_{-\infty}^{\infty} x \lambda e^{-\lambda x} \mathbf{1}_{(0,\infty)}(x) \, dx$$
$$= \int_{0}^{\infty} x \lambda e^{-\lambda x} \, dx \ .$$

Mit $u = x$ (d.h. $u' = 1$) und $v' = \lambda e^{-\lambda x}$ (d.h. $v = -e^{-\lambda x}$) ermittelt man durch partielle Integration (siehe Anhang):

$$\begin{aligned} \mathrm{E}(X) &= x\left(-e^{-\lambda x}\right)\Big|_0^\infty - \int_0^\infty 1 \cdot \left(-e^{-\lambda x}\right) dx \\ &= -\frac{x}{e^{\lambda x}}\Big|_0^\infty + \int_0^\infty e^{-\lambda x}\, dx \\ &= -\lim_{x \to \infty} \frac{x}{e^{\lambda x}} + 0 + \int_0^\infty e^{-\lambda x}\, dx \ . \end{aligned}$$

Da $\lim_{x \to \infty} x = \lim_{x \to \infty} e^{\lambda x} = \infty$ gilt, liefert die Anwendung der Regel von de l'Hospital:

$$\lim_{x \to \infty} \frac{x}{e^{\lambda x}} = \lim_{x \to \infty} \frac{1}{\lambda e^{\lambda x}} = 0 \ .$$

Damit gilt:

$$\begin{aligned} \mathrm{E}(X) &= \int_0^\infty e^{-\lambda x}\, dx = -\frac{1}{\lambda} e^{-\lambda x}\Big|_0^\infty = -\frac{1}{\lambda} \underbrace{\lim_{x \to \infty} \{e^{-\lambda x}\}}_{=0} - \left(-\frac{1}{\lambda} e^0\right) \\ &= \frac{1}{\lambda} \ . \end{aligned}$$ (2.8)

Mit Hilfe des Steinerschen Verschiebungssatzes erhält man:

$$\mathrm{Var}(X) = \mathrm{E}(X^2) - [\mathrm{E}(X)]^2 \ . \tag{2.9}$$

$\mathrm{E}(X)$ wurde bereits berechnet.
Für $\mathrm{E}(X^2)$ ermittelt man:

$$\mathrm{E}(X^2) = \int_{-\infty}^\infty x^2 f(x)\, dx = \int_{-\infty}^\infty x^2 \lambda e^{-\lambda x} \mathbf{1}_{(0,\infty)}(x)\, dx = \int_0^\infty x^2 \lambda e^{-\lambda x}\, dx \ .$$

Mit $u = x^2$ (d.h. $u' = 2x$) und $v' = \lambda e^{-\lambda x}$ (d.h. $v = -e^{-\lambda x}$) erhält man durch partielle Integration:

$$\begin{aligned} \mathrm{E}(X^2) &= x^2\left(-e^{-\lambda x}\right)\Big|_0^\infty - \int_0^\infty 2x\left(-e^{-\lambda x}\right) dx \\ &= -\frac{x^2}{e^{\lambda x}}\Big|_0^\infty + 2\int_0^\infty x e^{-\lambda x}\, dx \ . \end{aligned}$$

Die zweimalige Anwendung der Regel von de l'Hospital (siehe Anhang) liefert:

$$\lim_{x \to \infty} \frac{x^2}{e^{\lambda x}} = \lim_{x \to \infty} \frac{2x}{\lambda e^{\lambda x}} = \lim_{x \to \infty} \frac{2}{\lambda^2 e^{\lambda x}} = 0 \ ,$$

so daß gilt:

$$\mathrm{E}(X^2) = 2 \int_0^\infty x e^{-\lambda x} \, dx \ .$$

Die trickreiche Erweiterung mit $\dfrac{\lambda}{\lambda} = 1$ führt zu:

$$\mathrm{E}(X^2) = \frac{2}{\lambda} \underbrace{\int_0^\infty \lambda x e^{-\lambda x} \, dx}_{= \frac{1}{\lambda}} = \frac{2}{\lambda^2} \ .$$

siehe Berechnung von E(X)

Mit (2.9) gilt:

$$\begin{aligned} \mathrm{Var}(X) &= \mathrm{E}(X^2) - [\mathrm{E}(X)]^2 \\ &= \frac{2}{\lambda^2} - \left(\frac{1}{\lambda}\right)^2 = \frac{1}{\lambda^2} \ . \end{aligned} \qquad (2.10)$$

Für $\lambda = 0.1$ erhält man durch (2.8) und (2.10):

$$\mathrm{E}(X) = \frac{1}{0.1} = 10 \quad \text{sowie} \quad \mathrm{Var}(X) = \frac{1}{0.1^2} = 100 \ .$$

b) Die gesuchte Wahrscheinlichkeit berechnet sich wie folgt:

$$\begin{aligned} P[X > k \cdot \mathrm{E}(X)] &= P\left(X > \frac{k}{\lambda}\right) = \int_{\frac{k}{\lambda}}^\infty f(x) \, dx = \int_{\frac{k}{\lambda}}^\infty \lambda e^{-\lambda x} \, dx \\ &= \left. -e^{-\lambda x} \right|_{\frac{k}{\lambda}}^\infty = -\underbrace{\lim_{x \to \infty} \{e^{-\lambda x}\}}_{=0} - \left(-e^{-\lambda \frac{k}{\lambda}}\right) \\ &= e^{-k} = \frac{1}{e^k} = \begin{cases} 0.3679 & k = 1 \\ 0.1353 & k = 2 \\ 0.0498 & k = 3 \end{cases} \ . \end{aligned}$$

D.h., die Wahrscheinlichkeit, daß Tom länger als den doppelten Erwartungswert warten muß, ist mit 0.1353 durchaus beachtlich. Auch die Wahrscheinlichkeit, daß er länger als den dreifachen Erwartungswert warten muß, ist nicht zu vernachlässigen.

c) Für den Median $\tilde{x}$ muß gelten:

$$0.5 = \int_{-\infty}^{\tilde{x}} f(x)\,dx$$

$$\Longleftrightarrow \quad 0.5 = \int_{0}^{\tilde{x}} \lambda e^{-\lambda x}\,dx = -e^{-\lambda x}\Big|_{0}^{\tilde{x}} = -e^{-\lambda \tilde{x}} - (-1)$$

$$= 1 - e^{-\lambda \tilde{x}}$$

$$\Longleftrightarrow \quad e^{-\lambda \tilde{x}} = 1 - 0.5 = 0.5$$

$$\Longleftrightarrow \quad -\lambda \tilde{x} = \ln 0.5$$

$$\Longleftrightarrow \quad \tilde{x} = -\frac{\ln 0.5}{\lambda} = 0.693 \cdot \frac{1}{\lambda}\;.$$

Für $\lambda = 0.1$ erhält man damit:

$$\tilde{x} = 6.93\;.$$

Lösung Aufgabe 2.23

a) Sei X die Anzahl der Würfe, bis zum ersten Mal Zahl erscheint. Dann ist X geometrisch verteilt, d.h.,

$$P(X = k) = (1-p)^{k-1} \cdot p \qquad \text{(vgl. Formel II 6.5)}.$$

Auch intuitiv ist diese Wahrscheinlichkeit einleuchtend: Wirft man zunächst $(k-1)$-mal Kopf, so geschieht dies mit Wahrscheinlichkeit $(1-p)^{k-1}$, anschließend wirft man einmal Zahl, und zwar mit Wahrscheinlichkeit p.

Der Erwartungswert einer geometrisch verteilten Zufallsvariablen berechnet sich damit wie folgt:

$$E(X) = \sum_{i=1}^{\infty} i \cdot P(X = i) = \sum_{i=1}^{\infty} i(1-p)^{i-1} \cdot p\;.$$

Da $0 \cdot p(1-p)^{-1} = 0$ ist, ändert sich nichts am Ergebnis, wenn die Summation bereits bei $i = 0$ beginnt:

$$E(X) = \sum_{i=0}^{\infty} i(1-p)^{i-1} p$$

$$= p \sum_{i=0}^{\infty} i q^{i-1} \quad \text{mit} \quad q := 1 - p$$
$$= p \sum_{i=0}^{\infty} \frac{d}{dq}[q^i] ,$$

da die Ableitung von q^i nach q gerade gegeben ist durch

$$\frac{d}{dq}[q^i] = i \cdot q^{i-1} .$$

Für $q < 1$ lassen sich Summenbildung und Ableitung vertauschen, und man erhält:

$$\mathrm{E}(X) = p \frac{d}{dq}\left[\sum_{i=0}^{\infty} q^i\right]$$

Der zu differenzierende Ausdruck ist aus der Mathematik bekannt als geometrische Reihe:

$$\sum_{i=0}^{\infty} q^i = \frac{1}{1-q} .$$

Damit erhält man:

$$\mathrm{E}(X) = p \frac{d}{dq}\left[(1-q)^{-1}\right]$$
$$= p \cdot (-1)(1-q)^{-2}(-1) = p \cdot \frac{1}{(1-q)^2} .$$

Substituiert man nun wieder $1 - q = p$, so folgt:

$$\mathrm{E}(X) = \frac{p}{p^2} = \frac{1}{p} .$$

Für den speziellen Fall einer fairen Münze (Laplace–Münze, d.h. $p = 0.5$) erhält man:

$$\mathrm{E}(X) = \frac{1}{0.5} = 2 .$$

b) Da sich mit jedem Spiel der Auszahlungsbetrag verdoppelt, erwartet man einen Gewinn von

$$\mathrm{E}(2^X) \quad \text{Geldeinheiten} .$$

Für $p = 0.5$ ermittelt man daher:

$$\begin{aligned}
E(2^X) &= \sum_{i=1}^{\infty} 2^i P(X = i) \\
&= \sum_{i=1}^{\infty} 2^i \left(1 - \frac{1}{2}\right)^{i-1} \frac{1}{2} \\
&= \sum_{i=1}^{\infty} 2^i \cdot \left(\frac{1}{2}\right)^i = \sum_{i=1}^{\infty} 1 \ .
\end{aligned}$$

Diese Reihe ist jedoch divergent, so daß $E(2^X)$ nicht existiert. Mit anderen Worten, der erwartete Gewinn bei diesem Spiel wird unendlich groß, man könnte einen beliebig hohen Betrag pro Spiel einsetzen und würde doch auf lange Sicht gewinnen, obgleich manch einer nur einen geringen Betrag einsetzen würde. **Fälschlicherweise** meinen viele Leute, daß man mit dem Aufgabenteil a) $2^{E(X)} = 2^2 = 4$ Geldeinheiten als Auszahlungsbetrag erwarten könne. Dies ist jedoch falsch, denn

$$E\left[h(x)\right] \underset{\text{i.allg.}}{\neq} h\left[E(X)\right] \ .$$

Für konvexe Funktionen h gilt allgemein mit der Ungleichung von Jensen

$$E[h(X)] \geq h[E(X)] \qquad \text{(vgl. Formel II 9.2)},$$

so daß mit $h(X) = 2^X$ das Ergebnis aus Aufgabenteil b) aus statistischer Sicht durchaus erklärbar ist.

Dieses Beispiel ist bekannt unter dem Namen "Petersburg–Paradoxon".

Lösung Aufgabe 2.24

a) Für das Risiko von Anton Ängstlich gilt:

$$\text{Var}(X) = 0.08 \ .$$

Allgemein gilt (vgl. Formel II 4.15) :

$$\text{Var}(aX + bY) = a^2 \text{Var}(X) + b^2 \text{Var}(Y) + 2ab\text{Cov}(X, Y) \ .$$

Für die Korrelation gilt:

$$\mathrm{Corr}(X,Y) = \frac{\mathrm{Cov}(X,Y)}{\sqrt{\mathrm{Var}(X)\mathrm{Var}(Y)}}$$
$$\Longleftrightarrow \mathrm{Cov}(X,Y) = \mathrm{Corr}(X,Y) \cdot \sqrt{\mathrm{Var}(X)\mathrm{Var}(Y)} \ .$$

Damit erhält man:

$$\begin{aligned}\mathrm{Var}(aX+bY) &= a^2\mathrm{Var}(X) + b^2\mathrm{Var}(Y) \\ &\quad + 2ab\mathrm{Corr}(X,Y) \cdot \sqrt{\mathrm{Var}(X)\mathrm{Var}(Y)} \ .\end{aligned}$$

Damit gilt für das Risiko von Siggi Sorglos:

$$\begin{aligned}\mathrm{Var}(0.9X+0.1Y) &= 0.9^2\mathrm{Var}(X) + 0.1^2\mathrm{Var}(Y) \\ &\quad + 2 \cdot 0.9 \cdot 0.1\mathrm{Corr}(X,Y) \cdot \sqrt{\mathrm{Var}(X)\mathrm{Var}(Y)} \\ &= 0.81 \cdot 0.08 + 0.01 \cdot 0.12 + 0.18 \cdot 0.5 \cdot \sqrt{0.08 \cdot 0.12} \\ &= 0.075 \ .\end{aligned}$$

D.h., Siggi Sorglos hat eine Anlage mit geringerem Risiko gewählt.

b) Curt Clever geht wie folgt vor: Er kauft einen Anteil α Flitzer-Aktien und einen Anteil $1-\alpha$ an Fun-Direct Aktien, wobei er α so wählen will, daß das Risiko minimal wird, d.h., er versucht den Ausdruck

$$\begin{aligned}\mathrm{Var}\left(\alpha X + (1-\alpha)Y\right) &= \alpha^2\mathrm{Var}(X) + (1-\alpha)^2\mathrm{Var}(Y) \\ &\quad + 2\alpha(1-\alpha) \cdot \mathrm{Corr}(X,Y)\sqrt{\mathrm{Var}(X)\mathrm{Var}(Y)}\end{aligned}$$

in α zu minimieren. Konkret bedeutet das im vorliegenden Fall:

Minimiere

$$g(\alpha) := 0.08\alpha^2 + 0.12(1-\alpha)^2 + 0.098\alpha(1-\alpha) \ .$$

Ableiten von g liefert:

$$\begin{aligned}g'(\alpha) &= 0.16\alpha - 0.24(1-\alpha) + 0.098 - 0.196\alpha \\ &= 0.204\alpha - 0.142 \ .\end{aligned}$$

Nullsetzen ergibt:

$$\alpha = 0.696 \ .$$

Da

$$g''(\alpha) = 0.204 > 0 \ ,$$

liegt bei $\alpha = 0.696$ tatsächlich ein Minimum vor. Das Risiko von Curt Clever ist damit gegeben durch

$$g(0.696) = 0.071 \ .$$

Lösung Aufgabe 2.25

Sei G die Zufallsvariable, die den Tagesgewinn zähle. Dann bestimmt sich G wie folgt:

i) Falls die Nachfrage X größer oder gleich der produzierten Menge n ist (d.h. $X \geq n$), so wird die gesamte produzierte Menge abgesetzt mit einem Gewinn von $G = n \cdot g$ DM.

ii) Sollte die Nachfrage kleiner als die produzierte Menge sein, so erzielt man für die verkauften Essen einen Gewinn von $g \cdot X$ DM abzüglich Kosten in Höhe von $(n - X) \cdot k$ DM für die $(n - X)$ nichtverkäufliche Menge an Labskaus.

Damit ist die Zufallsvariable G gegeben durch

$$\begin{aligned} G &= \begin{cases} n \cdot g & X \geq n \\ g \cdot X - (n - X)k & X < n \end{cases} \\ &= ng\,\mathbf{1}_{[n,\infty)}(X) + [gX - (n - X)k]\mathbf{1}_{[0,n)}(X) \\ &= ng\,\mathbf{1}_{[n,\infty)}(X) + [(g + k)X - nk]\mathbf{1}_{[0,n)}(X) \ . \end{aligned}$$

Der Erwartungswert von G berechnet sich damit wie folgt:

$$\begin{aligned} \mathrm{E}(G) &= \mathrm{E}\left\{ng\,\mathbf{1}_{[n,\infty)}(X) + [(g + k)X - nk]\mathbf{1}_{[0,n)}(X)\right\} \\ &= ng\mathrm{E}\left[\mathbf{1}_{[n,\infty)}(X)\right] + (g + k)\mathrm{E}\left[X\mathbf{1}_{[0,n)}(X)\right] - nk\mathrm{E}\left[\mathbf{1}_{[0,n)}(X)\right] \ . \end{aligned} \qquad (2.11)$$

Für die unterschiedlichen Aufgabenstellungen erhält man folgende Ergebnisse:

a) Im Fall $X \sim R[0,b]$ (d.h., X ist rechteckverteilt) gilt:

$$\begin{aligned}
\mathrm{E}\left[\mathbf{1}_{[n,\infty)}(X)\right] &= \int_{-\infty}^{\infty} \mathbf{1}_{[n,\infty)}(x) f_X(x)\,dx \qquad \text{(gemäß Formel II 4.8)} \\
&= \int_{-\infty}^{\infty} \mathbf{1}_{[n,\infty)}(x) \frac{1}{b} \mathbf{1}_{[0,b]}(x)\,dx \\
&= \frac{1}{b} \int_{n}^{b} dx \qquad \text{(da } n \leq b \text{ lt. Voraussetzung)} \\
&= \frac{1}{b} x \Big|_{n}^{b} = 1 - \frac{n}{b}, \\
\mathrm{E}\left[X\,\mathbf{1}_{[0,n)}(X)\right] &= \int_{-\infty}^{\infty} x\,\mathbf{1}_{[0,n)}(x) f_X(x)\,dx \qquad \text{(gemäß Formel II 4.8)} \\
&= \int_{-\infty}^{\infty} x\,\mathbf{1}_{[0,n)}(x) \frac{1}{b} \mathbf{1}_{[0,b]}(x)\,dx \\
&= \frac{1}{b} \int_{0}^{n} x\,dx \qquad \text{(da } n \leq b \text{ lt. Voraussetzung)} \\
&= \frac{1}{b} \frac{x^2}{2} \Big|_{0}^{n} = \frac{n^2}{2b}, \\
\mathrm{E}\left[\mathbf{1}_{[0,n)}(X)\right] &= \int_{-\infty}^{\infty} \mathbf{1}_{[0,n)}(x) f_X(x)\,dx \qquad \text{(gemäß Formel II 4.8)} \\
&= \int_{-\infty}^{\infty} \mathbf{1}_{[0,n)}(x) \frac{1}{b} \mathbf{1}_{[0,b]}(x)\,dx \\
&= \frac{1}{b} \int_{0}^{n} dx \qquad \text{(da } n \leq b \text{ lt. Voraussetzung)} \\
&= \frac{1}{b} x \Big|_{0}^{n} = \frac{n}{b}.
\end{aligned}$$

Damit ergibt sich der erwartete Gesamtgewinn durch Gleichung (2.11) zu

$$\begin{aligned}
\mathrm{E}(G) &= ng\left(1 - \frac{n}{b}\right) + (g+k)\frac{n^2}{2b} - nk\frac{n}{b} \\
&= ng - \frac{g}{b}n^2 + \frac{(g+k)}{2b}n^2 - \frac{k}{b}n^2 \\
&= ng - \frac{(g+k)}{2b}n^2.
\end{aligned}$$

Will man das Maximum von $\mathrm{E}(G)$ in n finden, so wird man zunächst nach n ableiten:

$$\frac{d\mathrm{E}(G)}{dn} = g - \frac{(g+k)}{b}n \;.$$

Nullsetzen liefert:

$$g = \frac{g+k}{b}n$$
$$\iff n_0 = \frac{gb}{g+k} = \frac{b}{1+\frac{k}{g}} \;.$$

Da

$$\frac{d^2\mathrm{E}(G)}{dn^2} = -\frac{(g+k)}{b} < 0 \;,$$

wird mit der Menge n_0 der maximale erwartete Gewinn erzielt.

b) In diesem Fall berechnen sich die Erwartungswerte in (2.11) wie folgt:

$$\begin{aligned}
\mathrm{E}\left[\mathbf{1}_{[n,\infty)}(X)\right] &= \int_{-\infty}^{\infty} \mathbf{1}_{[n,\infty)}(x) f_X(x)\, dx \quad \text{(gemäß Formel II 4.8)} \\
&= \int_{-\infty}^{\infty} \mathbf{1}_{[n,\infty)}(x) \left[-\frac{2}{b^2}(x-b)\right] \mathbf{1}_{[0,b]}(x)\, dx \\
&= -\frac{2}{b^2} \int_{n}^{b} (x-b)\, dx \quad \text{(da } n \leq b\text{)} \\
&= -\frac{2}{b^2} \left[\frac{x^2}{2} - bx\right]_{n}^{b} \\
&= -\frac{2}{b^2} \left(\frac{b^2}{2} - b^2 - \frac{n^2}{2} + bn\right) \\
&= 1 + \frac{n^2}{b^2} - \frac{2n}{b} \;, \\
\mathrm{E}\left[X\,\mathbf{1}_{[0,n)}(X)\right] &= \int_{-\infty}^{\infty} x\,\mathbf{1}_{[0,n)}(x) f_X(x)\, dx \quad \text{(gemäß Formel II 4.8)} \\
&= \int_{-\infty}^{\infty} x\,\mathbf{1}_{[0,n)}(x) \left[-\frac{2}{b^2}(x-b)\right] \mathbf{1}_{[0,b]}(x)\, dx \\
&= -\frac{2}{b^2} \int_{0}^{n} x(x-b)\, dx \quad \text{(da } n \leq b\text{)}
\end{aligned}$$

$$
\begin{aligned}
&= -\frac{2}{b^2}\left[\frac{x^3}{3} - \frac{bx^2}{2}\right]_0^n \\
&= -\frac{2}{b^2}\left[\frac{n^3}{3} - \frac{bn^2}{2}\right] \\
&= -\frac{2n^3}{3b^2} + \frac{n^2}{b}, \\
\mathrm{E}\left[\mathbf{1}_{[0,n)}(X)\right] &= \int_{-\infty}^{\infty} \mathbf{1}_{[0,n)}(x) f_X(x)\, dx \qquad \text{(gemäß Formel II 4.8)} \\
&= \int_{-\infty}^{\infty} \mathbf{1}_{[0,n)}(x)\left[-\frac{2}{b^2}(x-b)\right]\mathbf{1}_{[0,b]}(x)\, dx \\
&= -\frac{2}{b^2}\int_0^n (x-b)\, dx \qquad \text{(da } n \le b\text{)} \\
&= -\frac{2}{b^2}\left[\frac{x^2}{2} - bx\right]_0^n = -\frac{2}{b^2}\left(\frac{n^2}{2} - bn\right) \\
&= -\frac{n^2}{b^2} + \frac{2n}{b}\ .
\end{aligned}
$$

Damit erhält man für den erwarteten Gewinn:

$$
\begin{aligned}
\mathrm{E}(G) &= ng\left(1 + \frac{n^2}{b^2} - \frac{2n}{b}\right) + (g+k)\left(-\frac{2n^3}{3b^2} + \frac{n^2}{b}\right) - nk\left(-\frac{n^2}{b^2} + \frac{2n}{b}\right) \\
&= ng + \left(-\frac{2g}{b} + \frac{g}{b} + \frac{k}{b} - \frac{2k}{b}\right)n^2 + \left(\frac{g}{b^2} - \frac{2(g+k)}{3b^2} + \frac{k}{b^2}\right)n^3 \\
&= ng - \frac{g+k}{b}n^2 + \frac{g+k}{3b^2}n^3\ .
\end{aligned}
$$

Ableiten nach n ergibt:

$$
\frac{d\mathrm{E}(G)}{dn} = g - 2\,\frac{g+k}{b}n + \frac{g+k}{b^2}n^2\ .
$$

Nullsetzen liefert:

$$
\begin{aligned}
&\quad\ \frac{g+k}{b^2}n_0^2 - 2\,\frac{g+k}{b}n_0 + g = 0 \\
&\iff n_0^2 - 2bn_0 + \frac{gb^2}{g+k} = 0 \\
&\iff n_0 = b \pm \sqrt{b^2 - \frac{gb^2}{g+k}} \\
&\qquad\ = b \pm b\sqrt{\frac{k}{g+k}}
\end{aligned}
$$

$$= b\left(1 \pm \sqrt{\frac{1}{1+\frac{g}{k}}}\right).$$

D.h., es gibt zwei mögliche Extremstellen:

$$n_{01} = b\left(1 - \sqrt{\frac{1}{1+\frac{g}{k}}}\right) \in [0, b)$$

$$\text{und} \quad n_{02} = b\left(1 + \sqrt{\frac{1}{1+\frac{g}{k}}}\right) \in (b, 2b].$$

Da laut Voraussetzung $n \leq b$ gilt, liegt nur die Extremstelle n_{01} im Definitionsbereich.

Als zweite Ableitung erhält man:

$$\begin{aligned}\frac{d^2 \mathrm{E}(G)}{dn^2} &= -2\frac{g+k}{b} + 2\frac{g+k}{b^2}n \\ &= -2\frac{g+k}{b}\left(1 - \frac{n}{b}\right).\end{aligned}$$

Die Untersuchung der Extremstelle n_{01} mit Hilfe der 2. Ableitung ergibt:

$$\begin{aligned}\left.\frac{d^2 \mathrm{E}(G)}{dn^2}\right|_{n=n_{01}} &= -2\frac{g+k}{b}\left(1 - 1 + \sqrt{\frac{1}{1+\frac{g}{k}}}\right) \\ &= -2\frac{g+k}{b}\sqrt{\frac{1}{1+\frac{g}{k}}} < 0,\end{aligned}$$

Damit erzielt man den maximal zu erwarteten Gewinn durch

$$n_{01} = b\left(1 - \sqrt{\frac{1}{1+\frac{g}{k}}}\right).$$

Lösung Aufgabe 2.26

a) Die Randdichten der gemeinsamen Dichte

$$f_{(X,Y)}(x,y) = \left[\frac{3}{16}x^2 + \frac{1}{4}xy + \frac{1}{16}\right]\mathbf{1}_{[0,1]}(x)\mathbf{1}_{[2,4]}(y)$$

erhält man, indem man über die jeweils andere Variable integriert, und zwar für die Randdichte von X :

$$\begin{aligned}
f_X(x) &= \int_{-\infty}^{\infty} f_{(X,Y)}(x,y)dy \\
&= \int_{-\infty}^{\infty} \left[\frac{3}{16}x^2 + \frac{1}{4}xy + \frac{1}{16}\right] \mathbf{1}_{[0,1]}(x)\mathbf{1}_{[2,4]}(y)dy \\
&= \mathbf{1}_{[0,1]}(x) \int_{2}^{4} \left[\frac{3}{16}x^2 + \frac{1}{4}xy + \frac{1}{16}\right] dy \\
&= \mathbf{1}_{[0,1]}(x) \left[\frac{3}{16}x^2 y + \frac{1}{8}xy^2 + \frac{1}{16}y\right]_{2}^{4} \\
&= \left[\frac{3}{4}x^2 + 2x + \frac{1}{4} - \frac{3}{8}x^2 - \frac{1}{2}x - \frac{1}{8}\right] \mathbf{1}_{[0,1]}(x) \\
&= \left[\frac{3}{8}x^2 + \frac{3}{2}x + \frac{1}{8}\right] \mathbf{1}_{[0,1]}(x) ,
\end{aligned}$$

und für die Randdichte von Y :

$$\begin{aligned}
f_Y(y) &= \int_{-\infty}^{\infty} f_{(X,Y)}(x,y)dx \\
&= \int_{-\infty}^{\infty} \left[\frac{3}{16}x^2 + \frac{1}{4}xy + \frac{1}{16}\right] \mathbf{1}_{[0,1]}(x)\mathbf{1}_{[2,4]}(y)dx \\
&= \mathbf{1}_{[2,4]}(y) \int_{0}^{1} \left[\frac{3}{16}x^2 + \frac{1}{4}xy + \frac{1}{16}\right] dx \\
&= \mathbf{1}_{[2,4]}(y) \left[\frac{1}{16}x^3 + \frac{1}{8}x^2 y + \frac{1}{16}x\right]_{0}^{1} \\
&= \mathbf{1}_{[2,4]}(y) \left[\frac{1}{16} + \frac{1}{8}y + \frac{1}{16}\right] \\
&= \frac{1}{8}(y+1)\mathbf{1}_{[2,4]}(y) .
\end{aligned}$$

b) Mit Aufgabenteil a) berechnen sich die Erwartungswerte wie folgt:

$$\begin{aligned}
\mathrm{E}(X) &= \int_{-\infty}^{\infty} xf_X(x)dx = \int_{-\infty}^{\infty} x\left[\frac{3}{8}x^2 + \frac{3}{2}x + \frac{1}{8}\right] \mathbf{1}_{[0,1]}(x)dx \\
&= \int_{0}^{1} \left[\frac{3}{8}x^3 + \frac{3}{2}x^2 + \frac{1}{8}x\right] dx = \left[\frac{3}{32}x^4 + \frac{1}{2}x^3 + \frac{1}{16}x^2\right]_{0}^{1} \\
&= \frac{3}{32} + \frac{1}{2} + \frac{1}{16} = \frac{21}{32} ,
\end{aligned}$$

$$\begin{aligned}
\mathrm{E}(Y) &= \int_{-\infty}^{\infty} y f_Y(y) dy = \int_{-\infty}^{\infty} y \frac{1}{8}(y+1)\mathbf{1}_{[2,4]}(y) dy \\
&= \frac{1}{8}\int_2^4 (y^2+y) dy = \frac{1}{8}\left[\frac{1}{3}y^3 + \frac{1}{2}y^2\right]_2^4 \\
&= \frac{1}{8}\left[\frac{64}{3} + 8 - \frac{8}{3} - 2\right] = \frac{37}{12}.
\end{aligned}$$

c) Zur Berechnung der Varianzen verwendet man den Verschiebungssatz von Steiner:

$$\mathrm{Var}(X) = \mathrm{E}(X^2) - [\mathrm{E}(X)]^2.$$

Dazu empfiehlt es sich, zunächst $\mathrm{E}(X^2)$ und $\mathrm{E}(Y^2)$ zu berechnen:

$$\begin{aligned}
\mathrm{E}(X^2) &= \int_{-\infty}^{\infty} x^2 f_X(x) dx = \int_{-\infty}^{\infty} x^2 \left[\frac{3}{8}x^2 + \frac{3}{2}x + \frac{1}{8}\right] \mathbf{1}_{[0,1]}(x) dx \\
&= \int_0^1 \left[\frac{3}{8}x^4 + \frac{3}{2}x^3 + \frac{1}{8}x^2\right] dx \\
&= \left[\frac{3}{40}x^5 + \frac{3}{8}x^4 + \frac{1}{24}x^3\right]_0^1 \\
&= \frac{59}{120}, \\
\mathrm{E}(Y^2) &= \int_{-\infty}^{\infty} y^2 f_Y(y) dy = \int_{-\infty}^{\infty} y^2 \frac{1}{8}(y+1)\mathbf{1}_{[2,4]}(y) dy \\
&= \frac{1}{8}\int_2^4 (y^3+y^2) dy = \frac{1}{8}\left[\frac{1}{4}y^4 + \frac{1}{3}y^3\right]_2^4 \\
&= \frac{1}{8}\left[64 + \frac{64}{3} - 4 - \frac{8}{3}\right] = \frac{59}{6}.
\end{aligned}$$

Als Varianzen erhält man somit

$$\begin{aligned}
\mathrm{Var}(X) &= \mathrm{E}(X^2) - [\mathrm{E}(X)]^2 \\
&= \frac{59}{120} - \left(\frac{21}{32}\right)^2 = \frac{937}{15360} \approx 0.061, \\
\mathrm{Var}(Y) &= \mathrm{E}(Y^2) - [\mathrm{E}(Y)]^2 \\
&= \frac{59}{6} - \left(\frac{37}{12}\right)^2 = \frac{47}{144} \approx 0.326.
\end{aligned}$$

d) Die Kovarianz von X und Y berechnet sich durch

$$\mathrm{Cov}(X,Y) = \mathrm{E}(X \cdot Y) - \mathrm{E}(X)\mathrm{E}(Y) \,. \tag{2.12}$$

Sei deshalb zunächst $\mathrm{E}(X \cdot Y)$ berechnet:

$$\begin{aligned}
\mathrm{E}(X \cdot Y) &= \int\limits_{-\infty}^{\infty}\int\limits_{-\infty}^{\infty} xy \left[\frac{3}{16}x^2 + \frac{1}{4}xy + \frac{1}{16}\right] \mathbf{1}_{[0,1]}(x)\mathbf{1}_{[2,4]}(y)\,dxdy \\
&= \int\limits_{2}^{4}\int\limits_{0}^{1} \left[\frac{3}{16}x^3 y + \frac{1}{4}x^2 y^2 + \frac{1}{16}xy\right] dxdy \\
&= \int\limits_{2}^{4} \left[\frac{3}{64}x^4 y + \frac{1}{12}x^3 y^2 + \frac{1}{32}x^2 y\right]_{0}^{1} dy \\
&= \int\limits_{2}^{4} \left[\frac{3}{64}y + \frac{1}{12}y^2 + \frac{1}{32}y\right] dy = \\
&= \int\limits_{2}^{4} \left[\frac{5}{64}y + \frac{1}{12}y^2\right] dy = \left[\frac{5}{128}y^2 + \frac{1}{36}y^3\right]_{2}^{4} \\
&= \frac{5}{8} + \frac{16}{9} - \frac{5}{32} - \frac{2}{9} = \frac{583}{288} \approx 2.024\,,
\end{aligned}$$

so daß mit (2.12) folgt:

$$\mathrm{Cov}(X,Y) = \frac{583}{288} - \frac{21}{32} \cdot \frac{37}{12} = \frac{1}{1152}\,.$$

Für die Korrelation erhält man daher:

$$\begin{aligned}
\mathrm{Corr}(X,Y) &= \frac{\mathrm{Cov}(X,Y)}{\sqrt{\mathrm{Var}(X)} \cdot \sqrt{\mathrm{Var}(Y)}} \\
&= \frac{\frac{1}{1152}}{\sqrt{\frac{937}{15360} \cdot \frac{47}{144}}} \approx 0.006\,.
\end{aligned}$$

Lösung Aufgabe 2.27

a) Aus der gemeinsamen Dichte

$$f_{(X,Y)}(x,y) = \frac{1}{2}\mathbf{1}_{[0,y]}(x)\mathbf{1}_{[0,2]}(y) \tag{2.13}$$

ermittelt man die Randdichte von Y, indem man über die gemeinsame Dichte nach x integriert:

$$\begin{aligned} f_Y(y) &= \int_{-\infty}^{\infty} f_{(X,Y)}(x,y)dx \\ &= \int_{-\infty}^{\infty} \frac{1}{2}\mathbf{1}_{[0,y]}(x)\mathbf{1}_{[0,2]}(y)dx \\ &= \frac{1}{2}\mathbf{1}_{[0,2]}(y)\int_{-\infty}^{\infty} \mathbf{1}_{[0,y]}(x)dx \\ &= \frac{1}{2}\mathbf{1}_{[0,2]}(y)\int_0^y dx = \frac{1}{2}y\mathbf{1}_{[0,2]}(y) \,. \end{aligned} \qquad (2.14)$$

Zur Berechnung der Randdichte von X muß man das Gebiet, in dem die gemeinsame Dichte von Null verschieden ist, anders beschreiben:

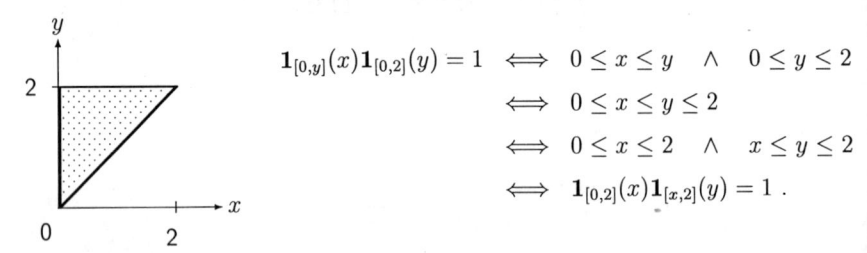

$$\begin{aligned} \mathbf{1}_{[0,y]}(x)\mathbf{1}_{[0,2]}(y) = 1 &\iff 0 \leq x \leq y \,\wedge\, 0 \leq y \leq 2 \\ &\iff 0 \leq x \leq y \leq 2 \\ &\iff 0 \leq x \leq 2 \,\wedge\, x \leq y \leq 2 \\ &\iff \mathbf{1}_{[0,2]}(x)\mathbf{1}_{[x,2]}(y) = 1 \,. \end{aligned}$$

Damit erhält man:

$$f_{(X,Y)}(x,y) = \frac{1}{2}\mathbf{1}_{[x,2]}(y)\mathbf{1}_{[0,2]}(x) \,.$$

Damit erhält man die Randdichte von X durch

$$\begin{aligned} f_X(x) &= \int_{-\infty}^{\infty} f_{(X,Y)}(x,y)dy = \int_{-\infty}^{\infty} \frac{1}{2}\mathbf{1}_{[x,2]}(y)\mathbf{1}_{[0,2]}(x)dy \\ &= \frac{1}{2}\mathbf{1}_{[0,2]}(x)\int_{-\infty}^{\infty} \mathbf{1}_{[x,2]}(y)dy \\ &= \frac{1}{2}\mathbf{1}_{[0,2]}(x)\int_x^2 dy = \frac{2-x}{2}\mathbf{1}_{[0,2]}(x) \,. \end{aligned}$$

Die Erwartungswerte berechnen sich nun wie folgt:

$$\begin{aligned}
E(X) &= \int_{-\infty}^{\infty} x f_X(x) dx = \int_{-\infty}^{\infty} x \frac{2-x}{2} \mathbf{1}_{[0,2]}(x) dx = \frac{1}{2} \int_0^2 (2x - x^2) dx \\
&= \frac{1}{2} \left[x^2 - \frac{x^3}{3} \right]_0^2 = \frac{1}{2} \left[4 - \frac{8}{3} \right] = \frac{2}{3}, \\
E(Y) &= \int_{-\infty}^{\infty} y f_Y(y) dy = \int_{-\infty}^{\infty} y \frac{y}{2} \mathbf{1}_{[0,2]}(y) dy \\
&= \frac{1}{2} \int_0^2 y^2 dy = \frac{1}{2} \left[\frac{y^3}{3} \right]_0^2 = \frac{4}{3}.
\end{aligned}$$

Zur Berechnung der Varianzen verwendet man den Verschiebungssatz von Steiner:

$$\operatorname{Var}(X) = E(X^2) - [E(X)]^2 \qquad (2.15)$$

und berechnet zunächst $E(X^2)$ und $E(Y^2)$:

$$\begin{aligned}
E(X^2) &= \int_{-\infty}^{\infty} x^2 f_X(x) dx = \int_{-\infty}^{\infty} x^2 \frac{2-x}{2} \mathbf{1}_{[0,2]}(x) dx \\
&= \frac{1}{2} \int_0^2 (2x^2 - x^3) dx = \frac{1}{2} \left[\frac{2}{3} x^3 - \frac{x^4}{4} \right]_0^2 = \frac{2}{3}, \\
E(Y^2) &= \int_{-\infty}^{\infty} y^2 f_Y(y) dy = \int_{-\infty}^{\infty} y^2 \frac{y}{2} \mathbf{1}_{[0,2]}(y) dy \\
&= \frac{1}{2} \int_0^2 y^3 dy = \frac{1}{2} \left[\frac{y^4}{4} \right]_0^2 \\
&= 2.
\end{aligned}$$

Mit (2.15) erhält man damit für die Varianzen:

$$\operatorname{Var}(X) = E(X^2) - [E(X)]^2$$

$$\begin{aligned}
&= \frac{2}{3} - \left(\frac{2}{3}\right)^2 = \frac{2}{9}, \\
\operatorname{Var}(Y) &= \operatorname{E}(Y^2) - [\operatorname{E}(Y)]^2 \\
&= 2 - \left(\frac{4}{3}\right)^2 = \frac{2}{9}.
\end{aligned}$$

Zur Berechnung der Kovarianz ermittelt man zunächst $\operatorname{E}(X \cdot Y)$:

$$\begin{aligned}
\operatorname{E}(X \cdot Y) &= \int_{-\infty}^{\infty}\int_{-\infty}^{\infty} xy f_{(X,Y)}(x,y)\,dx\,dy \\
&= \int_{-\infty}^{\infty}\int_{-\infty}^{\infty} xy \frac{1}{2}\mathbf{1}_{[0,y]}(x)\mathbf{1}_{[0,2]}(y)\,dx\,dy \\
&= \int_0^2\int_0^y \frac{xy}{2}\,dx\,dy = \int_0^2 \left[\frac{yx^2}{4}\right]_0^y dy \\
&= \int_0^2 \frac{y^3}{4}\,dy = \left.\frac{y^4}{16}\right|_0^2 = 1.
\end{aligned}$$

Für die Kovarianz von X und Y ermittelt man somit:

$$\begin{aligned}
\operatorname{Cov}(X,Y) &= \operatorname{E}(X \cdot Y) - \operatorname{E}(X)\operatorname{E}(Y) \\
&= 1 - \frac{2}{3}\cdot\frac{4}{3} = \frac{1}{9}.
\end{aligned}$$

Damit erhält man als Korrelation zwischen X und Y:

$$\operatorname{Corr}(X,Y) = \frac{\operatorname{Cov}(X,Y)}{\sqrt{\operatorname{Var}(X)\cdot\operatorname{Var}(Y)}} = \frac{\frac{1}{9}}{\sqrt{\frac{2}{9}\cdot\frac{2}{9}}} = \frac{1}{2}.$$

b) Die bedingte Dichte von $X|Y=1$ ist gegeben durch

$$f_{X|Y=1}(x) = \frac{f_{X,Y}(x,1)}{f_Y(1)}.$$

Unter Verwendung von (2.13) und (2.14) erhält man:

$$f_{X|Y=1}(x) = \frac{\frac{1}{2}\mathbf{1}_{[0,1]}(x)}{\frac{1}{2}} = \mathbf{1}_{[0,1]}(x).$$

Lösung Aufgabe 2.28

a) Die Wahrscheinlichkeitsfunktionen einer Poissonverteilung für X und Y sind gegeben durch

$$P(X=x) = \frac{\lambda_1^x}{x!}e^{-\lambda_1} \quad , \quad x = 0, 1, \ldots \ .$$

und

$$P(Y=y) = \frac{\lambda_2^y}{y!}e^{-\lambda_2} \quad , \quad y = 0, 1, \ldots \ .$$

Die Wahrscheinlichkeitsfunktion der gefalteten Zufallsvariablen $Z = X+Y$ ermittelt sich wie folgt (vgl. Formel II 5.11):

$$P(Z=n) = P(X+Y=n) = \sum_{k=0}^{n} P(X=k, Y=n-k) \ ,$$

und da X, Y unabhängig sind:

$$\begin{aligned}
P(Z=n) &= \sum_{k=0}^{n} P(X=k)P(Y=n-k) \\
&= \sum_{k=0}^{n} \frac{\lambda_1^k}{k!}e^{-\lambda_1}\frac{\lambda_2^{n-k}}{(n-k)!}e^{-\lambda_2} \\
&= e^{-(\lambda_1+\lambda_2)} \sum_{k=0}^{n} \frac{\lambda_1^k \lambda_2^{n-k}}{k!(n-k)!} \quad \bigg| \cdot \frac{n!}{n!} \\
&= \frac{e^{-(\lambda_1+\lambda_2)}}{n!} \sum_{k=0}^{n} \underbrace{\frac{n!}{k!(n-k)!}}_{=\binom{n}{k}} \lambda_1^k \lambda_2^{n-k} \\
&= \frac{e^{-(\lambda_1+\lambda_2)}}{n!} \sum_{k=0}^{n} \binom{n}{k} \lambda_1^k \lambda_2^{n-k} \ .
\end{aligned}$$

Die Anwendung des binomischen Lehrsatzes

$$(a+b)^n = \sum_{k=0}^{n} \binom{n}{k} a^k b^{n-k}$$

liefert für $a = \lambda_1$ und $b = \lambda_2$:

$$P(Z=n) = \frac{e^{-(\lambda_1+\lambda_2)}}{n!}(\lambda_1+\lambda_2)^n \ .$$

Da gilt

$$\begin{aligned}P(X=x|X+Y=n) &= \frac{P(X=x,X+Y=n)}{P(X+Y=n)} \\ &= \frac{P(X=x,Y=n-x)}{P(X+Y=n)} \\ &= \frac{P(X=x)P(Y=n-x)}{P(X+Y=n)} \quad (X,Y \text{ unabhängig}),\end{aligned}$$

erhält man mit der oben berechneten Faltung:

$$\begin{aligned}P(X=x|X+Y=n) &= \frac{\frac{\lambda_1^x}{x!}e^{-\lambda_1}\frac{\lambda_2^{n-x}}{(n-x)!}e^{-\lambda_2}}{\frac{e^{-(\lambda_1+\lambda_2)}}{n!}(\lambda_1+\lambda_2)^n} \\ &= \underbrace{\frac{n!}{(n-x)!x!}}_{=\binom{n}{x}} \cdot \frac{\lambda_1^x \lambda_2^{n-x}}{(\lambda_1+\lambda_2)^n} \\ &= \binom{n}{x} \cdot \left(\frac{\lambda_1}{\lambda_1+\lambda_2}\right)^x \left(\frac{\lambda_2}{\lambda_1+\lambda_2}\right)^{n-x},\end{aligned}$$

d.h., $X|X+Y=n$ ist verteilt gemäß einer $\text{Bin}\left(n, \frac{\lambda_1}{\lambda_1+\lambda_2}\right)$-Verteilung.

b) Die Wahrscheinlichkeit, daß Berta Beule mindestens 3 Unfälle hat, ist gegeben durch

$$\begin{aligned}P(Y \geq 3) &= 1 - P(Y<3) = 1 - P(Y \leq 2) \\ &= 1 - F_Y(2) \\ &= 1 - 0.9989 \quad \text{(vgl. Tabelle 2 im Tabellenanhang)} \\ &= 0.0011\,.\end{aligned}$$

Die Wahrscheinlichkeit, daß Bruno Beule höchstens 4 Unfälle erzeugt, falls Ehepaar Beule zusammen 10 Unfälle hat, ist nach Aufgabenteil a) gegeben durch

$$\begin{aligned}P(X \leq 4|X+Y=10) &= \sum_{i=0}^{4}\binom{10}{i}\left(\frac{\lambda_1}{\lambda_1+\lambda_2}\right)^i\left(\frac{\lambda_2}{\lambda_1+\lambda_2}\right)^{10-i} \\ &= \sum_{i=0}^{4}\binom{10}{i}0.6^i\, 0.4^{10-i} \\ &= 1 - 0.83376 = 0.16624\end{aligned}$$

(vgl. Tabelle 1 des Tabellenanhangs).

Lösung Aufgabe 2.29

a) Sei $Z = X - Y$ der Saldo des Einkommens von V. und K. Erfolg. Dann hat Z gemäß der Faltungsformel die Dichte

$$f_Z(z) = \int_{-\infty}^{\infty} f_X(z+y) f_Y(y) \, dy \, .$$

Offenbar gilt wegen der Symmetrie von $f_X(\cdot)$ und $f_Y(\cdot)$ um 1:

$$f_X(1+x) = f_X(1-x) \quad \text{und} \quad f_Y(1+y) = f_Y(1-y)$$

bzw.

$$f_X(x) = f_X(2-x) \quad \text{und} \quad f_Y(y) = f_Y(2-y) \, .$$

D.h.,

$$f_Z(z) = \int_{-\infty}^{\infty} f_X(2-(z+y)) f_Y(2-y) \, dy \, .$$

Nun wird $x(y) := 2 - (z+y)$ substituiert. Daraus folgt:

$$\frac{dx}{dy} = -1 \quad \text{sowie} \quad 2 - y = x + z \, .$$

Für die neuen Integrationsgrenzen ergibt sich

$$x(-\infty) = +\infty \quad \text{und} \quad x(+\infty) = -\infty,$$

und damit:

$$\begin{aligned} f_Z(z) &= -\int_{\infty}^{-\infty} f_X(x) f_Y(x+z) \, dx \\ &= \int_{-\infty}^{\infty} f_X(x) f_Y(x+z) \, dx \, . \end{aligned}$$

D.h., da diese Formel gerade die Faltung von $Y - X$ darstellt, daß $X - Y$ **dieselbe** Verteilung wie $Y - X$ besitzt.[1]

---

[1] Diese Eigenschaft läßt sich allgemein zeigen, wenn die Verteilungen X, Y **dasselbe** Symmetriezentrum besitzen.

Mit dieser Betrachtung hat man erreicht, daß die "kompliziertere" Dichte (mit der Betragsfunktion) nur von der Variablen x und nicht von x und z abhängt. Es gilt also:

$$\begin{aligned}
f_Z(z) &= \int_{-\infty}^{\infty} f_X(x) f_Y(z+x)\,dx \\
&= \int_{-\infty}^{\infty} (1 - |1-x|)\mathbf{1}_{[0,2]}(x) \frac{1}{2}\mathbf{1}_{[0,2]}(z+x)\,dx \\
&= \frac{1}{2} \int_{-\infty}^{\infty} (1 - |1-x|)\, \underbrace{\mathbf{1}_{[0,2]}(x)\mathbf{1}_{[0,2]}(z+x)}\, dx \;.
\end{aligned}$$

Der Integrand ist nur dann ungleich Null, wenn beide Indikatorfunktionen den Wert 1 annehmen. Das Gebiet in der x–z–Ebene, in dem die Indikatorfunktionen 1 sind, sieht wie folgt aus:

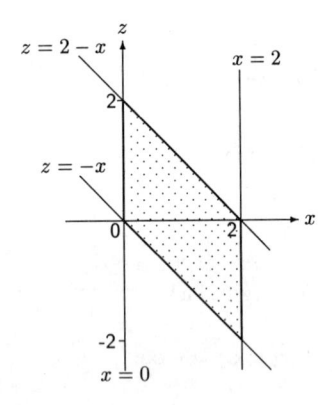

Das Integral ist einfacher zu lösen, wenn nur noch eine statt zwei Indikatorfunktionen von x abhängen. Das oben dargestellte Gebiet läßt sich auch beschreiben durch

$$\max\{0, -z\} \leq x \leq \min\{2, 2-z\} \quad \wedge \quad -2 \leq z \leq 2\;,$$

so daß gilt:

$$\mathbf{1}_{[0,2]}(x)\,\mathbf{1}_{[0,2]}(z+x) = \mathbf{1}_{[\max\{0,-z\}\,,\,\min\{2,2-z\}]}(x)\,\mathbf{1}_{[-2,2]}(z) \;. \tag{2.16}$$

Mit (2.16) erhält man:

$$f_Z(z) = \frac{1}{2} \int_{-\infty}^{\infty} (1 - |1-x|)\mathbf{1}_{[-2,2]}(z)\,\mathbf{1}_{[\max\{0,-z\}\,,\,\min\{2,2-z\}]}(x)\,dx$$

$$= \frac{1}{2}\mathbf{1}_{[-2,2]}(z) \int_{-\infty}^{\infty} (1 - |1 - x|) \mathbf{1}_{[\max\{0,-z\},\min\{2,2-z\}]}(x) \, dx$$

$$= \frac{1}{2}\mathbf{1}_{[-2,2]}(z) \int_{\max\{0,-z\}}^{\min\{2,2-z\}} (1 - |1 - x|) \, dx \; .$$

Eine Fallunterscheidung in z liefert folgende Integrationsgrenzen:

$$f_Z(z) \;=\; \begin{cases} \dfrac{1}{2}\displaystyle\int_{-z}^{2} (1 - |1-x|) \, dx & -2 \leq z \leq 0 \\[2ex] \dfrac{1}{2}\displaystyle\int_{0}^{2-z} (1 - |1-x|) \, dx & 0 \leq z \leq 2 \\[2ex] 0 & \text{sonst} \end{cases}$$

Nun gilt es, die Betragsstriche der Integranden aufzulösen. Dazu ist eine weitere Fallunterscheidung $x \leq 1$ und $x \geq 1$ durchzuführen. D. h., insbesondere muß geklärt werden, ob die variablen Integrationsgrenzen $-z$ und $2-z$ größer oder kleiner 1 sind. Man erhält:

$$f_Z(z) = \begin{cases} \dfrac{1}{2}\displaystyle\int_{-z}^{2}(2-x)\,dx & -2 \leq z \leq -1 \\[2ex] \dfrac{1}{2}\displaystyle\int_{-z}^{1} x\,dx + \dfrac{1}{2}\displaystyle\int_{1}^{2}(2-x)\,dx & -1 \leq z \leq 0 \\[2ex] \dfrac{1}{2}\displaystyle\int_{0}^{1} x\,dx + \displaystyle\int_{1}^{2-z}(2-x)\,dx & 0 \leq z \leq 1 \\[2ex] \dfrac{1}{2}\displaystyle\int_{0}^{2-z} x\,dx & 1 \leq z \leq 2 \\[2ex] 0 & \text{sonst} \end{cases}$$

Mit der Substitution $u = 2 - x$ erhält man:

$$\frac{du}{dx} = -1 \; , \quad u(-z) = 2+z \; , \quad u(2) = 0 \; , \quad u(1) = 1 \; , \quad u(2-z) = z \; .$$

Damit lassen sich folgende Integrale einfach berechnen:

$$\frac{1}{2}\int_{-z}^{2}(2-x)\,dx = -\frac{1}{2}\int_{2+z}^{0} u\,du = -\left.\frac{u^2}{4}\right|_{2+z}^{0} = \frac{(2+z)^2}{4},$$

$$\frac{1}{2}\int_{1}^{2}(2-x)\,dx = -\frac{1}{2}\int_{1}^{0} u\,du = -\left.\frac{u^2}{4}\right|_{1}^{0} = \frac{1}{4},$$

$$\frac{1}{2}\int_{1}^{2-z}(2-x)\,dx = -\frac{1}{2}\int_{1}^{z} u\,du = -\left.\frac{u^2}{4}\right|_{1}^{z} = \frac{1-z^2}{4}.$$

Die weiteren Integrale berechnen sich zu:

$$\frac{1}{2}\int_{-z}^{1} x\,dx = \left.\frac{x^2}{4}\right|_{-z}^{1} = \frac{1-z^2}{4},$$

$$\frac{1}{2}\int_{0}^{1} x\,dx = \left.\frac{x^2}{4}\right|_{0}^{1} = \frac{1}{4},$$

$$\frac{1}{2}\int_{0}^{2-z} x\,dx = \left.\frac{x^2}{4}\right|_{0}^{2-z} = \frac{(2-z)^2}{4}.$$

Damit ergibt sich $f_Z(z)$ zu

$$f_Z(z) = \begin{cases} \dfrac{(2+z)^2}{4} & -2 \leq z \leq -1 \\ \dfrac{2-z^2}{4} & -1 \leq z \leq 1 \\ \dfrac{(2-z)^2}{4} & 1 \leq z \leq 2 \\ 0 & \text{sonst} \end{cases}$$

$$= \begin{cases} \dfrac{(2-|z|)^2}{4} & 1 \leq |z| \leq 2 \\ \dfrac{2-z^2}{4} & 0 \leq |z| \leq 1 \\ 0 & \text{sonst} \end{cases}.$$

b) Die durchschnittliche Ersparnis von Ehepaar Erfolg wird gerade durch den Erwartungswert E(Z) angegeben.
Nun gilt nach Aufgabenteil a), daß $X - Y$ dieselbe Verteilung besitzt wie $Y - X = -(X - Y)$.
Daraus folgt, daß eine um 0 symmetrische Verteilung vorliegt, deren Erwartungswert

0 ist oder nicht existiert.

Die Existenz von $E(X-Y)$ folgt aber wiederum aus der Existenz von $E(X)$ und $E(Y)$:

$$\begin{aligned}
E(|X|) &= \int_{-\infty}^{\infty} |x| f_X(x) dx = \int_0^2 x(1-|1-x|) dx \\
&= \int_0^1 x^2 dx + \int_1^2 x(2-x)\, dx = \left[\frac{x^3}{3}\right]_0^1 + \left[x^2 - \frac{x^3}{3}\right]_1^2 \\
&= \frac{1}{3} + 4 - \frac{8}{3} - 1 + \frac{1}{3} = 1 < \infty\,. \\
E(|Y|) &= \int_{-\infty}^{\infty} |y| f_Y(y) dy = \frac{1}{2}\int_0^2 y\,dy = \frac{1}{2}\left[\frac{y^2}{2}\right]_0^2 = 1 < \infty\,.
\end{aligned}$$

Damit existieren die Erwartungswerte von X und Y, und es gilt:

$$E(Z) = E(X-Y) = 0\,.$$

c) Seien nun X, Y u.i.v. $\text{Exp}(\lambda)$ verteilt, d.h.

$$\begin{aligned}
f(x) &= f_X(x) = f_Y(x) = \lambda e^{-\lambda x} \mathbf{1}_{(0,\infty)}(x), \qquad \lambda > 0 \\
&= \begin{cases} \lambda e^{-\lambda x} & x > 0 \\ 0 & \text{sonst} \end{cases}
\end{aligned}$$

Sei $Z := X + Y$. Dann ist Z gemäß der Faltungsformel verteilt mit Dichte

$$\begin{aligned}
f_Z(z) &= \int_{-\infty}^{\infty} f_X(z-y) f_Y(y)\, dy \\
&= \int_{-\infty}^{\infty} \lambda e^{-\lambda(z-y)} \mathbf{1}_{(0,\infty)}(z-y) \lambda e^{-\lambda y} \mathbf{1}_{(0,\infty)}(y)\, dy \\
&= \lambda^2 \int_{-\infty}^{\infty} e^{-\lambda(z-y+y)} \underbrace{\mathbf{1}_{(0,\infty)}(z-y) \mathbf{1}_{(0,\infty)}(y)}_{\text{beide Indikatorfunktionen sind 1}}\, dy
\end{aligned}$$

$$\begin{aligned}
&\iff 0 < z-y < \infty \quad \wedge \quad 0 < y < \infty \\
&\iff -z < -y < \infty \quad \wedge \quad 0 < y < \infty \\
&\iff -\infty < y < z \quad \wedge \quad 0 < y < \infty \\
&\iff 0 < y < z \quad \wedge \quad 0 < z < \infty
\end{aligned}$$

$$= \lambda^2 \int_{-\infty}^{\infty} e^{-\lambda z} \mathbf{1}_{(0,\infty)}(z) \mathbf{1}_{(0,z)}(y) \, dy$$

$$= \lambda^2 e^{-\lambda z} \mathbf{1}_{(0,\infty)}(z) \int_0^z dy = \lambda^2 e^{-\lambda z} \mathbf{1}_{(0,\infty)}(z) [y]_0^z = \lambda^2 z e^{-\lambda z} \mathbf{1}_{(0,\infty)}(z)$$

$$= \begin{cases} \lambda^2 z e^{-\lambda z} & z > 0 \\ 0 & \text{sonst} \end{cases}.$$

Diese Dichte entspricht der Dichte einer Erlangverteilung mit Parametern λ und $n = 2$. Allgemein ist die Summe von n unabhängig identisch verteilten Exp(λ)–verteilten Zufallsvariablen erlangverteilt mit Parametern n und λ.

Kapitel 6

Lösungen zu Kapitel 3

Lösung Aufgabe 3.1

a) Die Zufallsvariable X, die als Haarlänge beim Verlassen des Salons definiert ist, ist laut Aufgabenstellung normalverteilt mit $\mu = 1.2$ und $\sigma^2 = 0.3^2$ (oder kurz: $X \sim N(1.2, 0.3^2)$). Gesucht ist die Wahrscheinlichkeit $P(X > 1.5)$. Da eine $N(1.2, 0.3^2)$–Verteilung jedoch nicht tabelliert ist, muß man die Zufallsvariable X zunächst standardisieren:

$$P(X > 1.5) = 1 - P(X \leq 1.5) = 1 - P(X - 1.2 \leq 1.5 - 1.2)$$
$$= 1 - P\left(\frac{X - 1.2}{0.3} \leq \frac{1.5 - 1.2}{0.3}\right).$$

Die Zufallsvariable $Z := \frac{X-1.2}{0.3}$ ist nun standardnormalverteilt (d.h. $Z \sim N(0,1)$); somit läßt sich diese Wahrscheinlichkeit mit Hilfe der Standardnormalverteilungstabelle 3 bestimmen:

$$1 - P(X \leq 1.5) = 1 - P\left(Z \leq \frac{1.5 - 1.2}{0.3}\right) = 1 - \Phi(1) = 1 - 0.8413 = 0.1587.$$

b) Seien die Zufallsvariablen $X_1, \ldots, X_n$ nun die identisch verteilten Haarlängen zufällig ausgewählter Kunden im Friseursalon mit $X_i \sim N(1.2, 0.3^2)$. Dann ist $\overline{X} = \frac{1}{n} \sum_{i=1}^{n} X_i$ ebenfalls normalverteilt mit

$$\mathrm{E}\left(\overline{X}\right) = \mathrm{E}\left(\frac{1}{n} \sum_{i=1}^{n} X_i\right) = \frac{1}{n} \sum_{i=1}^{n} \mathrm{E}(X_i) = \frac{1}{n} \sum_{i=1}^{n} \mu = \mu = 1.2,$$

$$\text{Var}\left(\overline{X}\right) = \text{Var}\left(\frac{1}{n}\sum_{i=1}^{n} X_i\right) = \frac{1}{n^2}\sum_{i=1}^{n}\text{Var}(X_i) = \frac{1}{n^2}\sum_{i=1}^{n}\sigma^2$$
$$= \frac{\sigma^2}{n} = \frac{0.3^2}{10}.$$

Siehe dazu auch Formel III 1.4a und III 1.4b[1].

Gesucht ist nun $P\left(\overline{X} > 1.5\right) = 1 - P\left(\overline{X} \leq 1.5\right)$. Standardisieren liefert wieder:

$$\begin{aligned}
1 - P\left(\overline{X} \leq 1.5\right) &= 1 - P\left(\frac{\overline{X} - 1.2}{\frac{0.3}{\sqrt{10}}} \leq \frac{1.5 - 1.2}{\frac{0.3}{\sqrt{10}}}\right) \\
&= 1 - P\left(Z \leq \frac{0.3\sqrt{10}}{0.3}\right) \\
&\quad \text{(wobei wiederum } Z \sim N(0,1)\text{)} \\
&= 1 - P\left(Z \leq \sqrt{10}\right) \approx 1 - P\left(Z \leq 3.162\right) \\
&= 1 - \Phi(3.162) = 1 - 0.9992 = 0.0008 \,.
\end{aligned}$$

c) Die Zufallsvariablen X und $\overline{X}$ sind zwar beide normalverteilt mit $\mu = 1.2$, aber die Varianz von $\overline{X}$ nimmt mit steigendem n ab, denn $\text{Var}\left(\overline{X}\right) = \frac{\sigma^2}{n}$ (Wurzel–n–Gesetz). Damit sinkt auch die Wahrscheinlichkeit für eine fest vorgegebene Abweichung vom Erwartungswert.

d) Die Zufallsvariable Y, die die Haarlänge bei Ankunft im Friseursalon beschreibt, ist χ^2–verteilt, und zwar $Y \sim \chi_3^2$. Gesucht ist ein Wert c, für den gilt:

$$P(Y \leq c) = 0.9 \,,$$

oder in anderen Worten: gesucht ist das 0.9–Quantil von Y: $c = \chi^2_{3;0.9}$.
Tabelle 6 des Anhangs liefert:

$$c = \chi^2_{3;0.9} = 6.251 \,.$$

Entsprechend wird nun ein d benötigt, so daß für die Haarlänge X eines bedienten Kunden gilt:

$$P(X \leq d) = 0.9 \,.$$

---

[1]Für das Stichprobenmittel unabhängig identisch verteilter Zufallsvariablen ermittelt man stets die oben berechneten Momente. Die Tatsache, daß $\overline{X}$ wieder normalverteilt ist, läßt sich auf elegante Weise über charakteristische Funktionen zeigen, die aber nicht Bestandteil dieses Übungsbuches sind.

Da Quantile wie auch Verteilungsfunktion (siehe Aufgabenteil a)) nur für die Standardnormalverteilung tabelliert sind, muß X hier ebenfalls standardisiert werden:

$$\begin{aligned}
P(X \leq d) = 0.9 \quad &\Longleftrightarrow \quad P\left(\frac{X-1.2}{0.3} \leq \frac{d-1.2}{0.3}\right) = 0.9 \\
&\Longleftrightarrow \quad P\left(Z \leq \frac{d-1.2}{0.3}\right) = 0.9 \\
&\Longleftrightarrow \quad \Phi\left(\frac{d-1.2}{0.3}\right) = 0.9 \quad (\text{denn} \quad Z \sim N(0,1)) \\
&\Longleftrightarrow \quad \frac{d-1.2}{0.3} = u_{0.9} .
\end{aligned}$$

Tabelle 4 liefert als 0.9–Quantil der Standardnormalverteilung $u_{0.9} = 1.2816$, so daß gilt:

$$\frac{d-1.2}{0.3} = 1.2816 \quad \Longleftrightarrow \quad d = 1.584 .$$

e) i) Man betrachte nun erneut die Haarlänge von Kunden, die den Friseursalon verlassen: Es gilt:

$$\begin{aligned}
P(|X - \mu| < k\sigma) &= P(-k\sigma < X - \mu < k\sigma) \\
&= P\left(-k < \frac{X-\mu}{\sigma} < k\right) \\
&= P(-k < Z < k) \quad (\text{wobei} \quad Z \sim N(0,1)) \\
&= \Phi(k) - \Phi(-k) \\
&= \Phi(k) - (1 - \Phi(k)) \\
&= 2\Phi(k) - 1 .
\end{aligned}$$

Mit Hilfe der Standardnormalverteilungsfunktion (Tabelle 3) erhält man somit:

$$P(|X - \mu| < k\sigma) = \begin{cases} 2 \cdot 0.8413 - 1 & \text{für} \quad k = 1 \\ 2 \cdot 0.9772 - 1 & \text{für} \quad k = 2 \\ 2 \cdot 0.9987 - 1 & \text{für} \quad k = 3 \end{cases}$$

$$= \begin{cases} 0.6826 & \text{für} \quad k = 1 \\ 0.9544 & \text{für} \quad k = 2 \\ 0.9974 & \text{für} \quad k = 3 \end{cases} .$$

Den Bereich $[\mu - k\sigma \, ; \, \mu + k\sigma]$ nennt man auch k–Sigma–Bereich. Insbesondere assoziiert man mit dem Ein–, Zwei– und Drei–σ–Bereich bei Normalverteilungsannahmen die oben berechneten Überdeckungswahrscheinlichkeiten.

ii) Ist die zugrundeliegende Verteilung unbekannt, so liefert die Tschebyscheffsche Ungleichung (vgl. Formel II 9.1) eine (wenn auch grobe) Abschätzung für dieses Problem:

$$P(|X - \mu| \geq k\sigma) \leq \frac{1}{k^2}$$
$$\iff -P(|X - \mu| \geq k\sigma) \geq -\frac{1}{k^2}$$
$$\iff 1 - P(|X - \mu| \geq k\sigma) \geq 1 - \frac{1}{k^2}$$
$$\iff P(|X - \mu| < k\sigma) = 1 - P(|X - \mu| \geq k\sigma) \geq 1 - \frac{1}{k^2},$$

Damit gilt:

$$P(|X - \mu| < k\sigma) \geq \begin{cases} 0 & \text{für} \quad k = 1 \\ \frac{3}{4} & \text{für} \quad k = 2 \\ \frac{8}{9} & \text{für} \quad k = 3 \end{cases}.$$

Es wird deutlich, daß die Tschebyscheff-Ungleichung sehr grob sein kann, wenn die tatsächliche Verteilung bekannt ist.

Kennt man die zugrundeliegende Verteilung jedoch nicht, so ist sie eine wichtige Abschätzung in einigen Beweisen.

Lösung Aufgabe 3.2

a) Laut Aufgabenstellung sind die X_i Bernoulli-verteilt, d.h.

$$P(X_i = 1) = p \quad \text{und} \quad P(X_i = 0) = 1 - p.$$

In geschlossener Form läßt sich die Wahrscheinlichkeitsfunktion (diskrete Dichte) daher schreiben als

$$P(X_i = x_i) = p^{x_i}(1 - p)^{1-x_i}, \quad x_i \in \{0, 1\}.$$

Die Likelihoodfunktion ist damit gegeben durch

$$L(p|x_1, \ldots, x_n) = \prod_{i=1}^{n} P(X_i = x_i) = \prod_{i=1}^{n} p^{x_i}(1 - p)^{1-x_i}.$$

Unter Beachtung von

$$\prod_{i=1}^{n} a^{x_i} = a^{x_1} \cdot a^{x_2} \cdot \ldots \cdot a^{x_n} = a^{x_1+x_2+\ldots+x_n} = a^{\sum_{i=1}^{n} x_i}$$

gilt:

$$\begin{aligned} L(p|x_1,\ldots,x_n) &= p^{\sum_{i=1}^{n} x_i}(1-p)^{n-\sum_{i=1}^{n} x_i} \\ &= p^{n\overline{x}}(1-p)^{n-n\overline{x}} \quad \left(\text{Beachte: } \frac{1}{n}\sum_{i=1}^{n} x_i = \overline{x}\right). \end{aligned} \quad (3.1)$$

Für diese Funktion ist eine Fallunterscheidung in $\overline{x} \in (0,1)$, $\overline{x} = 0$ und $\overline{x} = 1$ notwendig:

1. Fall: $\overline{x} \in (0,1)$

In diesem Fall erhält man die logarithmierte Likelihoodfunktion, die sog. Loglikelihoodfunktion als

$$\begin{aligned} L^*(p|x_1,\ldots,x_n) &= \ln\{L(p|x_1,\ldots,x_n)\} \\ &= n\overline{x}\ln p + (n - n\overline{x})\ln(1-p) \\ &= n\left[\overline{x}\ln p + (1-\overline{x})\ln(1-p)\right]. \end{aligned} \quad (3.2)$$

Differenzieren von (3.2) liefert:

$$\frac{dL^*}{dp} = n\left[\frac{\overline{x}}{p} + (1-\overline{x})\frac{-1}{1-p}\right].$$

Nullsetzen ergibt

$$\begin{aligned} \frac{\overline{x}}{p} &= \frac{1-\overline{x}}{1-p} \\ \Longleftrightarrow \quad \overline{x}(1-p) &= (1-\overline{x})p \\ \Longleftrightarrow \quad p &= \overline{x}. \end{aligned}$$

Die zweite Ableitung von L^* nach p ergibt:

$$\frac{d^2L^*(p)}{dp^2} = n\left[-\frac{\overline{x}}{p^2} - \frac{1}{(1-p)^2}(1-\overline{x})\right]$$

Speziell an der Stelle $p = \overline{x}$ ermittelt man:

$$\begin{aligned} \frac{d^2L^*(\overline{x})}{dp^2} &= n\left[-\frac{\overline{x}}{\overline{x}^2} - \frac{1}{(1-\overline{x})^2}(1-\overline{x})\right] = n\left[-\frac{1}{\overline{x}} - \frac{1}{1-\overline{x}}\right] \\ &= -n\left[\frac{1-\overline{x}+\overline{x}}{\overline{x}(1-\overline{x})}\right] = -\frac{n}{\overline{x}(1-\overline{x})} < 0. \end{aligned}$$

D.h., $\widehat{p}_{ML} = \overline{X}$ ist der ML–Schätzer für p.

2. Fall: $\bar{x} = 1$

Hier erhält man als Likelihoodfunktion (vgl. (3.1)):

$$L(p|x_1, \ldots, x_n) = p^n .$$

Differenzieren liefert:

$$\frac{dL}{dp} = n\, p^{n-1} \geq 0 \quad \text{für} \quad p \in [0,1] ,$$

d.h., L* ist monoton wachsend in p, so daß man $p \in [0,1]$ so groß wie möglich wählen sollte, also

$$\hat{p}_{ML} = 1 .$$

3. Fall: $\bar{x} = 0$

Im vorliegenden Fall ist die Likelihoodfunktion (vgl. (3.1)) gegeben durch

$$L(p|x_1, \ldots, x_n) = (1-p)^n .$$

Damit gilt:

$$\frac{dL}{dp} = n\,(1-p)^{n-1} \cdot (-1) \quad \text{(Man beachte die innere Ableitung!)}$$
$$\leq 0 \quad \text{für} \quad p \in [0,1] ,$$

d.h., L ist monoton fallend, und man wird p so klein wie möglich wählen:

$$\hat{p}_{ML} = 0.$$

Damit ist in allen drei Fällen der ML–Schätzer für p gegeben durch $\hat{p}_{ML} = \overline{X}$.

b) Für bernoulliverteilte Zufallsvariablen X_i gilt

$$E(X_i) = p$$
$$\implies E(\overline{X}) = E\left(\frac{1}{n}\sum_{i=1}^{n} X_i\right) = \frac{1}{n}\sum_{i=1}^{n} E(X_i) = \frac{1}{n} \cdot n \cdot p = p . \tag{3.3}$$

Damit ist der Momentenschätzer gegeben durch

$$\hat{p}_M = \frac{1}{n}\sum_{i=1}^{n} X_i = \overline{X} .$$

D.h., Maximum–Likelihood–Schätzer und Momentenschätzer sind im vorliegenden Fall identisch.

c) Aufgrund der Beziehung (3.3) im Aufgabenteil b) sind Maximum–Likelihood– bzw Momentenschätzer erwartungstreu.

d) Für die in der Aufgabenstellung vorgegebene Wahrscheinlichkeit gilt:

$$P\left(X_1 = x_1, X_2 = x_2, \ldots, X_n = x_n \bigg| \sum_{i=1}^{n} X_i = t\right)$$

$$= \frac{P(X_1 = x_1, \ldots, X_n = x_n, \sum_{i=1}^{n} X_i = t)}{P(\sum_{i=1}^{n} X_i = t)}$$

$$= \begin{cases} \frac{P(X_1=x_1,\ldots,X_n=x_n)}{P(\sum_{i=1}^{n} X_i=t)} & \text{falls } \sum_{i=1}^{n} x_i = t \\ 0 & \text{sonst} \end{cases}$$

$$= \frac{\prod_{i=1}^{n} P(X_i = x_i)}{P(\sum_{i=1}^{n} X_i = t)} \cdot \mathbf{1}_{\{t\}}\left(\sum_{i=1}^{n} x_i\right)$$

$$= \frac{\prod_{i=1}^{n} p^{x_i}(1-p)^{1-x_i}}{\binom{n}{t} p^t (1-p)^{n-t}} \cdot \mathbf{1}_{\{t\}}\left(\sum_{i=1}^{n} x_i\right)$$

$$= \frac{p^{\sum_{i=1}^{n} x_i}(1-p)^{n-\sum_{i=1}^{n} x_i}}{\binom{n}{t} p^t (1-p)^{n-t}} \cdot \mathbf{1}_{\{t\}}\left(\sum_{i=1}^{n} x_i\right)$$

$$= \frac{p^t (1-p)^{n-t}}{\binom{n}{t} p^t (1-p)^{n-t}} \cdot \mathbf{1}_{\{t\}}\left(\sum_{i=1}^{n} x_i\right)$$

$$= \frac{1}{\binom{n}{t}} \cdot \mathbf{1}_{\{t\}}\left(\sum_{i=1}^{n} x_i\right)$$

Damit ist gezeigt, daß

$$P\left(X_1 = x_1, \ldots, X_n = x_n \bigg| \sum_{i=1}^{n} X_i = t\right)$$

unabhängig von p ist.

Allgemein nennt man eine Statistik oder Stichprobenfunktion $T(X_1, \ldots, X_n)$, für die gilt, daß

$$P(X_1 = x_1, \ldots, X_n = x_n | T(X_1, \ldots, X_n) = t)$$

unabhängig von den der Verteilung der X_i zugrundeliegenden Parametern ist, eine **suffiziente** Statistik. Suffizient heißt soviel wie ausreichend, erschöpfend und besagt, daß bereits alle wichtigen statistischen Informationen bzgl. des zu schätzenden Parameters in dieser Stichprobenfunktion enthalten sind. D.h., im vorliegenden Fall ist entscheidend, **wieviele** Geschenke Gerhard bekommen hat, die Reihenfolge der Geschenke birgt **keine** weitere Information.

Lösung Aufgabe 3.3

a) Unterstellt man eine konstante Anzahl N von Amigos, so ist die Zufallsvariable X, die die Anzahl der Amigos aus Stichprobe 2 zählt, die bereits in der ersten Stichprobe vertreten waren, hypergeometrisch verteilt, und es gilt:

$$X \sim \mathcal{H}(T, n, N) \ .$$

Dabei sei T die Anzahl der Amigos in der ersten Stichprobe, n die Anzahl der Amigos in der zweiten Stichprobe und N die unbekannte Anzahl der Amigos überhaupt.

Die Likelihoodfunktion ist gegeben durch

$$L(N|x) = P(X = x; N) = \frac{\binom{T}{x}\binom{N-T}{n-x}}{\binom{N}{n}} \ .$$

Will man die Likelihoodfunktion in N maximieren, so ist leicht ersichtlich, daß Differenzieren im vorliegenden Fall nicht zum Erfolg führen wird und auch nicht sinnvoll wäre, da $N \in \mathbb{N}$ eine diskrete Größe darstellt.

Um das Monotonieverhalten von L zu analysieren, ist es deshalb naheliegend zu prüfen, für welche N gilt, daß

$$L(N|x) \geq L(N-1|x) \qquad \text{(d.h., } L \text{ ist monoton steigend)}$$

bzw. $\quad L(N|x) \leq L(N-1|x) \qquad \text{(d.h., } L \text{ ist monoton fallend)} \ .$

Im vorliegenden Fall gilt:

$$L(N|x) \geq L(N-1|x)$$

$$\iff \frac{\binom{T}{x}\binom{N-T}{n-x}}{\binom{N}{n}} \geq \frac{\binom{T}{x}\binom{N-1-T}{n-x}}{\binom{N-1}{n}} \qquad \Big| \cdot \binom{T}{x}^{-1} \cdot \binom{N}{n} \cdot \binom{N-}{n}$$

$$\iff \binom{N-T}{n-x} \cdot \binom{N-1}{n} \geq \binom{N-1-T}{n-x} \cdot \binom{N}{n}$$

$$\iff \frac{(N-T)!}{\bigl(N-T-(n-x)\bigr)!\cdot (n-x)!} \cdot \frac{(N-1)!}{(N-1-n)!\cdot n!}$$
$$\geq \frac{(N-1-T)!}{\bigl(N-1-T-(n-x)\bigr)!\cdot (n-x)!} \cdot \frac{N!}{(N-n)!\cdot n!}$$

Die Multiplikation der Ungleichung mit $(n-x)!\cdot n!$ liefert:

$$\frac{(N-T)!\cdot (N-1)!}{(N-T-n+x)!\cdot (N-1-n)!} \geq \frac{(N-1-T)!\cdot N!}{(N-1-n+x-T)!\cdot (N-n)!} \ . \qquad (3.4)$$

Nun beachte man die Beziehung

$$m! = m\cdot (m-1)! \iff \frac{m!}{(m-1)!} = \frac{m\cdot (m-1)!}{(m-1)!} = m \ .$$

Teilt man etwa die gesamte Gleichung (3.4) durch $(N-1)!$, so erhält man:

$$\frac{(N-T)!}{(N-T-n+x)!\cdot (N-1-n)!} \geq \frac{(N-1-T)!}{(N-T-n+x-1)!\cdot (N-n)!} \cdot \underbrace{\frac{N!}{(N-1)!}}_{=N} \ .$$

Entsprechend liefert die Division durch $(N-1-T)!$ sowie die Multiplikation mit $(N-T-n+x)!$ und $(N-n)!$:

$$\underbrace{\frac{(N-T)!}{(N-T-1)!}}_{=N-T} \cdot \underbrace{\frac{(N-n)!}{(N-1-n)!}}_{=N-n} \geq \underbrace{\frac{(N-T-n+x)!}{(N-T-n+x-1)!}}_{=N-T-n+x} \cdot N$$

$$\iff (N-T)(N-n) \geq (N-T-n+x)N$$
$$\iff (N-T)N - (N-T)n$$
$$\geq (N-T)N - (n-x)N \qquad \bigm| -(N-T)N$$
$$\iff -Nn + Tn \geq -Nn + xN$$
$$\iff Tn \geq xN$$
$$\iff N \leq \frac{Tn}{x} \ .$$

D.h., solange $N \leq \dfrac{Tn}{x}$ gilt, ist die Likelihoodfunktion monoton wachsend, vollkommen analog erhält man, daß L für $N \geq \dfrac{Tn}{x}$ monoton fallend ist.

Ist $\dfrac{Tn}{x} \in \mathbb{N}$, so ist der ML–Schätzer für N gegeben durch

$$\widehat{N}_{\text{ML}} = \frac{Tn}{X} \ .$$

Im allgemeinen wird $\dfrac{Tn}{x}$ keine natürliche Zahl sein, so daß man die Likelihoodfunktion an den Stellen der nächstkleineren und nächstgrößeren Zahl vergleichen muß, um zu ermitteln, ob der ML–Schätzer gegeben ist durch

$$\left[\frac{Tn}{X}\right] \quad \text{oder} \quad \left[\frac{Tn}{X}\right] + 1 \ .$$

Ein solches zweistufiges Stichprobenverfahren zur Ermittlung der Größe einer Population nennt man Capture–Recapture–Verfahren.

b) Zur Berechnung eines Momentenschätzers verwendet man vorzugsweise die erste Momentengleichung:

$$X = \overline{X} = \mathrm{E}(X_i) = n\frac{T}{N} \ .$$

Auflösen nach N liefert für den Momentenschätzer ebenfalls:

$$\widehat{N}_M = \frac{Tn}{X} \ .$$

Lösung Aufgabe 3.4

Laut Aufgabenstellung gilt es folgende Schätzfunktionen zu vergleichen:

$$\widehat{\theta}_1 = \frac{1}{n}\sum_{i=1}^{n} X_i^2$$

$$\text{sowie} \quad \widehat{\theta}_2 = \overline{X}^2 = \left(\frac{1}{n}\sum_{i=1}^{n} X_i\right)^2 \ .$$

Als Erwartungswert der ersten Schätzfunktion ermittelt man:

$$\mathrm{E}(\widehat{\theta}_1) = \mathrm{E}\left(\frac{1}{n}\sum_{i=1}^{n} X_i^2\right) = \frac{1}{n}\mathrm{E}\left(\sum_{i=1}^{n} X_i^2\right) = \frac{1}{n}\sum_{i=1}^{n} \mathrm{E}(X_i^2) \ .$$

Nun erhält man mit dem Verschiebungssatz von Steiner:

$$\text{Var}(X_i) = \text{E}(X_i^2) - [\text{E}(X_i)]^2$$
$$\iff \text{E}(X_i^2) = \text{Var}(X_i) + [\text{E}(X_i)]^2 \;, \tag{3.5}$$

so daß gilt:

$$\begin{aligned}
\text{E}(\widehat{\theta}_1) &= \frac{1}{n} \sum_{i=1}^{n} \bigl[\; \underbrace{\text{Var}(X_i)}_{\sigma^2} + \underbrace{\text{E}(X_i)^2}_{=\mu^2} \;\bigr] \\
&= \frac{1}{n} \sum_{i=1}^{n} (\sigma^2 + \mu^2) = \frac{1}{n} \cdot n(\sigma^2 + \mu^2) = \sigma^2 + \mu^2 \;.
\end{aligned}$$

Da $\text{E}(\widehat{\theta}_1) = \sigma^2 + \mu^2 \neq \mu^2$, ist $\widehat{\theta}_1$ nicht erwartungstreu (d.h. verzerrt). Der Bias beträgt $\text{E}(\widehat{\theta}_1) - \mu^2 = \sigma^2$.

Für den zweiten Schätzer erhält man wiederum mit dem Verschiebungssatz von Steiner:

$$\begin{aligned}
\text{E}(\widehat{\theta}_2) = \text{E}(\overline{X}^2) &= \text{Var}(\overline{X}) + \bigl[\text{E}(\overline{X})\bigr]^2 \\
&= \frac{\sigma^2}{n} + \mu^2 \qquad \left(\text{vgl. Formelsammlung III.1.4 a) und b)}\right).
\end{aligned}$$

Damit ist auch $\widehat{\theta}_2$ ein verzerrter Schätzer für μ^2. Da gilt

$$\lim_{n \to \infty} \text{E}(\widehat{\theta}_2) = \lim_{n \to \infty} \left\{ \frac{\sigma^2}{n} + \mu^2 \right\} = \mu^2 \;,$$

ist $\widehat{\theta}_2$ ein asymptotisch erwartungstreuer Schätzer für μ^2. Hingegen ist $\widehat{\theta}_1$ nicht asymptotisch erwartungstreu, denn

$$\lim_{n \to \infty} \text{E}(\widehat{\theta}_1) = \lim_{n \to \infty} \left\{ \sigma^2 + \mu^2 \right\} = \sigma^2 + \mu^2 \neq \mu^2 \;.$$

Lösung Aufgabe 3.5

a) Obgleich es sich bei der Befragung der Wähler sicherlich um eine Stichprobe ohne Zurücklegen handelt, kann man vermuten, daß die Gesamtheit der wahlberechtigten Bürger der RDB (Republica de las Bananas) sehr viel größer sein wird als die Anzahl der befragten Bürger, und damit der Auswahlsatz $\frac{n}{N} \leq 0.05$ anzunehmen ist, so daß die Hypergeometrische Verteilung durch die Binomialverteilung approximiert werden kann (vgl. Formelsammlung II 11). Sei deshalb unterstellt, daß die Summe X der Stimmen für die Dieberalen in der Stichprobe Bin(200, p) verteilt ist.

Gemäß Formel (III 4.2) erhält man für p ein approximatives $(1-\alpha)$-Konfidenzintervall $[p_1, p_2]$ durch

$$p_1 = \frac{\overline{X} + \frac{u_{1-\alpha/2}^2}{2n} - u_{1-\alpha/2}\delta}{1 + \frac{u_{1-\alpha/2}^2}{n}},$$

und

$$p_2 = \frac{\overline{X} + \frac{u_{1-\alpha/2}^2}{2n} + u_{1-\alpha/2}\delta}{1 + \frac{u_{1-\alpha/2}^2}{n}},$$

wobei $\quad \delta = \sqrt{\frac{\overline{X}(1-\overline{X})}{n} + \frac{u_{1-\alpha/2}^2}{4n^2}}$.

Im vorliegenden Fall sind $n = 200$, $\overline{x} = \frac{21}{200} = 0.105$ sowie $\alpha = 0.05$ und damit $u_{1-\alpha/2} = u_{0.975} = 1.96$. Man erhält somit:

$$\frac{u_{1-\alpha/2}^2}{2n} = 0.0096 ,$$
$$\delta = 0.0222 ,$$

und schließlich

$$[p_1, p_2] = [0.070 \ , \ 0.155] \ .$$

b) Natürlich läßt sich auch mit der in (III 4.2) angegebenen Formel der notwendige Stichprobenumfang ermitteln.

Man kann jedoch davon ausgehen, daß der Stichprobenumfang stark ansteigen wird denn:

- Der Sicherheitsgrad soll erhöht werden.
- Die Breite des Konfidenzintervalls soll reduziert werden.

Für große n werden die Werte

$$\frac{u^2_{1-\alpha/2}}{4n^2}, \quad \frac{u^2_{1-\alpha/2}}{2n} \quad \text{und} \quad \frac{u^2_{1-\alpha/2}}{n}$$

daher sehr gering, so daß man das Konfidenzintervall $[p_1, p_2]$ wie folgt approximieren kann:

$$[p_1^*, p_2^*] = \left[\overline{X} - u_{1-\alpha/2}\sqrt{\frac{\overline{X}(1-\overline{X})}{n}} \; ; \; \overline{X} + u_{1-\alpha/2}\sqrt{\frac{\overline{X}(1-\overline{X})}{n}}\right].$$

Damit der geschätzte Anteil mit einem Sicherheitsgrad von $1 - \alpha = 0.99$ nun nicht mehr als $\pm \Delta$ schwankt (hier: $\Delta = 0.01$), muß daher gelten, daß

$$u_{1-\frac{\alpha}{2}}\sqrt{\frac{\overline{X}(1-\overline{X})}{n}} \leq \Delta$$

$$\iff n \geq \frac{\overline{X}(1-\overline{X})}{\Delta^2} u^2_{1-\frac{\alpha}{2}}.$$

Verwendet man $\overline{x} = 0.105$ aus der Vorstichprobe, so erhält man mit $u_{0.995} = 2.5758$:

$$n \geq \frac{0.105 \cdot 0.895}{0.01^2} \cdot 2.5758^2$$
$$\iff n \geq 6235.00.$$

D.h., es müssen mindestens 6235 Personen befragt werden.

Lösung Aufgabe 3.6

a) Ein Konfidenzintervall für μ bei normalverteilter Grundgesamtheit zum Niveau $1-\alpha$ ist (vgl. Formel III 4.1) gegeben durch

$$[\mu_1, \mu_2] = \left[\overline{X} - t_{n-1;1-\frac{\alpha}{2}}\frac{S}{\sqrt{n}} \; ; \; \overline{X} + t_{n-1;1-\frac{\alpha}{2}}\frac{S}{\sqrt{n}}\right].$$

Im vorliegenden Fall sind

$$n = 5,$$
$$\sum_{i=1}^{5} x_i = 105,$$
$$\sum_{i=1}^{5} x_i^2 = 2605.$$

Damit ergeben sich Stichprobenmittel und Stichprobenvarianz zu

$$\bar{x} = \frac{1}{5}\sum_{i=1}^{5} x_i = 21,$$
$$s^2 = \frac{1}{4}\sum_{i=1}^{5}(x_i - \bar{x})^2 = \frac{1}{4}\left(\sum_{i=1}^{5} x_i^2 - 5\bar{x}^2\right)$$
$$= \frac{1}{4}(2605 - 2205) = 100,$$
$$\implies s = 10,$$

und mit $t_{4;0.975} = 2.776$ erhält man das 95%-Konfidenzintervall

$$[\mu_1; \mu_2] = \left[\bar{X} - t_{4;0.975}\frac{S}{\sqrt{n}} \; ; \; \bar{X} + t_{4;0.975}\frac{S}{\sqrt{n}}\right] = [8.59 \; ; \; 33.41].$$

b) Ein Konfidenzintervall für μ zum Niveau $1-\alpha$ bei bekannter Varianz ist (vgl. Formel III 4.1) gegeben durch

$$[\mu_1, \mu_2] = \left[\bar{X} - u_{1-\frac{\alpha}{2}}\frac{\sigma}{\sqrt{n}} \; ; \; \bar{X} + u_{1-\frac{\alpha}{2}}\frac{\sigma}{\sqrt{n}}\right].$$

Mit $\sigma = 10$, $u_{1-\frac{\alpha}{2}} = u_{0.975} = 1.96$ und dem in a) ermittelten Stichprobenmittel erhält man:

$$[\mu_1; \mu_2] = [12.23 \; ; \; 29.77].$$

c) Die Länge des ersten Konfidenzintervalles beträgt

$$33.41 - 8.59 = 24.82,$$

die des zweiten Konfidenzintervalles beträgt

$$29.77 - 12.23 = 17.54,$$

damit ist das Konfidenzintervall aus Aufgabenteil b) kürzer.
Allgemein erhält man als Länge für die beiden Konfidenzintervalle:

$$L_1 = \overline{X} + t_{n-1;1-\frac{\alpha}{2}}\frac{S}{\sqrt{n}} - \left(\overline{X} - t_{n-1;1-\frac{\alpha}{2}}\frac{S}{\sqrt{n}}\right) = 2t_{n-1;1-\frac{\alpha}{2}}\frac{S}{\sqrt{n}},$$

analog: $\quad L_2 = 2u_{1-\frac{\alpha}{2}}\frac{\sigma}{\sqrt{n}}.$

Der entscheidende Unterschied zwischen beiden Konfidenzintervallen ist, daß die Länge des ersten zufällig ist, da die Zufallsvariable S enthalten ist, während die Länge des zweiten konstant ist. Damit kann das erste Konfidenzintervall länger oder auch kürzer sein.

d) Da die Varianz der normalverteilten Grundgesamtheit bekannt ist, handelt es sich bei beiden Tests um einen (einseitigen) doppelten Gauß–Test. Die Teststatistik für beide Tests lautet

$$Z = \frac{\overline{X} - \overline{Y}}{\sqrt{\frac{\sigma_1^2}{n_1} + \frac{\sigma_2^2}{n_2}}}$$

$$= \frac{\overline{X} - \overline{Y}}{\sigma\sqrt{\frac{2}{n}}}, \quad \text{da} \quad \sigma_1^2 = \sigma_2^2 = \sigma^2 \quad \text{und} \quad n_1 = n_2 = n.$$

Mit $n = 5$ und $\sigma = \sqrt{100} = 10$ sowie

$$\overline{x} = 21,$$
$$\overline{y} = \frac{132}{5} = 26.4$$

erhält man:

$$z = \frac{21 - 26.4}{10 \cdot \sqrt{\frac{2}{5}}} = -0.8538.$$

Als kritischen Wert des Tests

$$H_0: \quad \mu_1 \geq \mu_2 \quad \text{gegen} \quad H_1: \quad \mu_1 < \mu_2$$

ermittelt man:

$$u_\alpha = -u_{1-\alpha} = -u_{0.95} = -1.6449 ,$$

so daß man wegen $z \not< u_\alpha$ H_0 nicht verwerfen kann.

Man beachte die Sprechweise! Dieses Ergebnis bedeutet nicht, daß man H_0 annehmen kann, denn als kritischen Wert des Tests

$$H_0: \quad \mu_1 \le \mu_2 \quad \text{gegen} \quad H_1: \quad \mu_1 > \mu_2$$

ermittelt man

$$u_{1-\alpha} = u_{0.95} = 1.6449 ,$$

und da $z \not> u_{1-\alpha}$, kann auch hier die Nullhypothese nicht abgelehnt werden.

Lösung Aufgabe 3.7

a) Der doppelte, einseitige Gauß–Test

$$H_0: \mu_1 \le \mu_2 \quad \text{vs.} \quad H_1: \mu_1 > \mu_2$$

lehnt die Nullhypothese zum Niveau α ab, falls gilt:

$$\frac{\overline{X} - \overline{Y}}{\sqrt{\dfrac{\sigma^2}{n_1} + \dfrac{\sigma^2}{n_2}}} > u_{1-\alpha} .$$

Für die erste Stichprobe (Schweiß-Girls) gilt:

$$\overline{x} = \frac{1}{n} \sum_{i=1}^{7} x_i = 148 , \; n_1 = 7 .$$

Für die zweite Stichprobe (Mega-Kerls) erhält man:

$$\overline{y} = \frac{1}{n} \sum_{i=1}^{8} y_i = 126.5 , \; n_2 = 8 .$$

Damit erhält man als Realisierung der Teststatistik:

$$\frac{\overline{x} - \overline{y}}{\sqrt{\frac{\sigma^2}{n_1} + \frac{\sigma^2}{n_2}}} = \frac{148 - 126.5}{\sqrt{\frac{120^2}{7} + \frac{120^2}{8}}} = 0.346,$$

so daß die Nullhypothese zum Niveau $\alpha = 0.05$ nicht verworfen werden kann, da

$$u_{0.95} = 1.6449 > 0.346.$$

b) Der analoge doppelte, einseitige t–Test lehnt zum Niveau α ab, falls gilt:

$$\frac{\overline{X} - \overline{Y}}{\sqrt{\frac{(n_1 - 1)S_1^2 + (n_2 - 1)S_2^2}{n_1 + n_2 - 2}}\sqrt{\frac{n_1 + n_2}{n_1 \cdot n_2}}} > t_{n_1 + n_2 - 2; 1 - \alpha}$$

Es gilt:

$$(n_1 - 1)s_1^2 = \sum_{i=1}^{n_1} x_i^2 - n_1 \overline{x}^2 = 214\,952 - 7 \cdot 148^2 = 61\,624,$$

$$(n_2 - 1)s_2^2 = \sum_{i=1}^{n_2} y_i^2 - n_2 \overline{y}^2 = 235\,102 - 8 \cdot 126.5^2 = 107\,084.$$

Damit erhält man als Realisation der t–Statistik:

$$\frac{\overline{x} - \overline{y}}{\sqrt{\frac{(n_1 - 1)s_1^2 + (n_2 - 1)s_2^2}{n_1 + n_2 - 2}}\sqrt{\frac{n_1 + n_2}{n_1 \cdot n_2}}} = \frac{148 - 126.5}{\sqrt{\frac{61\,624 + 107\,084}{7 + 8 - 2}}\sqrt{\frac{7 + 8}{7 \cdot 8}}} = 0.365.$$

Da $t_{13;0.95} = 1.771$, lehnt auch der t–Test nicht ab.

Lösung Aufgabe 3.8

Zur Ermittlung des Konfidenzintervalls für ρ bei normalverteilten Grundgesamtheiten zum Niveau $1 - 0.05 = 0.95$ berechnet man zunächst die Realisation der Stichprobenkorrelation R:

$$r_{xy} = \frac{\sum_{i=1}^{12} x_i y_i - 12\,\overline{x}\,\overline{y}}{\sqrt{\sum_{i=1}^{12} x_i^2 - 12\,\overline{x}^2}\sqrt{\sum_{i=1}^{12} y_i^2 - 12\,\overline{y}^2}}$$

$$= \frac{5615 - 12 \cdot 20 \cdot 18.33}{\sqrt{6044 - 12 \cdot 20^2}\sqrt{6288 - 12 \cdot 18.33^2}} \approx 0.73.$$

Statt direkt ein Konfidenzintervall für ρ zu berechnen, ermittelt man ein Konfidenzintervall für

$$Z_0 = \frac{1}{2}\ln\frac{1+\rho}{1-\rho} + \frac{\rho}{2(n-1)}$$

durch

$$\left[Z - \frac{u_{1-\frac{\alpha}{2}}}{\sqrt{n-3}}; Z + \frac{u_{1-\frac{\alpha}{2}}}{\sqrt{n-3}}\right],$$

wobei

$$Z = \frac{1}{2}\ln\frac{1+R}{1-R}$$

die sogenannte Fishersche Z–Transformation darstellt. Als Realisation von Z erhält man mit Hilfe der Tabelle 12:

$$z = \frac{1}{2}\ln\frac{1+0.73}{1-0.73} = 0.9287,$$

so daß mit dem 0.975–Quantil der Normalverteilung (vgl. Tabelle 4) folgt:

$$z - \frac{u_{0.975}}{\sqrt{9}} \approx 0.275,$$
$$z + \frac{u_{0.975}}{\sqrt{9}} \approx 1.582.$$

Die Rücktransformation durch die inverse Z–Transformation (vgl. Tabelle 13) liefert als Konfidenzintervall für ρ : [0.2729;0.9186] . Man beachte jedoch, daß man dabei den Term $\rho/2(n-1)$ außer Acht gelassen hat. Genaugenommen müßte man die Grenzen noch durch ein numerisches Verfahren interpolieren, darauf sei an dieser Stelle jedoch verzichtet. Stattdessen sollte man mindestens die dritte Nachkommastelle bei obigem Konfidenzintervall vernachlässigen.

Lösung Aufgabe 3.9

a) Sind $X_1, \ldots, X_{n_1} \sim N(\mu_1, \sigma^2)$ und $Y_1, \ldots, Y_{n_2} \sim N(\mu_2, \sigma^2)$ zwei voneinander unabhängige einfache Zufallsstichproben, so ist

$$\frac{\overline{X} - \overline{Y} - (\mu_1 - \mu_2)}{\sqrt{\frac{n_1 + n_2}{n_1 \cdot n_2}} \cdot S_0}$$

$t_{n_1+n_2-2}$ - verteilt, wobei

$$S_0^2 = \frac{(n_1 - 1)S_1^2 + (n_2 - 1)S_2^2}{n_1 + n_2 - 2} \quad \text{(vgl. Formelsammlung III 5.2)}.$$

Ist nun speziell $\mu_1 = \mu_2$ und $Y = Y_1$ (d.h. $n_2 = 1$), so gilt $S_0^2 = S_1^2$ und

$$\frac{\overline{X} - Y}{\sqrt{\frac{n_1+1}{n_1}} S_1} \sim t_{n_1 - 1} \;.$$

Damit erhält man ein sogenanntes Prognoseintervall für einen zukünftigen Wert Y durch

$$\left[\overline{X} - t_{n_1-1; 1-\frac{\alpha}{2}} \sqrt{\frac{n_1 + 1}{n_1}} S_1 \;;\; \overline{X} + t_{n_1-1; 1-\frac{\alpha}{2}} \sqrt{\frac{n_1 + 1}{n_1}} S_1 \right] \;.$$

Im vorliegenden Fall erhält man mit $n_1 = 8$ und $\alpha = 0.1$:

$$\overline{x} = \frac{1}{8} \sum_{i=1}^{8} x_i = 89.5 \;,$$

$$s_1^2 = \frac{1}{7} \left(\sum_{i=1}^{8} x_i^2 - n\overline{x}^2 \right) = \frac{1}{7}(64\,316 - 8 \cdot 89.5^2) = 33.429 \;,$$

$$t_{7; 0.95} = 1.895 \;,$$

$$\sqrt{\frac{n_1 + 1}{n_1}} = \sqrt{\frac{9}{8}} = 1.061 \;,$$

so daß das Prognoseintervall gegeben ist durch

$$[77.875 ; 101.125] \;.$$

b) Der geeignete Test, ob sich die Erwartungswerte zweier unabhängig normalverteilter Stichproben mit gleicher aber unbekannter Varianz unterscheiden, ist der doppelte t–Test (vgl. Formelsammlung III 8.3).
Der kritische Bereich des einseitigen Tests

$$H_0 : \mu_1 \geq \mu_2 \quad \text{vs.} \quad H_1 : \mu_1 < \mu_2$$

ist gegeben durch

$$\frac{\overline{X} - \overline{Y}}{\delta \cdot S_0} < t_{n_1+n_2-2;\alpha} \,,$$

wobei

$$\delta = \sqrt{\frac{n_1 + n_2}{n_1 \cdot n_2}}$$

und $\quad S_0^2 = \dfrac{(n_1 - 1)S_1^2 + (n_2 - 1)S_2^2}{n_1 + n_2 - 2} \,.$

Im vorliegenden Fall erhält man mit $n_1 = 8, n_2 = 6$ und $\alpha = 0.01$:

$$\begin{aligned}
\overline{x} &= 89.5 \quad \text{(vgl. Aufgabenteil a))}, \\
s_1^2 &= 33.429 \quad \text{(vgl. Aufgabenteil a))}, \\
\overline{y} &= \frac{1}{6}\sum_{i=1}^{6} y_i = 99 \,, \\
s_2^2 &= \frac{1}{5}\left(\sum_{i=1}^{6} y_i^2 - 6\overline{y}^2\right) = 45.2 \,, \\
s_0^2 &= \frac{7 \cdot s_1^2 + 5 \cdot s_2^2}{12} = \frac{460}{12} = 38.\overline{3} \,, \\
\delta &= \sqrt{\frac{8+6}{8 \cdot 6}} = 0.540 \,, \\
t_{12;0.01} &= -2.681 \,.
\end{aligned}$$

Damit erhält man als Wert der Teststatistik

$$\frac{\overline{x} - \overline{y}}{\delta s_0} = \frac{89.5 - 99}{0.540 \cdot 6.191} = -2.842 < -2.681 = t_{12;0.01} \,,$$

so daß die Hypothese, der mittlere Konsum in der zweiten Stichprobe sei nicht größer als in der ersten, zum Niveau $\alpha = 0.01$ abgelehnt werden kann, d.h., zum Niveau $\alpha = 0.01$ hat sich der Verbrauch signifikant erhöht.

Lösung Aufgabe 3.10

a) Sei X die Anzahl der (nach Einwirkung des Wunderheilers) erfolgreichen Klausurteilnehmer. Testet man

$$H_0^1: \quad p = 0.8 \quad \text{versus} \quad H_1^1: \quad p = 0.5$$
$$\text{bzw.} \quad H_0^2: \quad p = 0.8 \quad \text{versus} \quad H_1^2: \quad p = 0.7,$$

so wird man sich gegen H_0 entscheiden, falls X einen kritischen Wert $c \in \mathbb{N}$ annimmt oder unterschreitet. Demzufolge ist die Wahrscheinlichkeit für den Fehler 1. Art, die das Signifikanzniveau angibt, gegeben durch

$$P(H_0 \text{ ablehnen} | H_0 \text{ wahr}) \leq 0.01,$$

so daß gilt:

$$0.01 \geq P(X \leq c | p = 0.8) = \sum_{i=0}^{c} \binom{100}{i} 0.8^i 0.2^{100-i}$$
$$= F_{p=0.8}(c).$$

Gesucht ist also ein c derart, daß die in Tab. 1 abgedruckte Verteilungsfunktion den Wert 0.01 annimmt oder unterschreitet, für $c+1$ jedoch überschreitet:

$$F_{p=0.8}(c) \leq 0.01,$$
$$\text{aber} \quad F_{p=0.8}(c+1) > 0.01.$$

Beachtet man für die Tabellierung, daß

$$F_{p=0.8}(c) = 1 - F_{p=0.2}(99 - c)$$

gilt, so wird man fordern:

$$1 - F_{p=0.2}(99 - c) \leq 0.01 \quad \Longleftrightarrow \quad F_{p=0.2}(99 - c) \geq 0.99$$
$$\text{aber} \quad 1 - F_{p=0.2}(99 - (c+1)) > 0.01 \quad \Longleftrightarrow \quad F_{p=0.2}(98 - c) < 0.99.$$

Aus Tabelle 1 liest man ab, daß

$$99 - c = 30$$

sein muß, d.h.,

$$c = 69 \ .$$

Das wahre Signifikanzniveau ist damit gegeben durch

$$\alpha = 1 - 0.99394 = 0.00606 \ .$$

b) Gesucht ist die Wahrscheinlichkeit für den Fehler 2. Art, d.h.

$$P(H_0 \text{ nicht ablehnen}|H_0 \text{ falsch}) \ .$$

Diese Wahrscheinlichkeit ist gegeben durch

$$\begin{aligned} P(X > 69|p_0 = 0.5) &= \sum_{i=70}^{100} \binom{100}{i} 0.5^{100} \\ &= 1 - F_{p=0.5}(69) \\ &= 1 - 0.99996 \quad \text{(vgl. Tabelle 1)} \\ &= 0.00004 \end{aligned}$$

bzw.
$$\begin{aligned} P(X > 69|p_0 = 0.7) &= \sum_{i=70}^{100} \binom{100}{i} 0.7^i 0.3^{100-i} \\ &= 1 - F_{p=0.7}(69) \\ &= 1 - [1 - F_{p=0.3}(100 - 69 - 1)] \\ &= F_{p=0.3}(28) \\ &= 0.37678 \quad \text{(vgl. Tabelle 1)} \ . \end{aligned}$$

Lösung Aufgabe 3.11

a) Da die Varianz der normalverteilten Grundgesamtheit nicht bekannt ist, handelt es sich bei dem Tee–Test um einen (einfachen) t–Test. Der kritische Bereich des zweiseitigen Tests

$$H_0 : \mu = 100 \quad \text{vs.} \quad H_1 : \mu \neq 100$$

ist gegeben durch

$$|t| = \left| \sqrt{n} \, \frac{\overline{X} - \mu}{S} \right| > t_{n-1;1-\frac{\alpha}{2}} \ .$$

Mit

$$\begin{aligned}
n &= 16, \\
\overline{x} &= \frac{1}{16}\sum_{i=1}^{n} x_i = 100.2, \\
s^2 &= \frac{1}{15}\left(\sum_{i=1}^{16} x_i^2 - 16\overline{x}^2\right) = \frac{1}{15}(160\,671.26 - 160\,640.64) \\
&= 2.04
\end{aligned}$$

erhält man als Wert der Teststatistik:

$$|t| = \left|4 \cdot \frac{100.2 - 100}{\sqrt{2.04}}\right| = 0.56 \,.$$

Da $t_{n-1;1-\frac{\alpha}{2}} = t_{15;0.975} = 2.131$ und somit $|t| \not> 2.131$, kann die Nullhypothese zum Niveau $\alpha = 0.05$ nicht verworfen werden.

b) Der kritische Bereich des Tests ist gegeben durch

$$\frac{S_1^2}{S_2^2} > F_{n_1-1,n_2-1;1-\alpha} \,.$$

Mit

$$\begin{aligned}
n_1 &= 16, \quad n_2 = 12, \\
s_1^2 &= 2.04 \quad \text{(vgl. Teil a))}, \\
\overline{y} &= \frac{1}{12}\sum_{i=1}^{12} x_i = 100.15, \\
s_2^2 &= \frac{1}{11}\left(\sum_{i=1}^{12} y_i^2 - 12 \cdot \overline{y}^2\right) = \frac{1}{11}(120\,362.22 - 120\,360.27) \\
&= 0.18
\end{aligned}$$

erhält man als Wert der Teststatistik

$$\frac{s_1^2}{s_2^2} = \frac{2.04}{0.18} = 11.33 \,.$$

Als kritischen Wert ermittelt man aus Tabelle 7:

$$F_{n_1-1,n_2-1;1-\alpha} = F_{15,11;0.95} = 2.179,$$

und damit wird die Nullhypothese zum Niveau $\alpha = 0.05$ abgelehnt. D.h., die Varianz hat sich signifikant zum Niveau $\alpha = 0.05$ gegenüber der alten Abfüllmaschine verkleinert.

Lösung Aufgabe 3.12

a) Beim Test

$$H_0: \quad \rho = 0 \quad \text{versus} \quad H_1: \quad \rho \neq 0$$

über die Korrelation zweier normalverteilter Stichproben wird H_0 verworfen, falls

$$\left| \sqrt{n-2} \frac{R}{\sqrt{1-R^2}} \right| > t_{n-2;1-\frac{\alpha}{2}} \quad \text{(vgl. Formel III 8.1)}.$$

Dabei bezeichnet R die Stichprobenkorrelation. Für r_{xy}, die Realisation von R, erhält man:

$$r_{xy} = \frac{\sum_{i=1}^{10} x_i y_i - n\bar{x}\,\bar{y}}{\sqrt{\sum_{i=1}^{10} x_i^2 - n\bar{x}^2}\sqrt{\sum_{i=1}^{10} y_i^2 - n\bar{y}^2}}.$$

Im vorliegenden Fall gilt:

$$\sum_{i=1}^{10} x_i = 109.99, \quad \sum_{i=1}^{10} y_i = 2750, \quad \sum_{i=1}^{10} x_i^2 = 1209.91,$$
$$\sum_{i=1}^{10} y_i^2 = 962500, \quad \sum_{i=1}^{10} x_i y_i = 30113.$$

Damit folgt $r_{xy} = -0.8184 \approx -0.82$.
Aus Tabelle 5 liest man ab, daß $t_{n-2;1-\frac{\alpha}{2}} = t_{8;0.975} = 2.306$. Es ergibt sich also insgesamt

$$\left| \sqrt{n-2} \frac{r_{xy}}{\sqrt{1-r_{xy}^2}} \right| = \left| \sqrt{8} \frac{-0.82}{\sqrt{1-(-0.82)^2}} \right| = |4.052| = 4.052 > 2.306.$$

H_0 wird deshalb zum Niveau $\alpha = 0.05$ verworfen.

b) Beim Test

$$H_0: \quad \rho \geq \rho_0 = -0.6 \quad \text{versus} \quad H_1: \quad \rho < -0.6$$

wird die Nullhypothese verworfen (siehe Formelsammlung III 8.1), wenn gilt:

$$\sqrt{n-3}(Z - Z_0) < u_\alpha,$$

wobei

$$Z = \frac{1}{2} \ln \frac{1+R}{1-R}$$

die Z–Transformation nach Fisher beschreibt. Mit den Realisationen z von Z und z_0 von Z_0, also

$$\begin{aligned} z_0 &= \frac{1}{2} \ln \frac{1+\rho_0}{1-\rho_0} + \frac{\rho_0}{2(n-1)} = \frac{1}{2} \ln \frac{1-0.6}{1+0.6} + \frac{-0.6}{2 \cdot 9} \\ &= -0.6931 - 0.0333 = -0.7264 \end{aligned}$$

und

$$z = \frac{1}{2} \ln \frac{1+r_{xy}}{1-r_{xy}} = \frac{1}{2} \ln \frac{1-0.82}{1+0.82} = -1.1568,$$

wobei $r_{xy} = -0.82$ aus Aufgabenteil a) verwendet wurde, folgt also:

$$\sqrt{n-3}(z - z_0) = \sqrt{7}[-1.1568 - (-0.7264)] = -1.1387 \not< -1.6449 = u_{0.05},$$

so daß man H_0 hier zum Niveau $\alpha = 0.05$ nicht verwerfen kann.

Lösung Aufgabe 3.13

Seien

X_i die Anzahl der Stürze beim i-ten Skifahren ohne "Jagatee" $(i = 1, \ldots, 5)$

und

Y_j die Anzahl der Stürze beim j-ten Skifahren mit "Jagatee" $(j = 1, \ldots, 8)$.

a) Es wird unterstellt, daß $X_i \sim N(\mu_1, \sigma^2)$ und $Y_j \sim N(\mu_2, \sigma^2)$ mit σ^2 unbekannt. Für den Test

$$H_0 : \mu_1 = \mu_2 \quad \text{versus} \quad H_1 : \mu_1 \neq \mu_2$$

erhält man durch den (doppelten) t–Test den kritischen Bereich oder Ablehnbereich (vgl. Formel III 8.3):

$$|\overline{X} - \overline{Y}| > t_{n_1+n_2-2, 1-\frac{\alpha}{2}} S_0 \delta$$

$$\text{mit} \quad S_0^2 = \frac{(n_1-1)S_1^2 + (n_2-1)S_2^2}{n_1+n_2-2}, \qquad \delta = \sqrt{\frac{n_1+n_2}{n_1 \cdot n_2}}.$$

Im vorliegenden Fall sind

$$n_1 = 5, \quad n_2 = 8,$$
$$t_{n_1+n_2-2,1-\frac{\alpha}{2}} = t_{11;0.975} = 2.201,$$
$$\overline{x} = 11.6, \quad \overline{y} = 12.5,$$
$$(n_1 - 1)s_1^2 = \sum_{i=1}^{n_1} x_i^2 - n_1\overline{x}^2 = 722 - 5 \cdot 11.6^2 = 49.2,$$
$$(n_2 - 1)s_2^2 = \sum_{j=1}^{n_2} y_j^2 - n_2\overline{y}^2 = 1336 - 8 \cdot 12.5^2 = 86,$$
$$\implies s_0^2 = \frac{(n_1 - 1)s_1^2 + (n_2 - 1)s_2^2}{n_1 + n_2 - 2} = \frac{49.2 + 86}{11} = 12.29,$$
$$\delta = \sqrt{\frac{13}{40}} = 0.57,$$

und damit

$$t_{n_1+n_2-2;1-\frac{\alpha}{2}} S_0 \delta = 2.201 \cdot 3.506 \cdot 0.57 = 4.40.$$

Und da $|\overline{x}-\overline{y}| = |-0.9| = 0.9 \not> 4.40$, kann H_0 zum Niveau $\alpha = 0.05$ nicht verworfen werden.

b) Der Ablehnbereich des Wilcoxon–Rangsummen–Test ist gegeben durch

$$W_n \geq n_1(n_1 + n_2 + 1) - w_{n_1,n_2;\frac{\alpha}{2}} \quad \text{oder} \quad W_n \leq w_{n_1,n_2;\frac{\alpha}{2}}$$

wobei

$$W_n = \sum_{i=1}^{n_1} R(X_i)$$

und

$R(X_i)$ Rang von X_i in gemeinsamer Stichprobe
(vgl. Formelsammlung III 9.1).

Die Ränge in der gemeinsamen Stichprobe werden wie folgt vergeben (Beachten Sie, daß im Fall von Bindungen, also gleich großen Beobachtungen, midranks vergeben werden, also etwa für 9 zweimal der Rang $\frac{3+4}{2} = 3.5$ statt je einmal Rang 3 und 4 sowie für 14 dreimal Rang $\frac{8+9+10}{3} = 9$ statt je einmal Rang 8, 9 und 10):

Ohne Jagatee	7				10	11		14				16	
Mit Jagatee		8	9	9			13		14	14	15		18
Rang	1	2	3.5	3.5	5	6	7	9	9	9	11	12	13

Im vorliegenden Fall ermittelt man als Realisation der Zufallsvariablen W_n:

$$w_n = \sum_{i=1}^{n_1} R(x_i) = 1 + 5 + 6 + 9 + 12 = 33 \; ,$$

$$w_{5,8;0.025} = 21 \; ,$$

und $n_1(n_1 + n_2 + 1) - w_{5,8;0.025} = 5 \cdot 14 - 21 = 49$.

Da weder $w_n \geq 49$ noch $w_n \leq 21$, lehnt auch der Wilcoxon–Rangsummen–Test zum Niveau $\alpha = 0.05$ nicht ab.

Lösung Aufgabe 3.14

Der geeignete nichtparametrische Test auf Lage eines Symmetriezentrums ist der Wilcoxon–Vorzeichen–Rangtest. Der kritische Bereich des Tests

$$H_0: \quad c = 100\,000 \qquad \text{versus} \qquad H_1: \quad c \neq 100\,000$$

für das Symmetriezentrum c ist gegeben durch

$$W_n^+ \geq \frac{n(n+1)}{2} - w_{n;\frac{\alpha}{2}}^+ \qquad \text{oder} \qquad W_n^+ \leq w_{n;\frac{\alpha}{2}}^+ \; .$$

Die Teststatistik W^+ ermittelt sich dabei wie folgt:

$$W_n^+ = \sum_{i=1}^{n} R\left(|X_i - c|\right) \mathbf{1}_{(0,\infty)}(X_i - c) \; .$$

Zur Ermittlung der Teststatistik betrachte man die nachfolgende Arbeitstabelle. Bei dieser Gelegenheit werden die Beobachtungen der Größe nach geordnet, was die Berechnungen für die Teststatistik später erleichtert:

x_i	$\|x_i - 100\,000\|$	$R(\|x_i - 100\,000\|)$	$\mathbf{1}_{(0,\infty)}(x_i - 100\,000)$
78 530	21 470	15	0
81 880	18 120	14	0
85 430	14 570	12	0
86 360	13 640	11	0
89 500	10 500	9	0
91 300	8 700	8	0
94 120	5 880	6	0
99 350	650	2	0
99 880	120	1	0
101 100	1 100	3	1
103 270	3 270	4	1
105 340	5 340	5	1
108 350	8 350	7	1
112 000	12 000	10	1
114 710	14 710	13	1
130 900	30 900	16	1

Nachdem man in der zweiten Spalte die Werte $|x_i - 100\,000|$ berechnet hat, werden in der dritten Spalte diesen Werten die Ränge zugeordnet. Durch die sortierten Daten wird nun ausgehend von 120 der nächst größere Wert von $|x_i - 100\,000|$ nach oben oder unten gesucht und der nächste Rang vergeben. Die Indikatorfunktion in der letzten Spalte gibt schließlich an, ob die ursprünglichen Beobachtungen entweder größer bzw. gleich oder kleiner 100 000 sind. Überall dort, wo die Indikatorfunktion den Wert 1 hat, werden die ermittelten Ränge aufsummiert, d.h., zur Berechnung von W_n^+ braucht man lediglich die Ränge der zweiten Hälfte addieren, so daß man als Realisation von W_n^+

$$w_n^+ = 3 + 4 + 5 + 7 + 10 + 13 + 16 = 58$$

erhält. Als kritische Werte für den Test erhält man (vgl. Tabelle 9):

$$w_{n;\frac{\alpha}{2}}^+ = w_{16;0.025}^+ = 29$$

und $\quad \dfrac{n(n+1)}{2} - w_{16;0.025}^+ = \dfrac{16 \cdot 17}{2} - 29 = 107 \,.$

Da $58 \nleq 29$ und $58 \ngeq 107$, kann H_0 zum Niveau $\alpha = 0.05$ nicht verworfen werden.

Lösung Aufgabe 3.15

Es gibt insgesamt

$$17 + 29 + 35 + 18 + 31 = 130$$

Gummibärchen. Wären die Gummibärchen über die verschiedenen Farben gleichverteilt, so würde man für jede Farbe

$$\frac{130}{5} = 26$$

Stück erwarten.
Das Testproblem lautet also:

$$H_0: \quad P(\text{weiß}) = P(\text{gelb}) = P(\text{orange}) = P(\text{rot}) = P(\text{grün}) = \frac{1}{5}$$

gegen die Alternative

$$H_1: \quad \text{Für mindestens eine Sorte } S \text{ gilt:} \quad P(S) \neq \frac{1}{5}.$$

Der χ^2-Anpassungstest mißt die Abweichungen zwischen den beobachteten und den erwarteten Werten der einzelnen Klassen:

Farbe	n_i (beobachtet)	$n \cdot p_i$ (erwartet)	$n_i - n \cdot p_i$
weiß	17	26	-9
gelb	29	26	3
orange	35	26	9
rot	18	26	-8
grün	31	26	5

Für die Teststatistik des χ^2-Anpassungstests erhält man:

$$\chi^2 = \frac{(-9)^2}{26} + \frac{3^2}{26} + \frac{9^2}{26} + \frac{(-8)^2}{26} + \frac{5^2}{26} = \frac{260}{26} = 10.$$

Da

$$\chi^2 > \chi^2_{4;0.95} = 9.488,$$

kann die Nullhypothese zum Niveau $\alpha = 0.05$ verworfen werden.

Lösung Aufgabe 3.16

a) Die Likelihoodfunktion ist gegeben durch

$$\begin{aligned}
L(\lambda|x_1,\ldots,x_n) &= \prod_{i=1}^n f_{X_i}(x_i) = \prod_{i=1}^n f(x_i) \\
&= \prod_{i=1}^n \lambda e^{-\lambda x_i} = \lambda^n \prod_{i=1}^n e^{-\lambda x_i} \\
&= \lambda^n e^{-\lambda \sum_{i=1}^n x_i} \quad \text{(denn: } e^a \cdot e^b = e^{a+b}) \\
&= \lambda^n e^{-\lambda n \bar{x}} \quad \text{(da: } \frac{1}{n}\sum_{i=1}^n x_i = \bar{x}) \\
&= [\lambda e^{-\lambda \bar{x}}]^n .
\end{aligned}$$

Die logarithmierte Likelihoodfunktion, die sog. Loglikelihoodfunktion, ist damit

$$\begin{aligned}
L^*(\lambda|x_1,\ldots,x_n) &= \ln[L(\lambda, x_1,\ldots,x_n)] \\
&= \ln\left[\lambda e^{-\lambda \bar{x}}\right]^n \\
&= n(\ln \lambda - \lambda \bar{x}) .
\end{aligned}$$

Ableiten der Likelihoodfunktion ergibt

$$\frac{\partial L^*}{\partial \lambda} = n\left(\frac{1}{\lambda} - \bar{x}\right) .$$

Nullsetzen liefert:

$$\frac{1}{\lambda} - \bar{x} = 0 \quad \Longleftrightarrow \quad \lambda = \frac{1}{\bar{x}} .$$

Als zweite Ableitung von L^* ermittelt man:

$$\frac{\partial^2 L^*}{\partial \lambda^2} = n(-1)\lambda^{-2} = -\frac{n}{\lambda^2} .$$

Damit gilt:

$$\frac{\partial^2 L^*\left(\frac{1}{\bar{x}}\right)}{\partial \lambda^2} = -n\bar{x}^2 < 0$$

und

$$\hat{\lambda}_{ML} = \frac{1}{\bar{X}}$$

ist der Maximum–Likelihood–Schätzer für λ.

b) Sei zunächst mit Hilfe der Dichte die Verteilungsfunktion berechnet:

$$F(x) = \int_{-\infty}^{x} f(t)dt = \int_{-\infty}^{x} \lambda e^{-\lambda t} 1_{(0,\infty)}(t)dt = \int_{0}^{x} \lambda e^{-\lambda t} dt = -e^{-\lambda t}\Big|_{0}^{x}$$
$$= 1 - e^{-\lambda x}. \tag{3.6}$$

Will man testen, ob die zugrundeliegende Verteilung (irgendeine) Exponentialverteilung ist, so lautet die Nullhypothese:

$$H_0: \quad F_X(x) \in \mathcal{F} = \left\{1 - e^{-\lambda x} \,\big|\, \lambda > 0 \quad \text{unbekannt}\right\}$$

gegen die Alternative (Alternativhypothese)

$$H_1: \quad F_X(x) \notin \mathcal{F}.$$

Sollen die theoretischen Wahrscheinlichkeiten für die Klassen gleich sein, d.h. im vorliegenden Fall $p_i = P(X \in K_i | F_X(x) = 1 - e^{-\lambda x}) = 0.25$ für $i = 1, \ldots, 4$, so muß man als Klassengrenzen die Quartile wählen. Für das α-Quantil $\tilde{x}_\alpha$ muß gelten:

$$F(\tilde{x}_\alpha) = \alpha$$
$$\iff 1 - e^{-\lambda \tilde{x}_\alpha} = \alpha$$
$$\iff e^{-\lambda \tilde{x}_\alpha} = 1 - \alpha$$
$$\iff -\lambda \tilde{x}_\alpha = \ln(1 - \alpha)$$
$$\iff \tilde{x}_\alpha = -\frac{\ln(1 - \alpha)}{\lambda}.$$

Mit Hilfe des ML–Schätzers $\hat{\lambda}_{ML} = \frac{1}{105}$ aus Aufgabenteil a) erhält man für die theoretische Verteilung folgende Quartile:

$$\tilde{x}_{0.25} = -105 \cdot \ln(1 - 0.25) = 30.21,$$
$$\tilde{x}_{0.5} = -105 \cdot \ln(0.5) = 72.78,$$
$$\tilde{x}_{0.75} = -105 \cdot \ln 0.25 = 145.56,$$

so daß man zu folgender Klasseneinteilung gelangt:

$$(0, 30.21); \; [30.21, 72.78); \; [72.78, 145.56); \; [145.56, \infty).$$

In der nachfolgenden Tabelle sind die theoretisch zu erwartenden Beobachtungen ("expected values") np_i sowie die tatsächlichen Beobachtungen ("observed values") n_i dargestellt:

i	Klasse K_i	np_i	n_i
1	(0 , 30.21)	5	6
2	(30.21 , 72.78)	5	5
3	(72.78 , 145.56)	5	5
4	(145.56 , ∞)	5	4

Als Wert der Teststatistik des χ^2–Anpassungstestes ermittelt man daher:

$$\chi^2 = \sum_{i=1}^{4} \frac{(n_i - np_i)^2}{np_i} = \frac{(6-5)^2}{5} + \frac{(5-5)^2}{5} + \frac{(5-5)^2}{5} + \frac{(4-5)^2}{5}$$
$$= \frac{2}{5} = 0.4 \ .$$

Der kritische Wert des Tests ist mit $k = 4$, $r = 1$ und $\alpha = 0.05$ gegeben durch:

$$\chi^2_{k-r-1;1-\alpha} = \chi^2_{2;0.95} = 5.991 \qquad \text{(vgl. Tabelle 6)}.$$

D.h., zum Niveau $\alpha = 0.05$ kann die Hypothese auf Vorliegen einer Exponentialverteilung mittels eines χ^2–Anpassungstests nicht abgelehnt werden.

c) Bezeichne wiederum X die Gesprächsdauer (in Minuten) von G. Schwätzig.
Dann möchte Herr Schwätzig wissen, wie groß die Wahrscheinlichkeit ist, daß das Gespräch in den nächsten x Minuten beendet ist unter der Voraussetzung, daß es bereits t Minuten andauert. D.h., gesucht ist

$$P(X \leq t+x | X > t) \ .$$

Nun ist

$$\begin{aligned}
P(X \leq t+x | X > t) &= \frac{P(X \leq t+x \text{ und } X > t)}{P(X > t)} \\
&= \frac{P(t < X \leq t+x)}{P(X > t)} \\
&= \frac{P(t < X \leq t+x)}{1 - P(X \leq t)} \\
&= \frac{F(t+x) - F(t)}{1 - F(t)} \ .
\end{aligned}$$

Die Verteilungsfunktion der Exponentialverteilung wurde bereits in (3.6) berechnet:

$$F(x) = 1 - e^{-\lambda x}.$$

Damit gilt:

$$\begin{aligned}
P(X \leq t + x | X > t) &= \frac{1 - e^{-\lambda(t+x)} - (1 - e^{-\lambda t})}{1 - (1 - e^{-\lambda t})} \\
&= \frac{-e^{-\lambda(t+x)} + e^{-\lambda t}}{e^{-\lambda t}} = \frac{e^{-\lambda t}(1 - e^{-\lambda x})}{e^{-\lambda t}} \\
&= 1 - e^{-\lambda x} = F(x) = P(X \leq x).
\end{aligned}$$

Dies ist wahrlich ein verblüffendes Ergebnis! Es besagt nämlich, daß die Wahrscheinlichkeit, daß wir noch x Minuten auf das Ende des Telefonats warten müssen, unabhängig von der Zeit ist, die wir ohnehin schon warten. Diese besondere Eigenschaft der Exponentialverteilung heißt auch "Gedächtnislosigkeit der Exponentialverteilung".

Lösung Aufgabe 3.17

Getestet wird:

$$H_0: \; X_1, \ldots, X_n \sim N(100, 900) \quad \text{vs.} \quad H_1: \; X_1, \ldots, X_N \not\sim N(100, 900)$$

Die wahre Verteilungsfunktion unter H_0 ist gegeben durch:

$$\begin{aligned}
F_0(x_i) &= F_{X_i}(x_i) = P(X_i \leq x_i) = P\left(\frac{X_i - \mu}{\sigma} \leq \frac{x_i - \mu}{\sigma}\right) \\
&= \Phi\left(\frac{x_i - \mu}{\sigma}\right) = \Phi\left(\frac{x_i - 100}{30}\right).
\end{aligned}$$

Für den ersten Stichprobenwert erhält man damit:

$$\begin{aligned}
F_0(74.61) &= \Phi\left(\frac{74.61 - 100}{30}\right) = \Phi\left(\frac{-25.39}{30}\right) = \Phi(-0.846) = 1 - \Phi(0.846) \\
&= 1 - 0.8012 = 0.1988.
\end{aligned}$$

Die weiteren Funktionswerte der theoretischen Verteilungsfunktion unter H_0 sowie die der empirischen Verteilungsfunktion $\widehat{F}_n$ sind der nachfolgenden Tabelle zu entnehmen:

i	x_i	$\widehat{F}_n(x_i)$	$F_0(x_i)$	$\widehat{F}_n(x_i) - F_0(x_i)$	$F_0(x_i) - \widehat{F}_n(x_{i-1})$
1	74.61	0.05	0.1988	-0.1488	0.1988
2	89.01	0.10	0.3571	-0.2571	0.3071
3	96.93	0.15	0.4594	-0.3094	0.3594
4	98.53	0.20	0.4804	-0.2804	0.3304
5	101.88	0.25	0.5251	-0.2751	0.3251
6	102.54	0.30	0.5339	-0.2339	0.2839
7	104.31	0.35	0.5573	-0.2073	0.2573
8	105.16	0.40	0.5683	-0.1683	0.2183
9	106.82	0.45	0.5898	-0.1398	0.1898
10	108.69	0.50	0.6141	-0.1141	0.1641
11	109.71	0.55	0.6270	-0.0770	0.1270
12	112.38	0.60	0.6602	-0.0602	0.1102
13	114.14	0.65	0.6812	-0.0312	0.0812
14	118.34	0.70	0.7294	-0.0294	0.0794
15	126.22	0.75	0.8089	-0.0589	0.1089
16	134.52	0.80	0.8751	-0.0751	0.1251
17	142.75	0.85	0.9229	-0.0729	0.1229
18	148.28	0.90	0.9461	-0.0461	0.0961
19	149.01	0.95	0.9488	0.0012	0.0488
20	151.83	1.00	0.9580	0.0420	0.0080

Damit erhält man für die Teststatistik des Kolmogoroff–Smirnoff–Anpassungstests

$$\Delta_n = \max\{\Delta_n^+, \Delta_n^-\} = 0.3594 \; .$$

Da $\Delta_n > d_{20, 0.95} = 0.294$ gilt (vgl. Tabelle 10), lehnt der Kolmogoroff–Smirnoff–Anpassungstest die Nullhypothese zum Niveau $\alpha = 0.05$ ab.

Lösung Aufgabe 3.18

Die Einteilung in die Schlafkategorien $i = 1, \ldots, 5$ und Krimigruppen $j = 1, \ldots, 4$ mit den entsprechenden Randverteilungen seien in folgender Kontingenztafel wiedergegeben:

	n_{ij}	1	2	3	4	$n_{i\bullet}$
	1	3	4	0	0	7
	2	5	2	1	0	8
i	3	1	3	2	3	9
	4	0	1	2	2	5
	5	1	0	1	4	6
	$n_{\bullet j}$	10	10	6	9	35

Der kritische Bereich des χ^2-Unabhängigkeitstests

$$H_0: \quad F_{(X,Y)}(x,y) = F_X(x) \cdot F_Y(y) \quad \text{versus} \quad H_1: \quad F_{(X,Y)}(x,y) \neq F_X(x) \cdot F_Y(y)$$

ist gegeben durch

$$\chi^2 > \chi^2_{(k-1)(l-1);1-\alpha} .$$

Als Wert der Teststatistik erhält man:

$$\begin{aligned}
\chi^2 &= \sum_{i=1}^{k} \sum_{j=1}^{\ell} \frac{\left(n_{ij} - \frac{n_{i\bullet} n_{\bullet j}}{n}\right)^2}{\frac{n_{i\bullet} n_{\bullet j}}{n}} \\
&= \frac{\left(3 - \frac{7 \cdot 10}{35}\right)^2}{\frac{7 \cdot 10}{35}} + \frac{\left(4 - \frac{7 \cdot 10}{35}\right)^2}{\frac{7 \cdot 10}{35}} + \frac{7 \cdot 6}{35} + \frac{7 \cdot 9}{35} \\
&+ \frac{\left(5 - \frac{8 \cdot 10}{35}\right)^2}{\frac{8 \cdot 10}{35}} + \frac{\left(2 - \frac{8 \cdot 10}{35}\right)^2}{\frac{8 \cdot 10}{35}} + \frac{\left(1 - \frac{8 \cdot 6}{35}\right)^2}{\frac{8 \cdot 6}{35}} + \frac{8 \cdot 9}{35} \\
&+ \frac{\left(1 - \frac{9 \cdot 10}{35}\right)^2}{\frac{9 \cdot 10}{35}} + \frac{\left(3 - \frac{9 \cdot 10}{35}\right)^2}{\frac{9 \cdot 10}{35}} + \frac{\left(2 - \frac{9 \cdot 6}{35}\right)^2}{\frac{9 \cdot 6}{35}} + \frac{\left(3 - \frac{9 \cdot 9}{35}\right)^2}{\frac{9 \cdot 9}{35}} \\
&+ \frac{5 \cdot 10}{35} + \frac{\left(1 - \frac{5 \cdot 10}{35}\right)^2}{\frac{5 \cdot 10}{35}} + \frac{\left(2 - \frac{5 \cdot 6}{35}\right)^2}{\frac{5 \cdot 6}{35}} + \frac{\left(2 - \frac{5 \cdot 9}{35}\right)^2}{\frac{5 \cdot 9}{35}} \\
&+ \frac{\left(1 - \frac{6 \cdot 10}{35}\right)^2}{\frac{6 \cdot 10}{35}} + \frac{6 \cdot 10}{35} + \frac{\left(1 - \frac{6 \cdot 6}{35}\right)^2}{\frac{6 \cdot 6}{35}} + \frac{\left(4 - \frac{6 \cdot 9}{35}\right)^2}{\frac{6 \cdot 9}{35}} \\
&= 21.69 .
\end{aligned}$$

Der kritische Wert ist gegeben durch:

$$\chi^2_{(k-1)(l-1);1-\alpha} = \chi^2_{4\cdot 3;0.95} = \chi^2_{12;0.95} = 21.03 \ .$$

Da $\chi^2 = 21.69 > 21.03 = \chi^2_{12;0.95}$, wird die Nullhypothese, daß die Schlafdauer unabhängig von der Anzahl der Morde sei, zum Niveau $\alpha = 0.05$ verworfen.

Lösung Aufgabe 3.19

Für die Anwendung des Kolmogoroff–Smirnoff–Homogenitätstests benötigt man die empirischen Verteilungsfunktionen der Schadenshöhen nach und vor der Maßnahme, erstere sei mit $\widehat{F}_1(x)$, letztere mit $\widehat{F}_2(x)$ bezeichnet.
Für die erste Verteilungsfunktion ermittelt man:

$$\widehat{F}_1(x) = \begin{cases} 0 & x < 9\,470 \\ \frac{1}{5} & 9\,470 \leq x < 18\,347 \\ \frac{2}{5} & 18\,347 \leq x < 25\,495 \\ \frac{3}{5} & 25\,495 \leq x < 38\,857 \\ \frac{4}{5} & 38\,857 \leq x < 47\,831 \\ 1 & 47\,831 \leq x \end{cases} \ .$$

analog erhält man für $\widehat{F}_2(x)$:

$$\widehat{F}_2(x) = \begin{cases} 0 & x < 18\,853 \\ \frac{1}{8} & 18\,853 \leq x < 32\,180 \\ \frac{2}{8} = \frac{1}{4} & 32\,180 \leq x < 32\,675 \\ \frac{3}{8} & 32\,675 \leq x < 36\,025 \\ \frac{4}{8} = \frac{1}{2} & 36\,025 \leq x < 38\,947 \\ \frac{5}{8} & 38\,947 \leq x < 42\,378 \\ \frac{6}{8} = \frac{3}{4} & 42\,378 \leq x < 53\,664 \\ \frac{7}{8} & 53\,664 \leq x < 65\,278 \\ 1 & 65\,278 \leq x \end{cases} \ ,$$

Zur Berechnung der Teststatistik des Kolmogoroff–Smirnoff–Testes benötigt man die Funktionswerte beider Verteilungsfunktionen an allen Sprungstellen von $\widehat{F}_1$ oder $\widehat{F}_2$:

Sprungstelle x_i	$\widehat{F}_1(x_i)$	$\widehat{F}_2(x_i)$	$\left|\widehat{F}_1(x_i) - \widehat{F}_2(x_i)\right|$
9 470	0.2	0	0.2
18 347	0.4	0	0.4
18 853	0.4	0.125	0.275
25 495	0.6	0.125	**0.475**
32 180	0.6	0.250	0.350
32 675	0.6	0.375	0.225
36 025	0.6	0.500	0.100
38 857	0.8	0.500	0.300
38 947	0.8	0.625	0.175
42 378	0.8	0.750	0.050
47 831	1.0	0.750	0.250
53 664	1.0	0.875	0.125
65 278	1.0	1	0

Graphisch sehen die Verteilungsfunktionen wie folgt aus:

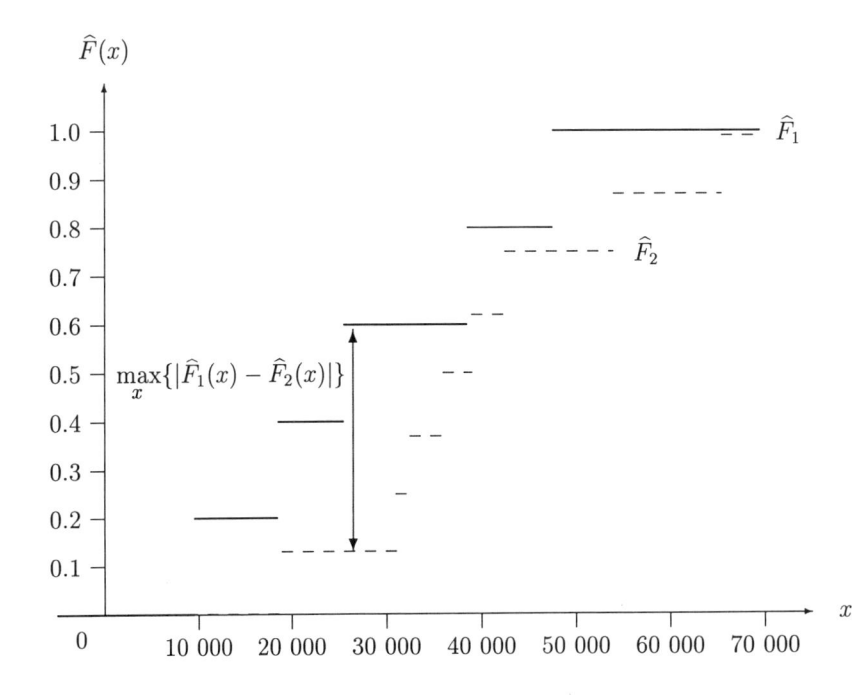

Testet man

$$H_0 : F_1(x) \geq F_2(x) \qquad \text{für alle} \quad x \in \mathbb{R}$$

gegen

$$H_1 : F_1(x) < F_2(x) \qquad \text{für mindestens ein} \quad x \in \mathbb{R} \;,$$

so liest man aus der Tabelle (siehe fettgedruckten Wert) und/oder Graphik als Wert der Teststatistik ab:

$$\Delta_{n_1,n_2} = \max_{x_i} \left| \widehat{F}_1(x_i) - \widehat{F}_2(x_i) \right| = 0.475 \;.$$

Der kritische Wert für den einseitigen Kolmogoroff–Smirnoff–Homogenitätstest ist gegeben durch

$$d_{n_1,n_2;1-2\cdot\alpha} = d_{5,8;1-0.1} = \frac{27}{5\cdot 8} = 0.675 \qquad \text{(vgl. Tabelle 11)} \;,$$

so daß die Nullhypothese zum Niveau $\alpha = 0.05$ nicht verworfen werden kann.

Lösung Aufgabe 3.20

Für den χ^2-Homogenitätstest

$$H_0 : F_1(x) = F_2(x) \qquad \text{vs.} \qquad H_1 : F_1(x) \neq F_2(x)$$

betrachte man folgende Kontingenztafel:

j	n_{1j}	n_{2j}	$n_{1j} + n_{2j}$
1	3	5	8
2	9	7	16
3	0	4	4
4	2	0	2
5	10	12	22
Σ	$n_1 = 24$	$n_2 = 28$	$n_1 + n_2 = 52$

Erwartet würden im Fall der Homogenität:

j	$n_1 \cdot \frac{n_{1j}+n_{2j}}{n_1+n_2}$	$n_2 \cdot \frac{n_{1j}+n_{2j}}{n_1+n_2}$
1	$24 \cdot \frac{8}{52} = 3.69$	$28 \cdot \frac{8}{52} = 4.31$
2	$24 \cdot \frac{16}{52} = 7.38$	$28 \cdot \frac{16}{52} = 8.62$
3	$24 \cdot \frac{4}{52} = 1.85$	$28 \cdot \frac{4}{52} = 2.15$
4	$24 \cdot \frac{2}{52} = 0.92$	$28 \cdot \frac{2}{52} = 1.08$
5	$24 \cdot \frac{22}{52} = 10.15$	$28 \cdot \frac{22}{52} = 11.85$

Für die Teststatistik erhält man:

$$\begin{aligned}\chi^2 &= \frac{(3-3.69)^2}{3.69} + \frac{(9-7.38)^2}{7.38} + \frac{(0-1.85)^2}{1.85} + \frac{(2-0.92)^2}{0.92} + \frac{(10-10.15)^2}{10.15} \\ &+ \frac{(5-4.31)^2}{4.31} + \frac{(7-8.62)^2}{8.62} + \frac{(4-2.15)^2}{2.15} + \frac{(0-1.08)^2}{1.08} + \frac{(12-11.84)^2}{11.84} \\ &= 6.69 \,.\end{aligned}$$

Da

$$\chi^2 \not> \chi^2_{4;0.95} = 9.488 \,,$$

kann die Nullhypothese zum Niveau $\alpha = 0.05$ nicht verworfen werden.

Statistik-Witz Nr. 7

Statistik ist wie ein Bikini – Sie gewährt reizende Einblicke, vermag aber auch wichtige Details zu verhüllen.

Anhang A

Formelsammlung

I. Deskriptive Statistik und Explorative Datenanalyse
II. Wahrscheinlichkeitsrechnung
III. Mathematische Statistik

I. Deskriptive Statistik und Explorative Datenanalyse

1. Charakterisierung von Merkmalen

1	**Quantitativ versus Qualitativ** Ausprägungen **quantitativer** Merkmale unterscheiden sich durch ihre Größe; Ausprägungen **qualitativer** Merkmale unterscheiden sich durch ihre Art.
2	**Stetig versus Diskret** Ein Merkmal, das endlich oder abzählbar unendlich viele Ausprägungen besitzt, heißt **diskretes** Merkmal. Ein Merkmal, das auf einem vorgegebenen Bereich jeden beliebigen Wert annehmen kann, heißt **stetiges** Merkmal.

3	**Skalenarten**
	 Nominalskala: Ein Merkmal heißt nominal, falls seine möglichen Ausprägungen keiner Reihenfolge unterliegen und nicht vergleichbar sind.
	 Ordinalskala: Ein Merkmal heißt ordinal, falls seine möglichen Ausprägungen einer Reihenfolge unterliegen, aber die Abstände zwischen den Ausprägungen nicht interpretierbar sind.
	 Kardinalskala: (auch: metrische Skala) Ein Merkmal heißt kardinal (metrisch skaliert), falls seine möglichen Ausprägungen einer Reihenfolge unterliegen und zusätzlich die Abstände zwischen den Ausprägungen interpretierbar sind.
	 Je nachdem, wie die Abstände interpretierbar sind, bzw. welche Transformationen zulässig sind, unterscheidet man die Kardinalskala weiterhin in
	  a) Absolutskala:
	   erlaubt Transformationen der Art $y_i = x_i$.
	  b) Verhältnisskala:
	   erlaubt Transformationen der Art $y_i = ax_i$.
	  c) Intervallskala:
	   erlaubt Transformationen der Art $y_i = ax_i + b$.

2. Daten

1	Originaldaten	Originaldaten liegen vor in Einzelbeobachtungen $x_1, \ldots, x_n$.
2	gruppierte Daten	Gruppierte Daten liegen vor in Form einer Häufigkeitsverteilung mit absoluten Häufigkeiten n_i oder relativen Häufigkeiten $r_i = \dfrac{n_i}{n}$: $(x_1, n_1), \ldots, (x_k, n_k)$ oder $(x_1, r_1), \ldots, (x_k, r_k)$
3	klassierte Daten	Klassierte Daten liegen vor in Form einer Häufigkeitsverteilung von halboffenen Intervallen $[u_{i-1}, u_i)$ und zugehörigen absoluten (oder relativen) Häufigkeiten n_i (oder r_i)
4	geordnete Stichprobe	Permutation (Vertauschen der Reihenfolge) der ursprünglichen Stichprobe $x_1, \ldots, x_n$ in $x_{(1)}, \ldots, x_{(n)}$, so daß gilt: $x_{(1)} \leq x_{(2)} \leq \ldots \leq x_{(n)}$.
5	Rang	Position einer Beobachtung in der geordneten Stichprobe $x_{(1)}, \ldots, x_{(n)}$: $R(x_{(i)}) = i$

6	Tiefe	nächste Position zum Rand:
		      $x_{(1)}$ und $x_{(n)}$ haben Tiefe 1,
		      $x_{(2)}$ und $x_{(n-1)}$ haben Tiefe 2, usw.
		 allgemein: $x_{(k)}$ hat Tiefe $\min\{k, n+1-k\}$
		 bzw. x_k hat Tiefe $\min\{R(x_k), n+1-R(x_k)\}$

7	Bindung	Auftreten gleicher Merkmalsausprägungen

3. Einfache graphische Verfahren

1	**Blockdiagramm** 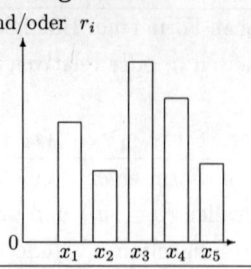 n_i und/oder r_i		Über jeder Merkmalsausprägung x_i wird ein Block gleicher Breite mit Höhe proportional zur relativen Häufigkeit (r_i) und/oder absoluten Häufigkeit (n_i) abgetragen.
2	**Stabdiagramm** 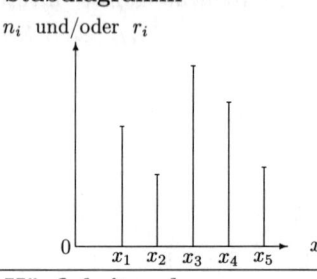 n_i und/oder r_i		Analog zum Blockdiagramm wird für jede Merkmalsausprägung statt eines Blockes ein Stab proportional zu den relativen Häufigkeiten (r_i) und/oder den absoluten Häufigkeiten (n_i) abgetragen.
3	**Häufigkeitspolygon** 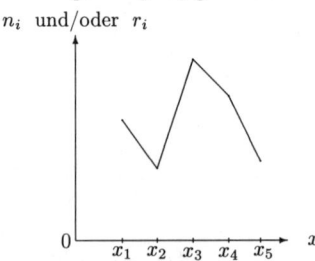 n_i und/oder r_i		Verbindung der Streckenendpunkte des Stabdiagramms durch einen Polygonzug.
4	**Kreisdiagramm** 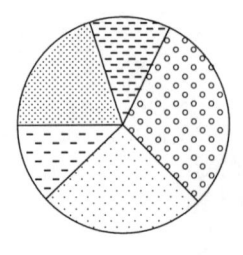		Den Merkmalsausprägungen wird entsprechend ihrer relativen Häufigkeit ein Kreissektor ("Tortenstück") zugeordnet, dessen Winkel gegeben ist durch:  $$\alpha_i = \frac{n_i}{n} \cdot 360° = r_i \cdot 360°$$

3. Einfache graphische Verfahren (Forts.)

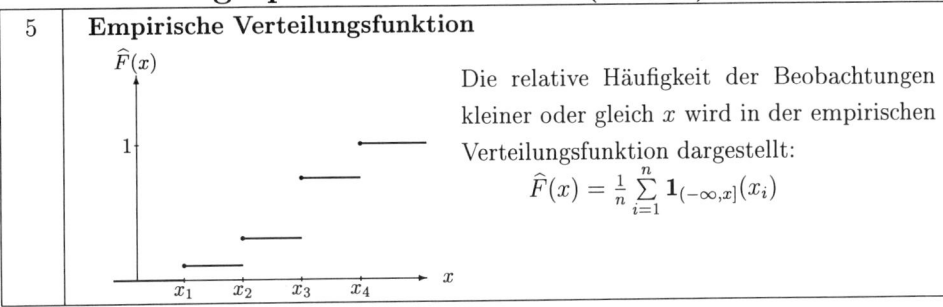

5	Empirische Verteilungsfunktion	
	$\widehat{F}(x)$ (Graph mit Sprüngen bei x_1, x_2, x_3, x_4, erreicht 1)	Die relative Häufigkeit der Beobachtungen kleiner oder gleich x wird in der empirischen Verteilungsfunktion dargestellt: $\widehat{F}(x) = \frac{1}{n} \sum_{i=1}^{n} \mathbf{1}_{(-\infty, x]}(x_i)$

4. Klassenbildung

1	Klassenbildung (Klassierung)	Einteilung des Intervalls $[u_0, u_k)$ bzw. $[u_0, u_k]$ in die Klassen $[u_0, u_1), [u_1, u_2), \ldots, [u_{k-1}, u_k)$ bzw. $[u_0, u_1), [u_1, u_2), \ldots, [u_{k-1}, u_k]$
2	Klassenbreite	$b_i := u_i - u_{i-1}$ häufig: $b_i = b =$ konstant
3	Klassenmitte	$a_i = \dfrac{u_i + u_{i-1}}{2}$
4	absolute Klassenhäufigkeit	$n_i = \#\{x_i \in [u_{i-1}, u_i)\}$ $=$ Anzahl der Beobachtungen in der i-ten Klasse
5	relative Klassenhäufigkeit	$r_i = \dfrac{n_i}{n}$
6	Häufigkeitsdichte	$\dfrac{r_i}{b_i}$
7	Faustregeln zur Klassenbildung	$k = [2\sqrt{n}\,]$ (Vellemann) $k = [1 + \log_2 n]$ (Sturges) $k = [10 \log_{10} n]$ (Dixon / Kronmal)

4. Klassenbildung (Forts.)

8	Histogramm	bei stetigem Merkmal: $$\tilde{f}_n(x) = \begin{cases} \dfrac{r_i}{b_i} & x \in [u_{i-1}, u_i) \quad i=1,\ldots,k \\ 0 & \text{sonst} \end{cases}$$ $$= \sum_{i=1}^{k} \dfrac{r_i}{b_i} \mathbf{1}_{[u_{i-1},u_i)}(x)$$ Bei diskretem Merkmal teile man die Klassen derart ein, daß keine Beobachtung x_i auf den Klassengrenzen liegt. Im Fall ganzzahliger Merkmalsausprägungen etwa wählt man Klassengrenzen mit Nachkommastelle 5.
9	Summenpolygon	$$\tilde{F}_n(x) := \int_{-\infty}^{x} \tilde{f}_n(t)\,dt$$ $$= \begin{cases} 0 & x < u_0 \\ \sum_{j=1}^{i-1} r_j + r_i \dfrac{x - u_{i-1}}{b_i} & x \in [u_{i-1}, u_i)\,, i=1,\ldots,k \\ 1 & x \geq u_k \end{cases}$$

5. Lagemaße

	Begriff	Originaldaten	Klassierte Daten*
1	arithmetisches Mittel	$\bar{x} = \dfrac{1}{n}\sum_{i=1}^{n} x_i$	$\bar{x} = \dfrac{1}{n}\sum_{i=1}^{k} n_i a_i$
2	geometrisches Mittel	$\bar{x}_g = \left(\prod_{i=1}^{n} x_i\right)^{\frac{1}{n}}$	$\bar{x}_g = \left(\prod_{i=1}^{k} a_i^{n_i}\right)^{\frac{1}{n}}$
3	harmonisches Mittel	$\bar{x}_h = \left(\dfrac{1}{n}\sum_{i=1}^{n} \dfrac{1}{x_i}\right)^{-1} = \dfrac{n}{\sum_{i=1}^{n} \frac{1}{x_i}}$	$\bar{x}_h = \left(\dfrac{1}{n}\sum_{i=1}^{k} \dfrac{n_i}{a_i}\right)^{-1} = \dfrac{n}{\sum_{i=1}^{n} \frac{n}{a}}$

* Für gruppierte Daten ersetze man a_i durch x_i

5. Lagemaße (Forts.)

	Begriff	Originaldaten	Klassierte Daten
4	α–Quantil	$\tilde{x}_\alpha = \begin{cases} x_{([n\alpha]+1)} & \text{für } n\alpha \notin \mathbb{N} \\ \dfrac{x_{(n\alpha)} + x_{(n\alpha+1)}}{2} & \text{für } n\alpha \in \mathbb{N} \end{cases}$	$\tilde{x}_\alpha = u_{i-1} + \dfrac{\alpha - \sum\limits_{j=1}^{i-1} r_j}{r_i} \cdot b_i$ mit Einfallsklasse i derart, daß $\sum\limits_{j=1}^{i-1} r_j \leq \alpha < \sum\limits_{j=1}^{i} r_j$
5	Median	$\tilde{x} = \underset{i}{\mathrm{med}}\{x_i\} := \tilde{x}_{0.5}$ $= \begin{cases} x_{(\frac{n+1}{2})} & n \text{ ungerade} \\ \frac{1}{2}(x_{(\frac{n}{2})} + x_{(\frac{n}{2}+1)}) & n \text{ gerade} \end{cases}$	
6	Modus (Modalwert)	$\bar{x}_M = x_i$ mit $n_i = \max\limits_{j}\{n_j\}$ (soweit eindeutig)	$\bar{x}_M = \dfrac{u_{i-1} + u_i}{2}$ mit $\dfrac{r_i}{b_i} = \max\limits_{j}\left\{\dfrac{r_j}{b_j}\right\}$ (soweit eindeutig)
7	Lettervalues	M Median mit Tiefe $d(M) = \frac{n+1}{2}$ $H_u(H_o)$ unteres (oberes) Hinge mit Tiefe $d(H) = \frac{[d(M)]+1}{2}$ $E_u(E_o)$ unteres (oberes) Eighth mit Tiefe $d(E) = \frac{[d(H)]+1}{2}$ $D_u(D_o)$ unteres (oberes) Sixteenth mit Tiefe $d(D) = \frac{[d(E)]+1}{2}$ $C_u(C_o)$ unteres (oberes) Thirtysecond mit Tiefe $d(C) = \frac{[d(D)]+1}{2}$ usw. Für Lettervalues $Q \in \{H, E, D, C, \ldots\}$ definiert man: $Q_u := \begin{cases} x_{(d(Q))} & \text{falls } d(Q) \in \mathbb{N} \\ \frac{1}{2}\left(x_{([d(Q)])} + x_{([d(Q)]+1)}\right) & \text{falls } d(Q) \notin \mathbb{N} \end{cases}$ $Q_o := \begin{cases} x_{(n+1-d(Q))} & \text{falls } d(Q) \in \mathbb{N} \\ \frac{1}{2}\left(x_{(n+1-[d(Q)])} + x_{(n-[d(Q)])}\right) & \text{falls } d(Q) \notin \mathbb{N} \end{cases}$	
8	Midsummaries	$\mathrm{mid}\,(Q) = \dfrac{Q_u + Q_o}{2}$ für $Q \in \{H, E, D, \ldots\}$	
9	α–getrimmtes Mittel	$\bar{x}_\alpha = \dfrac{1}{n-2q} \sum\limits_{j=q+1}^{n-q} x_{(j)}$ mit $q = [n\alpha]$	
10	α–winsorisiertes Mittel	$\bar{x}_{w,\alpha} = \dfrac{1}{n}\left\{\sum\limits_{j=q+1}^{n-q} x_{(j)} + q\left(x_{(q+1)} + x_{(n-q)}\right)\right\}$ mit $q = [n\alpha]$	
11	Trimean	$\bar{x}_T = \dfrac{1}{4}\tilde{x}_{0.25} + \dfrac{1}{2}\tilde{x}_{0.5} + \dfrac{1}{4}\tilde{x}_{0.75}$	

6. Streuungsmaße

	Begriff	Originaldaten	Klassierte Daten*
1	Kovarianz	$\sigma_{xy} = \frac{1}{n}\sum_{i=1}^{n}(x_i - \overline{x})(y_i - \overline{y})$ $= \frac{1}{n}\sum_{i=1}^{n} x_i y_i - \overline{x}\,\overline{y}$	$\sigma_{xy} = \frac{1}{n}\sum_{i=1}^{k}\sum_{j=1}^{m}(a_i - \overline{x})(c_j - \overline{y})n_{ij}$ $= \frac{1}{n}\sum_{i=1}^{k}\sum_{j=1}^{m} a_i c_j n_{ij} - \overline{x}\,\overline{y}$
2	Varianz	$\sigma^2 = \sigma_x^2 = \frac{1}{n}\sum_{i=1}^{n}(x_i - \overline{x})^2$ $= \frac{1}{n}\sum_{i=1}^{n} x_i^2 - \overline{x}^2$	$\sigma^2 = \sigma_x^2 = \frac{1}{n}\sum_{i=1}^{k} n_i(a_i - \overline{x})^2$ $= \frac{1}{n}\sum_{i=1}^{k} n_i a_i^2 - \overline{x}^2$ **
3	Standardabweichung	$\sigma = \sqrt{\sigma^2}$	
4	Spannweite (Range)	$R := x_{(n)} - x_{(1)}$	unüblich
5	Quantilsabstand	$Q_\alpha := \tilde{x}_{1-\alpha} - \tilde{x}_\alpha$, $\quad 0 < \alpha < 0.5$ speziell: $Q_{0.25} = \tilde{x}_{0.75} - \tilde{x}_{0.25}\quad$ Quartilsabstand $Q_{0.2} = \tilde{x}_{0.8} - \tilde{x}_{0.2}\quad$ Quintilsabstand $Q_{0.1} = \tilde{x}_{0.9} - \tilde{x}_{0.1}\quad$ Zentilsabstand	
6	mittlerer Quantilsabstand	$\dfrac{Q_\alpha}{2}$	
7	MAD (Median Absolute Deviation)	$\text{MAD} = \underset{i}{\text{med}}\,\{|x_i - \tilde{x}|\}$	
8	Mittlere absolute Abweichung vom Median	$d = \frac{1}{n}\sum_{i=1}^{n} |x_i - \tilde{x}|$	$d = \frac{1}{n}\sum_{i=1}^{k} n_i |a_i - \tilde{x}|$
9	Variationskoeffizient	$V = \dfrac{\sigma}{\overline{x}}$	
10	Quartilsdispersions-koeffizient	$\text{QD} = \dfrac{\tilde{x}_{0.75} - \tilde{x}_{0.25}}{\tilde{x}_{0.75} + \tilde{x}_{0.25}}$	
11	Spread	$d_Q = Q_o - Q_u \quad$ für $\quad Q \in \{H, E, D, C, \ldots\}$ speziell: $\quad d_H = H_o - H_u \quad$ H–Spread	

* Für gruppierte Daten ersetze man a_i durch x_i (c_j durch y_j)

** Bei äquidistanter Klassenbreite b sollte der sogenannte Sheppardsche Korrekturfaktor $\frac{b^2}{12}$ subtrahiert werden.

7. Schiefe und Wölbung

	Begriff	Originaldaten	Klassierte Daten*
1	Fechnersche Lageregel zur Schiefe	– bei symmetrischer Verteilung gilt: $\bar{x} = \tilde{x} = \bar{x}_M$ – bei rechtsschiefer Verteilung gilt: $\bar{x} > \tilde{x} > \bar{x}_M$ – bei linksschiefer Verteilung gilt: $\bar{x} < \tilde{x} < \bar{x}_M$	
2	Beurteilung der Schiefe durch Midsummaries	– bei symmetrischer Verteilung gilt: $M = \text{mid}(H) = \text{mid}(E) \ (= \ldots)$ – bei rechtsschiefer Verteilung gilt: $M < \text{mid}(H) < \text{mid}(E) \ (< \ldots)$ – bei linksschiefer Verteilung gilt: $M > \text{mid}(H) > \text{mid}(E) \ (> \ldots)$	
3	1. Pearsonscher Schiefekoeffizient	$\text{SK}_1 = \dfrac{\bar{x} - \bar{x}_M}{\sigma}$	
	2. Pearsonscher Schiefekoeffizient	$\text{SK}_2 = \dfrac{3(\bar{x} - \tilde{x})}{\sigma}$ (falls $\bar{x}_M$ nicht verfügbar)	
4	r-tes Moment	$m_r = \dfrac{1}{n} \sum\limits_{i=1}^{n} x_i^r$	$m_r = \dfrac{1}{n} \sum\limits_{i=1}^{k} a_i^r n_i$
5	r-tes zentrales Moment	$\mu_r = \dfrac{1}{n} \sum\limits_{i=1}^{n} (x_i - \bar{x})^r$	$\mu_r = \dfrac{1}{n} \sum\limits_{i=1}^{k} (a_i - \bar{x})^r \cdot n_i$
6	Fisherscher Schiefekoeffizient	$\gamma_1 = \dfrac{\mu_3}{\sigma^3}$	
7	α–Quantilskoeffizient der Schiefe	$\text{QS}_\alpha = \dfrac{(\tilde{x}_{1-\alpha} - \tilde{x}) - (\tilde{x} - \tilde{x}_\alpha)}{\tilde{x}_{1-\alpha} - \tilde{x}_\alpha}$ $0 < \alpha < 0.5$, $\tilde{x}_\alpha < \tilde{x}_{1-\alpha}$	

8	Beurteilung der Schiefe durch Schiefekoeffizienten	– bei symmetrischer Verteilung gilt:
		    $\text{SK}_1, \text{SK}_2, \gamma_1, \text{QS}_\alpha = 0$
		 – bei rechtsschiefer Verteilung gilt:
		    $\text{SK}_1, \text{SK}_2, \gamma_1, \text{QS}_\alpha > 0$
		 – bei linksschiefer Verteilung gilt:
		    $\text{SK}_1, \text{SK}_2, \gamma_1, \text{QS}_\alpha < 0$	

9	Fisherscher Koeffizient zur Wölbung	$\gamma_2 = \dfrac{\mu_4}{\sigma^4} - 3$
		 – bei mesokurtischer Verteilung gilt: $\gamma_2 = 0$
		 – bei leptokurtischer (spitzer) Verteilung gilt:
		    $\gamma_2 > 0$
		 – bei platykurtischer (abgeflachter) Verteilung gilt:
		    $\gamma_2 < 0$	

* Für gruppierte Daten ersetze man a_i durch x_i

7. Schiefe und Wölbung (Forts.)

	Begriff	Originaldaten	Klassierte Daten
10	Quantilskoeffizient der Wölbung	$\text{QW}_{\alpha,\beta} = 1 - \dfrac{\widetilde{x}_{1-\alpha} - \widetilde{x}_{\alpha}}{\widetilde{x}_{1-\beta} - \widetilde{x}_{\beta}}$ $\quad 0 < \beta < \alpha < 0.5\,, \quad \widetilde{x}_{\beta} < \widetilde{x}_{1-\beta}$	
		– bei mesokurtischer Verteilung gilt: $\quad \text{QW}_{\alpha,\beta} = 1 - \dfrac{u_\alpha}{u_\beta}$	
		– bei leptokurtischer Verteilung gilt: $\quad \text{QW}_{\alpha,\beta} > 1 - \dfrac{u_\alpha}{u_\beta}$	
		– bei platykurtischer Verteilung gilt: $\quad \text{QW}_{\alpha,\beta} < 1 - \dfrac{u_\alpha}{u_\beta}$	
		Dabei ist u_α das α–Quantil der Standardnormalverteilung.	

8. Stem–and–leaf–Diagramm

Erstellung eines Stem–and–leaf–Diagramms:
1. Bestimmung der Klassenbreite
    a) Berechne die Spannweite $R = x_{(n)} - x_{(1)}$ der Daten.
    b) Ermittle die Anzahl der Klassen k (vgl. Regeln zur Klassenbildung).
    c) Berechne die Klassenbreite b, indem der Wert $\dfrac{R}{k}$ auf einen der Werte $1,\ 0.5$ oder 0.2 (bzw. eine vielfache Zehnerpotenz dieser Werte) aufgerundet wird:
    $$b = \widetilde{b} \cdot 10^\ell \quad \text{mit} \quad \widetilde{b} \in \{1, 0.5, 0.2\},\ \ell \in \mathbb{Z}\,.$$
2. Sämtliche Beobachtungen werden durch $10^{\ell-1}$ dividiert, ggf. nachfolgende Kommastellen werden gerundet (in anderer Literatur auch einfach weggestrichen, d.h. zum Nullpunkt hin gerundet). Die so erhaltenen Daten werden zerlegt in die führende(n) Ziffer(n) (den "Stamm") sowie die letzte Ziffer (das "Blatt").
3. Erstellen des Stammes / Eintragen der Daten
    In einer Kopfzeile wird die Einheit $10^{\ell-1}$ vermerkt, anschließend geht man wie folgt vor:
    a) bei Klassenbreite $\widetilde{b} = 1$:
    Beginnend mit dem kleinsten Stamm werden mit Schrittweite 1 alle möglichen Stämme bis zum größten untereinander notiert und rechts durch einen senkrechten Strich begrenzt. Hinter diesem Strich werden die zu den jeweiligen Stämmen gehörenden Blätter eingetragen, z.B.
    $$63 \longrightarrow 6\mid 3\,, \qquad 128 \longrightarrow 12\mid 8\,.$$

8. Stem–and–leaf–Diagramm (Forts.)

b) bei Klassenbreite $\tilde{b} = 0.5$:

Im Vergleich zu a) wird jeder Stamm in zwei Stämme unterteilt, je nachdem, ob die eingetragenen Blätter zwischen 0 und 4 oder zwischen 5 und 9 liegen. Für Blätter 0 – 4 wird am Stamm ein ∗ angehängt, für Blätter 5 – 9 wird am Stamm • hinzugefügt, z.B.:

$$34 \longrightarrow 3 * | 4, \qquad 49 \longrightarrow 4 \bullet | 9.$$

c) bei Klassenbreite $\tilde{b} = 0.2$:

Analog zu b) wird jeder Stamm aus a) in fünf Stämme unterteilt, wobei ein ∗ am Stamm für nachfolgende Blätter 0 und 1 steht, ein t für Blätter 2 und 3 (two, three), f für 4 und 5 (four, five), s für 6 und 7 (six, seven) sowie • für 8 und 9. Beispiele sind:

$$20 \longrightarrow 2 * | 0, \qquad 21 \longrightarrow 2 * | 1,$$
$$28 \longrightarrow 2 \bullet | 8, \qquad 17 \longrightarrow 1 s | 7.$$

4. Eintragen der Tiefe

Sind alle Beobachtungen der Größe nach geordnet in das Diagramm eingetragen, so wird in einer Spalte vor dem Stamm die maximale Tiefe einer Beobachtung einer Klasse eingetragen; bei unbesetzten Klassen wird kein Wert notiert.

Liegen bei geradem Stichprobenumfang die zur Medianbildung herangezogenen Beobachtungen in einer Klasse oder ist der Stichprobenumfang ungerade, so wird statt der Tiefe in der Medianklasse in Klammern die Anzahl der Beobachtungen dieser Klasse angegeben.

5. Nach Belieben wird zudem ein Ablesebeispiel in der Kopfzeile oder unter dem eigentlichen Diagramm angegeben.

9. Boxplot

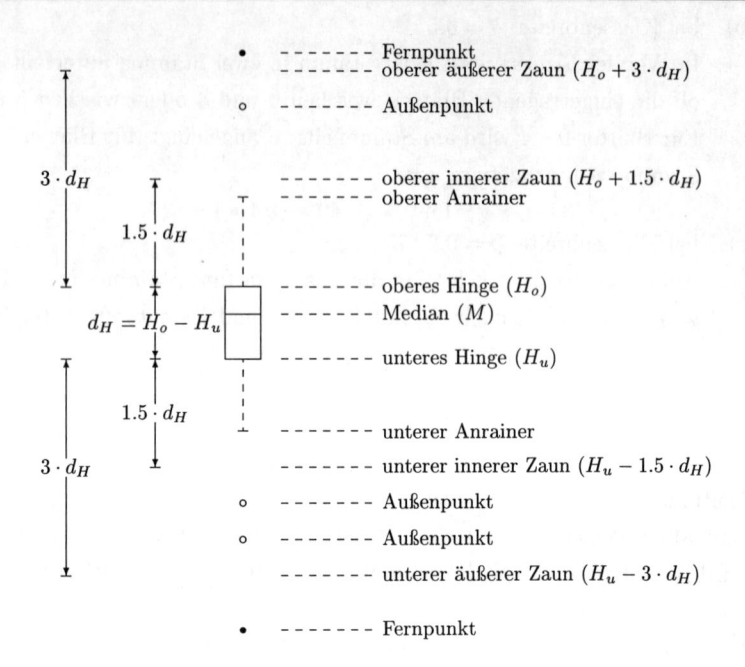

```
                                    •   ------- Fernpunkt
                                            ------- oberer äußerer Zaun ($H_o + 3 \cdot d_H$)
                                    ○   ------- Außenpunkt


        $3 \cdot d_H$                       ------- oberer innerer Zaun ($H_o + 1.5 \cdot d_H$)
                                            ------- oberer Anrainer
             $1.5 \cdot d_H$

                                            ------- oberes Hinge ($H_o$)
        $d_H = H_o - H_u$                   ------- Median ($M$)
                                            ------- unteres Hinge ($H_u$)

             $1.5 \cdot d_H$
                                            ------- unterer Anrainer
        $3 \cdot d_H$                       ------- unterer innerer Zaun ($H_u - 1.5 \cdot d_H$)
                                    ○   ------- Außenpunkt
                                    ○   ------- Außenpunkt
                                            ------- unterer äußerer Zaun ($H_u - 3 \cdot d_H$)

                                    •   ------- Fernpunkt
```

Zwischen unterem und oberem Hinge wird eine "Box" gezeichnet, die in Höhe des Medians durch einen Strich unterteilt wird. Ausgehend vom H–spread berechnet man als innere Zäune die Werte, die um das 1.5–fache des H–spreads von der Box entfernt liegen, sowie diejenigen Werte, die um das 3–fache des H–spreads von der Box entfernt liegen, als äußere Zäune.

Als oberen (unteren) Anrainer erhält man die größte (kleinste) Beobachtung unterhalb (oberhalb) des oberen (unteren) inneren Zaunes.

Von den Seitenmitten der Box bis zu den Anrainern werden gestrichelte Linien gezogen. Beobachtungen, die zwischen inneren und äußeren Zäunen liegen, werden als Außenpunkte (○) gekennzeichnet; Punkte, die außerhalb der äußeren Zäune liegen, werden als Fernpunkte (•) ebenfalls gesondert gekennzeichnet.

10. Transformation zur Symmetrisierung eines Datensatzes

Man berechne für $Q = H, E, D, \ldots$ die unteren (oberen) Lettervalues Q_u (Q_o) sowie den Median M.
Die Werte
$$\xi = \frac{(Q_u - M)^2 + (Q_o - M)^2}{4M} \quad \text{und} \quad \eta = \frac{Q_u + Q_o}{2} - M$$
werden in einem sogenannten **Transformationsplot** abgetragen:

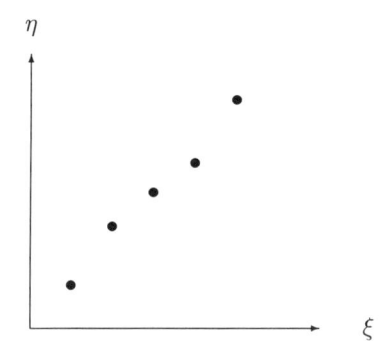

Anschließend berechnet man für jeden Punkt des Transformationsplots die Steigung des Fahrstrahls $\left(\frac{\eta}{\xi}\right)$ und verwendet deren Median als Steigung b des Transformationsplots.

Eine **Potenztransformation** ist allgemein gegeben durch

$$T_p(x) = \begin{cases} (x+c)^p & p > 0 \\ \log(x+c) & p = 0 \\ -(x+c)^p & p < 0 \end{cases},$$

wobei c so zu wählen ist, daß $x_i + c > 0$ für alle $i = 1, \ldots, n$.

Eine Potenztransformation zur Symmetrisierung eines Datensatzes erhält man durch Wahl von
$$p = 1 - b.$$
Dabei wird man $p \in \{\ldots, -3, -2, -1, -\frac{1}{2}, 0, \frac{1}{2}, 1, 2, 3, \ldots\}$ (aus der sog. **Leiter der Potenzen**) wählen.

11. Konzentrationsmessung

	Begriff	Originaldaten (ohne Bindung)	Klassierte Daten*
1	Lorenz-kurve	$L_n(0) = 0$ $L_n\left(\frac{i}{n}\right) = \dfrac{\sum_{j=1}^{i} x_{(j)}}{\sum_{j=1}^{n} x_{(j)}} = \dfrac{\sum_{j=1}^{i} x_{(j)}}{n\overline{x}}$ für $i = 1, \ldots, n$.	$L_n(0) = 0$ $L_n\left(\sum_{j=1}^{i} r_j\right) = \dfrac{\sum_{j=1}^{i} n_j a_{(j)}}{n\overline{x}}$ für $i = 1, \ldots, n$
2	Gini-Maß (Gini-Koeffizient)	$G = \dfrac{\sum_{i=1}^{n} \frac{2i-1}{n} x_{(i)}}{\sum_{j=1}^{n} x_{(j)}} - 1$	$G = \dfrac{\sum_{i=1}^{k} \left(\sum_{j=1}^{i-1} r_j + \sum_{j=1}^{i} r_j\right) a_{(i)} n_i}{\sum_{j=1}^{k} n_j a_{(j)}} - 1$
3	Herfindahl-index	$H = \dfrac{V^2 + 1}{n}$ $= \sum_{i=1}^{n} \left(\dfrac{x_i}{\sum_{i=1}^{n} x_i}\right)^2 = \dfrac{\sum_{i=1}^{n} x_i^2}{\left(\sum_{i=1}^{n} x_i\right)^2}$	$= \sum_{i=1}^{k} n_i \left(\dfrac{a_i}{\sum_{i=1}^{n} n_i \cdot a_i}\right)^2 = \dfrac{\sum_{i=1}^{k} n_i \cdot a_i^2}{\left(\sum_{i=1}^{n} n_i \cdot a_i\right)^2}$

* Für gruppierte Daten ersetze man $a_{(i)}$ durch $x_{(i)}$

12. Indexzahlen

1	**Preisindex P und Mengenindex Q**
	a) nach Laspeyres: $\quad P_{0,t}^L = \dfrac{\sum_{i=1}^{n} p_{ti} q_{0i}}{\sum_{i=1}^{n} p_{0i} q_{0i}} \qquad Q_{0,t}^L = \dfrac{\sum_{i=1}^{n} p_{0i} q_{ti}}{\sum_{i=1}^{n} p_{0i} q_{0i}}$
	b) nach Paasche: $\quad P_{0,t}^P = \dfrac{\sum_{i=1}^{n} p_{ti} q_{ti}}{\sum_{i=1}^{n} p_{0i} q_{ti}} \qquad Q_{0,t}^P = \dfrac{\sum_{i=1}^{n} p_{ti} q_{ti}}{\sum_{i=1}^{n} p_{ti} q_{0i}}$
	c) nach Lowe: $\quad P_{0,t} = \dfrac{\sum_{i=1}^{n} p_{ti} q_{ki}}{\sum_{i=1}^{n} p_{0i} q_{ki}} \qquad Q_{0t} = \dfrac{\sum_{i=1}^{n} p_{ki} q_{ti}}{\sum_{i=1}^{n} p_{ki} q_{0i}} \qquad$ für $k \in \{1, \ldots, t-1\}$

12. Indexzahlen (Forts.)

2	**Wertgewichtsmethode:** $$P_{0t}^L = \sum_{i=1}^{n} \alpha_{0i} \frac{p_{ti}}{p_{0i}} \qquad \text{mit} \qquad \alpha_{0i} = \frac{p_{0i} q_{0i}}{\sum_{j=1}^{n} p_{0j} q_{0j}}$$ $$P_{0t}^P = \left(\sum_{i=1}^{n} \beta_{0i} \left(\frac{p_{ti}}{p_{0i}} \right)^{-1} \right)^{-1} \qquad \text{mit} \qquad \beta_{0i} = \frac{p_{ti} q_{ti}}{\sum_{j=1}^{n} p_{tj} q_{tj}}$$
3	**Zusammensetzung eines Gesamtindizes aus Subindizes:** $$P_{0,t}^L = \sum_{i=1}^{k} \alpha_0^i P_{0,t}^{L,i}$$ wobei α_0^i Umsatzanteil der Warengruppe i am Gesamtumsatz bezogen auf die Basisperiode, $P_{0,t}^{L,i}$ Laspeyres-Preisindex für die Warengruppe i zum Zeitpunkt t bezogen auf die Basisperiode 0.
4	**Kaufkraftparität:** a) nach Laspeyres: $\qquad$ b) nach Paasche: $$KKP^L = \frac{\sum_{i=1}^{n} p_{iA} q_{iI}}{\sum_{i=1}^{n} p_{iI} q_{iI}} \qquad KKP^P = \frac{\sum_{i=1}^{n} p_{iA} q_{iA}}{\sum_{i=1}^{n} p_{iI} q_{iA}}$$ wobei p_{iI} Preis des Produktes i im Inland p_{iA} Preis des Produktes i im Ausland q_{iI} Menge des konsumierten Produktes i im Inland q_{iA} Menge des konsumierten Produktes i im Ausland Ein Kaufkraftgewinn für die inländische Währung entsteht, wenn für den Wechselkurs (w) gilt: $\quad w > KKP$.

13. Kontingenzmaße

1	Assoziations-koeffizient nach Yule (bei Vierfeldertafel)	$Q = \dfrac{n_{11}n_{22} - n_{12}n_{21}}{n_{11}n_{22} + n_{12}n_{21}}$
2	Phi-Koeffizient	$\phi = \sqrt{\dfrac{\chi^2}{n}}$ wobei $\chi^2 = \sum\limits_{i=1}^{k}\sum\limits_{j=1}^{m} \dfrac{\left(n_{ij} - \frac{n_{i\bullet}n_{\bullet j}}{n}\right)^2}{\frac{n_{i\bullet}n_{\bullet j}}{n}}$
3	Kontingenzkoeffizient nach Pearson	$P_{xy} = \sqrt{\dfrac{\chi^2}{\chi^2 + n}}$ wobei χ^2 wie in 2. korrigiert: $P_{xy}^* = \sqrt{\dfrac{\min\{k,m\}}{\min\{k,m\} - 1}} \cdot P_{xy}$
4	Kontingenzkoeffizient nach Cramer	$V_{xy} = \sqrt{\dfrac{\chi^2}{n(\min\{k,m\} - 1)}}$ wobei χ^2 wie in 2.

14. Korrelationsmaße

	Begriff	Originaldaten	Klassierte Daten*
1	Korrelations-koeffizient nach Bravais–Pearson	$r_{xy} := \dfrac{\sigma_{xy}}{\sigma_x \sigma_y} = $ $\dfrac{\sum\limits_{i=1}^{n} x_i y_i - n\overline{x}\cdot\overline{y}}{\sqrt{\left[\sum\limits_{i=1}^{n} x_i^2 - n\overline{x}^2\right]\left[\sum\limits_{i=1}^{n} y_i^2 - n\overline{y}^2\right]}}$	$\dfrac{\sum\limits_{i=1}^{k}\sum\limits_{j=1}^{m} n_{ij} a_i b_j - n\overline{x}\cdot\overline{y}}{\sqrt{\left[\sum\limits_{i=1}^{k} n_{i\bullet} a_i^2 - n\overline{x}^2\right]\left[\sum\limits_{i=1}^{m} n_{\bullet j} b_i^2 - \right.}}$
2	Fechnerscher Korrelations-koeffizient	$F := \dfrac{2\sum\limits_{i=1}^{n} v_i - n}{n}$, wobei $v_i = \begin{cases} 1 & x_i > \overline{x} \text{ und } y_i > \overline{y} \\ 1 & x_i < \overline{x} \text{ und } y_i < \overline{y} \\ 1 & x_i = \overline{x} \text{ und } y_i = \overline{y} \\ \frac{1}{2} & \text{genau einer der Werte} \\ & x_i = \overline{x} \text{ oder } y_i = \overline{y} \\ 0 & \text{sonst} \end{cases}$	unüblich

* Für gruppierte Daten ersetze man a_i durch x_i bzw. b_i durch y_i

14. Korrelationsmaße (Forts.)

	Begriff	Originaldaten	Klassierte Daten
3	Rangkorrelations- koeffizient nach Spearman	$R_{xy} := r_{R(x),R(y)}$ Falls keine Bindungen auftreten: $= 1 - 6\dfrac{\sum\limits_{i=1}^{n} d_i^2}{(n^2-1)n}$ wobei $d_i = R(x_i) - R(y_i)$	
4	Kendall's Tau	$\tau_{xy} = \dfrac{N_C - N_D}{\binom{n}{2}}$ Falls keine Bindungen vorliegen: $\tau_{xy} = \dfrac{4N_C}{n(n-1)} - 1$	$N_C =$ Anzahl konkordanter Paare $N_D =$ Anzahl diskordanter Paare Bei einer $(k \times m)$–Feldertafel gilt: $N_C = \sum\limits_{i=1}^{k} \sum\limits_{j=1}^{m} n_{ij} C_{ij}$ mit $C_{ij} = \sum\limits_{r>i} \sum\limits_{s>j} n_{rs}$ $N_D = \sum\limits_{i=1}^{k} \sum\limits_{j=1}^{m} n_{ij} D_{ij}$ mit $D_{ij} = \sum\limits_{r>i} \sum\limits_{s<j} n_{rs}$
5	Goodman–and Kruskal's Gamma	$\gamma_{xy} = \dfrac{N_C - N_D}{N_C + N_D}$	Berechnung von N_C, N_D wie in 4. **speziell:** für $k = m = 2$ gilt: $\gamma_{xy} = Q$

15. Einfache Lineare Regression

1	**Einfache Lineare Regression:** Im einfachen linearen Regressionsmodell wird den Ausprägungen zweier kardinaler Merkmale X und Y ein linearer Zusammenhang der Form $$y = a + bx + u$$ unterstellt. Dabei bezeichnet a den Achsenabschnittsparameter und b den Steigungsparameter, y heißt erklärte Variable (Regressand, abhängige Variable, endogene Variable), x heißt erklärende Variable (Regressor, unabhängige Variable, exogene Variable), und u bezeichnet die nicht beobachtbare Fehlervariable (Störgröße, Störglied, Restgröße). Werden aufgrund der vorliegenden Daten $(x_1, y_1), \ldots, (x_n, y_n)$ die Parameter a und b durch $\widehat{a}$ und $\widehat{b}$ geschätzt, so erhält man eine Regressionsgerade durch $$\widehat{y} = \widehat{a} + \widehat{b}x \ .$$
2	**Methode der Kleinsten Quadrate:** $$\widehat{b} = \frac{\sigma_{xy}}{\sigma_x^2} \qquad \widehat{a} = \overline{y} - \widehat{b}\overline{x}$$
3	**Weitere Verfahren der Linearen Regression:**
a)	Wald: $\quad \widehat{b} = \dfrac{\overline{y}_R - \overline{y}_L}{\overline{x}_R - \overline{x}_L}\ , \qquad \widehat{a} = \overline{y} - \widehat{b}\overline{x}$ Dabei wird der Datensatz nach der X-Variablen geordnet und in zwei gleichgroße Gruppen aufgeteilt. Bei ungeradem Stichprobenumfang oder im Falle von Bindungen zwischen linker und rechter Gruppe werden mittlere Beobachtungen gestrichen. Als Variante erhält man: $$\widehat{b} = \frac{\widetilde{y}_R - \widetilde{y}_L}{\widetilde{x}_R - \widetilde{x}_L}\ , \qquad \widehat{a} = \underset{i}{\mathrm{med}}\{y_i - \widehat{b}x_i\}$$
b)	3-Schnitt-Mediangerade (Tukey): $$\widehat{b} = \frac{\widetilde{y}_R - \widetilde{y}_L}{\widetilde{x}_R - \widetilde{x}_L}\ , \qquad \widehat{a} = \frac{\widetilde{y}_L + \widetilde{y}_M + \widetilde{y}_R}{3} - \widehat{b}\,\frac{\widetilde{x}_L + \widetilde{x}_M + \widetilde{x}_R}{3}$$ Hier wird der Datensatz nach der Ordnung in der X-Variablen in drei Gruppen eingeteilt. Bei $n = 3m$ Daten werden jeder Gruppe m Datenpunkte zugeordnet, beim Stichprobenumfang $n = 3m + 1$ erfolgt die Aufteilung $m : (m+1) : m$ zugunsten der mittleren Gruppe; bei $n = 3m + 2$ Beobachtungen erfolgt die Aufteilung zugunsten der rechten und linken Gruppe in $(m+1) : m : (m+1)$. Die Aufteilung sollte jedoch so erfolgen, daß keine Bindungen zwischen den Gruppen vorliegen.

15. Einfache Lineare Regression (Forts.)

3	**Weitere Verfahren der Linearen Regression (Forts.):**
c)	Nair/Srivastava: $$\widehat{b} = \frac{\overline{y}_R - \overline{y}_L}{\overline{x}_R - \overline{x}_L}\,, \qquad \widehat{a} = \overline{y}_L - \widehat{b}\overline{x}_L$$ (Aufteilung der Gruppen wie in b))
d)	Bartlett: $$\widehat{b} = \frac{\overline{y}_R - \overline{y}_L}{\overline{x}_R - \overline{x}_L}\,, \qquad \widehat{a} = \overline{y} - \widehat{b}\overline{x}$$ (Aufteilung der Gruppen wie in b))
e)	Theil: $\widehat{b} = \underset{x_i \neq x_j}{\mathrm{med}} \left\{ \dfrac{y_j - y_i}{x_j - x_i} \right\}$, $\widehat{a} = \underset{i \neq j}{\mathrm{med}} \left\{ \dfrac{z_i + z_j}{2} \right\}$ mit $z_i = y_i - \widehat{b}x_i$
4	**Residuen:** $\widehat{r}_i = y_i - \widehat{y}_i \qquad i = 1, \ldots, n$.
5	**Bestimmtheitsmaß:** $r_{xy}^2 = \widehat{b}^2 \dfrac{\sigma_x^2}{\sigma_y^2}$
6	**Schärfe/Trash–Kurve:** Die k–Schärfe ist gegeben durch $$R(k) = \tfrac{1}{n-k} \sum_{j=1}^{n-k} |r|_{(j)} \qquad k = 0, \ldots n-1$$ wobei $|r|_{(1)} \leq \cdots \leq |r|_{(n)}$ die geordneten **absoluten** Residuen sind. Die Trash–Kurve (**t**rimmed **a**bsolute **sh**arpness) besteht aus den Paaren $(k, R(k)) \qquad k = 0, 1, \ldots, n-1$.

16. Zeitreihenanalyse

1	**Einfacher gleitender Durchschnitt:**
	mit $m = 2k + 1$ gilt: $$y_t^* = \begin{cases} \sum_{\ell=1}^{m} w_{t\ell} y_\ell & \text{für } t = 1, \ldots, k \\ \sum_{\ell=1}^{m} w_{k+1,\ell} y_{t-k-1+\ell} & \text{für } t = k+1, \ldots, n-k \\ \sum_{\ell=1}^{m} w_{t-n+m,\ell} y_{n-m+\ell} & \text{für } t = n-k+1, \ldots, n \end{cases}$$ wobei $$w_{ij} = \frac{1}{m} + \frac{3(i-k-1)(j-k-1)}{k(k+1)m} \quad \text{für } i,j \in \{1, \ldots, m\}$$
2	**Glättung bei Saisonkomponente (Periode P):**
	mit $m = 2k + 1 = P + 1$ gilt: $$y_t^* = \begin{cases} \sum_{\ell=1}^{m} w_{t\ell} y_\ell & \text{für } t = 1, \ldots, k \\ \sum_{\ell=1}^{m} w_{k+1,\ell} y_{t-k-1+\ell} & \text{für } t = k+1, \ldots, n-k \\ \sum_{\ell=1}^{m} w_{t-n+m,\ell} y_{n-m+\ell} & \text{für } t = n-k+1, \ldots, n \end{cases}$$ wobei $$w_{ij} = \begin{cases} \frac{1}{2P} + \frac{k+1-i}{P} & \text{für } j = 1 \\ \frac{1}{P} & \text{für } j = 2, \ldots, P \\ \frac{1}{2P} + \frac{i-(k+1)}{P} & \text{für } j = P+1 \end{cases} \quad i \in \{1, 2, \ldots, m\}$$ speziell: $P = 4$ gleitender Viererdurchschnitt (etwa bei Quartalsdaten) $P = 12$ gleitender Zwölferdurchschnitt (etwa bei Monatsdaten)

II. Wahrscheinlichkeitsrechnung

1. Kombinatorik

		ohne Wiederholung	mit Wiederholung
1	Permutationen	$n!$	$\dfrac{n!}{q_1!\cdots q_k!}$
2	Variationen	$\dfrac{n!}{(n-p)!}$	n^p
3	Kombinationen	$\binom{n}{p} = \dfrac{n!}{p!(n-p)!}$	$\binom{n+p-1}{p} = \dfrac{(n+p-1)!}{(n-1)!p!}$

2. Elementare Wahrscheinlichkeitsrechnung

1	**Axiome von Kolmogoroff**
a)	$P(A) \geq 0$
b)	$P(\Omega) = 1$
c)	$P\left(\bigcup\limits_{n\in\mathbb{N}} A_n\right) = \sum\limits_{n\in\mathbb{N}} P(A_n) \quad$ falls A_n paarweise disjunkt
2	**Gegenwahrscheinlichkeit** $P(\overline{A}) = 1 - P(A)$
3	**Additionssatz für Wahrscheinlichkeiten** $P(A \cup B) = P(A) + P(B) - P(A \cap B)$ allgemein: $P\left(\bigcup\limits_{i=1}^{n} A_i\right) = \sum\limits_{i=1}^{n} P(A_i) - \sum\limits_{i_1=1}^{n}\sum\limits_{i_2=i_1+1}^{n} P(A_{i_1} \cap A_{i_2})$ $\qquad + \sum\limits_{i_1=1}^{n}\sum\limits_{i_2=i_1+1}^{n}\sum\limits_{i_3=i_2+1}^{n} P(A_{i_1} \cap A_{i_2} \cap A_{i_3}) \mp \ldots + (-1)^{n+1} P\left(\bigcap\limits_{i=1}^{n} A_i\right)$
4	**Regeln von de Morgan** $P\left(\bigcap\limits_{i\in I} \overline{A_i}\right) = P\left(\overline{\bigcup\limits_{i\in I} A_i}\right)$ $P\left(\bigcup\limits_{i\in I} \overline{A_i}\right) = P\left(\overline{\bigcap\limits_{i\in I} A_i}\right) \quad$ wobei I eine beliebige Indexmenge ist

2. Elementare Wahrscheinlichkeitsrechnung (Forts.)

5	Bonferroni–Ungleichung $$\sum_{i=1}^{n} P(A_i) - \sum_{i=1}^{n} \sum_{j=i+1}^{n} P(A_i \cap A_j) \leq P\left(\bigcup_{i=1}^{n} A_i\right) \leq \sum_{i=1}^{n} P(A_i)$$
6	Boolesche Ungleichung $$P(A \cap B) \geq 1 - P(\overline{A}) - P(\overline{B})$$

3. Bedingte Wahrscheinlichkeiten, Unabhängigkeit

1	Bedingte Wahrscheinlichkeit: $$P(A|B) := \frac{P(A \cap B)}{P(B)} \qquad \text{falls} \qquad P(B) > 0$$
2	Satz von der Totalen Wahrscheinlichkeit: $$P(A) = \sum_{n \in \mathbb{N}} P(A|B_n) P(B_n) = \sum_{n \in \mathbb{N}} P(A \cap B_n),$$ mit $(B_n)_{n \in \mathbb{N}}$ Zerlegung von Ω
3	Formel von Bayes: $$P(B_m|A) = \frac{P(A|B_m) \cdot P(B_m)}{\sum_{n \in \mathbb{N}} P(A|B_n) \cdot P(B_n)}$$ mit $(B_n)_{n \in \mathbb{N}}$ Zerlegung von Ω und $P(A) > 0$
4	Unabhängigkeit: Die Folge von Ereignissen $(A_n)_{n \in \mathbb{N}}$ heißt **unabhängig**, falls für **jede endliche Teilmenge** $\{i_1, \ldots, i_k\} \subset \mathbb{N}$ gilt: $$P(A_{i_1} \cap A_{i_2} \cap \ldots \cap A_{i_k}) = P(A_{i_1}) \cdot P(A_{i_2}) \cdot \ldots \cdot P(A_{i_k}).$$
5	Multiplikationssatz für Wahrscheinlichkeiten: Sei $P\left(\bigcap_{i=1}^{n-1} A_i\right) > 0$. Dann gilt: $$P\left(\bigcap_{i=1}^{n} A_i\right) = P(A_1) \cdot P(A_2|A_1) \cdot P(A_3|A_1 \cap A_2) \cdot \ldots \cdot P(A_n | \bigcap_{i=1}^{n-1} A_i)$$

4. Begriffe der Wahrscheinlichkeitsrechnung

	Begriff	Diskreter Fall	Stetiger Fall
1	Verteilungsfkt.	$F_X(x) = F(x) := P(X \leq x)$ $= \sum_{x_i \leq x} P(X = x_i)$	$F_X(x) = F(x) := P(X \leq x)$ $= \int_{-\infty}^{x} f(t)dt$
2		$P(a < X \leq b) = F(b) - F(a)$ $= \sum_{a < x_i \leq b} P(X = x_i)$	$P(a < X \leq b) = F(b) - F(a)$ $= \int_{a}^{b} f(x)dx$
3	α–Quantil	$\widetilde{x}_\alpha$ mit $F(\widetilde{x}_\alpha) \geq \alpha$ und $F(\widetilde{x}_\alpha - \varepsilon) < \alpha$ für $\varepsilon > 0$	$\widetilde{x}_\alpha$ mit $F(\widetilde{x}_\alpha) = \alpha$
4	Median	\multicolumn{2}{c}{$\widetilde{x}_{0.5}$}	
5	W'keitsfkt./ Dichte	$p(x) = P(X = x)$	$f_X(x) = f(x) = F'(x)$ falls F differenzierbar in x
6	Träger	$D_X = \{x \mid P(X = x) > 0\}$	$D_X = \{x \in \mathbb{R} \mid f(x) > 0\}$
7	Erwartungswert	$\mu = E(X) = \sum_i x_i p(x_i)$ $= \sum_i x_i P(X = x_i)$	$\mu = E(X) = \int_{-\infty}^{\infty} x f(x) dx$
		falls $E(|X|) < \infty$	
8	$E[h(X)]$	$E[h(X)] = \sum_i h(x_i) p(x_i)$ $= \sum_i h(x_i) P(X = x_i)$	$E[h(X)] = \int_{-\infty}^{\infty} h(x) f(x) dx$
		falls $E(|h(X)|) < \infty$	
9	Varianz	$\sigma^2 = \text{Var}(X) := E\left[(X - E(X))^2\right]$	
10		$\text{Var}(X) = \sum_i (x_i - \mu)^2 p(x_i)$ $= \sum_i (x_i - \mu)^2 P(X = x_i)$	$\text{Var}(X) = \int_{-\infty}^{\infty} (x - \mu)^2 f(x) dx$
11		$\text{Var}(X) = E(X^2) - [E(X)]^2$ (Verschiebungssatz von Steiner)	
12	Rechenregeln	$E(aX + b) = aE(X) + b$	
13		$E(aX + bY) = aE(X) + bE(Y)$	
14		$\text{Var}(aX + b) = a^2 \text{Var}(X)$	
15		$\text{Var}(aX + bY) = a^2 \text{Var}(X) + b^2 \text{Var}(Y) + 2ab\,\text{Cov}(X,Y)$	
16	Momente	k–tes Moment: $\quad m_k := E(X^k)$	
17		k–tes zentrales Moment: $\quad \mu_k := E[(X - E(X))^k]$	
18		k–tes **faktorielles Moment**: $E[X \cdot (X-1) \cdot \ldots \cdot (X - k + 1)]$	

5. Zweidimensionale Verteilungen

	Begriff	Diskreter Fall	Stetiger Fall
1	Zweidimensionale Verteilungsfkt.	$F_{(X,Y)}(x,y) := P(X \leq x, Y \leq y)$ $= \sum_{x_i \leq x} \sum_{y_j \leq y} P(X = x_i, Y = y_j)$	$F_{(X,Y)}(x,y) := P(X \leq x, Y \leq y)$ $= \int_{-\infty}^{x} \int_{-\infty}^{y} f_{(X,Y)}(s,t) dt ds$
2	(gemeinsame) W'keitsfunktion/ (gemeins.) Dichte	$P_{X,Y}(x,y) = P(X = x, Y = y)$	$f_{X,Y}(x,y) = f(x,y)$ $= \frac{d}{dx}\frac{d}{dy} F_{X,Y}(x,y)$ falls F differenzierbar in x und y
3	Träger	$D_{X,Y} =$ $\{(x,y) \mid P(X = x, Y = y) > 0\}$	$D_{X,Y} =$ $\{(x,y) \in \mathbb{R}^2 \mid f_{X,Y}(x,y) > 0\}$
4	Randverteilungsfunktion	$F_X(x) := \lim_{y \to \infty} F_{(X,Y)}(x,y)$ $F_Y(y) := \lim_{x \to \infty} F_{(X,Y)}(x,y)$	
5	Randw'keit / Randdichte	$P(X = x_i) := \sum_j P(X = x_i, Y = y_j)$ $P(Y = y_j) := \sum_i P(X = x_i, Y = y_j)$	$f_X(x) := \int_{-\infty}^{\infty} f_{(X,Y)}(x,y) dy$ $f_Y(y) := \int_{-\infty}^{\infty} f_{(X,Y)}(x,y) dx$
6	Bedingte W'keit / Bedingte Dichte	$P(X = x_i \mid Y = y_j) := \frac{P(X=x_i, Y=y_j)}{P(Y=y_j)}$ $P(Y = y_j \mid X = x_i) := \frac{P(X=x_i, Y=y_j)}{P(X=x_i)}$	$f_{X \mid Y=y}(x) := \frac{f_{(X,Y)}(x,y)}{f_Y(y)}$ $f_{Y \mid X=x}(y) := \frac{f_{(X,Y)}(x,y)}{f_X(x)}$
7	Bedingter Erwartungswert	$E(Y \mid X = x_i) = \sum_j y_j \frac{P(X=x_i, Y=y_j)}{P(X=x_i)}$	$E(Y \mid X = x) = \int_{-\infty}^{\infty} y \frac{f_{(X,Y)}(x,y)}{f_X(x)} dy$
8	Unabhängigkeit von Zufallsvariablen	\multicolumn{2}{c}{X und Y heißen **unabhängig**, wenn gilt: $F_{(X,Y)}(x,y) = F_X(x) \cdot F_Y(y)$ **oder:**}	
		$P(X = x_i, Y = y_j)$ $= P(X = x_i) \cdot P(Y = y_j)$	$f_{(X,Y)}(x,y) = f_X(x) \cdot f_Y(y)$
9	Kovarianz	\multicolumn{2}{c}{$\mathrm{Cov}(X,Y) := E[(X - E(X)) \cdot (Y - E(Y))] = E(X \cdot Y) - E(X) E(Y)$}	
10	Korrelationskoeffizient	\multicolumn{2}{c}{$\mathrm{Corr}(X,Y) = \rho(X,Y) := \frac{\mathrm{Cov}(X,Y)}{\sqrt{\mathrm{Var}(X) \cdot \mathrm{Var}(Y)}}$}	
11	Faltung	$P(X + Y = n)$ $= \sum_{k \in D_X} P(X = k, Y = n - k)$ bei **Unabhängigkeit**: $= \sum_{k \in D_X} P(X = k) P(Y = n - k)$	$f_{(X+Y)}(z) = \int_{-\infty}^{\infty} f_{(X,Y)}(x, z - x)$ bei **Unabhängigkeit**: $= \int_{-\infty}^{\infty} f_X(x) f_Y(z - x)$
		$P(X - Y = n)$ $= \sum_{k \in D_X} P(X = n + k, Y = k)$ bei **Unabhängigkeit**: $= \sum_{k \in D_X} P(X = n + k) P(Y = k)$	$f_{(X-Y)}(z) = \int_{-\infty}^{\infty} f_{(X,Y)}(z + y, y)$ $= \int_{-\infty}^{\infty} f_X(z + y) f_Y(y)$

6. Spezielle Diskrete Verteilungen

		Wahrscheinlichkeitsfunktion	Momente
1	Binomialverteilung **Bin (n,p)**	$P(X=x) = \binom{n}{x} p^x (1-p)^{n-x}$ $p \in [0,1]$, $x = 0, 1, \ldots, n$ speziell $n=1$: Bernoulli–Verteilung	$E(X) = np$ $\text{Var}(X) = np(1-p)$
2	Hypergeometrische Verteilung **$\mathcal{H}(T,n,N)$**	$P(X=x) = \dfrac{\binom{T}{x}\binom{N-T}{n-x}}{\binom{N}{n}}$ $x = \max\{0, T-N+n\}, \ldots, \min\{T, n\}$	$E(X) = n\dfrac{T}{N}$ $\text{Var}(X) = n\dfrac{T}{N}\dfrac{N-T}{N}\dfrac{N-n}{N-1}$
3	Poissonverteilung **Poi (λ)**	$P(X=x) = \dfrac{\lambda^x}{x!}e^{-\lambda}$, $\lambda > 0$ $x = 0, 1, \ldots$	$E(X) = \lambda$ $\text{Var}(X) = \lambda$
4	(Diskrete) Gleich- verteilung	$P(X=x_i) = \dfrac{1}{n}$ $i = 1, \ldots, n$	$E(X) = \dfrac{1}{n}\sum_{i=1}^{n} x_i = \overline{x}$ $\text{Var}(X) = \dfrac{1}{n}\sum_{i=1}^{n}(x_i - \overline{x})^2$
5	Geometrische Verteilung	$P(X=x) = (1-p)^{x-1}p$ $p \in (0,1)$, $x = 1, 2, \ldots$	$E(X) = \dfrac{1}{p}$ $\text{Var}(X) = \dfrac{1-p}{p^2}$

7. Spezielle Stetige Verteilungen

		Dichtefunktion	Momente
1	Normalverteilung **N(μ, σ^2)**	$f(x) = \dfrac{1}{\sigma\sqrt{2\pi}}e^{-\frac{(x-\mu)^2}{2\sigma^2}}$, $\mu \in \mathbb{R}$, $\sigma^2 > 0$, $x \in \mathbb{R}$, speziell: **N(0,1)** Standardnormalverteilung	$E(X) = \mu$ $\text{Var}(X) = \sigma^2$
2	Rechteckverteilung (stetige Gleichvtlg.) **R$[a,b]$**	$f(x) = \dfrac{1}{b-a}\mathbf{1}_{[a,b]}(x)$, $a < b$ $= \begin{cases} \dfrac{1}{b-a} & a \leq x \leq b \\ 0 & \text{sonst} \end{cases}$	$E(X) = \dfrac{a+b}{2}$ $\text{Var}(X) = \dfrac{(a-b)^2}{12}$
3	Dreiecksverteilung (Simpson–Verteilung) **D(a,b)**	$f(x) = \dfrac{2}{b-a}\left(1 - \dfrac{2}{b-a}\left|x - \dfrac{a+b}{2}\right|\right)\mathbf{1}_{[a,b]}(x)$ $= \begin{cases} \dfrac{2}{b-a}\left(1 - \dfrac{2}{b-a}\left|x - \dfrac{a+b}{2}\right|\right) & a \leq x \leq b \\ 0 & \text{sonst} \end{cases}$	$E(X) = \dfrac{a+b}{2}$ $\text{Var}(X) = \dfrac{(b-a)^2}{24}$
4	Exponential- verteilung **Exp(λ)**	$f(x) = \lambda e^{-\lambda x}\mathbf{1}_{(0,\infty)}(x)$ $= \begin{cases} \lambda e^{-\lambda x} & x > 0 \\ 0 & \text{sonst} \end{cases}$, $\lambda > 0$	$E(X) = \dfrac{1}{\lambda}$ $\text{Var}(X) = \dfrac{1}{\lambda^2}$
5	Laplace–Verteilung (Doppelexponential– Verteilung)	$f(x) = \dfrac{1}{2\lambda}e^{-\frac{|x-\mu|}{\lambda}}$, $x \in \mathbb{R}$, $\lambda > 0$, $\mu \in \mathbb{R}$	$E(X) = \mu$ $\text{Var}(X) = 2\lambda^2$

7. Spezielle Stetige Verteilungen (Forts.)

		Dichtefunktion	Momente
6	Pareto–Verteilung	$f(x) = \frac{\alpha}{x_0}\left(\frac{x_0}{x}\right)^{\alpha+1} \mathbf{1}_{(x_0,\infty)}(x)$ $= \begin{cases} \frac{\alpha}{x_0}\left(\frac{x_0}{x}\right)^{\alpha+1} & x > x_0 \\ 0 & \text{sonst} \end{cases}$	$E(X) = \frac{\alpha}{\alpha-1}x_0,$ $\alpha > 1$ $\text{Var}(X) = \frac{\alpha}{(\alpha-1)^2(\alpha-2)}x_0^2,$ $\alpha > 2$
7	t-Verteilung mit n Freiheitsgraden $\mathbf{t_n}$	$f(x) = \frac{1}{B(\frac{n}{2},\frac{1}{2})\sqrt{n}}\left(1+\frac{x^2}{n}\right)^{-\frac{n+1}{2}},$ $x \in \mathbb{R},\ n \in \mathbb{N}$	$E(X) = 0$ $(n \geq 2)$ $\text{Var}(X) = \frac{n}{n-2}$ $(n \geq 3)$
8	Cauchy–Verteilung	$f(x) = \frac{1}{\pi}\frac{\lambda}{\lambda^2+(x-\mu)^2},$ $x \in \mathbb{R},\ \lambda > 0,\ \mu \in \mathbb{R}$ speziell für $(\mu = 0,\ \lambda = 1):$ t_1-Vtlg.	existieren nicht
9	F–Verteilung mit (n_1, n_2) Freiheitsgraden $\mathbf{F_{n_1,n_2}}$	$f(x) = \frac{\left(\frac{n_1}{n_2}\right)^{\frac{n_1}{2}} x^{\frac{n_1}{2}-1}}{B(\frac{n_1}{2},\frac{n_2}{2})} \cdot$ $\cdot \left(1+\frac{n_1}{n_2}x\right)^{-\frac{n_1+n_2}{2}} \mathbf{1}_{(0,\infty)}(x)$ $n_1, n_2 \in \mathbb{N}$	$E(X) = \frac{n_2}{n_2-2}$ $(n_2 \geq 3)$ $\text{Var}(X) = \frac{2n_2^2(n_1+n_2-2)}{n_1(n_2-2)^2(n_2-4)}$ $(n_2 \geq 5)$
10	χ^2-Verteilung $\mathbf{\chi_n^2}$	$f(x) = \frac{x^{\frac{n}{2}-1}}{\Gamma(\frac{n}{2})2^{\frac{n}{2}}}e^{-0.5x}\mathbf{1}_{(0,\infty)}(x)$ $= \begin{cases} \frac{x^{\frac{n}{2}-1}}{\Gamma(\frac{n}{2})2^{\frac{n}{2}}}e^{-0.5x} & x > 0 \\ 0 & \text{sonst} \end{cases}$ $n \in \mathbb{N}$	$E(X) = n$ $\text{Var}(X) = 2n$
11	Gamma-verteilung $\mathbf{\mathcal{G}_{\delta,\lambda}}$	$f(x) = \frac{x^{\delta-1}\lambda^{\delta}}{\Gamma(\delta)}e^{-\lambda x}\mathbf{1}_{(0,\infty)}(x)$ $= \begin{cases} \frac{x^{\delta-1}\lambda^{\delta}}{\Gamma(\delta)}e^{-\lambda x} & x > 0 \\ 0 & \text{sonst} \end{cases}$ $\lambda, \delta > 0$ Spezialfälle: $\mathcal{G}_{1,\lambda} = \text{Exp}(\lambda)$ $\mathcal{G}_{n,\lambda} = \text{Erlangverteilung}$ $\mathcal{G}_{\frac{n}{2},\frac{1}{2}} = \chi_n^2$	$E(X) = \frac{\delta}{\lambda}$ $\text{Var}(X) = \frac{\delta}{\lambda^2}$

Hinweis: *Gamma*funktion $\Gamma(p) := \int_0^\infty x^{p-1}e^{-x}dx,\ p > 0;\quad \Gamma(p) := (p-1)\Gamma(p-1)$

Speziell: $\Gamma(\frac{1}{2}) = \sqrt{\pi}$

$\Gamma(n) = (n-1)!$ für $n \in \mathbb{N}$

*Beta*funktion $B(n,m) := \frac{\Gamma(n)\Gamma(m)}{\Gamma(n+m)}$

8. Konvergenzarten

1	**P–fast sichere Konvergenz** Eine Folge von Zufallsvariablen $(X_n)_{n\in\mathbb{N}}$ heißt konvergent **P–fast sicher** gegen die Zufallsvariable X, falls gilt: $$P(\lim_{n\to\infty} X_n = X) = 1.$$ Schreibweise: $\lim_{n\to\infty} X_n = X$ f.s.
2	**Stochastische Konvergenz** Eine Folge von Zufallsvariablen $(X_n)_{n\in\mathbb{N}}$ heißt **stochastisch konvergent** gegen die Zufallsvariable X, falls gilt: $$\lim_{n\to\infty} P(|X_n - X| > \varepsilon) = 0 \quad \text{für alle} \quad \varepsilon > 0.$$ Schreibweise: $\operatorname*{plim}_{n\to\infty} X_n = X$
3	**Konvergenz im quadratischen Mittel** Eine Folge von Zufallsvariablen $(X_n)_{n\in\mathbb{N}}$ heißt **konvergent im quadratischen Mittel** gegen die Zufallsvariable X, falls gilt: $$\lim_{n\to\infty} \mathrm{E}[(X_n - X)^2] = 0.$$ Schreibweise: $\operatorname*{l.i.m.}_{n\to\infty} X_n = X$
4	**Konvergenz von Verteilungsfunktionen** Eine Folge von Verteilungsfunktionen $(F_n)_{n\in\mathbb{N}} := (F_{X_n})_{n\in\mathbb{N}}$ heißt **konvergent** gegen eine Verteilungsfunktion F, wenn für jede Stetigkeitsstelle x von F gilt: $$\lim_{n\to\infty} F_n(x) = F(x).$$

9. Ungleichungen

1	**Ungleichung von TSCHEBYSCHEFF:** $P(|X - \mu| \geq \lambda\sigma) \leq \dfrac{1}{\lambda^2}$ bzw. $P(|X - \mu| \geq \varepsilon) \leq \dfrac{\sigma^2}{\varepsilon^2}.$ wobei $\mu = \mathrm{E}(X)$, $\sigma^2 = \mathrm{Var}(X)$
2	**Ungleichung von JENSEN:** Für **konvexe** Funktionen $h(\cdot)$ gilt: $\mathrm{E}[h(X)] \geq h[\mathrm{E}(X)]$. Für **konkave** Funktionen $h(\cdot)$ gilt: $\mathrm{E}[h(X)] \leq h[\mathrm{E}(X)]$

10. Grenzwertsätze

1	**Zentraler Grenzwertsatz** (für u.i.v. Zufallsvariablen)
	Sei $(X_n)_{n \in \mathbb{N}}$ eine Folge von unabhängig identisch verteilten Zufallsvariablen mit $E(X_n) = \mu$, $\text{Var}(X_n) = \sigma^2 < \infty$ für $n \in \mathbb{N}$ und sei $$Z_n = \frac{\sum_{i=1}^{n} X_i - n\mu}{\sqrt{n\sigma^2}} = \sqrt{n}\frac{\overline{X} - \mu}{\sigma}.$$ Dann gilt: $\lim_{n \to \infty} F_{Z_n}(z) = \Phi(z)$.
2	**Schwaches Gesetz der Großen Zahlen** (für das Stichprobenmittel)
	Sei $(X_n)_{n \in \mathbb{N}}$ eine Folge von unabhängig identisch verteilten Zufallsvariablen mit $E(X_i) = \mu$ und $\text{Var}(X_i) = \sigma^2$. Dann gilt: $$\plim_{n \to \infty} \overline{X}_n = \mu.$$

11. Approximationen

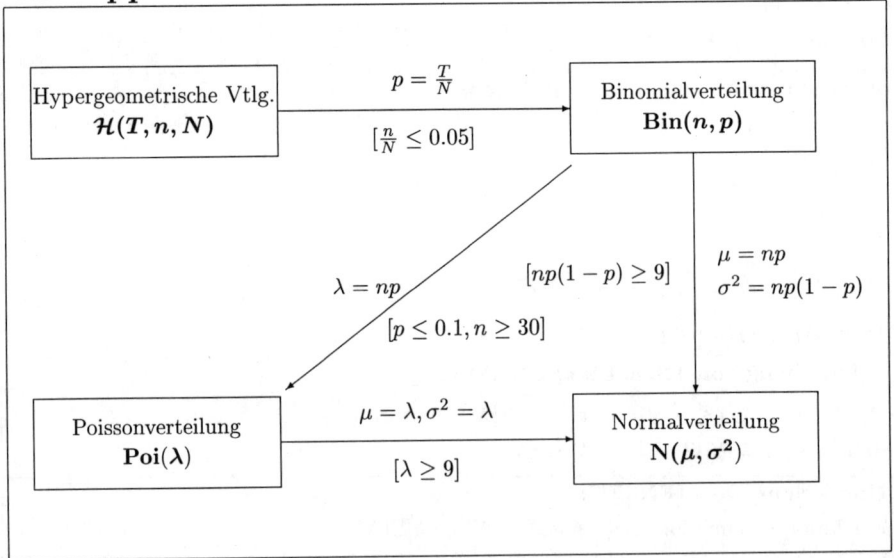

Hypergeometrische Vtlg. $\mathcal{H}(T, n, N)$ $\xrightarrow{p = \frac{T}{N}, \ [\frac{n}{N} \leq 0.05]}$ Binomialverteilung $\text{Bin}(n, p)$

Binomialverteilung $\text{Bin}(n, p)$ $\xrightarrow{\lambda = np, \ [p \leq 0.1, n \geq 30]}$ Poissonverteilung $\text{Poi}(\lambda)$

Binomialverteilung $\text{Bin}(n, p)$ $\xrightarrow{\mu = np, \ \sigma^2 = np(1-p), \ [np(1-p) \geq 9]}$ Normalverteilung $N(\mu, \sigma^2)$

Poissonverteilung $\text{Poi}(\lambda)$ $\xrightarrow{\mu = \lambda, \ \sigma^2 = \lambda, \ [\lambda \geq 9]}$ Normalverteilung $N(\mu, \sigma^2)$

III. Mathematische Statistik

1. Wichtige Stichprobenfunktionen

1	Stichprobenmittel:	$\overline{X} = \dfrac{1}{n}\sum\limits_{i=1}^{n} X_i$
2	Stichprobenvarianz:	$S^2 = \dfrac{1}{n-1}\sum\limits_{i=1}^{n}(X_i - \overline{X})^2 = \dfrac{1}{n-1}\left(\sum\limits_{i=1}^{n} X_i^2 - n\overline{X}^2\right)$
3	Stichprobenkorrelation:	$R = \dfrac{\sum\limits_{i=1}^{n}(X_i - \overline{X})(Y_i - \overline{Y})}{\sqrt{\sum\limits_{i=1}^{n}(X_i - \overline{X})^2 \sum\limits_{i=1}^{n}(Y_i - \overline{Y})^2}}$

4	Parameter der Verteilungen von $\overline{X}$ und S^2	
	Ziehen mit Zurücklegen	Ziehen ohne Zurücklegen
a)	$E(\overline{X}) = \mu$	$E(\overline{X}) = \mu$
b)	$\text{Var}(\overline{X}) = \dfrac{\sigma^2}{n}$	$\text{Var}(\overline{X}) = \dfrac{\sigma^2}{n}\dfrac{N-n}{N-1}$
c)	$E(S^2) = \sigma^2$	$E(S^2) = \sigma^2 \dfrac{N}{N-1}$
d)	$\text{Var}(S^2) = \dfrac{1}{n}(\mu_4 - 3\sigma^4) + \dfrac{2}{n-1}\sigma^4$	$\text{Var}(S^2) = \dfrac{N(N-n)}{(N-1)^2}\left[\dfrac{\mu_4}{n}\dfrac{(n-1)(N-1)^2 - 2(N-1)}{(n-1)(N-2)(N-3)}\right.$ $\left. - \dfrac{\sigma^4}{n}\dfrac{(n-3)(N-1)^2 + 2n(N-2)}{(n-1)(N-2)(N-3)}\right]$

2. Schätzverfahren

1	**Momentenmethode:**
	$X_1, \ldots, X_n$ u.i.v.
	Die Momentenschätzer $\widehat{\theta}_1, \cdots, \widehat{\theta}_k$ ergeben sich als Lösung aus den Gleichungen
	$$m_r(\theta_1, \cdots, \theta_k) = \dfrac{1}{n}\sum_{i=1}^{n} X_i^r, \qquad r = 1, \cdots, k$$
	wobei m_r das von den unbekannten Parametern $\theta_1, \ldots, \theta_k$ abhängige r-te Moment der zugrundeliegenden Verteilung ist und $\dfrac{1}{n}\sum\limits_{i=1}^{n} X_i^r$ das r-te Stichprobenmoment.

2. Schätzverfahren (Forts.)

2	Maximum–Likelihood–Methode:

Gegeben sei die Likelihoodfunktion

$$L(\theta|x_1,\ldots,x_n) = \begin{cases} f_{(X_1,\ldots,X_n)}(x_1,\ldots,x_n;\theta) & \text{falls } X_1,\ldots,X_n \text{ stetig} \\ P(X_1 = x_1,\ldots,X_n = x_n;\theta) & \text{falls } X_1,\ldots,X_n \text{ diskret} \end{cases}$$

und im Fall einer einfachen Stichprobe:

$$= \begin{cases} \prod_{i=1}^{n} f_{X_i}(x_i;\theta) & \text{falls } X_1,\ldots,X_n \text{ stetig} \\ \prod_{i=1}^{n} P(X_i = x_i;\theta) & \text{falls } X_1,\ldots,X_n \text{ diskret} \end{cases}$$

wobei $\theta = (\theta_1,\ldots,\theta_k) \in \Theta$ der variable Parametervektor und $(x_1,\ldots,x_n)$ die realisierte Stichprobe sind. Ein Schätzer $\widehat{\theta}(X_1,\ldots,X_n) = (\widehat{\theta}_1(X_1,\ldots,X_n),\ldots,\widehat{\theta}_k(X_1,\ldots,X_n))$ heißt **Maximum–Likelihood–Schätzer** (kurz: **ML–Schätzer**) für $\theta = (\theta_1,\ldots,\theta_k)$, falls gilt:

$$L(\widehat{\theta}|x_1,\ldots,x_n) = \max_{\theta \in \Theta} L(\theta|x_1,\ldots,x_n)$$

3. Eigenschaften von Schätzern

1	Erwartungstreue (Unverzerrtheit)

Ein Schätzer $\widehat{\theta}$ heißt **erwartungstreu** (oder **unverzerrt**) für θ, falls gilt:

$$E(\widehat{\theta}) = \theta .$$

Ein Schätzer $\widehat{\theta}$ heißt **verzerrt**, falls gilt:

$$E(\widehat{\theta}) \neq \theta .$$

Der Ausdruck $b(\widehat{\theta},\theta) = E(\widehat{\theta}) - \theta$ heißt Bias (oder auch Verzerrung) von $\widehat{\theta}$ bzgl. θ.

Gilt für einen Schätzer $\widehat{\theta}_n$

$$\lim_{n\to\infty} E(\widehat{\theta}_n) = \theta ,$$

so nennt man $\widehat{\theta}_n$ **asymptotisch erwartungtreu** (asymptotisch unverzerrt) für θ.

2	Konsistenz

Ein Schätzer $\widehat{\theta}_n$ heißt **konsistent**, falls gilt:

$$\plim_{n\to\infty} \widehat{\theta}_n = \theta .$$

3	Effizienz

Sind $\widehat{\theta}_1$ und $\widehat{\theta}_2$ zwei erwartungstreue Schätzer für θ, so heißt $\widehat{\theta}_1$ **effizienter** (wirksamer) als $\widehat{\theta}_2$, falls gilt:

$$\text{Var}(\widehat{\theta}_1) < \text{Var}(\widehat{\theta}_2) .$$

4. Schätzer und Konfidenzintervalle (Einstichprobenfall)

1 $X_1, \ldots, X_n$ u.i.v. $N(\mu, \sigma^2)$

Parameter	Punktschätzer/Konfidenzintervall zum Niveau $1 - \alpha$
μ	Schätzer: $\overline{X}$
	$(1-\alpha)$-K.I.: $\left[\overline{X} - u_{1-\frac{\alpha}{2}} \cdot \frac{\sigma}{\sqrt{n}} \; ; \; \overline{X} + u_{1-\frac{\alpha}{2}} \cdot \frac{\sigma}{\sqrt{n}}\right]$ falls σ^2 **bekannt**
	$\left[\overline{X} - t_{n-1;1-\frac{\alpha}{2}} \cdot \frac{S}{\sqrt{n}} \; ; \; \overline{X} + t_{n-1;1-\frac{\alpha}{2}} \cdot \frac{S}{\sqrt{n}}\right]$ falls σ^2 **unbekannt**
σ^2	Schätzer: S^2
	$(1-\alpha)$-K.I.: $\left[\frac{\sum(X_i - \mu)^2}{\chi^2_{n;1-\frac{\alpha}{2}}} \; ; \; \frac{\sum(X_i - \mu)^2}{\chi^2_{n;\frac{\alpha}{2}}}\right]$ falls μ **bekannt**
	$\left[\frac{(n-1)S^2}{\chi^2_{n-1;1-\frac{\alpha}{2}}} \; ; \; \frac{(n-1)S^2}{\chi^2_{n-1;\frac{\alpha}{2}}}\right]$ falls μ **unbekannt**

Anmerkung: Beim Ziehen ohne Zurücklegen aus einer endlichen Gesamtheit der Größe N sind die Quantile u und t jeweils zu ersetzen durch $u' = u\sqrt{\frac{N-n}{N-1}}$ bzw. $t' = t\sqrt{\frac{N-n}{N-1}}$.

2 $X_1, \ldots, X_n$ u.i.v. $\text{Bin}(1, p)$

Parameter	Punktschätzer/Konfidenzintervall zum Niveau $1 - \alpha$
p	Schätzer: $\overline{X}$
	$(1-\alpha)$-K.I.: $\left[\frac{n\overline{X} F_u}{n(1-\overline{X}) + 1 + n\overline{X} F_u} \; ; \; \frac{n\overline{X} + 1}{n\overline{X} + 1 + n(1-\overline{X})F_o}\right]$
	wobei $F_u = F_{2n\overline{X}, 2n(1-\overline{X})+2; \frac{\alpha}{2}}$, $F_o = F_{2n(1-\overline{X}), 2n\overline{X}+2; \frac{\alpha}{2}}$
	falls $n\overline{X}(1-\overline{X}) \geq 9$:
	$\left[\frac{\overline{X} + \frac{u^2}{2n} - u\delta}{1 + \frac{u^2}{n}} \; ; \; \frac{\overline{X} + \frac{u^2}{2n} + u\delta}{1 + \frac{u^2}{n}}\right]$
	wobei $\delta := \sqrt{\frac{\overline{X}(1-\overline{X})}{n} + \frac{u^2}{4n^2}}$, $u := u_{1-\frac{\alpha}{2}}$

Anmerkung: Beim Ziehen ohne Zurücklegen aus einer endlichen Gesamtheit der Größe N ist das Quantil u jeweils zu ersetzen durch $u' = u\sqrt{\frac{N-n}{N-1}}$.

3 $X_1, \ldots, X_n$ u.i.v. $\text{Poi}(\lambda)$

Parameter	Punktschätzer/Konfidenzintervall zum Niveau $1 - \alpha$
λ	Schätzer: $\overline{X}$
	$(1-\alpha)$-K.I.: $\left[\frac{1}{2n}\chi^2_{2n\overline{X};1-\frac{\alpha}{2}} \; ; \; \frac{1}{2n}\chi^2_{2n\overline{X}+2;\frac{\alpha}{2}}\right]$
	falls $n\overline{X} \geq 9$:
	$\left[\overline{X} + \frac{u^2}{2n} - u\delta \; ; \; \overline{X} + \frac{u^2}{2n} + u\delta\right]$
	wobei $\delta := \sqrt{\frac{\overline{X}}{n} + \frac{u^2}{4n^2}}$, $u := u_{1-\frac{\alpha}{2}}$

5. Schätzer und Konfidenzintervalle (Zweistichprobenfall)

1 $X_1, \ldots, X_{n_1}$, $Y_1, \ldots, Y_{n_2}$ unabhängig
$X_1, \ldots, X_{n_1} \sim N(\mu_1, \sigma_1^2)$; $Y_1, \ldots, Y_{n_2} \sim N(\mu_2, \sigma_2^2)$

Parameter	Punktschätzer/Konfidenzintervall zum Niveau $1 - \alpha$
$\mu_1 - \mu_2$	Schätzer: $\overline{X} - \overline{Y}$ $(1-\alpha)$-K.I.: $\left[\overline{X} - \overline{Y} - u_{1-\frac{\alpha}{2}}\delta \ ; \ \overline{X} - \overline{Y} + u_{1-\frac{\alpha}{2}}\delta\right]$ wobei $\delta := \sqrt{\dfrac{\sigma_1^2}{n_1} + \dfrac{\sigma_2^2}{n_2}}$
$\dfrac{\sigma_1^2}{\sigma_2^2}$	Schätzer: $\dfrac{S_1^2}{S_2^2}$ $(1-\alpha)$-K.I.: $\left[\dfrac{S_1^2}{S_2^2} \cdot F_{n_2-1, n_1-1; \frac{\alpha}{2}} \ ; \ \dfrac{S_1^2}{S_2^2} \cdot F_{n_2-1, n_1-1; 1-\frac{\alpha}{2}}\right]$

2 $X_1, \ldots, X_{n_1}$, $Y_1, \ldots, Y_{n_2}$ unabhängig
$X_1, \ldots, X_{n_1} \sim N(\mu_1, \sigma^2)$; $Y_1, \ldots, Y_{n_2} \sim N(\mu_2, \sigma^2)$

Parameter	Punktschätzer/Konfidenzintervall zum Niveau $1 - \alpha$
$\mu_1 - \mu_2$	Schätzer: $\overline{X} - \overline{Y}$ $(1-\alpha)$-K.I.: $\left[\overline{X} - \overline{Y} - t_{n_1+n_2-2; 1-\frac{\alpha}{2}} S_0 \delta \ ; \ \overline{X} - \overline{Y} + t_{n_1+n_2-2; 1-\frac{\alpha}{2}} S_0 \delta\right]$ wobei $\delta := \sqrt{\dfrac{n_1 + n_2}{n_1 n_2}}$; $S_0^2 = \dfrac{(n_1-1)S_1^2 + (n_2-1)S_2^2}{n_1 + n_2 - 2}$

3 $X_1, \ldots, X_n$ u.i.v. $N(\mu_1, \sigma_1^2)$ $\rho = \text{Corr}(X_i, Y_i)$ **unbekannt**
$Y_1, \ldots, Y_n$ u.i.v. $N(\mu_2, \sigma_2^2)$

Parameter	Punktschätzer/Konfidenzintervall zum Niveau $1 - \alpha$
ρ	Schätzer: R $(1-\alpha)$-K.I. für $Z_0 = \dfrac{1}{2} \ln \dfrac{1+\rho}{1-\rho} + \dfrac{\rho}{2(n-1)}$: $\left[Z - \dfrac{u_{1-\frac{\alpha}{2}}}{\sqrt{n-3}} \ ; \ Z + \dfrac{u_{1-\frac{\alpha}{2}}}{\sqrt{n-3}}\right]$ wobei $Z = \dfrac{1}{2} \ln \dfrac{1+R}{1-R}$ die Z–Transformation nach Fisher

6. Fehler erster Art, Fehler zweiter Art:

Zustand in	Testentscheidung:	
Grundgesamtheit	H_0 ablehnen	H_0 nicht ablehnen
H_0 ist wahr	Fehler 1. Art	richtige Entscheidung
H_0 ist falsch	richtige Entscheidung	Fehler 2. Art

$\alpha = P(\text{Fehler 1. Art}) = P(H_0 \text{ ablehnen} \,|\, H_0 \text{ wahr})$
$\beta = P(\text{Fehler 2. Art}) = P(H_0 \text{ nicht ablehnen} \,|\, H_0 \text{ falsch})$

7. Parametertests im Einstichprobenfall:

1 (Einfacher) Gauß–Test

$X_1, \ldots, X_n$ u.i.v. $N(\mu, \sigma^2)$, $\sigma^2 \geq 0$ **bekannt**

H_0 vs.	H_1	Kritischer Bereich (Ablehnbereich)
$\mu = \mu_0$	$\mu \neq \mu_0$	$|Z| > u_{1-\frac{\alpha}{2}}$
$\mu \geq \mu_0$	$\mu < \mu_0$	$Z < u_\alpha$
$\mu \leq \mu_0$	$\mu > \mu_0$	$Z > u_{1-\alpha}$

wobei $Z = \sqrt{n}\frac{\overline{X}-\mu_0}{\sigma}$ die sog. "Gauß–Statistik"

2 (Einfacher) t–Test

$X_1, \ldots, X_n$ u.i.v. $N(\mu, \sigma^2)$, $\sigma^2 \geq 0$ **unbekannt**

H_0 vs.	H_1	Kritischer Bereich (Ablehnbereich)
$\mu = \mu_0$	$\mu \neq \mu_0$	$|t| > t_{n-1;1-\frac{\alpha}{2}}$
$\mu \geq \mu_0$	$\mu < \mu_0$	$t < t_{n-1;\alpha}$
$\mu \leq \mu_0$	$\mu > \mu_0$	$t > t_{n-1;1-\alpha}$

wobei $t = \sqrt{n}\frac{\overline{X}-\mu_0}{S}$ die sog. "t–Statistik"

3 $X_1, \ldots, X_n$ u.i.v. $N(\mu, \sigma^2)$, $\mu \in \mathbb{R}$ **bekannt**

H_0 vs.	H_1	Kritischer Bereich (Ablehnbereich)
$\sigma^2 = \sigma_0^2$	$\sigma^2 \neq \sigma_0^2$	$\chi^{*2} > \chi^2_{n;1-\frac{\alpha}{2}}$ oder $\chi^{*2} < \chi^2_{n;\frac{\alpha}{2}}$
$\sigma^2 \geq \sigma_0^2$	$\sigma^2 < \sigma_0^2$	$\chi^{*2} < \chi^2_{n;\alpha}$
$\sigma^2 \leq \sigma_0^2$	$\sigma^2 > \sigma_0^2$	$\chi^{*2} > \chi^2_{n;1-\alpha}$

wobei $\chi^{*2} = \dfrac{\sum\limits_{i=1}^{n}(X_i - \mu)^2}{\sigma_0^2}$

7. Parametertests im Einstichprobenfall (Forts.):

4   $X_1, \ldots, X_n$ u.i.v. $N(\mu, \sigma^2)$, $\mu \in \mathbb{R}$ **unbekannt**

H_0 vs. H_1		Kritischer Bereich (Ablehnbereich)
$\sigma^2 = \sigma_0^2$	$\sigma^2 \neq \sigma_0^2$	$\chi^2 > \chi^2_{n-1;1-\frac{\alpha}{2}}$ oder $\chi^2 < \chi^2_{n-1;\frac{\alpha}{2}}$
$\sigma^2 \geq \sigma_0^2$	$\sigma^2 < \sigma_0^2$	$\chi^2 < \chi^2_{n-1;\alpha}$
$\sigma^2 \leq \sigma_0^2$	$\sigma^2 > \sigma_0^2$	$\chi^2 > \chi^2_{n-1;1-\alpha}$

wobei $\chi^2 = \dfrac{(n-1)S^2}{\sigma_0^2}$

5   $X_1, \ldots, X_n$ u.i.v. $\text{Bin}(1,p)$, (d.h. $X = \sum_{i=1}^n X_i \sim \text{Bin}(n,p)$)

H_0 vs. H_1		Kritischer Bereich (Ablehnbereich)
$p = p_0$	$p \neq p_0$	$\left|\dfrac{X - np_0}{\sqrt{np_0(1-p_0)}}\right| > u_{1-\frac{\alpha}{2}}$
$p \geq p_0$	$p < p_0$	$\dfrac{X - np_0}{\sqrt{np_0(1-p_0)}} < u_\alpha$
$p \leq p_0$	$p > p_0$	$\dfrac{X - np_0}{\sqrt{np_0(1-p_0)}} > u_{1-\alpha}$

6   $X \sim \text{Poi}(\lambda)$

H_0 vs. H_1		Kritischer Bereich (Ablehnbereich)
$\lambda = \lambda_0$	$\lambda \neq \lambda_0$	$\left|\dfrac{X - \lambda_0}{\sqrt{\lambda_0}}\right| > u_{1-\frac{\alpha}{2}}$
$\lambda \geq \lambda_0$	$\lambda < \lambda_0$	$\dfrac{X - \lambda_0}{\sqrt{\lambda_0}} < u_\alpha$
$\lambda \leq \lambda_0$	$\lambda > \lambda_0$	$\dfrac{X - \lambda_0}{\sqrt{\lambda_0}} > u_{1-\alpha}$

8. Parametertests im Zweistichprobenfall:

1   $X_1, \ldots, X_n$ u.i.v. $N(\mu_1, \sigma_1^2)$
     $Y_1, \ldots, Y_n$ u.i.v. $N(\mu_2, \sigma_2^2)$

H_0 vs. H_1		Kritischer Bereich (Ablehnbereich)
$\rho = 0$	$\rho \neq 0$	$\left|\sqrt{n-2}\,\dfrac{R}{\sqrt{1-R^2}}\right| > t_{n-2;1-\frac{\alpha}{2}}$
$\rho \geq 0$	$\rho < 0$	$\sqrt{n-2}\,\dfrac{R}{\sqrt{1-R^2}} < t_{n-2;\alpha}$
$\rho \leq 0$	$\rho > 0$	$\sqrt{n-2}\,\dfrac{R}{\sqrt{1-R^2}} > t_{n-2;1-\alpha}$
$\rho = \rho_0$	$\rho \neq \rho_0$	$\left|\sqrt{n-3}\,(Z - Z_0)\right| > u_{1-\frac{\alpha}{2}}$
$\rho \geq \rho_0$	$\rho < \rho_0$	$\sqrt{n-3}\,(Z - Z_0) < u_\alpha$
$\rho \leq \rho_0$	$\rho > \rho_0$	$\sqrt{n-3}\,(Z - Z_0) > u_{1-\alpha}$

wobei $Z_0 = \frac{1}{2}\ln\dfrac{1+\rho_0}{1-\rho_0} + \dfrac{\rho_0}{2(n-1)}$,
          $Z = \frac{1}{2}\ln\dfrac{1+R}{1-R}$ die Z–Transformation nach Fisher

8. Parametertests im Zweistichprobenfall (Forts.):

2 (Doppelter) Gauß–Test

$X_1, \ldots, X_{n_1}, \quad Y_1, \ldots, Y_{n_2}$ unabhängig

$X_1, \ldots, X_{n_1} \sim N(\mu_1, \sigma_1^2) \qquad \sigma_1^2$ **bekannt**

$Y_1, \ldots, Y_{n_2} \sim N(\mu_2, \sigma_2^2) \qquad \sigma_2^2$ **bekannt**

H_0 vs. H_1		Kritischer Bereich (Ablehnbereich)
$\mu_1 = \mu_2$	$\mu_1 \neq \mu_2$	$\left|\overline{X} - \overline{Y}\right| > u_{1-\frac{\alpha}{2}} \sqrt{\frac{\sigma_1^2}{n_1} + \frac{\sigma_2^2}{n_2}}$
$\mu_1 \geq \mu_2$	$\mu_1 < \mu_2$	$\dfrac{\overline{X} - \overline{Y}}{\sqrt{\frac{\sigma_1^2}{n_1} + \frac{\sigma_2^2}{n_2}}} < u_\alpha$
$\mu_1 \leq \mu_2$	$\mu_1 > \mu_2$	$\dfrac{\overline{X} - \overline{Y}}{\sqrt{\frac{\sigma_1^2}{n_1} + \frac{\sigma_2^2}{n_2}}} > u_{1-\alpha}$

3 (Doppelter) t–Test

$X_1, \ldots, X_{n_1}, \quad Y_1, \ldots, Y_{n_2}$ unabhängig

$X_1, \ldots, X_{n_1} \sim N(\mu_1, \sigma^2)$

$Y_1, \ldots, Y_{n_2} \sim N(\mu_2, \sigma^2) \qquad \sigma^2$ **unbekannt**

H_0 vs. H_1		Kritischer Bereich (Ablehnbereich)
$\mu_1 = \mu_2$	$\mu_1 \neq \mu_2$	$\dfrac{\left|\overline{X} - \overline{Y}\right|}{S_0 \delta} > t_{n_1+n_2-2; 1-\frac{\alpha}{2}}$
$\mu_1 \geq \mu_2$	$\mu_1 < \mu_2$	$\dfrac{\overline{X} - \overline{Y}}{S_0 \delta} < t_{n_1+n_2-2; \alpha}$
$\mu_1 \leq \mu_2$	$\mu_1 > \mu_2$	$\dfrac{\overline{X} - \overline{Y}}{S_0 \delta} > t_{n_1+n_2-2; 1-\alpha}$

wobei $S_0^2 = \dfrac{(n_1-1)S_1^2 + (n_2-1)S_2^2}{n_1+n_2-2}$, $\delta = \sqrt{\dfrac{n_1+n_2}{n_1 \cdot n_2}}$

4 F–Test

$X_1, \ldots, X_{n_1}, \quad Y_1, \ldots, Y_{n_2}$ unabhängig

$X_1, \ldots, X_{n_1} \sim N(\mu_1, \sigma_1^2)$

$Y_1, \ldots, Y_{n_2} \sim N(\mu_2, \sigma_2^2)$

H_0 vs. H_1		Kritischer Bereich (Ablehnbereich)
$\sigma_1^2 = \sigma_2^2$	$\sigma_1^2 \neq \sigma_2^2$	$\dfrac{S_1^2}{S_2^2} > F_{n_1-1, n_2-1; 1-\frac{\alpha}{2}}$ oder $\dfrac{S_1^2}{S_2^2} < F_{n_1-1, n_2-1; \frac{\alpha}{2}}$
$\sigma_1^2 \geq \sigma_2^2$	$\sigma_1^2 < \sigma_2^2$	$\dfrac{S_1^2}{S_2^2} < F_{n_1-1, n_2-1; \alpha}$
$\sigma_1^2 \leq \sigma_2^2$	$\sigma_1^2 > \sigma_2^2$	$\dfrac{S_1^2}{S_2^2} > F_{n_1-1, n_2-1; 1-\alpha}$

9. Wilcoxon Tests:

1 Wilcoxon–Rangsummen–Test (Test auf Lagealternative)

$X_1, \ldots, X_{n_1}, Y_1, \ldots, Y_{n_2}$ unabhängig,

$X_1, \ldots, X_{n_1}$ mit **stetiger** Verteilungsfunktion F,

$Y_1, \ldots, Y_{n_2}$ mit **stetiger** Verteilungsfunktion G,

$n_1 \leq n_2$ und $F(x) = G(x - c)$.

H_0	vs.	H_1	Kritischer Bereich (Ablehnbereich)
$c = 0$		$c \neq 0$	für $n_1, n_2 \leq 25$: $W_n \geq n_1(n_1 + n_2 + 1) - w_{n_1, n_2; \frac{\alpha}{2}}$ oder $W_n \leq w_{n_1, n_2; \frac{\alpha}{2}}$
			sonst: $\dfrac{\left| W_n - \dfrac{n_1(n_1 + n_2 + 1)}{2} \right|}{\sqrt{\dfrac{n_1 n_2 (n_1 + n_2 + 1)}{12}}} \geq u_{1 - \frac{\alpha}{2}}$
$c = 0$		$c > 0$	für $n_1, n_2 \leq 25$: $W_n \geq n_1(n_1 + n_2 + 1) - w_{n_1, n_2; \alpha}$
			sonst: $\dfrac{W_n - \dfrac{n_1(n_1 + n_2 + 1)}{2}}{\sqrt{\dfrac{n_1 n_2 (n_1 + n_2 + 1)}{12}}} \geq u_{1 - \alpha}$
$c = 0$		$c < 0$	für $n_1, n_2 \leq 25$: $W_n \leq w_{n_1, n_2; \alpha}$
			sonst: $\dfrac{W_n - \dfrac{n_1(n_1 + n_2 + 1)}{2}}{\sqrt{\dfrac{n_1 n_2 (n_1 + n_2 + 1)}{12}}} \leq u_\alpha$

wobei $W_n = \sum_{i=1}^{n_1} R(X_i)$ und $R(X_i)$ Rang von X_i in **gemeinsamer** Stichprobe.

Vertafelung der kritischen Werte $w_{n_1, n_2; \alpha}$ in **Tabelle 8**.

2 Wilcoxon–Vorzeichen–Rangtest (Test auf Symmetriezentrum)

$X_1, \ldots, X_n$ unabhängig mit **stetiger** Verteilungsfunktion F,

$F(c - x) = 1 - F(c + x)$

H_0	vs.	H_1	Kritischer Bereich (Ablehnbereich)
$c = c_0$		$c \neq c_0$	für $n \leq 20$: $W_n^+ \geq \dfrac{n(n+1)}{2} - w_{n; \frac{\alpha}{2}}^+$ oder $W_n^+ \leq w_{n; \frac{\alpha}{2}}^+$
			sonst: $\dfrac{\left| W_n^+ - \dfrac{n(n+1)}{4} \right|}{\sqrt{\dfrac{n(n+1)(2n+1)}{24}}} \geq u_{1 - \frac{\alpha}{2}}$

$W_n^+ = \sum_{i=1}^{n} R(|X_i - c|) \mathbf{1}_{(0, \infty)}(X_i - c)$ d.h., in W_n^+ werden die Ränge der positiven Differenzen aus den Rängen der Absolutabweichungen aufsummiert.

Vertafelung der kritischen Werte $w_{n; \alpha}^+$ in **Tabelle 9**.

9. Wilcoxon Tests (Forts.):

2 Wilcoxon–Vorzeichen–Rangtest (Test auf Symmetriezentrum)

$X_1,\ldots,X_n$ unabhängig mit **stetiger** Verteilungsfunktion F,
$F(c-x) = 1 - F(c+x)$

H_0	vs.	H_1	Kritischer Bereich (Ablehnbereich)
$c \leq c_0$		$c > c_0$	für $n \leq 20$: $W_n^+ \geq \dfrac{n(n+1)}{2} - w_{n;\alpha}^+$
			sonst: $\dfrac{W_n^+ - \dfrac{n(n+1)}{4}}{\sqrt{\dfrac{n(n+1)(2n+1)}{24}}} \geq u_{1-\alpha}$
$c \geq c_0$		$c < c_0$	für $n \leq 20$: $W_n^+ \leq w_{n;\alpha}^+$
			sonst: $\dfrac{W_n^+ - \dfrac{n(n+1)}{4}}{\sqrt{\dfrac{n(n+1)(2n+1)}{24}}} \leq u_\alpha$

$W_n^+ = \sum\limits_{i=1}^{n} R(|X_i - c|)\mathbf{1}_{(0,\infty)}(X_i - c)$ d.h., in W_n^+ werden die Ränge der positiven Differenzen aus den Rängen der Absolutabweichungen aufsummiert.

Vertafelung der kritischen Werte $w_{n;\alpha}^+$ in **Tabelle 9**

10. χ^2–Tests:

1 Anpassungstest

$X_1,\ldots,X_{n_1}$ u.i.v. mit Verteilungsfunktion $F_X(x)$

$\mathcal{F} = \{F_{\theta_1,\ldots,\theta_r}(x|\vartheta_1,\ldots,\vartheta_s) | \vartheta_1,\ldots,\vartheta_s \text{ bekannt},\ \theta_1,\ldots,\theta_r \text{ \textbf{unbekannt}}\}$

H_0	vs.	H_1	Kritischer Bereich (Ablehnbereich)
$F_X(x) \in \mathcal{F}$		$F_X(x) \notin \mathcal{F}$	$\chi^2 > \chi^2_{k-r-1;1-\alpha}$

Zur Bestimmung der Testgröße χ^2 gehe man wie folgt vor:

1. Bilde k Klassen $K_1,\ldots,K_k$ (wobei $k > r+1$).
2. Zähle n_i = Anzahl der Beobachtungen in der i-ten Klasse für $i = 1,\ldots,k$.
3. Schätze die unbekannten Parameter $\theta_1,\ldots,\theta_r$ durch $\widehat{\theta}_1,\ldots\widehat{\theta}_r$ (z.B. ML–Schätzer).
4. Berechne $p_i = P\left(X \in K_i \big| F_X(x) = F(x|\vartheta_1,\ldots\vartheta_s,\widehat{\theta}_1,\ldots\widehat{\theta}_r)\right)$ für $i = 1,\ldots,k$.
5. Berechne $\chi^2 = \sum\limits_{i=1}^{k} \dfrac{(n_i - np_i)^2}{np_i}$.

10. χ^2–Tests (Forts.):

2 Unabhängigkeitstest

$(X_1, Y_1), \ldots, (X_n, Y_n)$ einfache (verbundene) Stichprobe mit Verteilungsfunktion $F_{(X,Y)}(x, y)$

H_0	vs.	H_1	Kritischer Bereich (Ablehnbereich)
$F_{(X,Y)}(x,y) = F_X(x) \cdot F_Y(y)$		$F_{(X,Y)}(x,y) \neq F_X(x) F_Y(y)$	$\chi^2 > \chi^2_{(k-1)(\ell-1); 1-\alpha}$

Zur Bestimmung der Testgröße χ^2 gehe man wie folgt vor:

1. Man unterteile den Wertebereich der Zufallsvariablen X in k disjunkte Klassen $A_1, \ldots, A_k$, den der Zufallsvariablen Y in ℓ disjunkte Klassen $B_1, \ldots, B_\ell$.

2. Berechne

   n_{ij} = Anzahl der Beobachtungen, für die gilt, daß Merkmal X in Klasse A_i und Merkmal Y in Klasse B_j fällt.

   $n_{i\bullet} = \sum_{j=1}^{\ell} n_{ij}$ = Anzahl der Beobachtungen, für die Merkmal X in Klasse A_i fällt (Randhäufigkeit).

   $n_{\bullet j} = \sum_{i=1}^{k} n_{ij}$ = Anzahl der Beobachtungen, für die Merkmal Y in Klasse B_j fällt (Randhäufigkeit).

3. Berechne $p_{ij} = P(X \in A_i) P(Y \in B_j) = \frac{n_{i\bullet}}{n} \cdot \frac{n_{\bullet j}}{n}$.

4. Berechne $\chi^2 = \sum_{i=1}^{k} \sum_{j=1}^{\ell} \frac{(n_{ij} - np_{ij})^2}{np_{ij}} = \sum_{i=1}^{k} \sum_{j=1}^{\ell} \frac{(n_{ij} - \frac{n_{i\bullet} n_{\bullet j}}{n})^2}{\frac{n_{i\bullet} n_{\bullet j}}{n}}$.

3 Homogenitätstest

$X_1, \ldots, X_{n_1}$ u.i.v. mit Verteilungsfunktion F_1,

$Y_1, \ldots, Y_{n_2}$ u.i.v. mit Verteilungsfunktion F_2,

$X_1, \ldots, X_{n_1}, Y_1, \ldots, Y_{n_2}$ unabhängig

H_0	vs.	H_1	Kritischer Bereich (Ablehnbereich)
$F_1(x) = F_2(x)$		$F_1(x) \neq F_2(x)$	$\chi^2 > \chi^2_{k-1; 1-\alpha}$

Zur Berechnung der Teststatistik χ^2 gehe man wie folgt vor:

1. Der Wertebereich der Zufallsvariablen X wird in k disjunkte Klassen $K_1, \ldots, K_k$ eingeteilt.

2. Berechne

   n_{1j} = Anzahl der Ausprägungen der Zufallsvariablen X in Klasse j

   $j = 1, \ldots, k$,

   n_{2j} = Anzahl der Ausprägungen der Zufallsvariablen Y in Klasse j

   $j = 1, \ldots, k$,

   $p_j = \frac{n_{1j} + n_{2j}}{n_1 + n_2}$.

3. Berechne $\chi^2 = \sum_{i=1}^{2} \sum_{j=1}^{k} \frac{(n_{ij} - n_i p_j)^2}{n_i p_j}$.

11. Kolmogoroff–Smirnoff–Test

1 Anpassungstest

$X_1, \ldots, X_n$ u.i.v. mit **stetiger** Verteilungsfunktion F

H_0	vs.	H_1	Krit. Bereich (Ablehnbereich)
$F(x) = F_0(x)$ für alle $x \in \mathbb{R}$		$F(x) \neq F_0(x)$ für mind. ein $x \in \mathbb{R}$	$\Delta_n > d_{n;1-\alpha}$
$F(x) \leq F_0(x)$ für alle $x \in \mathbb{R}$		$F(x) > F_0(x)$ für mind. ein $x \in \mathbb{R}$	$\Delta_n^+ > d_{n;1-2\alpha}$
$F(x) \geq F_0(x)$ für alle $x \in \mathbb{R}$		$F(x) < F_0(x)$ für mind. ein $x \in \mathbb{R}$	$\Delta_n^- > d_{n;1-2\alpha}$

wobei $\quad \Delta_n = \sup\limits_x \left| \widehat{F}_n(x) - F_0(x) \right| = \max\{\Delta_n^+, \Delta_n^-\}$

mit $\quad \Delta_n^+ = \max\limits_i \left\{ \widehat{F}_n(x_i) - F_0(x_i) \right\}$

$\quad\quad \Delta_n^- = \max\limits_i \left\{ F_0(x_i) - \widehat{F}_n(x_{i-1}) \right\}$

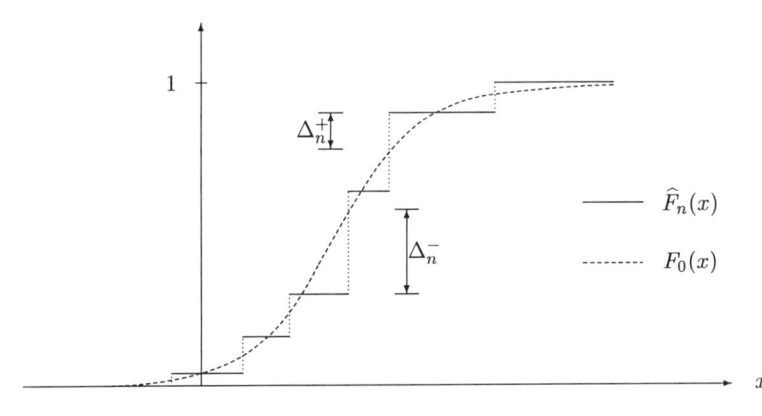

Vertafelung der kritischen Werte $d_{n;1-\alpha}$ in **Tabelle 10**

2 Homogenitätstest

$X_1, \ldots, X_{n_1}$ u.i.v. mit **stetiger** Verteilungsfunktion F_1,
$Y_1, \ldots, Y_{n_2}$ u.i.v. mit **stetiger** Verteilungsfunktion F_2, $\quad n_1 \leq n_2$,
$X_1, \ldots, X_{n_1}, Y_1, \ldots, Y_{n_2}$ unabhängig

H_0	vs.	H_1	Krit. Bereich (Ablehnbereich)
$F_1(x) = F_2(x)$ für alle $x \in \mathbb{R}$		$F_1(x) \neq F_2(x)$ für mind. ein $x \in \mathbb{R}$	$\Delta_{n_1,n_2} > d_{n_1,n_2;1-\alpha}$
$F_1(x) \leq F_2(x)$ für alle $x \in \mathbb{R}$		$F_1(x) > F_2(x)$ für mind. ein $x \in \mathbb{R}$	$\Delta_{n_1,n_2}^+ > d_{n_1,n_2;1-2\alpha}$
$F_1(x) \geq F_2(x)$ für alle $x \in \mathbb{R}$		$F_1(x) < F_2(x)$ für mind. ein $x \in \mathbb{R}$	$\Delta_{n_1,n_2}^- > d_{n_1,n_2;1-2\alpha}$

wobei $\quad \Delta_{n_1,n_2} = \max \left| \widehat{F}_1(x) - \widehat{F}_2(x) \right|$

$\quad\quad \Delta_{n_1,n_2}^+ = \max\{ \widehat{F}_1(x) - \widehat{F}_2(x) \}$

$\quad\quad \Delta_{n_1,n_2}^- = \max\{ \widehat{F}_2(x) - \widehat{F}_1(x) \}$

Vertafelung von $n_1 \cdot n_2 \cdot d_{n_1,n_2;1-\alpha}$ in **Tabelle 11**

Anhang B

Tabellen

Tab. 1:   Verteilungsfunktion der Binomialverteilung
Tab. 2:   Verteilungsfunktion der Poissonverteilung
Tab. 3:   Verteilungsfunktion der Standardnormalverteilung
Tab. 4:   Quantile der Standardnormalverteilung
Tab. 5:   Quantile der t-Verteilung
Tab. 6:   Quantile der χ^2-Verteilung
Tab. 7:   Quantile der F–Verteilung
Tab. 8:   Kritische Werte für den Wilcoxon–Rangsummen–Test
Tab. 9:   Kritische Werte für den Wilcoxon–Vorzeichen–Rangtest
Tab. 10: Kritische Werte für den Kolmogoroff–Smirnoff–Anpassungstest
Tab. 11: Kritische Werte für den Kolmogoroff–Smirnoff–Homogenitätstest
Tab. 12: Fishers Z–Transformation
Tab. 13: Inverse Fisher–Transformation
Tab. 14: Binomialkoeffizienten $\binom{n}{k}$
Tab. 15: Griechisches Alphabet und seine Verwendung im Buch
Tab. 16: Ausgewählte mathematische und statistische Symbole

Tabelle 1: Verteilungsfunktion $F(x) = \sum_{i=0}^{x} \binom{n}{i} p^i (1-p)^{n-i}$ der Binomialverteilung

n	x	p							n − x − 1
		0.1	0.2	0.25	0.3	0.$\bar{3}$	0.4	0.5	
5	0	0.59049	0.32768	0.23730	0.16807	0.13169	0.07776	0.03125	4
	1	0.91854	0.73728	0.63281	0.52822	0.46091	0.33696	0.18750	3
	2	0.99144	0.94208	0.89648	0.83692	0.79012	0.68256	0.50000	2
	3	0.99954	0.99328	0.98437	0.96922	0.95473	0.91296	0.81250	1
	4	0.99999	0.99968	0.99902	0.99757	0.99588	0.98976	0.96875	0
	5	1.00000	1.00000	1.00000	1.00000	1.00000	1.00000	1.00000	
10	0	0.34868	0.10737	0.05631	0.02825	0.01734	0.00605	0.00098	9
	1	0.73610	0.37581	0.24403	0.14931	0.10405	0.04636	0.01074	8
	2	0.92981	0.67780	0.52559	0.38278	0.29914	0.16729	0.05469	7
	3	0.98720	0.87913	0.77588	0.64961	0.55926	0.38228	0.17187	6
	4	0.99837	0.96721	0.92187	0.84973	0.78687	0.63310	0.37695	5
	5	0.99985	0.99363	0.98027	0.95265	0.92344	0.83376	0.62305	4
	6	0.99999	0.99914	0.99649	0.98941	0.98034	0.94524	0.82812	3
	7	1.00000	0.99992	0.99958	0.99841	0.99660	0.98771	0.94531	2
	8		1.00000	0.99997	0.99986	0.99964	0.99832	0.98926	1
	9			1.00000	0.99999	0.99998	0.99990	0.99902	0
	10				1.00000	1.00000	1.00000	1.00000	
15	0	0.20589	0.03518	0.01336	0.00475	0.02284	0.00047	0.00003	14
	1	0.54904	0.16713	0.08018	0.03527	0.01941	0.00517	0.00049	13
	2	0.81594	0.39802	0.23609	0.12683	0.07936	0.02711	0.00369	12
	3	0.94444	0.64816	0.46129	0.29687	0.20924	0.09050	0.01758	11
	4	0.98728	0.83577	0.68649	0.51549	0.40406	0.21728	0.05928	10
	5	0.99775	0.93895	0.85163	0.72162	0.61837	0.40322	0.15088	9
	6	0.99969	0.98194	0.94338	0.86886	0.79696	0.60981	0.30362	8
	7	0.99997	0.99576	0.98270	0.94999	0.91177	0.78690	0.50000	7
	8	1.00000	0.99921	0.99581	0.98476	0.96917	0.90495	0.69638	6
	9		0.99989	0.99921	0.99635	0.99150	0.96617	0.84912	5
	10		0.99999	0.99988	0.99933	0.99819	0.99065	0.94077	4
	11		1.00000	0.99999	0.99991	0.99971	0.99807	0.98242	3
	12			1.00000	0.99999	0.99997	0.99972	0.99631	2
n		0.9	0.8	0.75	0.7	0.$\bar{6}$	0.6	0.5	n − x −
		p							

Tabelle 1: Verteilungsfunktion $F(x) = \sum_{i=0}^{x} \binom{n}{i} p^i (1-p)^{n-i}$ der Binomialverteilung (Forts.)

n	x	p							n − x − 1
		0.1	0.2	0.25	0.3	0.3̄	0.4	0.5	
15	13				1.00000	1.00000	0.99997	0.99951	1
	14						1.00000	0.99997	0
	15							1.00000	
20	0	0.12158	0.01153	0.00317	0.00080	0.00030	0.00004	0.00000	19
	1	0.39175	0.06918	0.02431	0.00764	0.00331	0.00052	0.00002	18
	2	0.67693	0.20608	0.09126	0.03548	0.01759	0.00361	0.00020	17
	3	0.86705	0.41145	0.22516	0.10709	0.06045	0.01596	0.00129	16
	4	0.95683	0.62965	0.41484	0.23751	0.15151	0.05095	0.00591	15
	5	0.98875	0.80421	0.61717	0.41637	0.29721	0.12560	0.02069	14
	6	0.99761	0.91331	0.78578	0.60801	0.47934	0.25001	0.05766	13
	7	0.99958	0.96786	0.89819	0.77227	0.66147	0.41589	0.13159	12
	8	0.99994	0.99002	0.95907	0.88667	0.80945	0.59560	0.25172	11
	9	0.99999	0.99741	0.98614	0.95204	0.90810	0.75534	0.41190	10
	10	1.00000	0.99944	0.99606	0.98286	0.96236	0.87248	0.58810	9
	11		0.99990	0.99906	0.99486	0.98703	0.94347	0.74828	8
	12		0.99998	0.99982	0.99872	0.99628	0.97897	0.86841	7
	13		1.00000	0.99997	0.99974	0.99912	0.99353	0.94234	6
	14			1.00000	0.99996	0.99983	0.99839	0.97931	5
	15				0.99999	0.99997	0.99968	0.99409	4
	16				1.00000	1.00000	0.99995	0.99871	3
	17						0.99999	0.99980	2
	18						1.00000	0.99998	1
	19							1.00000	0
25	0	0.07179	0.00378	0.00075	0.00013	0.00004	0.00000	0.00000	24
	1	0.27121	0.02739	0.00702	0.00157	0.00053	0.00005	0.00000	23
	2	0.53709	0.09823	0.03211	0.00896	0.00350	0.00043	0.00001	22
	3	0.76359	0.23399	0.09621	0.03324	0.01489	0.00237	0.00008	21
	4	0.90201	0.42067	0.21374	0.09047	0.04620	0.00947	0.00046	20
	5	0.96660	0.61669	0.37828	0.19349	0.11195	0.02936	0.00204	19
	6	0.99052	0.78004	0.56110	0.34065	0.22154	0.07357	0.00732	18
n		0.9	0.8	0.75	0.7	0.6̄	0.6	0.5	n − x − 1
		p							

Tabelle 1: Verteilungsfunktion $F(x) = \sum_{i=0}^{x} \binom{n}{i} p^i (1-p)^{n-i}$ der Binomialverteilung (Forts.)

n	x				p				n − x − 1
		0.1	0.2	0.25	0.3	0.3̄	0.4	0.5	
25	7	0.99774	0.89088	0.72651	0.51185	0.37026	0.15355	0.02164	17
	8	0.99954	0.95323	0.85056	0.67693	0.53758	0.27353	0.05388	16
	9	0.99992	0.98267	0.92867	0.81056	0.69560	0.42462	0.11476	15
	10	0.99999	0.99445	0.97033	0.90220	0.82201	0.58577	0.21218	14
	11	1.00000	0.99846	0.98027	0.95575	0.90821	0.73228	0.34502	13
	12		0.99963	0.99663	0.98253	0.95849	0.84623	0.50000	12
	13		0.99992	0.99908	0.99401	0.98363	0.92220	0.65498	11
	14		0.99999	0.99979	0.99822	0.99440	0.96561	0.78782	10
	15		1.00000	0.99996	0.99955	0.99835	0.98683	0.88524	9
	16			0.99999	0.99990	0.99958	0.99567	0.94612	8
	17			1.00000	0.99998	0.99991	0.99879	0.97836	7
	18				1.00000	0.99998	0.99972	0.99268	6
	19					1.00000	0.99995	0.99796	5
	20						0.99999	0.99954	4
	21						1.00000	0.99992	3
	22							0.99999	2
	23							1.00000	1
50	0	0.00515	0.00001	0.00000					49
	1	0.03379	0.00019	0.00001					48
	2	0.11173	0.00129	0.00009	0.00000				47
	3	0.25029	0.00566	0.00050	0.00003	0.00000			46
	4	0.43120	0.01850	0.00211	0.00017	0.00003			45
	5	0.61612	0.04803	0.00705	0.00072	0.00013	0.00000		44
	6	0.77023	0.10340	0.01939	0.00249	0.00052	0.00001		43
	7	0.87785	0.19041	0.04526	0.00726	0.00174	0.00006		42
	8	0.94213	0.30733	0.09160	0.01825	0.00503	0.00023		41
	9	0.97546	0.44374	0.16368	0.04023	0.01271	0.00076	0.00000	40
	10	0.99065	0.58356	0.26220	0.07885	0.02844	0.00220	0.00001	39
	11	0.99678	0.71067	0.38162	0.13904	0.05705	0.00569	0.00005	38
	12	0.99900	0.81394	0.51099	0.22287	0.10353	0.01325	0.00015	37
n		0.9	0.8	0.75	0.7	0.6̄	0.6	0.5	n − x − 1
					p				

Tabelle 1: Verteilungsfunktion $F(x) = \sum_{i=0}^{x} \binom{n}{i} p^i(1-p)^{n-i}$ der Binomialverteilung (Forts.)

n	x	p							n − x − 1
		0.1	0.2	0.25	0.3	0.$\bar{3}$	0.4	0.5	
50	13	0.99971	0.88941	0.63704	0.32788	0.17147	0.02799	0.00047	36
	14	0.99993	0.93928	0.74808	0.44683	0.26124	0.05396	0.00130	35
	15	0.99998	0.96920	0.83692	0.56918	0.36897	0.09550	0.00330	34
	16	1.00000	0.98556	0.90169	0.68388	0.48679	0.15609	0.00767	33
	17		0.99374	0.94488	0.78219	0.60462	0.23688	0.01642	32
	18		0.99749	0.97127	0.85944	0.71263	0.33561	0.03245	31
	19		0.99907	0.98608	0.91520	0.80359	0.44648	0.05946	30
	20		0.99968	0.99374	0.95224	0.87408	0.56103	0.10132	29
	21		0.99990	0.99738	0.97491	0.92443	0.67014	0.16112	28
	22		0.99997	0.99898	0.98772	0.95761	0.76602	0.23994	27
	23		0.99999	0.99963	0.99441	0.97781	0.84383	0.33591	26
	24		1.00000	0.99988	0.99763	0.98917	0.90219	0.44386	25
	25			0.99996	0.99907	0.99508	0.94266	0.55614	24
	26			0.99999	0.99966	0.99792	0.96859	0.66409	23
	27			1.00000	0.99988	0.99918	0.98397	0.76006	22
	28				0.99996	0.99970	0.99238	0.83888	21
	29				0.99999	0.99990	0.99664	0.89868	20
	30				1.00000	0.99997	0.99863	0.94054	19
	31					0.99999	0.99948	0.96755	18
	32					1.00000	0.99982	0.98358	17
	33						0.99994	0.99233	16
	34						0.99998	0.99670	15
	35						1.00000	0.99870	14
	36							0.99953	13
	37							0.99985	12
	38							0.99995	11
	39							0.99999	10
	40							1.00000	9
100	0	0.00003							99
	1	0.00032							98
n		0.9	0.8	0.75	0.7	0.$\bar{6}$	0.6	0.5	n − x − 1
		p							

Tabelle 1: Verteilungsfunktion $F(x) = \sum_{i=0}^{x} \binom{n}{i} p^i(1-p)^{n-i}$ der Binomialverteilung (Forts.)

n	x	p							n − x − 1
		0.1	0.2	0.25	0.3	0.3̄	0.4	0.5	
100	2	0.00194							97
	3	0.00784							96
	4	0.02371	0.00000						95
	5	0.05758	0.00002						94
	6	0.11716	0.00008						93
	7	0.20605	0.00028	0.00000					92
	8	0.32087	0.00086	0.00001					91
	9	0.45129	0.00233	0.00004					90
	10	0.58316	0.00570	0.00014	0.00000				89
	11	0.70303	0.01257	0.00039	0.00001				88
	12	0.80182	0.02533	0.00103	0.00002				87
	13	0.87612	0.04691	0.00246	0.00006	0.00000			86
	14	0.92743	0.08044	0.00542	0.00016	0.00001			85
	15	0.96011	0.12851	0.01108	0.00040	0.00003			84
	16	0.97940	0.19234	0.02111	0.00097	0.00008			83
	17	0.98999	0.27119	0.03763	0.00216	0.00020			82
	18	0.99542	0.36209	0.06301	0.00452	0.00049	0.00000		81
	19	0.99802	0.46016	0.09953	0.00889	0.00111	0.00001		80
	20	0.99919	0.55946	0.14883	0.01646	0.00237	0.00002		79
	21	0.99969	0.65403	0.21144	0.02883	0.00476	0.00004		78
	22	0.99989	0.73893	0.28637	0.04787	0.00906	0.00011		77
	23	0.99996	0.81091	0.37018	0.07553	0.01636	0.00025		76
	24	0.99999	0.86865	0.46167	0.11357	0.02805	0.00056		75
	25	1.00000	0.91252	0.55347	0.16313	0.04583	0.00119		74
	26		0.94417	0.64174	0.22440	0.07147	0.00240		73
	27		0.96585	0.72238	0.29637	0.10661	0.00460	0.00000	72
	28		0.97998	0.79246	0.37678	0.15241	0.00843	0.00001	71
	29		0.98875	0.85046	0.46234	0.20927	0.01478	0.00002	70
	30		0.99394	0.89621	0.54912	0.27655	0.02478	0.00004	69
	31		0.99687	0.93065	0.63311	0.35252	0.03985	0.00009	68
n		0.9	0.8	0.75	0.7	0.6̄	0.6	0.5	n − x −
		p							

Tabelle 1: Verteilungsfunktion $F(x) = \sum_{i=0}^{x} \binom{n}{i} p^i (1-p)^{n-i}$ der Binomialverteilung (Forts.)

n	x	p							n − x − 1
		0.1	0.2	0.25	0.3	0.$\bar{3}$	0.4	0.5	
100	32	0.99845	0.95540	0.71072	0.43442	0.06150	0.00020		67
	33	0.99926	0.97241	0.77926	0.51880	0.09125	0.00044		66
	34	0.99966	0.98357	0.83714	0.60195	0.13034	0.00089		65
	35	0.99985	0.99050	0.88392	0.68034	0.17947	0.00176		64
	36	0.99994	0.99482	0.92012	0.75111	0.23861	0.00332		63
	37	0.99998	0.99725	0.94695	0.81231	0.30681	0.00602		62
	38	0.99999	0.99860	0.96602	0.86305	0.38219	0.01049		61
	39	1.00000	0.99931	0.97901	0.90338	0.46208	0.01760		60
	40		0.99968	0.98750	0.93413	0.54329	0.02844		59
	41		0.99985	0.99283	0.95663	0.62253	0.04431		58
	42		0.99994	0.99603	0.97243	0.69674	0.06661		57
	43		0.99997	0.99789	0.98309	0.76347	0.09667		56
	44		0.99999	0.99891	0.98999	0.82110	0.13563		55
	45		1.00000	0.99946	0.99429	0.86891	0.18410		54
	46			0.99974	0.99686	0.90702	0.24206		53
	47			0.99988	0.99833	0.93621	0.30865		52
	48			0.99995	0.99915	0.95770	0.38218		51
	49			0.99998	0.99958	0.97290	0.46021		50
	50			0.99999	0.99980	0.98324	0.53979		49
	51				1.00000	0.99991	0.98999	0.61782	48
	52					0.99996	0.99424	0.69135	47
	53					0.99998	0.99680	0.75794	46
	54					0.99999	0.99829	0.81590	45
	55					1.00000	0.99912	0.86437	44
	56						0.99956	0.90333	43
	57						0.99979	0.93339	42
	58						0.99990	0.95569	41
	59						0.99996	0.97156	40
	60						0.99998	0.98240	39
	61						0.99999	0.98951	38
n		0.9	0.8	0.75	0.7	0.$\bar{6}$	0.6	0.5	n − x − 1
					p				

Tabelle 1: **Verteilungsfunktion** $F(x) = \sum_{i=0}^{x} \binom{n}{i} p^i (1-p)^{n-i}$ **der Binomialverteilung (Forts.)**

n	x	p							n − x − 1
		0.1	0.2	0.25	0.3	0.3̄	0.4	0.5	
100	62					1.00000	0.99398		37
	63						0.99668		36
	64						0.99824		35
	65						0.99911		34
	66						0.99956		33
	67						0.99980		32
	68						0.99991		31
	69						0.99996		30
	70						0.99998		29
	71						0.99999		28
	72						1.00000		27
n		0.9	0.8	0.75	0.7	0.6̄	0.6	0.5	n − x − 1
		p							

Zum Ablesen von Wahrscheinlichkeiten für $q = 1 - p > 0.5$ beachte man:

$$\boxed{F_Y(k) = 1 - F_X(n - k - 1)}$$ wobei $X \sim \text{Bin}(n, p)$ und $Y \sim \text{Bin}(n, q)$.

Ablesebeispiele: $X \sim \text{Bin}(100, 0.1)$ $F_X(15) = 0.96011$
   $Y \sim \text{Bin}(10, 0.6)$ $F_Y(4) = 1 - F_X(10 - 4 - 1) = 1 - F_X(5)$,
      $= 1 - 0.83376 = 0.16624$
      wobei $X \sim \text{Bin}(10, 0.4)$.

Tabelle 2: Verteilungsfunktion der Poisson–Verteilung
$$F(x) = \sum_{i=0}^{x} e^{-\lambda}\frac{\lambda^i}{i!}$$

n	\multicolumn{15}{c}{λ}
	0.02	0.04	0.06	0.08	0.10	0.15	0.20	0.25	0.30	0.35	0.40	0.45
0	0.9802	0.9608	0.9418	0.9231	0.9048	0.8607	0.8187	0.7788	0.7408	0.7047	0.6703	0.6376
1	0.9998	0.9992	0.9983	0.9970	0.9953	0.9898	0.9825	0.9735	0.9631	0.9513	0.9384	0.9246
2	1.0000	1.0000	1.0000	0.9999	0.9998	0.9995	0.9989	0.9978	0.9964	0.9945	0.9921	0.9891
3				1.0000	1.0000	1.0000	0.9999	0.9999	0.9997	0.9995	0.9992	0.9988
4							1.0000	1.0000	1.0000	1.0000	0.9999	0.9999
5											1.0000	1.0000

n	\multicolumn{14}{c}{λ}
	0.50	0.55	0.60	0.65	0.70	0.75	0.80	0.85	0.90	0.95	1.0	1.1
0	0.6065	0.5769	0.5488	0.5220	0.4966	0.4724	0.4493	0.4274	0.4066	0.3867	0.3679	0.3329
1	0.9098	0.8943	0.8781	0.8614	0.8442	0.8266	0.8088	0.7907	0.7725	0.7541	0.7358	0.6990
2	0.9856	0.9815	0.9769	0.9717	0.9659	0.9595	0.9526	0.9451	0.9371	0.9287	0.9197	0.9004
3	0.9982	0.9975	0.9966	0.9956	0.9942	0.9927	0.9909	0.9889	0.9865	0.9839	0.9810	0.9743
4	0.9998	0.9997	0.9996	0.9994	0.9992	0.9989	0.9986	0.9982	0.9977	0.9971	0.9963	0.9946
5	1.0000	1.0000	1.0000	0.9999	0.9999	0.9999	0.9998	0.9997	0.9997	0.9995	0.9994	0.9990
6				1.0000	1.0000	1.0000	1.0000	1.0000	1.0000	0.9999	0.9999	0.9999
7										1.0000	1.0000	1.0000

Tabelle 2: Verteilungsfunktion der Poisson-Verteilung
$F(x) = \sum_{i=0}^{x} e^{-\lambda}\frac{\lambda^i}{i!}$ (Forts.)

n	λ									
	1.2	1.3	1.4	1.5	1.6	1.7	1.8	1.9	2.0	2.2
0	0.3012	0.2725	0.2466	0.2231	0.2019	0.1827	0.1653	0.1496	0.1353	0.1108
1	0.6626	0.6268	0.5918	0.5578	0.5249	0.4932	0.4628	0.4337	0.4060	0.3546
2	0.8795	0.8571	0.8335	0.8088	0.7834	0.7572	0.7306	0.7037	0.6767	0.6227
3	0.9662	0.9569	0.9463	0.9344	0.9212	0.9068	0.8913	0.8747	0.8571	0.8194
4	0.9923	0.9893	0.9857	0.9814	0.9763	0.9704	0.9636	0.9559	0.9473	0.9275
5	0.9985	0.9978	0.9968	0.9955	0.9940	0.9920	0.9896	0.9868	0.9834	0.9751
6	0.9997	0.9996	0.9994	0.9991	0.9987	0.9981	0.9974	0.9966	0.9955	0.9925
7	1.0000	0.9999	0.9999	0.9998	0.9997	0.9996	0.9994	0.9992	0.9989	0.9980
8		1.0000	1.0000	1.0000	1.0000	0.9999	0.9999	0.9998	0.9998	0.9995
9						1.0000	1.0000	1.0000	1.0000	0.9999
10										1.0000

n	λ									
	2.4	2.6	2.8	3.0	3.2	3.4	3.6	3.8	4.0	4.2
0	0.0907	0.0743	0.0608	0.0498	0.0408	0.0334	0.0273	0.0224	0.0183	0.0150
1	0.3084	0.2674	0.2311	0.1991	0.1712	0.1468	0.1257	0.1074	0.0916	0.0780
2	0.5697	0.5184	0.4695	0.4232	0.3799	0.3397	0.3027	0.2689	0.2381	0.2102
3	0.7787	0.7360	0.6919	0.6472	0.6025	0.5584	0.5152	0.4735	0.4335	0.3954
4	0.9041	0.8774	0.8477	0.8153	0.7806	0.7442	0.7064	0.6678	0.6288	0.5898
5	0.9643	0.9510	0.9349	0.9161	0.8946	0.8705	0.8441	0.8156	0.7851	0.7531
6	0.9884	0.9828	0.9756	0.9665	0.9554	0.9421	0.9267	0.9091	0.8893	0.8674
7	0.9967	0.9947	0.9919	0.9881	0.9832	0.9769	0.9692	0.9599	0.9489	0.9361
8	0.9991	0.9985	0.9976	0.9962	0.9943	0.9917	0.9883	0.9840	0.9786	0.9721
9	0.9998	0.9996	0.9993	0.9989	0.9982	0.9973	0.9960	0.9942	0.9919	0.9889
10	1.0000	0.9999	0.9998	0.9997	0.9995	0.9992	0.9987	0.9981	0.9972	0.9959
11		1.0000	1.0000	0.9999	0.9999	0.9998	0.9996	0.9994	0.9991	0.9986
12				1.0000	1.0000	0.9999	0.9999	0.9998	0.9997	0.9995
13						1.0000	1.0000	1.0000	0.9999	0.9999
14									1.0000	1.0000

Tabelle 2: Verteilungsfunktion der Poisson–Verteilung
$F(x) = \sum_{i=0}^{x} e^{-\lambda}\frac{\lambda^i}{i!}$ (Forts.)

n	4.4	4.6	4.8	5.0	5.2	5.4	5.6	5.8	6.0	6.2	6.4	6.6
0	0.0123	0.0101	0.0082	0.0067	0.0055	0.0045	0.0037	0.0030	0.0025	0.0020	0.0017	0.0014
1	0.0663	0.0563	0.0477	0.0404	0.0342	0.0289	0.0244	0.0206	0.0174	0.0146	0.0123	0.0103
2	0.1851	0.1626	0.1425	0.1247	0.1088	0.0948	0.0824	0.0715	0.0620	0.0536	0.0463	0.0400
3	0.3594	0.3257	0.2942	0.2650	0.2381	0.2133	0.1906	0.1700	0.1512	0.1342	0.1189	0.1052
4	0.5512	0.5132	0.4763	0.4405	0.4061	0.3733	0.3422	0.3127	0.2851	0.2592	0.2351	0.2127
5	0.7199	0.6858	0.6510	0.6160	0.5809	0.5461	0.5119	0.4783	0.4457	0.4141	0.3837	0.3547
6	0.8436	0.8180	0.7908	0.7622	0.7324	0.7017	0.6703	0.6384	0.6063	0.5742	0.5423	0.5108
7	0.9214	0.9049	0.8867	0.8666	0.8449	0.8217	0.7970	0.7710	0.7440	0.7160	0.6873	0.6581
8	0.9642	0.9549	0.9442	0.9319	0.9181	0.9027	0.8857	0.8672	0.8472	0.8259	0.8033	0.7796
9	0.9851	0.9805	0.9749	0.9682	0.9603	0.9512	0.9409	0.9292	0.9161	0.9016	0.8858	0.8686
10	0.9943	0.9922	0.9896	0.9863	0.9823	0.9775	0.9718	0.9651	0.9574	0.9486	0.9386	0.9274
11	0.9980	0.9971	0.9960	0.9945	0.9927	0.9904	0.9875	0.9841	0.9799	0.9750	0.9693	0.9627
12	0.9993	0.9990	0.9986	0.9980	0.9972	0.9962	0.9949	0.9932	0.9912	0.9887	0.9857	0.9821
13	0.9998	0.9997	0.9995	0.9993	0.9990	0.9986	0.9980	0.9973	0.9964	0.9952	0.9937	0.9920
14	0.9999	0.9999	0.9999	0.9998	0.9997	0.9995	0.9993	0.9990	0.9986	0.9981	0.9974	0.9966
15	1.0000	1.0000	0.9999	0.9999	0.9999	0.9998	0.9998	0.9996	0.9995	0.9993	0.9990	0.9986
16			1.0000	0.9999	0.9999	0.9999	0.9999	0.9999	0.9998	0.9997	0.9996	0.9995
17				1.0000	1.0000	1.0000	1.0000	0.9999	0.9999	0.9999	0.9999	0.9998
18								1.0000	1.0000	1.0000	1.0000	0.9999
19												1.0000

Tabelle 2: Verteilungsfunktion der Poisson–Verteilung
$F(x) = \sum_{i=0}^{x} e^{-\lambda}\frac{\lambda^i}{i!}$ (Forts.)

n	\multicolumn{9}{c}{λ}
	6.8	7.0	7.2	7.4	7.6	7.8	8.0	8.5	9.0
0	0.0011	0.0009	0.0007	0.0006	0.0005	0.0004	0.0003	0.0002	0.0001
1	0.0087	0.0073	0.0061	0.0051	0.0043	0.0036	0.0030	0.0019	0.0012
2	0.0344	0.0296	0.0255	0.0219	0.0188	0.0161	0.0138	0.0093	0.0062
3	0.0928	0.0818	0.0719	0.0632	0.0554	0.0485	0.0424	0.0301	0.0212
4	0.1920	0.1730	0.1555	0.1395	0.1249	0.1117	0.0996	0.0744	0.0550
5	0.3270	0.3007	0.2759	0.2526	0.2307	0.2103	0.1912	0.1496	0.1157
6	0.4799	0.4497	0.4204	0.3920	0.3646	0.3384	0.3134	0.2562	0.2068
7	0.6285	0.5987	0.5689	0.5393	0.5100	0.4812	0.4530	0.3856	0.3239
8	0.7548	0.7291	0.7027	0.6757	0.6482	0.6204	0.5925	0.5231	0.4557
9	0.8502	0.8305	0.8096	0.7877	0.7649	0.7411	0.7166	0.6530	0.5874
10	0.9151	0.9015	0.8867	0.8707	0.8535	0.8352	0.8159	0.7634	0.7060
11	0.9552	0.9467	0.9371	0.9265	0.9148	0.9020	0.8881	0.8487	0.8030
12	0.9779	0.9730	0.9673	0.9609	0.9536	0.9454	0.9362	0.9091	0.8758
13	0.9898	0.9872	0.9841	0.9805	0.9762	0.9714	0.9658	0.9486	0.9261
14	0.9956	0.9943	0.9927	0.9908	0.9886	0.9859	0.9827	0.9726	0.9585
15	0.9982	0.9976	0.9969	0.9959	0.9948	0.9934	0.9918	0.9862	0.9780
16	0.9993	0.9990	0.9987	0.9983	0.9978	0.9971	0.9963	0.9934	0.9889
17	0.9997	0.9996	0.9995	0.9993	0.9991	0.9988	0.9984	0.9970	0.9947
18	0.9999	0.9999	0.9998	0.9997	0.9996	0.9995	0.9993	0.9987	0.9976
19	1.0000	1.0000	0.9999	0.9999	0.9999	0.9998	0.9997	0.9995	0.9989
20			1.0000	1.0000	1.0000	0.9999	0.9999	0.9998	0.9996
21						1.0000	1.0000	0.9999	0.9998
22								1.0000	0.9999
23									1.0000

Ablesebeispiel: Für $\lambda = 0.2$ gilt: $F(2) = 0.9989$

Tabelle 3: Verteilungsfunktion $\Phi(x) = \int_{-\infty}^{x} \frac{1}{\sqrt{2\pi}} e^{-\frac{t^2}{2}} dt$ der Standard–normalverteilung N(0,1)

	0	1	2	3	4	5	6	7	8	9	1	2	3	4	5	6	7	8	9
0.0	0.5000	0.5040	0.5080	0.5120	0.5160	0.5199	0.5239	0.5279	0.5319	0.5359	4	8	12	16	20	24	28	32	36
0.1	0.5398	0.5438	0.5478	0.5517	0.5557	0.5596	0.5636	0.5675	0.5714	0.5753	4	8	12	16	20	24	28	32	35
0.2	0.5793	0.5832	0.5871	0.5910	0.5948	0.5987	0.6026	0.6064	0.6103	0.6141	4	8	12	15	19	23	27	31	35
0.3	0.6179	0.6217	0.6255	0.6293	0.6331	0.6368	0.6406	0.6443	0.6480	0.6517	4	8	11	15	19	23	26	30	34
0.4	0.6554	0.6591	0.6628	0.6664	0.6700	0.6736	0.6772	0.6808	0.6844	0.6879	4	7	11	14	18	22	25	29	32
0.5	0.6915	0.6950	0.6985	0.7019	0.7054	0.7088	0.7123	0.7157	0.7190	0.7224	3	7	10	14	17	21	24	27	31
0.6	0.7257	0.7291	0.7324	0.7357	0.7389	0.7422	0.7454	0.7486	0.7517	0.7549	3	6	10	13	16	19	23	26	29
0.7	0.7580	0.7611	0.7642	0.7673	0.7704	0.7734	0.7764	0.7794	0.7823	0.7852	3	6	9	12	15	18	21	24	27
0.8	0.7881	0.7910	0.7939	0.7967	0.7995	0.8023	0.8051	0.8078	0.8106	0.8133	3	6	8	11	14	17	19	22	25
0.9	0.8159	0.8186	0.8212	0.8238	0.8264	0.8289	0.8315	0.8340	0.8365	0.8389	3	5	8	10	13	15	18	20	23
1.0	0.8413	0.8438	0.8461	0.8485	0.8508	0.8531	0.8554	0.8577	0.8599	0.8621	2	5	7	9	12	14	16	18	21
1.1	0.8643	0.8665	0.8686	0.8708	0.8729	0.8749	0.8770	0.8790	0.8810	0.8830	2	4	6	8	10	12	14	16	19
1.2	0.8849	0.8869	0.8888	0.8907	0.8925	0.8944	0.8962	0.8980	0.8997	0.9015	2	4	6	7	9	11	13	15	16
1.3	0.9032	0.9049	0.9066	0.9082	0.9099	0.9115	0.9131	0.9147	0.9162	0.9177	2	3	5	6	8	10	11	13	14
1.4	0.9192	0.9207	0.9222	0.9236	0.9251	0.9265	0.9279	0.9292	0.9306	0.9319	1	3	4	6	7	8	10	11	13
1.5	0.9332	0.9345	0.9357	0.9370	0.9382	0.9394	0.9406	0.9418	0.9429	0.9441	1	2	4	5	6	7	8	10	11
1.6	0.9452	0.9463	0.9474	0.9484	0.9495	0.9505	0.9515	0.9525	0.9539	0.9545	1	2	3	4	5	6	7	8	9
1.7	0.9554	0.9564	0.9573	0.9582	0.9591	0.9599	0.9608	0.9616	0.9625	0.9633	1	2	3	4	4	5	6	7	8
1.8	0.9641	0.9649	0.9656	0.9664	0.9671	0.9678	0.9686	0.9693	0.9699	0.9706	1	1	2	3	4	4	5	6	6
1.9	0.9713	0.9719	0.9726	0.9732	0.9738	0.9744	0.9750	0.9756	0.9761	0.9767	1	1	2	2	3	4	4	5	5

Tabelle 3: Verteilungsfunktion $\Phi(x) = \int\limits_{-\infty}^{x} \frac{1}{\sqrt{2\pi}} e^{-\frac{t^2}{2}} dt$ der Standard-normalverteilung N(0,1) (Forts.)

x	0	1	2	3	4	5	6	7	8	9	1	2	3	4	5	6	7	8	9
2.0	0.9772	0.9778	0.9783	0.9788	0.9793	0.9798	0.9803	0.9808	0.9812	0.9817	0	1	1	2	2	3	3	4	4
2.1	0.9821	0.9826	0.9830	0.9834	0.9838	0.9842	0.9846	0.9850	0.9854	0.9857	0	1	1	2	2	2	3	3	4
2.2	0.9861	0.9864	0.9868	0.9871	0.9875	0.9878	0.9881	0.9884	0.9887	0.9890	0	1	1	1	2	2	2	3	3
2.3	0.9893	0.9896	0.9898	0.9901	0.9904	0.9906	0.9909	0.9911	0.9913	0.9916	0	1	1	1	1	2	2	2	2
2.4	0.9918	0.9920	0.9922	0.9925	0.9927	0.9929	0.9931	0.9932	0.9934	0.9936	0	0	1	1	1	1	2	2	2
2.5	0.9938	0.9940	0.9941	0.9943	0.9945	0.9946	0.9948	0.9949	0.9951	0.9952	0	0	0	1	1	1	1	1	1
2.6	0.9953	0.9955	0.9956	0.9957	0.9959	0.9960	0.9961	0.9962	0.9963	0.9964	0	0	0	1	1	1	1	1	1
2.7	0.9965	0.9966	0.9967	0.9968	0.9969	0.9970	0.9971	0.9972	0.9973	0.9974	0	0	0	0	1	1	1	1	1
2.8	0.9974	0.9975	0.9976	0.9977	0.9977	0.9978	0.9979	0.9979	0.9980	0.9981	0	0	0	0	0	0	1	1	1
2.9	0.9981	0.9982	0.9982	0.9983	0.9984	0.9984	0.9985	0.9985	0.9986	0.9986	0	0	0	0	0	0	0	0	0
3.0	0.9987	0.9987	0.9987	0.9988	0.9988	0.9989	0.9989	0.9989	0.9990	0.9990	0	0	0	0	0	0	0	0	0
3.1	0.9990	0.9991	0.9991	0.9991	0.9992	0.9992	0.9992	0.9992	0.9993	0.9993	0	0	0	0	0	0	0	0	0
3.2	0.9993	0.9993	0.9994	0.9994	0.9994	0.9994	0.9994	0.9995	0.9995	0.9995	0	0	0	0	0	0	0	0	0
3.3	0.9995	0.9995	0.9995	0.9996	0.9996	0.9996	0.9996	0.9996	0.9996	0.9997	0	0	0	0	0	0	0	0	0
3.4	0.9997	0.9997	0.9997	0.9997	0.9997	0.9997	0.9997	0.9997	0.9997	0.9998	0	0	0	0	0	0	0	0	0
3.5	0.9998	0.9998	0.9998	0.9998	0.9998	0.9998	0.9998	0.9998	0.9998	0.9998	0	0	0	0	0	0	0	0	0
3.6	0.9998	0.9998	0.9999	0.9999	0.9999	0.9999	0.9999	0.9999	0.9999	0.9999	0	0	0	0	0	0	0	0	0
3.7	0.9999	0.9999	0.9999	0.9999	0.9999	0.9999	0.9999	0.9999	0.9999	0.9999	0	0	0	0	0	0	0	0	0
3.8	0.9999	0.9999	0.9999	0.9999	0.9999	0.9999	0.9999	0.9999	0.9999	1.0000	0	0	0	0	0	0	0	0	0

Erweiterung der Tabelle durch $\boxed{\Phi(-x) = 1 - \Phi(x)}$

Ablesebeispiel: $\Phi(1.235) = 0.8907 + 0.0009 = 0.8916$

Tabelle 4: Quantile der Standardnormalverteilung u_α

α	0.5000	0.7500	0.8000	0.9000	0.9500	0.9750	0.9900	0.9950	0.9990	0.9995
u_α	0.0000	0.6745	0.8416	1.2816	1.6449	1.9600	2.3263	2.5758	3.0902	3.2905

Erweiterung der Tabelle durch $\boxed{u_{1-\alpha} = -u_\alpha}$

Tabelle 5: Quantile der t–Verteilung mit n Freiheitsgraden $t_{n;\alpha}$

n	α						
	0.900	0.950	0.975	0.990	0.995	0.999	0.9995
1	3.078	6.314	12.706	31.821	63.657	318.309	636.619
2	1.886	2.920	4.303	6.965	9.925	22.33	31.60
3	1.638	2.353	3.182	4.541	5.841	10.21	12.941
4	1.533	2.132	2.776	3.747	4.604	7.173	8.610
5	1.476	2.015	2.571	3.365	4.032	5.893	6.859
6	1.440	1.943	2.447	3.143	3.707	5.208	5.959
7	1.415	1.895	2.365	2.998	3.499	4.785	5.405
8	1.397	1.860	2.306	2.896	3.355	4.501	5.041
9	1.383	1.833	2.262	2.821	3.250	4.297	4.781
10	1.372	1.812	2.228	2.764	3.169	4.144	4.587
11	1.363	1.796	2.201	2.718	3.106	4.025	4.437
12	1.356	1.782	2.179	2.681	3.055	3.930	4.318
13	1.350	1.771	2.160	2.650	3.012	3.852	4.221
14	1.345	1.761	2.145	2.624	2.977	3.787	4.140
15	1.341	1.753	2.131	2.602	2.947	3.733	4.073
16	1.337	1.746	2.120	2.583	2.921	3.686	4.015
17	1.333	1.740	2.110	2.567	2.898	3.646	3.965
18	1.330	1.734	2.101	2.552	2.878	3.610	3.922
19	1.328	1.729	2.093	2.539	2.861	3.579	3.883
20	1.325	1.725	2.086	2.528	2.845	3.552	3.850

Tabelle 5: Quantile der t–Verteilung mit n Freiheitsgraden $t_{n;\alpha}$ (Forts.)

n	\multicolumn{7}{c}{α}						
	0.900	0.950	0.975	0.990	0.995	0.999	0.9995
21	1.323	1.721	2.080	2.518	2.831	3.527	3.819
22	1.321	1.717	2.074	2.508	2.819	3.505	3.792
23	1.319	1.714	2.069	2.500	2.807	3.485	3.768
24	1.318	1.711	2.064	2.492	2.797	3.467	3.745
25	1.316	1.708	2.060	2.485	2.787	3.450	3.725
26	1.315	1.706	2.056	2.479	2.779	3.435	3.707
27	1.314	1.703	2.052	2.473	2.771	3.421	3.690
28	1.313	1.701	2.048	2.467	2.763	3.408	3.674
29	1.311	1.699	2.045	2.462	2.756	3.396	3.659
30	1.310	1.697	2.042	2.457	2.750	3.385	3.646
31	1.309	1.696	2.040	2.453	2.744	3.375	3.633
32	1.309	1.694	2.037	2.449	2.738	3.365	3.622
33	1.308	1.692	2.035	2.445	2.733	3.356	3.611
34	1.307	1.691	2.032	2.441	2.728	3.348	3.601
35	1.306	1.690	2.030	2.438	2.724	3.340	3.591
36	1.306	1.688	2.028	2.434	2.719	3.333	3.582
37	1.305	1.687	2.026	2.431	2.715	3.326	3.574
38	1.304	1.686	2.024	2.429	2.712	3.319	3.566
39	1.304	1.685	2.023	2.426	2.708	3.313	3.558
40	1.303	1.684	2.021	2.423	2.704	3.307	3.551
45	1.301	1.679	2.014	2.412	2.690	3.281	3.520
50	1.299	1.676	2.009	2.403	2.678	3.261	3.496
60	1.296	1.671	2.000	2.390	2.660	3.232	3.460
70	1.294	1.667	1.994	2.381	2.648	3.211	3.435
80	1.292	1.664	1.990	2.374	2.639	3.195	3.416
90	1.291	1.662	1.987	2.368	2.632	3.183	3.402
100	1.290	1.660	1.984	2.364	2.626	3.174	3.390
120	1.289	1.658	1.980	2.358	2.617	3.160	3.373
150	1.287	1.655	1.976	2.351	2.609	3.145	3.357
∞	1.282	1.645	1.960	2.326	2.576	3.090	3.291

Erweiterung der Tabelle durch

$$\boxed{t_{n;1-\alpha} = -t_{n;\alpha}}$$

speziell: $t_{\infty;1-\alpha} = u_{1-\alpha}$

Ablesebeispiel:
$t_{12;0.01} = -2.681$

Tabelle 6: Quantile der χ^2-Verteilung mit n Freiheitsgraden $\chi^2_{n;\alpha}$

n	α													
	0.0005	0.001	0.005	0.010	0.025	0.050	0.100	0.900	0.950	0.975	0.990	0.995	0.999	0.9995
1	$^{-7}$3.93	$^{-6}$1.57	$^{-5}$3.93	$^{-4}$1.57	$^{-4}$9.82	$^{-3}$3.93	$^{-2}$1.58	2.706	3.841	5.024	6.635	7.879	10.83	12.12
2	.0010	.0020	.0100	.0201	.0506	0.103	0.211	4.605	5.991	7.378	9.210	10.60	13.82	15.20
3	.0153	.0243	.0717	0.115	0.216	0.352	0.584	6.251	7.815	9.348	11.34	12.84	16.27	17.73
4	.0639	.0908	0.207	0.297	0.484	0.711	1.064	7.779	9.488	11.14	13.28	14.86	18.47	20.00
5	0.158	0.210	0.412	0.554	0.831	1.145	1.610	9.236	11.07	12.83	15.09	16.75	20.52	22.11
6	0.299	0.381	0.676	0.872	1.237	1.635	2.204	10.64	12.59	14.45	16.81	18.55	22.46	24.10
7	0.485	0.598	0.989	1.239	1.690	2.167	2.833	12.02	14.07	16.01	18.48	20.28	24.32	26.02
8	0.710	0.857	1.344	1.647	2.180	2.733	3.490	13.36	15.51	17.53	20.09	21.95	26.12	27.87
9	0.972	1.152	1.735	2.088	2.700	3.325	4.168	14.68	16.92	19.02	21.67	23.59	27.88	29.67
10	1.265	1.479	2.156	2.558	3.247	3.940	4.865	15.99	18.31	20.48	23.21	25.19	29.59	31.42
11	1.587	1.834	2.603	3.053	3.816	4.575	5.578	17.28	19.68	21.92	24.72	26.76	31.26	33.14
12	1.934	2.214	3.074	3.571	4.404	5.226	6.304	18.55	21.03	23.34	26.22	28.30	32.91	34.82
13	2.305	2.617	3.565	4.107	5.009	5.892	7.042	19.81	22.36	24.74	27.69	29.82	34.53	36.48
14	2.697	3.041	4.075	4.660	5.629	6.571	7.790	21.06	23.68	26.12	29.14	31.32	36.12	38.11
15	3.108	3.483	4.601	5.229	6.262	7.261	8.547	22.31	25.00	27.49	30.58	32.80	37.70	39.72
16	3.536	3.942	5.142	5.812	6.908	7.962	9.312	23.54	26.30	28.85	32.00	34.27	39.25	41.31
17	3.980	4.416	5.697	6.408	7.564	8.672	10.09	24.77	27.59	30.19	33.41	35.72	40.79	42.88
18	4.439	4.905	6.265	7.015	8.231	9.390	10.86	25.99	28.87	31.53	34.81	37.16	42.31	44.43
19	4.912	5.407	6.844	7.633	8.907	10.12	11.65	27.20	30.14	32.85	36.19	38.58	43.82	45.97
20	5.398	5.921	7.434	8.260	9.591	10.85	12.44	28.41	31.41	34.17	37.57	40.00	45.31	47.50

Tabelle 6: Quantile der χ^2-Verteilung mit n Freiheitsgraden $\chi^2_{n;\alpha}$ (Forts.)

n	\multicolumn{17}{c}{α}
	.0005	0.001	0.005	0.010	0.025	0.050	0.100	0.900	0.950	0.975	0.990	0.995	0.999	0.9995
21	5.896	6.447	8.034	8.897	10.28	11.59	13.24	29.62	32.67	35.48	38.93	41.40	46.80	49.01
22	6.404	6.983	8.643	9.542	10.98	12.34	14.04	30.81	33.92	36.78	40.29	42.80	48.27	50.51
23	6.924	7.529	9.260	10.20	11.69	13.09	14.85	32.01	35.17	38.08	41.64	44.18	49.73	52.00
24	7.453	8.085	9.886	10.86	12.40	13.85	15.66	33.20	36.42	39.36	42.98	45.56	51.18	53.48
25	7.991	8.649	10.52	11.52	13.12	14.61	16.47	34.38	37.65	40.65	44.31	46.93	52.62	54.95
26	8.538	9.222	11.16	12.20	13.84	15.38	17.29	35.56	38.89	41.92	45.64	48.29	54.05	56.41
27	9.093	9.803	11.81	12.88	14.57	16.15	18.11	36.74	40.11	43.19	46.96	49.64	55.48	57.86
28	9.656	10.39	12.46	13.56	15.31	16.93	18.94	37.92	41.34	44.46	48.28	50.99	56.89	59.30
29	10.23	10.99	13.12	14.26	16.05	17.71	19.77	39.09	42.56	45.72	49.59	52.34	58.30	60.73
30	10.80	11.59	13.79	14.95	16.79	18.49	20.60	40.26	43.77	46.98	50.89	53.67	59.70	62.16
31	11.39	12.20	14.46	15.66	17.54	19.28	21.43	41.42	44.99	48.23	52.19	55.00	61.10	63.58
32	11.98	12.81	15.13	16.36	18.29	20.07	22.27	42.58	46.19	49.48	53.49	56.33	62.49	65.00
33	12.58	13.43	15.82	17.07	19.05	20.87	23.11	43.75	47.40	50.73	54.78	57.65	63.87	66.40
34	13.18	14.06	16.50	17.79	19.81	21.66	23.95	44.90	48.60	51.97	56.06	58.96	65.25	67.80
35	13.79	14.69	17.19	18 51	20.57	22.47	24.80	46.06	49.80	53.20	57.34	60.27	66.62	69.20
36	14.40	15.32	17.89	19.23	21.34	23.27	25.64	47.21	51.00	54.44	58.62	61.58	67.99	70.59
37	15.02	15.97	18.59	19.96	22.11	24.07	26.49	48.36	52.19	55.67	59.89	62.88	69.35	71.97
38	15.64	16.61	19.29	20.69	22.88	24.88	27.34	49.51	53.38	56.90	61.16	64.18	70.70	73.35
39	16.27	17.26	20.00	21.43	23.65	25.70	28.20	50.66	54.57	58.12	62.43	65.48	72.05	74.73
40	16.91	17.92	20.71	22.16	24.43	26.51	29.05	51.81	55.76	59.34	63.69	66.77	73.40	76.09

Tabelle 6: Quantile der χ^2-Verteilung mit n Freiheitsgraden $\chi^2_{n;\alpha}$ (Forts.)

n	α															
	.0005	0.001	0.005	0.010	0.025	0.050	0.100	0.900	0.950	0.975	0.990	0.995	0.999	0.9995
45	20.14	21.25	24.31	25.90	28.37	30.61	33.35	57.51	61.66	65.41	69.96	73.17	80.08	82.88
50	23.46	24.67	27.99	29.71	32.36	34.76	37.69	63.17	67.50	71.42	76.15	79.49	86.66	89.56
60	30.34	31.74	35.53	37.48	40.48	43.19	46.46	74.40	79.08	83.30	88.38	91.95	99.61	102.7
70	37.47	39.04	43.28	45.44	48.76	51.74	55.33	85.53	90.53	95.02	100.4	104.2	112.3	115.6
80	44.79	46.52	51.17	53.54	57.15	60.39	64.28	96.58	101.9	106.6	112.3	116.3	124.8	128.3
90	52.28	54.16	59.20	61.75	65.65	69.13	73.29	107.6	113.1	118.1	124.1	128.3	137.2	140.8
100	59.90	61.92	67.33	70.06	74.22	77.93	82.36	118.5	124.3	129.6	135.8	140.2	149.4	153.2
120	75.47	77.76	83.85	86.92	91.57	95.70	100.6	140.2	146.6	152.2	159.0	163.6	173.6	177.6
150	99.46	102.1	109.1	112.7	118.0	122.7	128.3	172.6	179.6	185.8	193.2	198.4	209.3	213.6
200	140.7	143.8	152.2	156.4	162.7	168.3	174.8	226.0	234.0	241.1	249.4	255.3	267.5	272.4

Approximation durch die Normalverteilung: $\chi^2_{n;\alpha} \approx n\left[1 - \frac{2}{9n} + u_\alpha\sqrt{\frac{2}{9n}}\right]^3$ für $n \geq 30$

Ablesebeispiel: $\chi^2_{2;0.95} = 5.991$

Tabelle 7: Quantile der F–Verteilung mit (n_1, n_2) Freiheitsgraden
$F_{n_1,n_2;\alpha}$

n_2	α	n_1									
		1	2	3	4	5	6	7	8	9	10
1	0.990	4052	4999	5403	5625	5764	5859	5928	5981	6022	6056
	0.975	647.8	799.5	864.2	899.6	921.8	937.1	948.2	956.7	963.3	968.6
	0.950	161.4	199.5	215.7	224.6	230.2	234.0	236.8	238.9	240.5	241.9
	0.900	39.86	49.50	53.59	55.83	57.24	58.20	58.91	59.44	59.86	60.20
2	0.990	98.50	99.00	99.17	99.25	99.30	99.33	99.36	99.37	99.39	99.40
	0.975	38.51	39.00	39.17	39.25	39.30	39.33	39.36	39.37	39.39	39.40
	0.950	18.51	19.00	19.16	19.25	19.30	19.33	19.35	19.37	19.38	19.40
	0.900	8.256	9.000	9.162	9.243	9.293	9.326	9.349	9.367	9.381	9.392
3	0.990	34.12	30.82	29.46	28.71	28.24	27.91	27.67	27.49	27.35	27.23
	0.975	17.44	16.04	15.44	15.10	14.88	14.73	14.62	14.54	14.47	14.42
	0.950	10.13	9.552	9.277	9.117	9.013	8.941	8.887	8.845	8.812	8.786
	0.900	5.538	5.462	5.391	5.343	5.309	5.285	5.266	5.252	5.240	5.230
4	0.990	21.20	18.00	16.69	15.98	15.52	15.21	14.98	14.80	14.66	14.55
	0.975	12.22	10.65	9.979	9.605	9.364	9.197	9.074	8.980	8.905	8.844
	0.950	7.709	6.944	6.591	6.388	6.256	6.163	6.094	6.041	5.999	5.964
	0.900	4.545	4.325	4.191	4.107	4.051	4.010	3.979	3.955	3.936	3.920
5	0.990	16.26	13.27	12.06	11.39	10.97	10.67	10.46	10.29	10.16	10.05
	0.975	10.01	8.434	7.764	7.388	7.416	6.978	6.853	6.757	6.681	6.619
	0.950	6.608	5.786	5.409	5.192	5.050	4.950	4.876	4.818	4.772	4.735
	0.900	4.060	3.780	3.619	3.520	3.453	3.405	3.368	3.339	3.316	3.297
6	0.990	13.75	10.92	9.780	9.148	8.746	8.466	8.260	8.102	7.976	7.874
	0.975	8.813	7.260	6.599	6.227	5.988	5.820	5.695	5.600	5.523	5.461
	0.950	5.987	5.143	4.757	4.534	4.387	4.284	4.207	4.147	4.099	4.060
	0.990	3.776	3.463	3.289	3.181	3.108	3.055	3.014	2.983	2.958	2.937
7	0.990	12.25	9.547	8.451	7.847	7.460	7.191	6.993	6.840	6.719	6.620
	0.975	8.073	6.542	5.890	5.523	5.285	5.119	4.995	4.899	4.823	4.761
	0.950	5.591	4.737	4.347	4.120	3.972	3.866	3.787	3.726	3.677	3.637
	0.990	3.589	3.257	3.074	2.961	2.883	2.827	2.785	2.752	2.725	2.703
8	0.990	11.26	8.649	7.591	7.006	6.632	6.371	6.178	6.029	5.911	5.814
	0.975	7.571	6.059	5.416	5.053	4.817	4.652	4.529	4.433	4.357	4.295
	0.950	5.318	4.459	4.066	3.838	3.687	3.581	3.500	3.438	3.388	3.347
	0.900	3.458	3.113	2.924	2.806	2.726	2.668	2.624	2.589	2.561	2.538

Tabelle 7: Quantile der F–Verteilung mit (n_1, n_2) Freiheitsgraden $F_{n_1,n_2;\alpha}$ (Forts.)

n_2	α	n_1									
		1	2	3	4	5	6	7	8	9	10
9	0.990	10.56	8.022	6.992	6.422	6.057	5.802	5.613	5.467	5.351	5.257
	0.975	7.209	5.715	5.078	4.718	4.484	4.320	4.197	4.102	4.026	3.964
	0.950	5.117	4.256	3.863	3.633	3.482	3.374	3.293	3.230	3.179	3.137
	0.900	3.360	3.006	2.813	2.693	2.611	2.551	2.505	2.469	2.440	2.146
10	0.990	10.04	7.559	6.552	5.994	5.636	5.386	5.200	5.057	4.942	4.849
	0.975	6.937	5.456	4.826	4.468	4.236	4.072	3.950	3.855	3.779	3.717
	0.950	4.965	4.103	3.708	3.478	3.326	3.217	3.135	3.072	3.020	2.978
	0.900	3.285	2.924	2.728	2.605	2.522	2.461	2.414	2.377	2.347	2.323
11	0.990	9.646	7.206	6.217	5.668	5.316	5.069	4.886	4.744	4.632	4.539
	0.975	6.724	5.256	4.630	4.257	4.044	3.881	3.759	3.664	3.588	3.526
	0.950	4.844	3.982	3.587	3.357	3.204	3.095	3.012	2.948	2.896	2.854
	0.900	3.225	2.860	2.660	2.536	2.451	2.389	2.342	2.304	2.274	2.248
12	0.990	9.330	6.927	5.953	5.412	5.064	4.821	4.640	4.499	4.388	4.296
	0.975	6.554	5.096	4.474	4.121	3.891	3.728	3.607	3.512	3.436	3.374
	0.950	4.747	3.885	3.490	3.259	3.106	2.996	2.913	2.849	2.796	2.753
	0.900	3.177	2.807	2.606	2.480	2.394	2.331	2.283	2.245	2.214	2.188
13	0.990	9.074	6.701	5.739	5.205	4.862	4.620	4.441	4.302	4.191	4.100
	0.975	6.414	4.965	4.347	3.996	3.767	3.604	3.483	3.388	3.312	3.250
	0.950	4.667	3.806	3.411	3.179	3.025	2.915	2.832	2.767	2.714	2.671
	0.900	3.136	2.763	2.560	2.434	2.347	2.283	2.234	2.195	2.164	2.138
14	0.990	8.862	6.515	5.564	5.035	4.695	4.456	4.278	4.140	4.030	3.939
	0.975	6.298	4.857	4.242	3.892	3.663	3.501	3.380	3.285	3.209	3.147
	0.950	4.600	3.739	3.344	3.112	2.958	2.848	2.764	2.699	2.646	2.602
	0.900	3.102	2.726	2.522	2.395	2.307	2.243	2.193	2.154	2.122	2.095
15	0.990	8.683	6.359	5.417	4.893	4.556	4.318	4.142	4.004	3.895	3.805
	0.975	6.200	4.765	4.153	3.804	3.576	3.415	3.293	3.199	3.123	3.060
	0.950	4.543	3.682	3.287	3.056	2.901	2.790	2.707	2.641	2.588	2.544
	0.900	3.073	2.965	2.490	2.361	2.273	2.208	2.158	2.119	2.086	2.059
16	0.990	8.531	6.226	5.292	4.773	4.437	4.202	4.026	3.890	3.780	3.691
	0.975	6.115	4.687	4.077	3.729	3.502	3.341	3.219	3.125	3.049	2.986
	0.950	4.494	3.634	3.239	3.007	2.852	2.741	2.657	2.591	2.538	2.494
	0.990	3.048	2.668	2.462	2.333	2.244	2.178	2.128	2.088	2.055	2.028

Tabelle 7: Quantile der F–Verteilung mit (n_1, n_2) Freiheitsgraden $F_{n_1,n_2;\alpha}$ (Forts.)

n_2	α	\multicolumn{10}{c}{n_1}									
		1	2	3	4	5	6	7	8	9	10
17	0.990	8.400	6.112	5.185	4.669	4.336	4.102	3.927	3.791	3.682	3.593
	0.975	6.042	4.619	4.011	3.665	4.438	3.277	3.156	3.061	2.985	2.922
	0.950	4.451	3.592	3.197	2.965	2.810	2.699	2.614	2.548	2.494	2.450
	0.900	3.026	2.645	2.437	2.308	2.218	2.152	2.102	2.061	2.028	2.001
18	0.990	8.285	6.013	5.092	4.579	4.248	4.015	3.841	3.705	3.597	3.508
	0.975	5.978	4.560	3.954	3.608	3.382	3.221	3.100	3.005	2.929	2.866
	0.950	4.414	3.555	3.160	2.928	2.773	2.661	2.577	2.510	2.456	2.412
	0.900	3.007	2.624	2.146	2.286	2.196	2.130	2.079	2.038	2.005	1.977
19	0.990	8.185	5.926	5.010	4.500	4.171	3.939	3.765	3.631	3.523	3.434
	0.975	5.922	4.508	3.903	3.559	3.333	3.172	3.051	2.956	2.880	2.817
	0.950	4.381	3.522	3.127	2.895	2.740	2.628	2.544	2.477	2.423	2.378
	0.900	2.990	2.606	2.397	2.266	2.176	2.109	2.058	2.017	1.984	1.956
20	0.990	8.096	5.849	4.938	4.431	4.103	3.871	3.699	3.564	3.457	3.368
	0.975	5.871	4.461	3.859	3.515	3.289	3.128	3.007	2.913	2.837	2.774
	0.950	4.351	3.493	3.098	2.866	2.711	2.599	2.514	2.477	2.393	2.348
	0.900	2.975	2.589	2.380	2.249	2.158	2.091	2.040	1.999	1.965	1.937
25	0.990	7.770	5.568	4.675	4.177	3.855	3.627	3.457	3.324	3.217	3.129
	0.975	5.686	4.291	3.694	3.353	3.129	2.969	2.848	2.753	2.677	2.613
	0.950	4.242	3.385	2.991	2.759	2.603	2.490	2.405	2.337	2.282	2.236
	0.900	2.918	2.528	2.317	2.184	2.092	2.024	1.971	1.929	1.895	1.866
30	0.990	7.562	5.390	4.510	4.018	3.699	3.473	3.304	3.173	3.067	2.979
	0.975	5.568	4.182	3.589	3.250	3.026	2.867	2.746	2.651	2.275	2.511
	0.950	4.171	3.316	2.922	2.690	2.534	2.421	2.334	2.266	2.211	2.165
	0.900	2.881	2.489	2.276	2.142	2.049	1.980	1.927	1.884	1.849	1.819
40	0.990	7.314	5.179	4.313	3.828	3.514	3.291	3.124	2.993	2.888	2.801
	0.975	5.424	4.051	3.463	3.126	2.904	2.744	2.624	2.529	2.452	2.388
	0.950	4.085	3.232	2.839	2.606	2.449	2.336	2.249	2.180	2.124	2.077
	0.900	2.835	2.440	2.226	2.091	1.997	1.927	1.873	1.829	1.793	1.763
50	0.990	7.171	5.057	4.199	3.720	3.048	3.186	3.020	2.890	2.785	2.698
	0.975	5.340	3.975	3.390	3.054	2.833	2.674	2.553	2.458	2.381	2.317
	0.950	4.034	3.183	2.790	2.557	2.400	2.286	2.199	2.130	2.073	2.026
	0.900	2.809	2.412	2.197	2.061	1.966	1.895	1.840	1.796	1.760	1.729

Tabelle 7: Quantile der F–Verteilung mit (n_1, n_2) Freiheitsgraden $F_{n_1,n_2;\alpha}$ (Forts.)

n_2	α	n_1 1	2	3	4	5	6	7	8	9	10
75	0.990	6.985	4.900	4.054	3.580	3.272	3.052	2.887	2.758	2.653	2.567
	0.975	5.232	3.876	3.296	2.962	2.741	2.582	2.461	2.366	2.289	2.224
	0.950	3.969	3.119	2.727	2.494	2.337	2.222	2.134	2.064	2.007	1.959
	0.900	2.774	2.375	2.158	2.021	1.926	1.854	1.799	1.754	1.716	1.685
100	0.990	6.895	4.824	3.984	3.513	3.206	2.988	2.823	2.694	2.590	2.503
	0.975	5.179	3.828	2.250	2.917	2.696	2.537	2.417	2.321	2.244	2.179
	0.950	3.936	3.087	2.696	2.463	2.305	2.191	2.103	2.032	1.975	1.927
	0.900	2.756	2.356	2.139	2.002	1.906	1.834	1.778	1.732	1.695	1.663
150	0.990	6.807	4.750	3.915	3.447	3.142	2.924	2.761	2.632	2.528	2.441
	0.975	5.126	3.781	3.204	2.872	2.652	2.494	2.373	2.278	2.200	2.135
	0.950	3.904	3.056	2.665	2.432	2.275	2.160	2.071	2.001	1.943	1.894
	0.900	2.739	2.338	2.121	1.983	1.886	1.814	1.757	1.712	1.674	1.642
200	0.990	6.763	4.713	3.881	3.414	3.110	2.893	2.730	2.601	2.497	2.411
	0.975	5.100	3.758	3.182	2.850	2.630	2.472	2.351	2.256	2.178	2.113
	0.950	3.888	3.041	2.650	2.417	2.259	2.144	2.056	1.985	1.927	1.878
	0.900	2.731	2.329	2.111	1.973	1.876	1.804	1.747	1.701	1.663	1.631
500	0.990	6.686	4.648	3.821	3.357	3.054	2.838	2.675	2.547	2.443	2.357
	0.975	5.054	3.716	3.142	2.811	2.592	2.434	2.313	2.217	2.139	2.074
	0.950	3.860	3.014	2.623	2.390	2.232	2.117	2.028	1.957	1.899	1.850
	0.900	2.716	2.313	2.095	1.956	1.859	1.786	1.729	1.683	1.644	1.612
∞	0.990	6.635	4.605	3.782	3.319	3.017	2.802	2.639	2.511	2.407	2.321
	0.975	5.024	3.689	3.116	2.786	2.567	2.408	2.288	2.192	2.114	2.048
	0.950	3.841	2.996	2.605	2.372	2.214	2.099	2.010	1.938	1.880	1.831
	0.900	2.706	2.303	2.084	1.945	1.847	1.774	1.717	1.670	1.632	1.599

Tabelle 7: Quantile der F–Verteilung mit (n_1, n_2) Freiheitsgraden $F_{n_1,n_2;\alpha}$ (Forts.)

n_2	α	n_1									
		11	12	13	14	15	16	17	18	19	20
1	0.990	6083	6106	6126	6143	6157	6170	6181	6192	6201	6209
	0.975	973.0	976.7	979.8	982.5	984.9	986.9	988.7	990.3	991.8	993.1
	0.950	243.0	243.9	244.7	245.4	245.9	246.5	246.9	247.3	247.7	248.0
	0.900	60.47	60.71	60.90	61.07	61.22	61.35	61.46	61.57	61.66	61.74
2	0.990	90.41	99.42	99.42	99.43	99.43	99.44	99.44	99.44	99.45	99.45
	0.975	39.41	39.41	39.42	39.43	39.43	39.44	39.44	39.44	39.45	39.45
	0.950	19.40	19.41	19.42	19.42	19.43	19.43	19.44	19.44	19.44	19.45
	0.900	9.401	9.408	9.415	9.420	9.425	9.429	9.433	9.436	9.439	9.441
3	0.990	27.13	27.05	26.98	26.92	26.87	26.83	26.79	26.75	26.72	26.69
	0.975	14.37	14.34	14.30	14.28	14.25	14.23	14.21	14.20	14.18	14.17
	0.950	8.763	8.745	8.729	8.715	8.703	8.692	8.683	8.675	8.667	8.660
	0.900	5.222	5.216	5.210	5.205	5.200	5.196	5.193	5.190	5.187	5.184
4	0.990	14.45	14.37	14.31	14.25	14.20	14.15	14.11	14.08	14.05	14.02
	0.975	8.794	8.751	8.715	8.684	8.657	8.633	8.611	8.592	8.575	8.560
	0.950	5.936	5.912	5.891	5.873	5.858	5.844	5.832	5.821	5.811	5.803
	0.900	3.907	3.896	3.886	3.878	3.870	3.864	3.858	3.853	3.849	3.844
5	0.990	9.263	9.888	9.825	9.770	9.722	9.680	9.643	9.610	9.580	9.553
	0.975	6.568	6.525	6.488	6.456	6.428	6.403	6.381	6.362	6.344	6.329
	0.950	4.704	4.678	4.655	4.636	4.619	4.604	4.590	4.578	4.568	4.558
	0.900	3.282	3.268	3.257	3.247	3.238	3.230	3.223	3.217	3.212	3.207
6	0.990	7.790	7.718	7.658	7.605	7.559	7.519	7.843	7.451	7.422	7.396
	0.975	5.410	5.366	5.329	5.297	5.269	5.244	5.222	5.202	5.184	5.168
	0.950	4.027	4.000	3.976	3.956	3.938	3.922	3.908	3.896	3.884	3.874
	0.900	2.919	2.905	2.892	2.881	2.871	2.863	2.855	2.848	2.842	2.836
7	0.990	6.538	6.469	6.410	6.359	6.314	6.275	6.240	6.209	6.181	6.155
	0.975	4.709	4.666	4.628	4.596	4.568	4.543	4.521	4.501	4.483	4.467
	0.950	3.603	3.575	3.550	3.529	3.511	3.494	3.480	3.467	3.455	3.445
	0.900	2.684	2.668	2.654	2.643	2.632	2.623	2.615	2.607	2.601	2.595
8	0.990	5.734	5.667	5.609	5.559	5.515	5.477	5.442	5.412	5.384	5.359
	0.975	4.243	4.200	4.162	4.130	4.101	4.076	4.054	4.034	4.016	3.999
	0.950	3.313	3.284	3.259	3.237	3.218	3.202	3.187	3.173	3.161	3.150
	0.900	2.519	2.502	2.488	2.475	2.464	2.455	2.446	2.438	2.431	2.425

Tabelle 7: Quantile der F–Verteilung mit (n_1, n_2) Freiheitsgraden $F_{n_1,n_2;\alpha}$ (Forts.)

n_2	α	\multicolumn{10}{c}{n_1}
		11	12	13	14	15	16	17	18	19	20
9	0.990	5.178	5.111	5.055	5.005	4.962	4.924	4.890	4.860	4.833	4.808
	0.975	3.912	3.868	3.831	3.798	3.769	3.744	3.722	3.701	3.683	3.667
	0.950	3.102	3.073	3.048	3.025	3.006	2.989	2.974	2.960	2.648	2.936
	0.900	2.396	2.379	2.364	2.351	2.340	2.329	2.320	2.312	2.305	2.298
10	0.990	4.772	4.706	4.650	4.601	4.558	4.520	4.487	4.457	4.430	4.405
	0.975	3.665	3.621	3.583	3.550	3.522	3.496	3.474	3.453	3.435	3.419
	0.950	2.943	2.913	2.887	2.865	2.845	2.828	2.812	2.798	2.785	2.774
	0.900	2.302	2.284	2.269	2.255	2.244	2.233	2.224	2.215	2.208	2.201
11	0.990	4.462	4.397	4.342	4.293	4.251	4.213	4.180	4.150	4.123	4.099
	0.975	3.474	3.430	3.392	3.359	3.330	3.304	3.282	3.261	3.243	3.226
	0.950	2.818	2.788	2.761	2.739	2.179	2.701	2.685	2.671	2.658	2.646
	0.900	2.227	2.209	2.193	2.179	2.167	2.156	2.147	2.138	2.130	2.123
12	0.990	4.220	4.155	4.100	4.052	4.010	3.972	3.939	3.909	3.883	3.858
	0.975	3.321	3.277	3.239	3.206	3.177	3.152	3.129	3.108	3.090	3.073
	0.950	2.717	2.687	2.660	2.637	2.617	2.599	2.583	2.568	2.555	2.544
	0.900	2.166	2.147	2.131	2.117	2.105	2.094	2.084	2.075	2.067	2.060
13	0.990	4.025	3.960	3.905	3.857	3.815	3.778	3.745	3.716	3.689	3.665
	0.975	3.197	3.153	3.115	3.082	3.053	3.027	3.004	2.983	2.965	2.948
	0.950	2.635	2.604	2.577	2.533	2.533	2.515	2.499	2.484	2.471	2.459
	0.900	2.116	2.097	2.080	2.066	2.053	2.042	2.032	2.023	2.014	2.007
14	0.990	3.864	3.800	3.745	3.697	3.656	3.619	3.586	3.556	3.529	3.505
	0.975	3.095	3.050	3.012	2.978	2.949	2.923	2.900	2.879	2.861	2.844
	0.950	2.565	2.534	2.507	2.484	2.463	2.445	2.428	2.413	2.400	2.388
	0.900	2.073	2.054	2.037	2.022	2.010	1.998	1.988	1.978	1.970	1.962
15	0.990	3.730	3.666	3.612	3.564	3.522	3.485	3.452	3.423	3.396	3.372
	0.975	3.008	2.963	2.925	2.891	2.862	2.836	2.813	2.792	2.773	2.756
	0.950	2.507	2.475	2.448	2.424	2.403	2.385	2.368	2.353	2.340	2.328
	0.900	2.037	2.017	2.000	1.985	1.972	1.961	1.950	1.941	1.932	1.924
16	0.990	3.616	3.553	3.498	3.450	3.409	3.372	3.339	3.310	3.283	3.259
	0.975	2.934	2.889	2.851	2.817	2.788	2.761	2.738	2.717	2.698	2.681
	0.950	2.456	2.425	2.397	2.373	2.352	2.333	2.317	2.302	2.288	2.276
	0.900	2.005	1.985	1.968	1.953	1.940	1.928	1.917	1.908	1.899	1.891

Tabelle 7: Quantile der F–Verteilung mit (n_1, n_2) Freiheitsgraden $F_{n_1,n_2;\alpha}$ (Forts.)

n_2	α	n_1									
		11	12	13	14	15	16	17	18	19	20
17	0.990	3.519	3.455	3.401	3.353	3.312	3.275	3.242	3.212	3.186	3.162
	0.975	2.870	2.825	2.786	2.753	2.723	2.697	2.673	2.652	2.633	2.616
	0.950	2.413	2.381	2.353	2.329	2.308	2.289	2.272	2.257	2.243	2.230
	0.900	1.978	1.958	1.940	1.925	1.912	1.900	1.889	1.879	1.870	1.862
18	0.990	3.434	3.371	3.316	3.269	3.227	3.190	3.158	3.128	3.101	3.077
	0.975	2.814	2.769	2.730	2.696	2.667	2.640	2.617	2.596	2.576	2.559
	0.950	2.374	2.342	2.314	2.290	2.269	2.250	2.233	2.217	2.203	2.191
	0.900	1.954	1.933	1.916	1.900	1.887	1.875	1.864	1.854	1.845	1.837
19	0.990	3.360	3.297	3.242	3.195	3.153	3.116	3.084	3.054	3.027	3.003
	0.975	2.765	2.720	2.681	2.647	2.617	2.591	2.567	2.546	2.526	2.509
	0.950	2.340	2.308	2.280	2.256	2.234	2.215	2.198	2.182	2.168	2.155
	0.900	1.932	1.912	1.894	1.878	1.865	1.852	1.841	1.831	1.822	1.814
20	0.990	3.294	3.231	3.177	3.130	3.088	3.051	3.018	2.989	2.962	2.938
	0.975	2.721	2.676	2.637	2.603	2.573	2.547	2.523	2.501	2.482	2.464
	0.950	2.310	2.278	2.250	2.225	2.203	2.184	2.167	2.151	2.137	2.124
	0.900	1.913	1.892	1.875	1.859	1.845	1.833	1.821	1.811	1.802	1.794
25	0.990	3.056	2.993	2.939	2.892	2.850	2.813	2.780	2.751	2.724	2.699
	0.975	2.560	2.515	2.476	2.441	2.411	2.384	2.360	2.338	2.318	2.300
	0.950	2.198	2.165	2.136	2.111	2.089	2.069	2.051	2.035	2.021	2.007
	0.900	1.841	1.820	1.802	1.785	1.771	1.758	1.746	1.736	1.726	1.718
30	0.990	2.905	2.843	2.789	2.742	2.700	2.663	2.630	2.600	2.573	2.549
	0.975	2.458	2.412	2.372	2.338	2.307	2.280	2.255	2.233	2.213	2.195
	0.950	2.126	2.092	2.063	2.037	2.015	1.995	1.976	1.960	1.945	1.932
	0.900	1.794	1.773	1.754	1.737	1.722	1.709	1.697	1.686	1.676	1.667
40	0.990	2.727	2.665	2.611	2.563	2.522	2.484	2.451	2.421	2.394	2.369
	0.975	2.334	2.288	2.248	2.213	2.182	2.154	2.129	2.107	2.086	2.068
	0.950	2.038	2.003	1.974	1.947	1.924	1.904	1.885	1.868	1.853	1.839
	0.900	1.737	1.715	1.695	1.678	1.662	1.649	1.636	1.625	1.615	1.605
50	0.990	2.625	2.562	2.508	2.461	2.419	2.382	2.348	2.318	2.290	2.265
	0.975	2.263	2.216	2.176	2.140	2.109	2.081	2.056	2.033	2.012	1.993
	0.950	1.986	1.952	1.921	1.895	1.871	1.850	1.831	1.814	1.798	1.784
	0.900	1.703	1.680	1.660	1.643	1.627	1.613	1.600	1.588	1.578	1.568

Tabelle 7: Quantile der F–Verteilung mit (n_1, n_2) Freiheitsgraden $F_{n_1,n_2;\alpha}$ (Forts.)

n_2	α	\multicolumn{10}{c}{n_1}									
		11	12	13	14	15	16	17	18	19	20
75	0.990	2.494	2.431	2.377	2.329	2.287	2.249	2.216	2.185	2.157	2.132
	0.975	2.170	2.123	2.082	2.046	2.014	1.986	1.960	1.937	1.916	1.896
	0.950	1.919	1.887	1.853	1.826	1.802	1.780	1.761	1.743	1.727	1.712
	0.900	1.658	1.635	1.614	1.596	1.580	1.565	1.552	1.540	1.529	1.519
100	0.990	2.430	2.367	2.313	2.265	2.223	2.185	2.151	2.120	2.092	2.067
	0.975	2.124	2.077	2.036	2.000	1.968	1.939	1.913	1.890	1.868	1.849
	0.950	1.886	1.850	1.819	1.792	1.768	1.746	1.726	1.708	1.691	1.676
	0.900	1.636	1.612	1.592	1.573	1.557	1.542	1.528	1.516	1.505	1.494
150	0.990	2.368	2.305	2.251	2.203	2.160	2.122	2.088	2.057	2.029	2.003
	0.975	2.080	2.033	1.991	1.955	1.922	1.893	1.867	1.843	1.821	1.801
	0.950	1.853	1.817	1.786	1.758	1.734	1.711	1.691	1.673	1.656	1.641
	0.900	1.614	1.590	1.569	1.550	1.533	1.518	1.505	1.492	1.480	1.470
200	0.990	2.338	2.275	2.220	2.172	2.129	2.091	2.057	2.026	1.997	1.971
	0.975	2.058	2.010	1.969	1.932	1.900	1.870	1.844	1.820	1.798	1.778
	0.950	1.837	1.801	1.769	1.742	1.717	1.694	1.674	1.656	1.639	1.623
	0.900	1.603	1.579	1.558	1.539	1.522	1.507	1.493	1.480	1.468	1.458
500	0.990	2.283	2.220	2.166	2.117	2.075	2.036	2.002	1.970	1.942	1.915
	0.975	2.019	1.971	1.929	1.892	1.859	1.830	1.803	1.779	1.757	1.736
	0.950	1.808	1.772	1.740	1.712	1.686	1.664	1.643	1.625	1.607	1.592
	0.900	1.584	1.559	1.537	1.518	1.501	1.485	1.471	1.458	1.446	1.435
∞	0.990	2.248	2.185	2.130	2.081	2.039	2.000	1.965	1.934	1.905	1.878
	0.975	1.993	1.945	1.903	1.866	1.833	1.803	1.776	1.752	1.729	1.708
	0.950	1.789	1.752	1.720	1.692	1.666	1.644	1.623	1.604	1.587	1.751
	0.900	1.571	1.546	1.524	1.505	1.487	1.471	1.457	1.444	1.432	1.421

Tabelle 7: Quantile der F–Verteilung mit (n_1, n_2) Freiheitsgraden $F_{n_1,n_2;\alpha}$ (Forts.)

n_2	α	\multicolumn{10}{c}{n_1}									
		25	30	40	50	75	100	150	200	500	∞
1	0.990	6340	6261	6287	6303	6324	6334	6345	6350	6359	6366
	0.975	998.1	1001	1006	1008	1011	1013	1015	1016	1017	1018
	0.950	249.3	250.1	251.1	251.8	252.6	253.0	253.5	253.7	254.1	254.3
	0.900	62.06	62.26	62.53	62.69	62.69	63.01	63.12	63.17	63.26	63.33
2	0.990	99.46	99.47	99.47	99.48	99.48	99.49	99.49	99.49	99.50	99.50
	0.975	39.46	39.46	39.47	39.48	39.49	39.49	39.49	39.49	39.50	39.50
	0.950	19.46	19.46	19.47	19.48	19.48	19.49	19.49	19.49	19.49	19.50
	0.900	9.451	9.458	9.466	9.471	9.478	9.481	9.485	9.486	9.489	9.491
3	0.990	26.58	26.50	26.41	26.35	26.28	26.24	26.20	26.18	26.15	26.13
	0.975	14.12	14.08	14.04	14.01	13.97	13.96	13.94	13.93	13.91	13.90
	0.950	8.634	8.617	8.594	8.581	8.563	8.554	8.545	8.540	8.832	8.526
	0.900	5.175	5.168	5.160	5.155	5.148	5.144	5.141	5.139	5.136	5.134
4	0.990	13.91	13.84	13.75	13.69	13.62	13.58	13.54	13.52	13.49	13.46
	0.975	8.501	8.461	8.411	8.381	8.340	8.319	8.299	8.289	8.270	8.257
	0.950	5.769	5.746	5.717	5.699	5.676	5.664	5.652	5.646	5.635	5.628
	0.900	3.828	3.817	3.804	3.795	3.784	3.778	3.772	3.769	3.764	3.761
5	0.990	9.449	9.379	9.291	9.238	9.166	9.130	9.094	9.075	9.042	9.020
	0.975	6.268	6.227	6.175	6.144	6.101	6.080	6.059	6.048	6.028	6.015
	0.950	4.521	4.496	4.464	4.444	4.418	4.405	4.392	4.385	4.373	4.365
	0.900	3.187	3.174	3.157	3.147	3.133	3.126	3.119	3.116	3.109	3.105
6	0.990	7.296	7.229	7.143	7.091	7.022	6.987	6.951	6.934	6.902	6.880
	0.975	5.107	5.065	5.012	4.980	4.937	4.915	4.894	4.882	4.863	4.849
	0.950	3.774	3.808	3.774	3.754	3.726	3.712	3.698	3.690	3.677	3.669
	0.900	2.815	2.800	2.781	2.770	2.754	2.746	2.738	2.734	2.727	2.722
7	0.990	6.058	5.992	5.908	5.858	5.789	5.755	5.720	5.702	5.671	5.650
	0.975	4.405	4.362	4.309	4.276	4.232	4.210	4.188	4.176	4.156	4.142
	0.950	3.404	3.376	3.340	3.319	3.290	3.275	3.260	3.252	3.239	3.230
	0.900	2.571	2.555	2.535	2.523	2.506	2.497	2.489	2.484	2.476	2.471
8	0.990	5.263	5.198	5.116	5.065	4.998	4.963	4.929	4.911	4.880	4.859
	0.975	3.937	3.894	3.840	3.807	3.762	3.739	3.717	3.705	3.684	3.670
	0.950	3.108	3.079	3.043	3.020	2.990	2.975	2.959	2.951	2.937	2.928
	0.900	2.400	2.383	2.361	2.348	2.330	2.321	2.312	2.307	2.298	2.293

Tabelle 7: Quantile der F–Verteilung mit (n_1, n_2) Freiheitsgraden $F_{n_1,n_2;\alpha}$ (Forts.)

n_2	α	\multicolumn{10}{c}{n_1}									
		25	30	40	50	75	100	150	200	500	∞
9	0.990	4.713	4.649	4.567	4.517	4.449	4.415	4.381	4.363	4.332	4.311
	0.975	3.604	3.560	3.505	3.472	3.427	3.403	3.380	3.368	3.347	3.333
	0.950	2.826	2.864	2.826	2.803	2.772	2.576	2.739	2.731	2.717	2.707
	0.900	2.272	2.255	2.232	2.218	2.199	2.189	2.179	2.174	2.165	2.159
10	0.990	4.311	4.247	4.165	4.155	4.048	4.014	3.979	3.962	3.930	3.909
	0.975	3.355	3.311	3.255	3.221	3.175	3.152	3.128	3.116	3.094	3.080
	0.950	2.730	2.700	2.661	2.637	2.605	2.588	2.572	2.563	2.548	2.538
	0.900	2.174	2.155	2.132	2.117	2.097	2.087	2.077	2.071	2.062	2.055
11	0.990	4.005	3.941	3.860	3.810	3.742	3.708	3.673	3.656	3.624	3.602
	0.975	3.162	3.118	3.061	3.027	2.980	2.956	2.932	2.920	2.898	2.883
	0.950	2.601	2.570	2.531	2.507	2.474	2.457	2.439	2.431	2.415	2.404
	0.900	2.095	2.076	2.052	2.036	2.016	2.005	1.994	1.989	1.983	1.972
12	0.990	3.765	3.701	3.619	3.569	3.501	3.467	3.432	3.414	3.382	3.361
	0.975	3.008	2.963	2.906	2.871	2.824	2.800	2.775	2.763	2.740	2.725
	0.950	2.498	2.466	2.426	2.401	2.367	2.350	2.332	2.323	2.307	2.296
	0.900	2.031	2.011	1.986	1.970	1.949	1.938	1.927	1.921	1.911	1.904
13	0.990	3.571	3.507	3.425	3.375	3.307	3.272	3.237	3.219	3.187	3.165
	0.975	2.882	2.837	2.780	2.744	2.696	2.671	2.647	2.634	2.611	2.595
	0.950	2.412	2.380	2.339	2.314	2.279	2.261	2.243	2.234	2.218	2.206
	0.900	1.978	1.958	1.931	1.915	1.893	1.882	1.870	1.864	1.854	1.846
14	0.990	3.412	3.348	3.266	3.215	3.147	3.112	3.076	3.059	3.026	3.004
	0.975	2.778	2.732	2.674	2.638	2.590	2.565	2.539	2.526	2.503	2.487
	0.950	2.341	2.308	2.266	2.241	2.205	2.187	2.169	2.159	2.142	2.131
	0.900	1.933	1.912	1.885	1.869	1.846	1.834	1.822	1.816	1.805	1.797
15	0.990	3.278	3.214	3.132	3.081	3.013	2.977	2.942	2.923	2.891	2.868
	0.975	2.689	2.644	2.585	2.549	2.499	2.474	2.448	2.435	2.411	2.395
	0.950	2.280	2.247	2.204	2.178	2.142	2.123	2.105	2.095	2.078	2.066
	0.900	1.894	1.873	1.845	1.828	1.805	1.793	1.781	1.774	1.763	1.755
16	0.990	3.165	3.101	3.018	2.967	2.898	2.863	2.827	2.808	2.775	2.753
	0.975	2.614	2.568	2.509	2.472	2.422	2.396	2.370	2.357	2.333	2.316
	0.950	2.227	2.194	2.151	2.124	2.087	2.068	2.049	2.039	2.022	2.010
	0.900	1.860	1.839	1.811	1.793	1.769	1.757	1.744	1.738	1.726	1.718

Tabelle 7: Quantile der F–Verteilung mit (n_1, n_2) Freiheitsgraden $F_{n_1,n_2;\alpha}$ (Forts.)

n_2	α	\multicolumn{10}{c}{n_1}									
		25	30	40	50	75	100	150	200	500	∞
17	0.990	3.068	3.003	2.920	2.869	2.800	2.764	2.728	2.709	2.676	2.653
	0.975	2.548	2.502	2.442	2.405	2.355	2.329	2.302	2.289	2.264	2.247
	0.950	2.181	2.148	2.104	2.077	2.040	2.020	2.001	1.991	1.973	1.960
	0.900	1.831	1.809	1.781	1.763	1.738	1.726	1.713	1.706	1.694	1.686
18	0.990	2.983	2.919	2.835	2.784	2.714	2.678	2.641	2.623	2.589	2.566
	0.975	2.491	2.444	2.384	2.347	2.296	2.269	2.242	2.229	2.204	2.187
	0.950	2.141	2.107	2.063	2.035	1.998	1.978	1.958	1.948	1.929	1.917
	0.900	1.805	1.783	1.754	1.736	1.711	1.698	1.684	1.678	1.665	1.657
19	0.990	2.909	2.844	2.761	2.709	2.639	2.602	2.565	2.547	2.512	2.489
	0.975	2.441	2.394	2.333	2.295	2.243	2.217	2.190	2.176	2.150	2.133
	0.950	2.106	2.071	2.026	1.999	1.960	1.940	1.920	1.910	1.891	1.878
	0.900	1.782	1.759	1.730	1.711	1.686	1.673	1.659	1.652	1.639	1.631
20	0.990	2.843	2.778	2.695	2.643	2.572	2.535	2.498	2.479	2.445	2.421
	0.975	2.396	2.349	2.287	2.249	2.197	2.170	2.142	2.128	2.103	2.085
	0.950	2.074	2.039	1.994	1.966	1.927	1.907	1.886	1.875	1.856	1.843
	0.900	1.761	1.738	1.708	1.690	1.664	1.650	1.636	1.629	1.616	1.607
25	0.990	2.604	2.583	2.453	2.400	2.327	2.289	2.250	2.230	2.200	2.176
	0.975	2.230	2.182	2.118	2.079	2.024	1.996	1.966	1.952	1.926	1.908
	0.950	1.955	1.919	1.872	1.842	1.801	1.779	1.757	1.746	1.726	1.712
	0.900	1.683	1.659	1.627	1.607	1.579	1.565	1.549	1.542	1.527	1.517
30	0.990	2.453	2.386	2.299	2.245	2.170	2.131	2.091	2.070	2.032	2.006
	0.975	2.124	2.074	2.009	1.968	1.911	1.882	1.851	1.835	1.807	1.787
	0.950	1.878	1.841	1.792	1.761	1.718	1.695	1.672	1.660	1.638	1.622
	0.900	1.632	1.606	1.573	1.552	1.523	1.507	1.491	1.482	1.467	1.456
40	0.990	2.271	2.203	2.114	2.058	1.980	1.938	1.896	1.874	1.833	1.805
	0.975	1.994	1.943	1.875	1.832	1.772	1.741	1.708	1.691	1.659	1.637
	0.950	1.783	1.744	1.693	1.660	1.614	1.589	1.564	1.551	1.526	1.509
	0.900	1.568	1.541	1.506	1.483	1.451	1.434	1.416	1.406	1.389	1.377
50	0.990	2.167	2.098	2.007	1.949	1.868	1.825	1.780	1.757	1.713	1.683
	0.975	1.919	1.866	1.796	1.752	1.689	1.656	1.621	1.603	1.569	1.545
	0.950	1.727	1.687	1.634	1.599	1.551	1.525	1.498	1.484	1.457	1.438
	0.900	1.529	1.502	1.465	1.441	1.407	1.388	1.369	1.359	1.340	1.327

Tabelle 7: Quantile der F–Verteilung mit (n_1, n_2) Freiheitsgraden $F_{n_1,n_2;\alpha}$ (Forts.)

n_2	α	\multicolumn{10}{c}{n_1}
		25	30	40	50	75	100	150	200	500	∞
75	0.990	2.031	1.960	1.866	1.806	1.720	1.674	1.625	1.599	1.551	1.419
	0.975	1.819	1.765	1.692	1.645	1.578	1.542	1.503	1.483	1.444	1.345
	0.950	1.653	1.611	1.555	1.518	1.466	1.437	1.407	1.391	1.360	1.283
	0.900	1.478	1.449	1.410	1.384	1.347	1.326	1.304	1.293	1.270	1.214
100	0.990	1.965	1.893	1.797	1.735	1.646	1.598	1.546	1.518	1.466	1.427
	0.975	1.770	1.715	1.640	1.592	1.522	1.483	1.442	1.420	1.378	1.347
	0.950	1.616	1.573	1.515	1.477	1.422	1.392	1.359	1.342	1.308	1.283
	0.900	1.453	1.423	1.382	1.355	1.315	1.293	1.270	1.257	1.232	1.214
150	0.990	1.900	1.827	1.729	1.665	1.572	1.520	1.465	1.435	1.376	1.331
	0.975	1.722	1.665	1.588	1.538	1.464	1.423	1.379	1.355	1.307	1.271
	0.950	1.580	1.535	1.475	1.436	1.377	1.345	1.309	1.290	1.252	1.222
	0.900	1.427	1.396	1.353	1.325	1.283	1.260	1.234	1.219	1.191	1.169
200	0.990	1.868	1.794	1.694	1.629	1.534	1.481	1.423	1.391	1.328	1.279
	0.975	1.698	1.640	1.562	1.511	1.435	1.393	1.346	1.320	1.269	1.229
	0.950	1.561	1.516	1.455	1.415	1.354	1.321	1.283	1.263	1.221	1.189
	0.900	1.414	1.383	1.339	1.310	1.267	1.242	1.214	1.199	1.168	1.144
500	0.990	1.812	1.735	1.633	1.566	1.465	1.408	1.344	1.308	1.232	1.164
	0.975	1.655	1.596	1.515	1.462	1.381	1.336	1.284	1.254	1.192	1.137
	0.950	1.528	1.482	1.419	1.376	1.312	1.275	1.233	1.210	1.159	1.113
	0.900	1.391	1.358	1.313	1.282	1.236	1.209	1.178	1.160	1.122	1.087
∞	0.990	1.774	1.696	1.592	1.523	1.413	1.358	1.288	1.247	1.153	1.000
	0.975	1.626	1.588	1.484	1.428	1.340	1.296	1.239	1.205	1.128	1.000
	0.950	1.506	1.476	1.394	1.350	1.279	1.243	1.197	1.170	1.106	1.000
	0.900	1.375	1.342	1.295	1.263	1.214	1.185	1.151	1.130	1.082	1.000

Ablesebeispiel: $F_{15,11;0.95} = 2.179$

Erweiterung der Tabelle durch $\boxed{F_{n_1,n_2;1-\alpha} = (F_{n_2,n_1;\alpha})^{-1}}$

Speziell:

$$F_{1,n_2;\alpha} = \left(t_{n_2;\frac{1+\alpha}{2}}\right)^2$$
$$F_{1,\infty;\alpha} = \left(u_{\frac{1+\alpha}{2}}\right)^2$$
$$F_{n_1,\infty;\alpha} = \frac{1}{n_1}\chi^2_{n_1;\alpha}$$
$$F_{\infty,\infty;\alpha} = 1$$

Interpolation nach Laubscher:
Sind $F_{n'_1,n'_2;\alpha}$, $F_{n'_1,n''_2;\alpha'}$, $F_{n''_1,n'_2;\alpha}$ und $F_{n''_1,n''_2;\alpha}$ gegeben, wobei $n'_1 \leq n_1 < n''_1$ und $n'_2 \leq n_2 < n'''_2$, so läßt sich $F_{n_1,n_2;\alpha}$ approximieren durch

$$\begin{aligned}F_{n_1,n_2;\alpha} &\approx (1-c_1)(1-c_2)F_{n'_1,n'_2;\alpha} + (1-c_1)c_2 F_{n'_1,n''_2;\alpha}\\&+c_1(1-c_2)F_{n''_1,n'_2;\alpha} + c_1 c_2 F_{n''_1,n''_2;\alpha}\end{aligned}$$

wobei $\quad c_1 = \dfrac{n''_1(n_1 - n'_1)}{n_1(n''_1 - n'_1)}$

und $\quad c_2 = \dfrac{n''_2(n_2 - n'_2)}{n_2(n''_2 - n'_2)}$

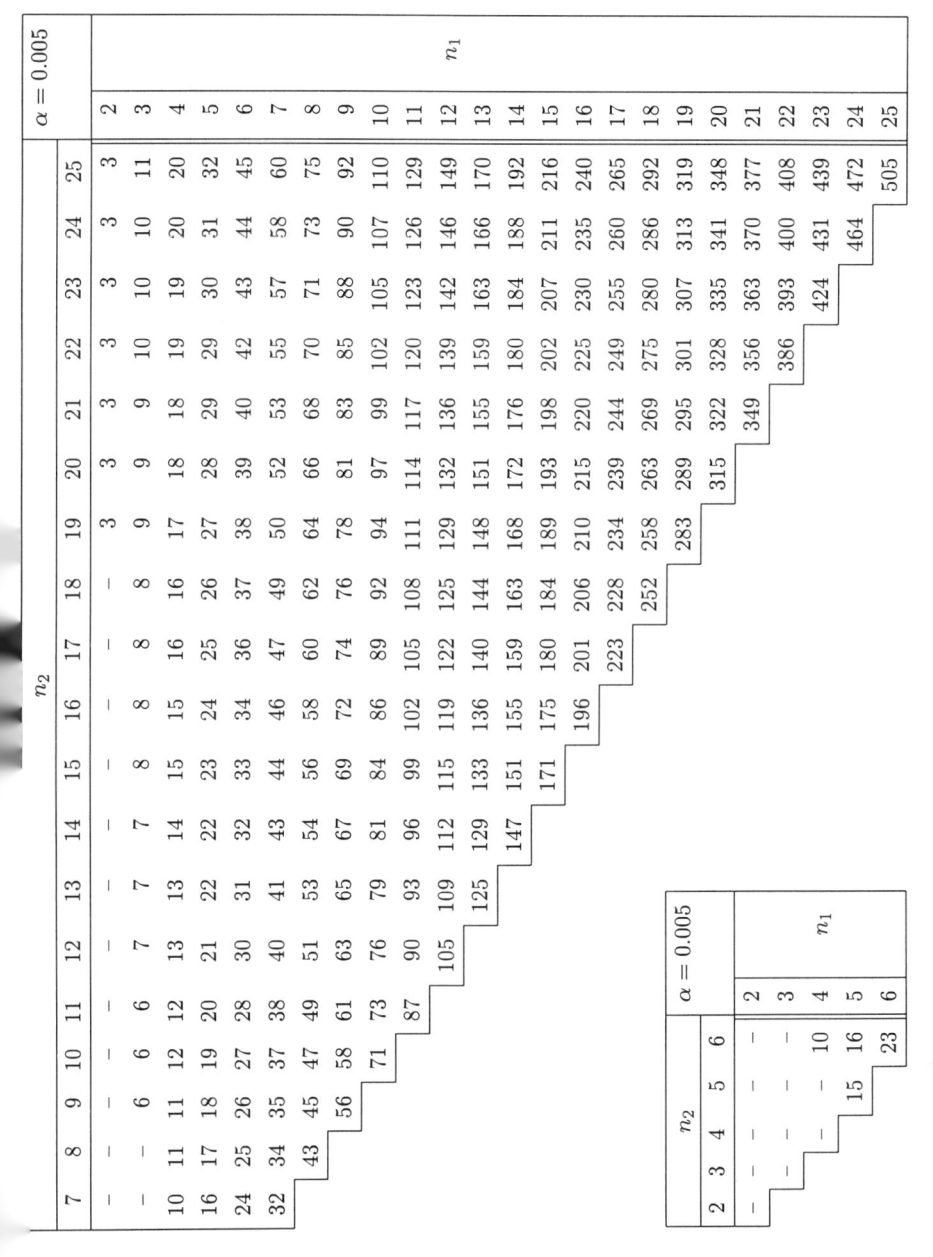

Tabelle 8: Kritische Werte $w_{n_1,n_2;\alpha}$ des Wilcoxon–Rangsummen–Tests

$\alpha = 0.005$

$n_2 \backslash n_1$	2	3	4	5	6	7	8	9	10	11	12	13	14	15	16	17	18	19	20	21	22	23	24	25
3	–																							
4	–	–	–																					
5	–	–	–	15																				
6	–	–	10	16	23																			
7	–	–	10	16	24	32																		
8	–	–	11	17	25	34	43																	
9	–	6	11	18	26	35	45	56																
10	–	6	12	19	27	37	47	58	71															
11	–	6	12	20	28	38	49	61	73	87														
12	–	7	13	21	30	40	51	63	76	90	105													
13	–	7	13	22	31	41	53	65	79	93	109	125												
14	–	7	14	22	32	43	54	67	81	96	112	129	147											
15	–	8	15	23	33	44	56	69	84	99	115	133	151	171										
16	–	8	15	24	34	46	58	72	86	102	119	136	155	175	196									
17	–	8	16	25	36	47	60	74	89	105	122	140	159	180	201	223								
18	–	8	16	26	37	49	62	76	92	108	125	144	163	184	206	228	252							
19	3	9	17	27	38	50	64	78	94	111	129	148	168	189	210	234	258	283						
20	3	9	18	28	39	52	66	81	97	114	132	151	172	193	215	239	263	289	315					
21	3	9	18	29	40	53	68	83	99	117	136	155	176	198	220	244	269	295	322	349				
22	3	10	19	29	42	55	70	85	102	120	139	159	180	202	225	249	275	301	328	356	386			
23	3	10	19	30	43	57	71	88	105	123	142	163	184	207	230	255	280	307	335	363	393	424		
24	3	10	20	31	44	58	73	90	107	126	146	166	188	211	235	260	286	313	341	370	400	431	464	
25	3	11	20	32	45	60	75	92	110	129	149	170	192	216	240	265	292	319	348	377	408	439	472	505

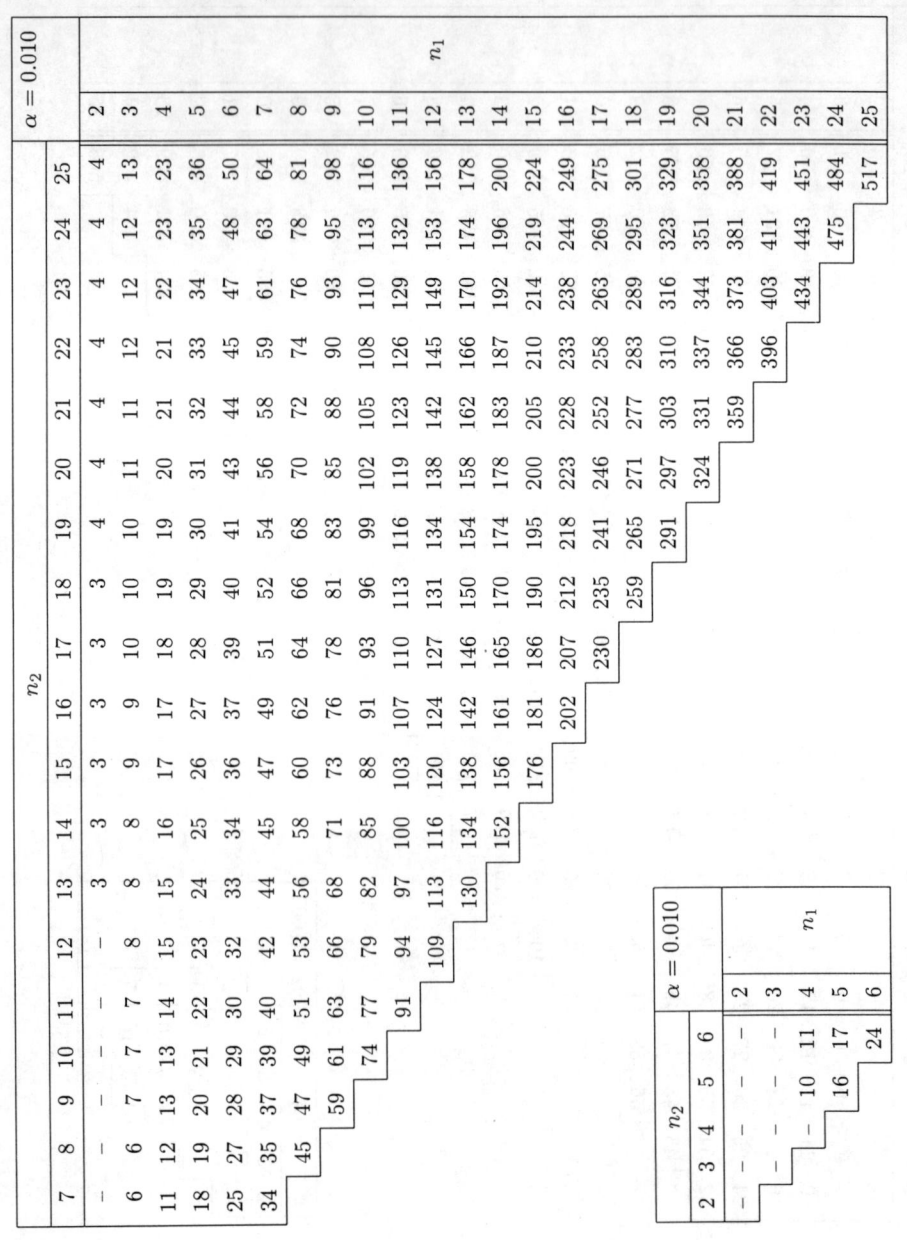

Tabelle 8: Kritische Werte $w_{n_1,n_2;\alpha}$ des Wilcoxon–Rangsummen-Tests (Forts.)

$\alpha = 0.010$

n_2 \ n_1	2	3	4	5	6	7	8	9	10	11	12	13	14	15	16	17	18	19	20	21	22	23	24	25
7	–	6	11	18	25	34																		
8	–	6	12	19	27	35	45																	
9	–	7	13	20	28	37	47	59																
10	–	7	13	21	29	39	49	61	74															
11	–	7	14	22	30	40	51	63	77	91														
12	–	8	15	23	32	42	53	66	79	94	109													
13	3	8	15	24	33	44	56	68	82	97	113	130												
14	3	8	16	25	34	45	58	71	85	100	116	134	152											
15	3	9	17	26	36	47	60	73	88	103	120	138	156	176										
16	3	9	17	27	37	49	62	76	91	107	124	142	161	181	202									
17	3	10	18	28	39	51	64	78	93	110	127	146	165	186	207	230								
18	3	10	19	29	40	52	66	81	96	113	131	150	170	190	212	235	259							
19	4	10	19	30	41	54	68	83	99	116	134	154	174	195	218	241	265	291						
20	4	11	20	31	43	56	70	85	102	119	138	158	178	200	223	246	271	297	324					
21	4	11	21	32	44	58	72	88	105	123	142	162	183	205	228	252	277	303	331	359				
22	4	12	21	33	45	59	74	90	108	126	145	166	187	210	233	258	283	310	337	366	396			
23	4	12	22	34	47	61	76	93	110	129	149	170	192	214	238	263	289	316	344	373	403	434		
24	4	12	23	35	48	63	78	95	113	132	153	174	196	219	244	269	295	323	351	381	411	443	475	
25	4	13	23	36	50	64	81	98	116	136	156	178	200	224	249	275	301	329	358	388	419	451	484	517

$\alpha = 0.010$

n_2 \ n_1	2	3	4	5	6
2	–	–	–	–	–
3	–	–	–	–	–
4	–	–	–	10	11
5	–	–	–	16	17
6	–	–	–	–	24

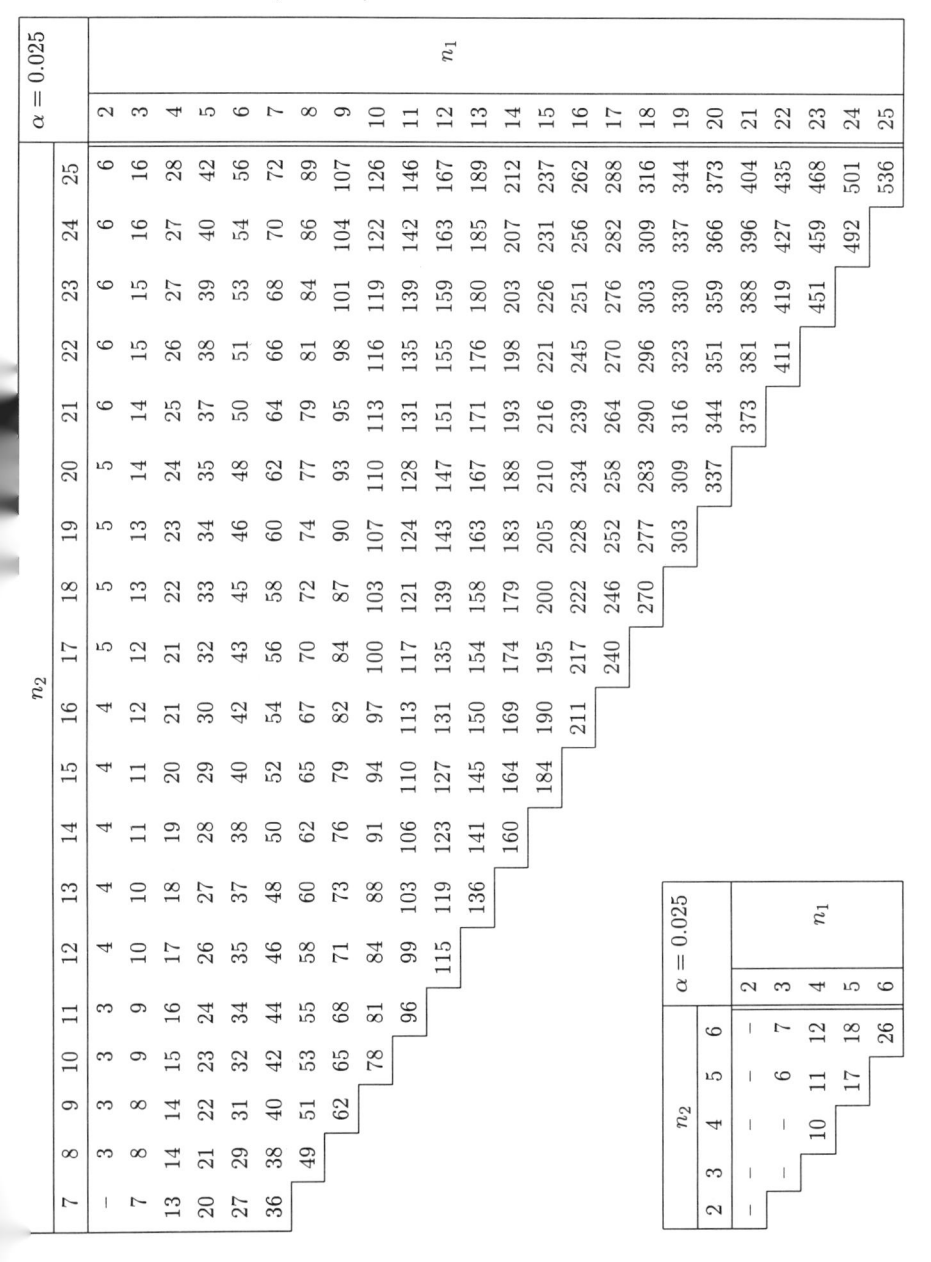

Tabelle 8: Kritische Werte $w_{n_1,n_2;\alpha}$ des Wilcoxon–Rangsummen–Tests (Forts.)

$\alpha = 0.025$

n_2 \ n_1	2	3	4	5	6	7	8	9	10	11	12	13	14	15	16	17	18	19	20	21	22	23	24	25
7	–	7	13	20	27	36																		
8	3	8	14	21	29	38	49																	
9	3	8	14	22	31	40	51	62																
10	3	9	15	23	32	42	53	65	78															
11	3	9	16	24	34	44	55	68	81	96														
12	4	10	17	26	35	46	58	71	84	99	115													
13	4	10	18	27	37	48	60	73	88	103	119	136												
14	4	11	19	28	38	50	62	76	91	106	123	141	160											
15	4	11	20	29	40	52	65	79	94	110	127	145	164	184										
16	4	12	21	30	42	54	67	82	97	113	131	150	169	190	211									
17	5	12	21	32	43	56	70	84	100	117	135	154	174	195	217	240								
18	5	13	22	33	45	58	72	87	103	121	139	158	179	200	222	246	270							
19	5	13	23	34	46	60	74	90	107	124	143	163	183	205	228	252	277	303						
20	5	14	24	35	48	62	77	93	110	128	147	167	188	210	234	258	283	309	337					
21	6	14	25	37	50	64	79	95	113	131	151	171	193	216	239	264	290	316	344	373				
22	6	15	26	38	51	66	81	98	116	135	155	176	198	221	245	270	296	323	351	381	411			
23	6	15	27	39	53	68	84	101	119	139	159	180	203	226	251	276	303	330	359	388	419	451		
24	6	16	27	40	54	70	86	104	122	142	163	185	207	231	256	282	309	337	366	396	427	459	492	
25	6	16	28	42	56	72	89	107	126	146	167	189	212	237	262	288	316	344	373	404	435	468	501	536

$\alpha = 0.025$

n_2 \ n_1	2	3	4	5	6
2	–				
3	–	–			
4	–	–	10		
5	–	6	11	17	
6	–	7	12	18	26

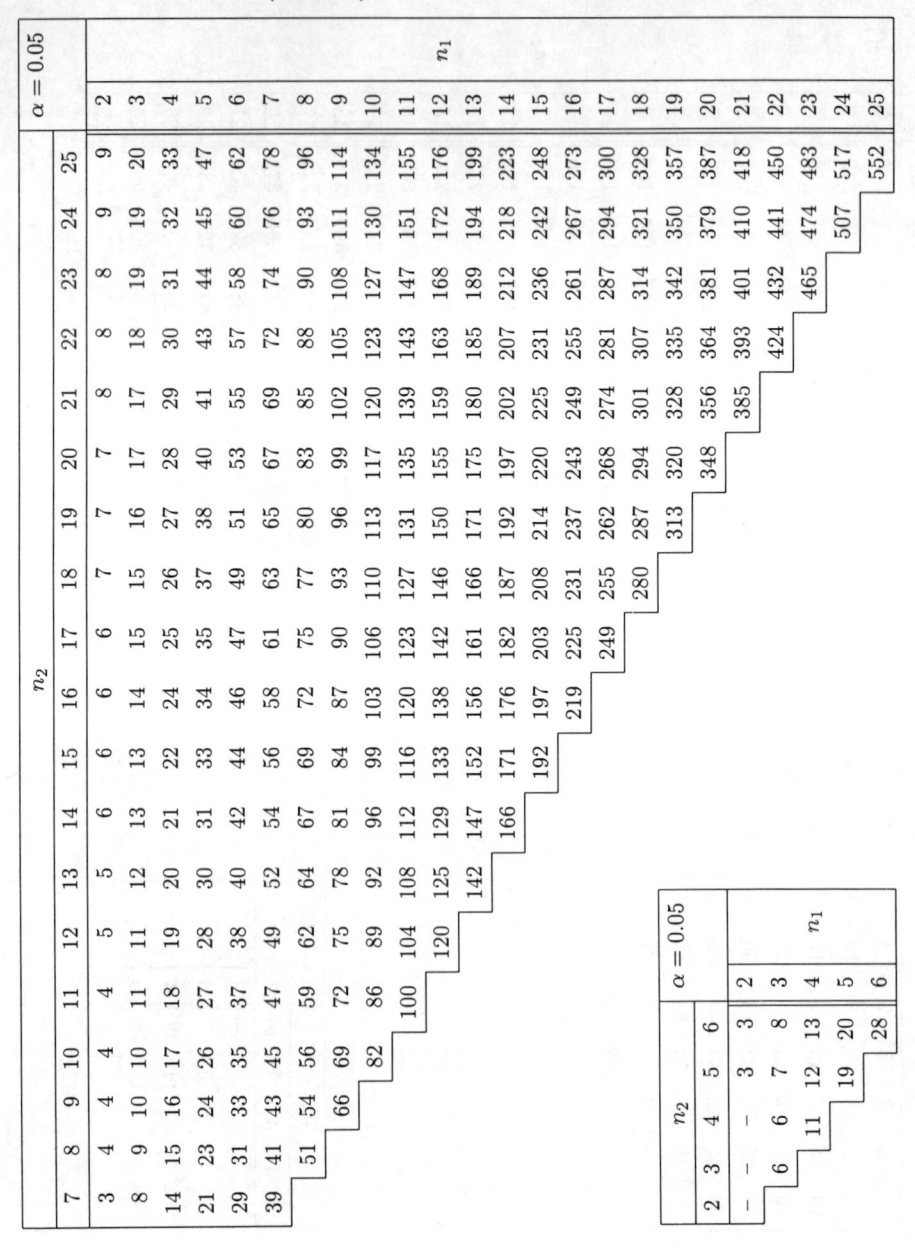

Tabelle 8: Kritische Werte $w_{n_1,n_2;\alpha}$ des Wilcoxon–Rangsummen–Tests (Forts.)

$\alpha = 0.05$

$n_2 \backslash n_1$	2	3	4	5	6	7	8	9	10	11	12	13	14	15	16	17	18	19	20	21	22	23	24	25
7	3	8	14	21	29	39																		
8	4	9	15	23	31	41	51																	
9	4	10	16	24	33	43	54	66																
10	4	10	17	26	35	45	56	69	82															
11	4	11	18	27	37	47	59	72	86	100														
12	5	11	19	28	38	49	62	75	89	104	120													
13	5	12	20	30	40	52	64	78	92	108	125	142												
14	6	13	21	31	42	54	67	81	96	112	129	147	166											
15	6	13	22	33	44	56	69	84	99	116	133	152	171	192										
16	6	14	24	34	46	58	72	87	103	120	138	156	176	197	219									
17	6	15	25	35	47	61	75	90	106	123	142	161	182	203	225	249								
18	7	15	26	37	49	63	77	93	110	127	146	166	187	208	231	255	280							
19	7	16	27	38	51	65	80	96	113	131	150	171	192	214	237	262	287	313						
20	7	17	28	40	53	67	83	99	117	135	155	175	197	220	243	268	294	320	348					
21	8	17	29	41	55	69	85	102	120	139	159	180	202	225	249	274	301	328	356	385				
22	8	18	30	43	57	72	88	105	123	143	163	185	207	231	255	281	307	335	364	393	424			
23	8	19	31	44	58	74	90	108	127	147	168	189	212	236	261	287	314	342	371	401	432	465		
24	9	19	32	45	60	76	93	111	130	151	172	194	218	242	267	294	321	350	379	410	441	474	507	
25	9	20	33	47	62	78	96	114	134	155	176	199	223	248	273	300	328	357	387	418	450	483	517	552

$\alpha = 0.05$

$n_2 \backslash n_1$	2	3	4	5	6
3	–	6			
4	–	6	11		
5	3	7	12	19	
6	3	8	13	20	28

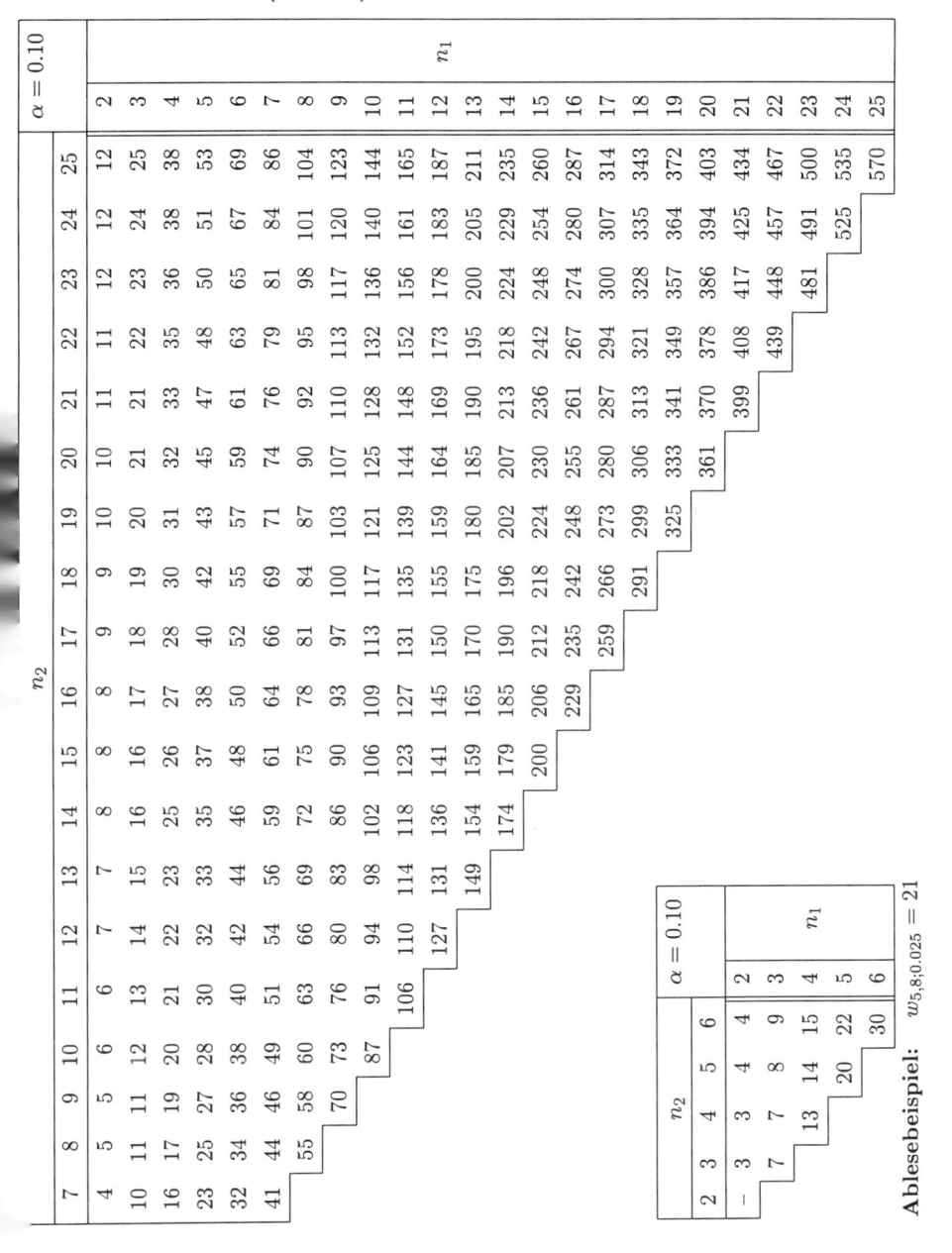

Tabelle 8: Kritische Werte $w_{n_1,n_2;\alpha}$ des Wilcoxon–Rangsummen–Tests (Forts.)

$\alpha = 0.10$

n_2 \ n_1	7	8	9	10	11	12	13	14	15	16	17	18	19	20	21	22	23	24	25
2	4	5	5	6	6	7	7	8	8	8	9	9	10	10	11	11	12	12	12
3	10	11	11	12	13	14	15	16	16	17	18	19	20	21	21	22	23	24	25
4	16	17	19	20	21	22	23	25	26	27	28	30	31	32	33	35	36	38	38
5	23	25	27	28	30	32	33	35	37	38	40	42	43	45	47	48	50	51	53
6	32	34	36	38	40	42	44	46	48	50	52	55	57	59	61	63	65	67	69
7	41	44	46	49	51	54	56	59	61	64	66	69	71	74	76	79	81	84	86
8		55	58	60	63	66	69	72	75	78	81	84	87	90	92	95	98	101	104
9			70	73	76	80	83	86	90	93	97	100	103	107	110	113	117	120	123
10				87	91	94	98	102	106	109	113	117	121	125	128	132	136	140	144
11					106	110	114	118	123	127	131	135	139	144	148	152	156	161	165
12						127	131	136	141	145	150	155	159	164	169	173	178	183	187
13							149	154	159	165	170	175	180	185	190	195	200	205	211
14								174	179	185	190	196	202	207	213	218	224	229	235
15									200	206	212	218	224	230	236	242	248	254	260
16										229	235	242	248	255	261	267	274	280	287
17											259	266	273	280	287	294	300	307	314
18												291	299	306	313	321	328	335	343
19													325	333	341	349	357	364	372
20														361	370	378	386	394	403
21															399	408	417	425	434
22																439	448	457	467
23																	481	491	500
24																		525	535
25																			570

$\alpha = 0.10$

n_2 \ n_1	2	3	4	5	6
2	—				
3	—	3			
4	3	3	7		
5	3	4	8	14	
6	3	4	9	15	22, 30

Ablesebeispiel: $w_{5,8;0.025} = 21$

Tabelle 9: Kritische Werte $w_{n;\alpha}^+$ des Wilcoxon–Vorzeichen–Rangtests

n	α					
	0.005	0.010	0.025	0.050	0.10	0.20
4					0	2
5				0	2	3
6			0	2	3	5
7		0	2	3	5	8
8	0	1	3	5	8	11
9	1	3	5	8	10	14
10	3	5	8	10	14	18
11	5	7	10	13	17	22
12	7	9	13	17	21	27
13	9	12	17	21	26	32
14	12	15	21	25	31	38
15	15	19	25	30	36	44
16	19	23	29	35	42	50
17	23	27	34	41	48	57
18	27	32	40	47	55	65
19	32	37	46	53	62	73
20	37	43	52	60	69	81

Ablesebeispiel: $w_{16;0.025} = 29$

Tabelle 10: Kritische Grenzen $d_{n,1-\alpha}$ des Kolmogoroff-Smirnoff-Anpassungstests

n	α					n	α				
	0.01	0.02	0.05	0.1	0.2		0.01	0.02	0.05	0.1	0.2
1	0.995	0.990	0.975	0.950	0.900	21	0.344	0.321	0.287	0.259	0.226
2	0.929	0.900	0.842	0.776	0.684	22	0.337	0.314	0.281	0.253	0.221
2	0.829	0.785	0.708	0.636	0.565	23	0.330	0.307	0.275	0.247	0.216
4	0.734	0.689	0.624	0.565	0.493	24	0.323	0.301	0.269	0.242	0.212
5	0.669	0.627	0.563	0.509	0.447	25	0.317	0.295	0.264	0.238	0.208
6	0.617	0.577	0.519	0.468	0.410	26	0.311	0.290	0.259	0.233	0.204
7	0.576	0.538	0.483	0.436	0.381	27	0.305	0.284	0.254	0.229	0.200
8	0.542	0.507	0.454	0.410	0.358	28	0.300	0.279	0.250	0.225	0.197
9	0.513	0.480	0.430	0.387	0.339	29	0.295	0.275	0.246	0.221	0.193
10	0.489	0.457	0.409	0.369	0.323	30	0.290	0.270	0.242	0.218	0.190
11	0.468	0.437	0.391	0.352	0.308	31	0.285	0.266	0.238	0.214	0.187
12	0.449	0.419	0.375	0.338	0.296	32	0.281	0.262	0.234	0.211	0.184
13	0.432	0.404	0.361	0.325	0.285	33	0.277	0.258	0.231	0.208	0.182
14	0.418	0.390	0.349	0.314	0.275	34	0.273	0.254	0.227	0.205	0.179
15	0.404	0.377	0.338	0.304	0.266	35	0.269	0.251	0.224	0.202	0.177
16	0.392	0.366	0.327	0.295	0.258	36	0.265	0.247	0.221	0.199	0.174
17	0.381	0.355	0.318	0.286	0.250	37	0.262	0.244	0.218	0.196	0.172
18	0.371	0.346	0.309	0.279	0.244	38	0.258	0.241	0.215	0.194	0.170
19	0.361	0.337	0.301	0.271	0.237	39	0.255	0.238	0.213	0.191	0.168
20	0.352	0.329	0.294	0.265	0.232	40	0.252	0.235	0.210	0.189	0.165
						$n > 40$	$\frac{1.6276}{\sqrt{n}}$	$\frac{1.5174}{\sqrt{n}}$	$\frac{1.3581}{\sqrt{n}}$	$\frac{1.2239}{\sqrt{n}}$	$\frac{1.0730}{\sqrt{n}}$

Ablesebeispiel: $d_{20, 0.95} = 0.294$

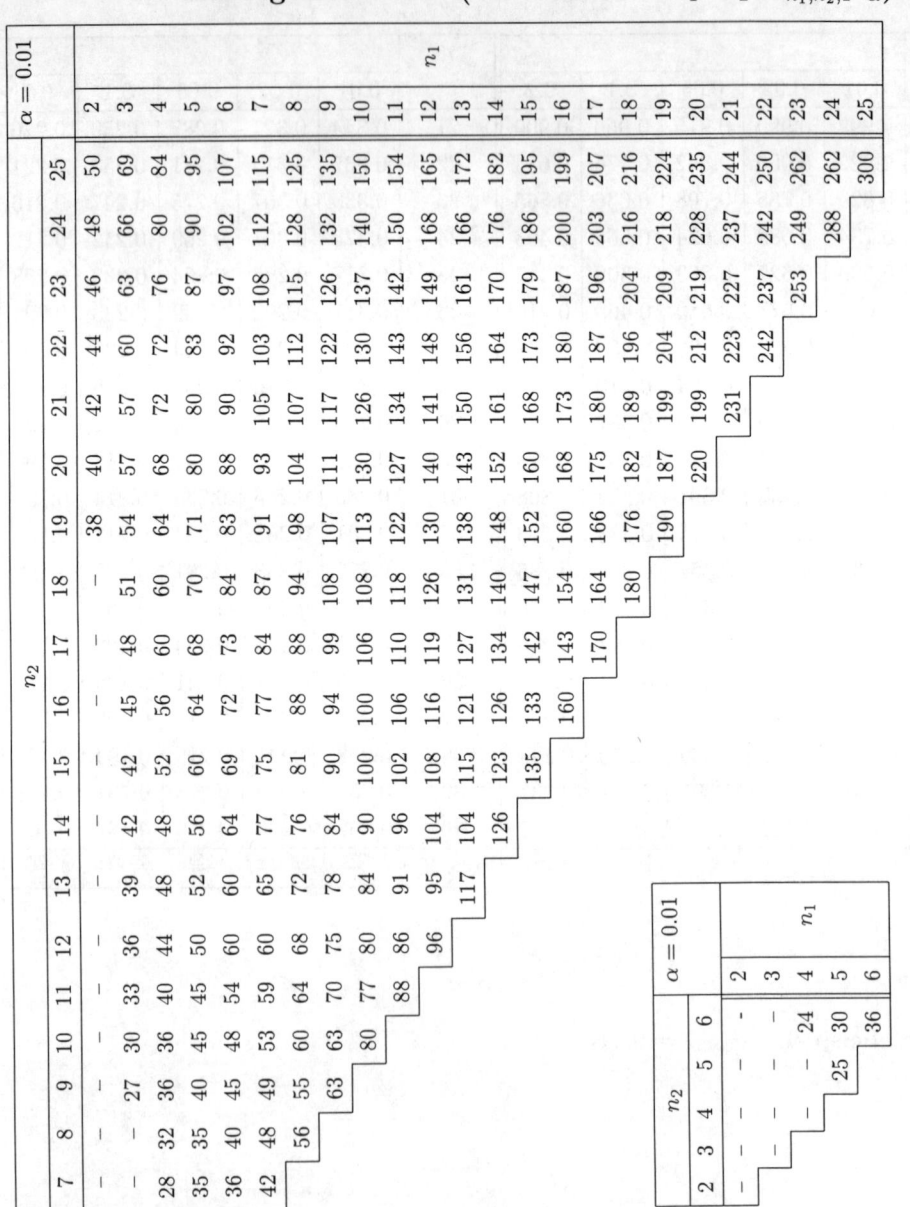

Tabelle 11: Kritische Werte $d_{n_1,n_2;1-\alpha}$ des Kolmogoroff–Smirnoff–Homogenitätstests (vertafelt sind $n_1 \cdot n_2 \cdot d_{n_1,n_2;1-\alpha}$)

$\alpha = 0.01$

$n_2 \backslash n_1$	2	3	4	5	6	7	8	9	10	11	12	13	14	15	16	17	18	19	20	21	22	23	24	25
25	50	69	84	95	107	115	125	135	150	154	165	172	182	195	199	207	216	224	235	244	250	262	262	300
24	48	66	80	90	102	112	128	132	140	150	168	166	176	186	200	203	216	218	228	237	242	249	288	
23	46	63	76	87	97	108	115	126	137	142	149	161	170	179	187	196	204	209	219	227	237	253		
22	44	60	72	83	92	103	112	122	130	143	148	156	164	173	180	187	196	204	212	223	242			
21	42	57	72	80	90	105	107	117	126	134	141	150	161	168	173	180	189	199	199	231				
20	40	57	68	80	88	93	104	111	130	127	140	143	152	160	168	175	182	187	220					
19	38	54	64	71	83	91	98	107	113	122	130	138	148	152	160	166	176	190						
18	–	51	60	70	84	87	94	108	108	118	126	131	140	147	154	164	180							
17	–	48	60	68	73	84	88	99	106	110	119	127	134	142	143	170								
16	–	45	56	64	72	77	88	94	100	106	116	121	126	133	160									
15	–	42	52	60	69	75	81	90	100	102	108	115	123	135										
14	–	42	48	56	64	77	76	84	90	96	104	104	126											
13	–	39	48	52	60	65	72	78	84	91	95	117												
12	–	36	44	50	60	60	68	75	80	86	96													
11	–	33	40	45	54	59	64	70	77	88														
10	–	30	36	45	48	53	60	63	80															
9	–	27	36	40	45	49	55	63																
8	–	–	32	35	40	48	56																	
7	–	–	28	35	36	42																		

$\alpha = 0.01$

$n_2 \backslash n_1$	2	3	4	5	6
6	–	–	24	30	36
5	–	–	–	25	
4	–	–	–		
3	–	–			
2	–				

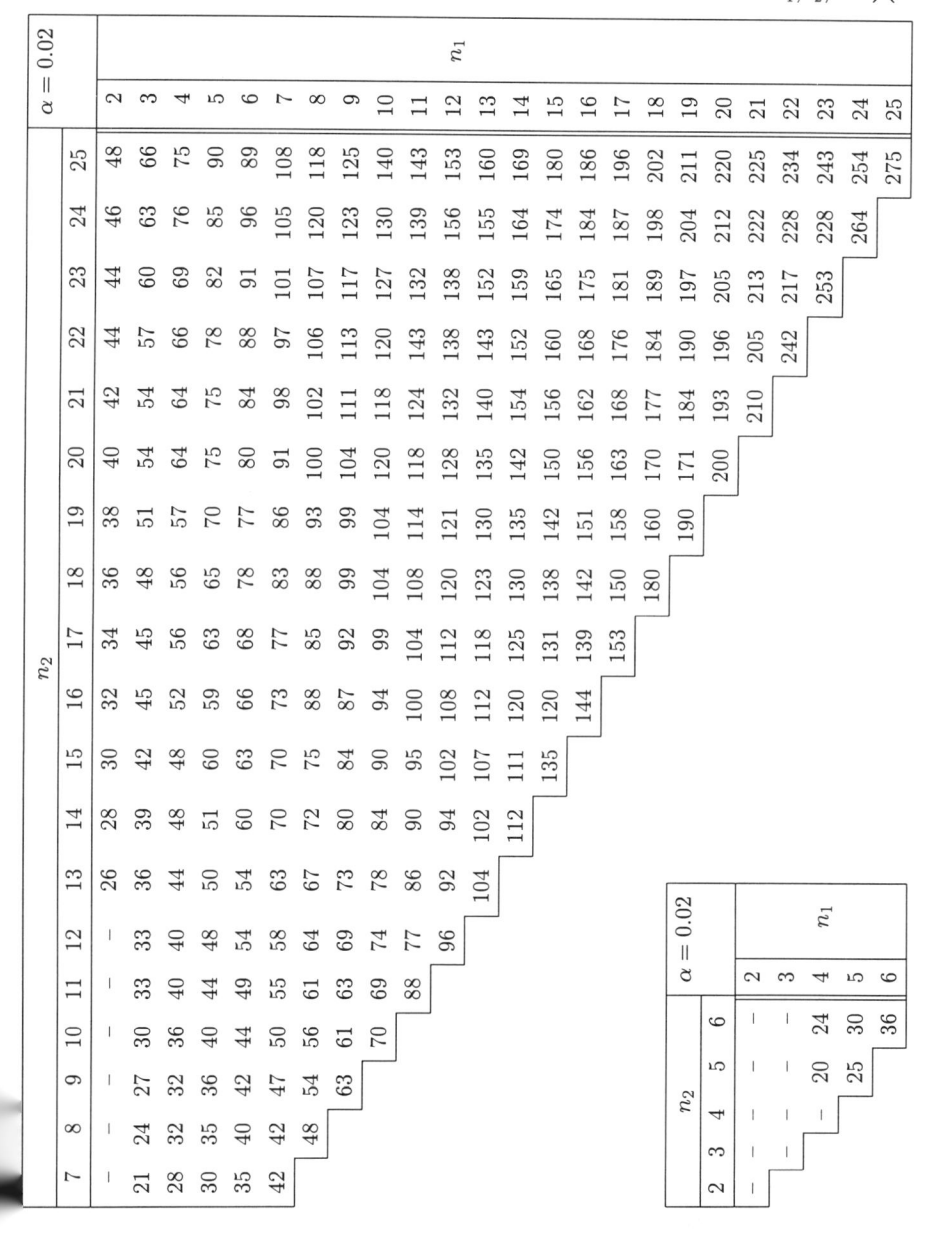

Tabelle 11: Kritische Werte $d_{n_1,n_2;1-\alpha}$ des Kolmogoroff–Smirnoff–Homogenitätstests (vertafelt sind $n_1 \cdot n_2 \cdot d_{n_1,n_2;1-\alpha}$)(Forts.)

$\alpha = 0.02$

$n_2 \backslash n_1$	2	3	4	5	6	7	8	9	10	11	12	13	14	15	16	17	18	19	20	21	22	23	24	25
7	–	21	28	30	35	42																		
8	–	24	32	35	40	42	48																	
9	–	27	32	36	42	47	54	63																
10	–	30	36	40	44	50	56	61	70															
11	–	33	40	44	49	55	61	63	69	88														
12	–	33	40	48	54	58	64	69	74	77	96													
13	26	36	44	50	54	63	67	73	78	86	92	104												
14	28	39	48	51	60	70	72	80	84	90	94	102	112											
15	30	42	48	60	63	70	75	84	90	95	102	107	111	135										
16	32	45	52	59	66	73	88	87	94	100	108	112	120	120	144									
17	34	45	56	63	68	77	85	92	99	104	112	118	125	131	139	153								
18	36	48	56	65	78	83	88	99	104	108	120	123	130	138	142	150	180							
19	38	51	57	70	77	86	93	99	104	114	121	130	135	142	151	158	160	190						
20	40	54	64	75	80	91	100	104	120	118	128	135	142	150	156	163	170	171	200					
21	42	54	64	75	84	98	102	111	118	124	132	140	154	156	162	168	177	184	193	210				
22	44	57	66	78	88	97	106	113	120	143	138	143	152	160	168	176	184	190	196	205	242			
23	44	60	69	82	91	101	107	117	127	132	138	152	159	165	175	181	189	197	205	213	217	253		
24	46	63	76	85	96	105	120	123	130	139	156	155	164	174	184	187	198	204	212	222	228	228	264	
25	48	66	75	90	89	108	118	125	140	143	153	160	169	180	186	196	202	211	220	225	234	243	254	275

$\alpha = 0.02$

$n_2 \backslash n_1$	2	3	4	5	6
3	–	–			
4	–	–	–		
5	–	–	20	25	
6	–	–	24	30	36

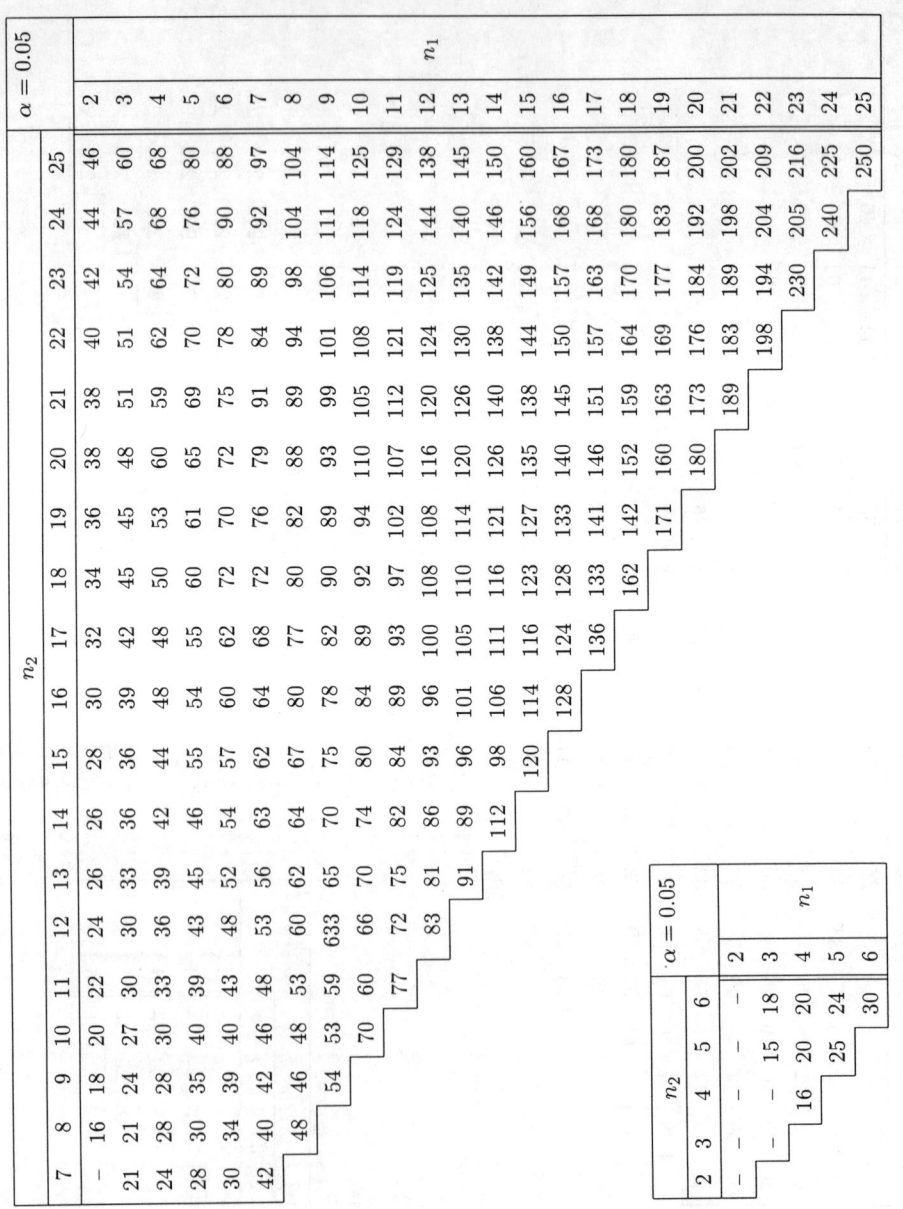

Tabelle 11: Kritische Werte $d_{n_1,n_2;1-\alpha}$ des Kolmogoroff–Smirnoff–Homogenitätstests (vertafelt sind $n_1 \cdot n_2 \cdot d_{n_1,n_2;1-\alpha}$)(Forts.)

$\alpha = 0.05$

$n_2 \backslash n_1$	2	3	4	5	6	7	8	9	10	11	12	13	14	15	16	17	18	19	20	21	22	23	24	25
7						–																		
8						21	16																	
9						24	21	18																
10						24	28	24	20															
11						28	30	28	27	22														
12						30	34	35	30	30	24													
13						30	39	39	40	33	30	26												
14						42	40	42	40	39	36	33	26											
15							40	42	46	43	36	39	36	28										
16							48	46	48	48	43	45	42	36	30									
17								54	53	53	48	52	46	44	39	32								
18									70	59	53	56	54	55	48	42	34							
19										60	60	62	63	57	54	48	45	36						
20											633	65	64	62	60	55	50	45	38					
21											66	70	70	67	64	62	60	53	48	38				
22											72	75	74	75	80	68	72	61	60	51	40			
23												81	82	80	78	77	72	70	65	59	51	42		
24												91	86	84	84	82	80	76	72	69	62	54	44	
25													89	93	89	89	90	82	79	75	70	64	57	46
26													112	96	96	93	92	89	88	91	78	72	68	60
27														98	101	100	97	94	93	89	84	80	76	68
28														120	106	105	108	102	110	99	94	98	90	80
29															114	111	110	108	107	105	101	106	104	88
30															128	116	116	114	116	112	108	114	111	97
31																124	123	121	120	120	121	119	118	104
32																136	128	127	126	126	124	125	124	114
33																	133	133	135	140	130	135	140	125
34																	162	141	140	138	138	142	140	129
35																		142	146	145	144	149	146	138
36																		171	152	151	150	157	156	145
37																			160	159	157	163	168	150
38																			180	163	164	170	168	160
39																				173	169	177	180	167
40																				189	176	184	183	173
41																					183	189	192	180
42																					198	194	198	187
43																						230	204	200
44																							205	202
45																							240	209
46																								216
47																								225
48																								250

$\alpha = 0.05$

$n_2 \backslash n_1$	2	3	4	5	6
2	–				
3	–				
4	–	–	16		
5	–	15	20	25	
6	–	18	20	24	30

Tabelle 11: Kritische Werte $d_{n_1,n_2;1-\alpha}$ des Kolmogoroff–Smirnoff–Homogenitätstests (vertafelt sind $n_1 \cdot n_2 \cdot d_{n_1,n_2;1-\alpha}$)(Forts.)

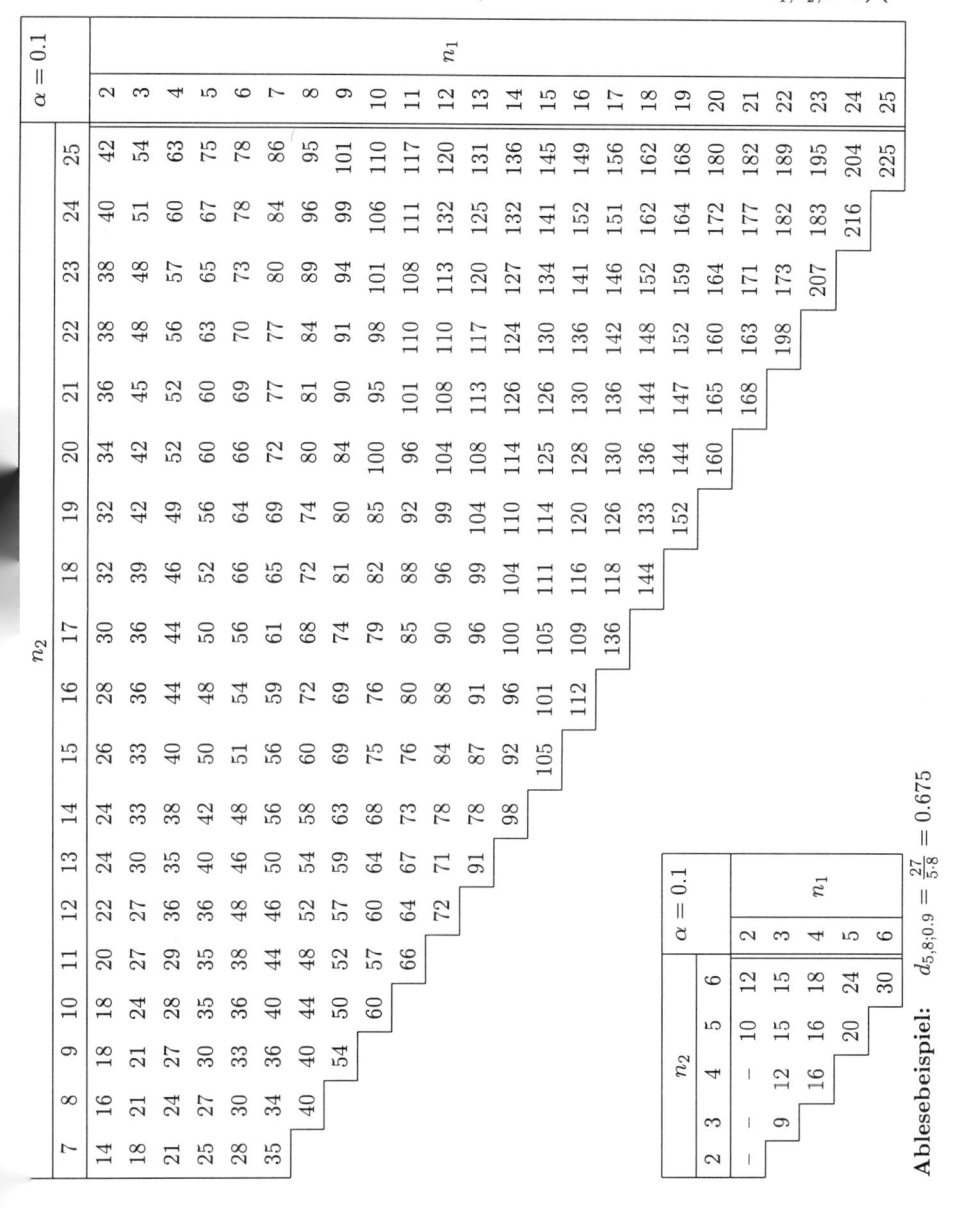

$\alpha = 0.1$

$n_2 \backslash n_1$	2	3	4	5	6	7	8	9	10	11	12	13	14	15	16	17	18	19	20	21	22	23	24	25
7	14	18	21	25	28	35																		
8	16	21	24	27	30	34	40																	
9	18	21	27	30	33	36	40	54																
10	18	24	28	35	36	40	44	50	60															
11	20	27	29	35	38	44	48	52	57	66														
12	22	27	36	36	48	46	52	57	60	64	72													
13	24	30	35	40	46	50	54	59	64	67	71	91												
14	24	33	38	42	48	56	58	63	68	73	78	78	98											
15	26	33	40	50	51	56	60	69	75	76	84	87	92	105										
16	28	36	44	48	54	59	72	69	76	80	88	91	96	101	112									
17	30	36	44	50	56	61	68	74	79	85	90	96	100	105	109	136								
18	32	39	46	52	66	65	72	81	82	88	96	99	104	111	116	118	144							
19	32	42	49	56	64	69	74	80	85	92	99	104	110	114	120	126	133	152						
20	34	42	52	60	66	72	80	84	100	96	104	108	114	125	128	130	136	144	160					
21	36	45	52	60	69	77	81	90	95	101	108	113	126	126	130	136	144	147	165	168				
22	38	48	56	63	70	77	84	91	98	110	110	117	124	130	136	142	148	152	160	163	198			
23	38	48	57	65	73	80	89	94	101	108	113	120	127	134	141	146	152	159	164	171	173	207		
24	40	51	60	67	78	84	96	99	106	111	132	125	132	141	152	151	162	164	172	177	182	183	216	
25	42	54	63	75	78	86	95	101	110	117	120	131	136	145	149	156	162	168	180	182	189	195	204	225

Ablesebeispiel: $d_{5,8;0.9} = \frac{27}{5 \cdot 8} = 0.675$

$\alpha = 0.1$

$n_2 \backslash n_1$	2	3	4	5	6
2	–				
3	–	9			
4	–	12	16		
5	10	15	16	20	
6	12	15	18	24	30

Tabelle 12: Fishersche Z–Transformation $z(\rho) = \frac{1}{2}\ln(\frac{1+\rho}{1-\rho})$

ρ	0	1	2	3	4	5	6	7	8	9
0.0	0.0000	0.0100	0.0200	0.0300	0.0400	0.0500	0.0601	0.0701	0.0802	0.0902
0.1	0.1003	0.1104	0.1206	0.1307	0.1409	0.1511	0.1614	0.1717	0.1820	0.1923
0.2	0.2027	0.2132	0.2237	0.2342	0.2448	0.2554	0.2661	0.2769	0.2877	0.2986
0.3	0.3095	0.3205	0.3316	0.3428	0.3541	0.3654	0.3769	0.3884	0.4001	0.4118
0.4	0.4236	0.4356	0.4477	0.4599	0.4722	0.4847	0.4973	0.5101	0.5230	0.5361
0.5	0.5493	0.5627	0.5763	0.5901	0.6042	0.6184	0.6328	0.6475	0.6625	0.6777
0.6	0.6931	0.7089	0.7250	0.7414	0.7582	0.7753	0.7928	0.8107	0.8291	0.8480
0.7	0.8673	0.8872	0.9076	0.9287	0.9505	0.9730	0.9962	1.0203	1.0454	1.0714
0.8	1.0986	1.1270	1.1568	1.1881	1.2212	1.2562	1.2933	1.3331	1.3758	1.4219
0.90	1.4722	1.4775	1.4828	1.4882	1.4937	1.4992	1.5047	1.5103	1.5160	1.5217
0.91	1.5275	1.5334	1.5393	1.5453	1.5513	1.5574	1.5636	1.5698	1.5762	1.5826
0.92	1.5890	1.5956	1.6022	1.6089	1.6157	1.6226	1.6296	1.6366	1.6438	1.6510
0.93	1.6584	1.6658	1.6734	1.6811	1.6888	1.6967	1.7047	1.7129	1.7211	1.7295
0.94	1.7380	1.7467	1.7555	1.7645	1.7736	1.7828	1.7923	1.8019	1.8117	1.8216
0.95	1.8318	1.8421	1.8527	1.8635	1.8745	1.8857	1.8972	1.9090	1.9210	1.9333
0.96	1.9459	1.9588	1.9721	1.9857	1.9996	2.0139	2.0287	2.0439	2.0595	2.0756
0.97	2.0923	2.1095	2.1273	2.1457	2.1649	2.1847	2.2054	2.2269	2.2494	2.2729
0.98	2.2976	2.3235	2.3507	2.3796	2.4101	2.4427	2.4774	2.5147	2.5550	2.5987
0.99	2.6467	2.6996	2.7587	2.8257	2.9031	2.9945	3.1063	3.2504	3.4534	3.8002

Ablesebeispiel: $z(0.73) = 0.9287$

Erweiterung der Tabelle durch $\boxed{z(-\varrho) = -z(\varrho)}$

Tabelle 13: Inverse Fisher–Transformation

z	0	1	2	3	4	5	6	7	8	9
0.0	0.0000	0.0100	0.0200	0.0300	0.0400	0.0500	0.0599	0.0699	0.0798	0.0898
0.1	0.0997	0.1096	0.1194	0.1293	0.1391	0.1489	0.1586	0.1684	0.1781	0.1877
0.2	0.1974	0.2070	0.2165	0.2260	0.2355	0.2449	0.2543	0.2636	0.2729	0.2821
0.3	0.2913	0.3004	0.3095	0.3185	0.3275	0.3364	0.3452	0.3540	0.3627	0.3714
0.4	0.3799	0.3885	0.3969	0.4053	0.4136	0.4219	0.4301	0.4382	0.4462	0.4542
0.5	0.4621	0.4699	0.4777	0.4854	0.4930	0.5005	0.5080	0.5154	0.5227	0.5299
0.6	0.5370	0.5441	0.5511	0.5581	0.5649	0.5717	0.5784	0.5850	0.5915	0.5980
0.7	0.6044	0.6107	0.6169	0.6231	0.6291	0.6351	0.6411	0.6469	0.6527	0.6584
0.8	0.6640	0.6696	0.6751	0.6805	0.6858	0.6911	0.6963	0.7014	0.7064	0.7114
0.9	0.7163	0.7211	0.7259	0.7306	0.7352	0.7398	0.7443	0.7487	0.7531	0.7574
1.0	0.7616	0.7658	0.7699	0.7739	0.7779	0.7818	0.7857	0.7895	0.7932	0.7969
1.1	0.8005	0.8041	0.8076	0.8110	0.8144	0.8178	0.8210	0.8243	0.8275	0.8306
1.2	0.8337	0.8367	0.8397	0.8426	0.8455	0.8483	0.8511	0.8538	0.8565	0.8591
1.3	0.8617	0.8643	0.8668	0.8692	0.8717	0.8741	0.8764	0.8787	0.8810	0.8832
1.4	0.8854	0.8875	0.8896	0.8917	0.8937	0.8957	0.8977	0.8996	0.9015	0.9033
1.5	0.9051	0.9069	0.9087	0.9104	0.9121	0.9138	0.9154	0.9170	0.9186	0.9201
1.6	0.9217	0.9232	0.9246	0.9261	0.9275	0.9289	0.9302	0.9316	0.9329	0.9341
1.7	0.9354	0.9366	0.9379	0.9391	0.9402	0.9414	0.9425	0.9436	0.9447	0.9458
1.8	0.9468	0.9478	0.9488	0.9498	0.9508	0.9517	0.9527	0.9536	0.9545	0.9554
1.9	0.9562	0.9571	0.9579	0.9587	0.9595	0.9603	0.9611	0.9618	0.9626	0.9633
2.0	0.9640	0.9647	0.9654	0.9661	0.9667	0.9674	0.9680	0.9687	0.9693	0.9699
2.1	0.9705	0.9710	0.9716	0.9721	0.9727	0.9732	0.9737	0.9743	0.9748	0.9753
2.2	0.9757	0.9762	0.9767	0.9771	0.9776	0.9780	0.9785	0.9789	0.9793	0.9797
2.3	0.9801	0.9805	0.9809	0.9812	0.9816	0.9820	0.9823	0.9827	0.9830	0.9833
2.4	0.9837	0.9840	0.9843	0.9846	0.9849	0.9852	0.9855	0.9858	0.9861	0.9863
2.5	0.9866	0.9869	0.9871	0.9874	0.9876	0.9879	0.9881	0.9884	0.9886	0.9888
2.6	0.9890	0.9892	0.9895	0.9897	0.9899	0.9901	0.9903	0.9905	0.9906	0.9908
2.7	0.9910	0.9912	0.9914	0.9915	0.9917	0.9919	0.9920	0.9922	0.9923	0.9925
2.8	0.9926	0.9928	0.9929	0.9931	0.9932	0.9933	0.9935	0.9936	0.9937	0.9938
2.9	0.9940	0.9941	0.9942	0.9943	0.9944	0.9945	0.9946	0.9947	0.9949	0.9950
3.0	0.9951	0.9959	0.9967	0.9973	0.9978	0.9982	0.9985	0.9988	0.9990	0.9992

Tabelle 14: Binomialkoeffizienten $\binom{n}{k}$

n	k=0	1	2	3	4	5	6	7	8	9
1	1	1								
2	1	2	1							
3	1	3	3	1						
4	1	4	6	4	1					
5	1	5	10	10	5	1				
6	1	6	15	20	15	6	1			
7	1	7	21	35	35	21	7	1		
8	1	8	28	56	70	56	28	8	1	
9	1	9	36	84	126	126	84	36	9	1
10	1	10	45	120	210	252	210	120	45	10
11	1	11	55	165	330	462	462	330	165	55
12	1	12	66	220	495	792	924	792	495	220
13	1	13	78	286	715	1287	1716	1716	1287	715
14	1	14	91	364	1001	2002	3003	3432	3003	2002
15	1	15	105	455	1365	3003	5005	6435	6435	5005
16	1	16	120	560	1820	4368	8008	11440	12870	11440
17	1	17	136	680	2380	6188	12376	19448	24310	24310
18	1	18	153	816	3060	8568	18564	31824	43758	92378
19	1	19	171	969	3876	11628	27132	50388	75582	92378
20	1	20	190	1140	4845	15504	38760	77520	125970	167960
21	1	21	210	1330	5985	20349	54264	116280	203490	293930
22	1	22	231	1540	7315	26334	74613	170544	319770	497420
23	1	23	253	1771	8855	33649	100947	245157	490314	817190
24	1	24	276	2024	10626	42504	134596	346104	735471	1307504
25	1	25	300	2300	12650	53130	177100	480700	1081575	2042975
26	1	26	325	2600	14950	65780	230230	657800	1562275	3124550
27	1	27	351	2925	17550	80730	296010	888030	2220075	4686825
28	1	28	378	3276	20475	98280	376740	1184040	3108105	6906900
29	1	29	406	3654	23751	118755	475020	1560780	4292145	10015005
30	1	30	435	4060	27405	142506	593775	2035800	5852925	14307150

Tabelle 14: Binomialkoeffizienten $\binom{n}{k}$ (Forts.)

n	k					
	10	11	12	13	14	15
1						
2						
3						
4						
5						
6						
7						
8						
9						
10	1					
11	11	1				
12	66	12	1			
13	286	78	13	1		
14	1001	364	91	14	1	
15	3003	1365	455	105	15	1
16	8008	4368	1820	560	120	16
17	19448	12376	6188	2380	680	136
18	43758	31824	18561	8568	3060	816
19	92378	75582	50388	27132	11628	3876
20	184756	167960	125970	77520	38760	15504
21	352716	352716	293930	203490	116280	54264
22	646646	705432	646646	497420	319770	170544
23	1144066	1352078	1352078	1144066	817190	490314
24	1961256	2496144	2704156	2496144	1961256	1307504
25	3268760	4457400	5200300	5200300	4457400	3268760
26	5311735	7726160	9657700	10400600	9657700	7726160
27	8436285	13037895	17383860	20058300	20058300	17383860
28	13123110	21474180	30421755	37442160	40116600	37442160
29	20030010	34597290	51895935	67863915	77558760	77558760
30	30045015	54627300	86493225	119759850	145422675	155117520

Tab. 15: Griechisches Alphabet und seine Verwendung im Buch

Buchstabe	Symbol	Verwendung
Alpha	α A	α Signifikanzniveau bei Tests; Wahrscheinlichkeit für den **Fehler 1. Art**, $1-\alpha$ Vertrauenswahrscheinlichkeit bei Konfidenzintervallen
Beta	β B	β Wahrscheinlichkeit für **Fehler 2. Art**, B **Betafunktion**
Gamma	γ Γ	γ **Goodman–and–Kruskal's Gamma**, Γ **Gammafunktion**
Delta	δ Δ	
Epsilon	ε E	
Zeta	ζ Z	
Eta	η H	
Theta	ϑ, θ Θ	ϑ, θ **Parameter**; Θ **Parameterraum**
Iota	ι I	
Kappa	κ K	
Lambda	λ Λ	λ Parameter von **Exponential-** bzw. **Poissonverteilung**
My	μ M	μ **Erwartungswert**, insbes. Parameter einer **Normalverteilung**
Ny	ν N	
Xi	ξ Ξ	
Omikron	o O	
Pi	π Π	$\pi = 3.1416$; Π **Produktzeichen**
Rho	ρ P	ρ **Korrelationskoeffizient**
Sigma	σ Σ	σ **Standardabweichung**, σ^2 **Varianz** (insbes. Parameter einer **Normalverteilung**) Σ **Summenzeichen**
Tau	τ T	τ **Kendall's Tau**
Ypsilon	υ Υ	
Phi	φ, ϕ Φ	Φ Verteilungsfunktion der **Standardnormalverteilung**
Chi	χ X	χ^2-(**Chiquadrat-**)**Verteilung**, χ^2-(**Chiquadrat-**)**Test**
Psi	ψ Ψ	
Omega	ω Ω	ω **Elementarereignis**; Ω **Ereignisraum**

Tab. 16: Ausgewählte mathematische und statistische Symbole

$\mathbb{N}$	Menge der natürlichen Zahlen $\mathbb{N} = \{1, 2, 3, \ldots\}$
$\mathbb{Z}$	Menge der ganzen Zahlen $\mathbb{Z} = \{\ldots, -2, -1, 0, 1, 2, \ldots\}$
$\mathbb{R}$	Menge der reellen Zahlen
$[a, b]$	abgeschlossenes Intervall von a bis b ($= \{x \in \mathbb{R} | a \leq x \leq b\}$)
$[a, b)$	halboffenes Intervall von a bis b ($= \{x \in \mathbb{R} | a \leq x < b\}$)
$(a, b]$	halboffenes Intervall von a bis b ($= \{x \in \mathbb{R} | a < x \leq b\}$)
(a, b)	offenes Intervall von a bis b ($= \{x \in \mathbb{R} | a < x < b\}$)
$=, \neq$	gleich, ungleich
$>, \geq, \not>, \not\geq$	größer als, größer (oder) gleich, nicht größer als, nicht größer gleich
$<, \leq, \not<, \not\leq$	kleiner als, kleiner (oder) gleich, nicht kleiner als, nicht kleiner gleich
$\approx$	ungefähr
$\Longleftrightarrow$	Äquivalenzzeichen
$\Longrightarrow$	Implikation ("daraus folgt")
$\in, \notin$	ist Element von, ist nicht Element von
$\emptyset$	leere Menge
$\subset$	ist Teilmenge von
$\cup, \cap$	vereinigt mit, geschnitten mit
$\wedge, \vee$	logisches und, logisches oder
∞	unendlich
$\log_b x$	Logarithmus von x zur Basis b
$\ln x$	natürlicher Logarithmus von x (Logarithmus zur Basis $e = 2.7182$)
$\exp\{x\} = e^x$	Exponentialfunktion ($e = 2.7182\ldots$)
$|x|$	Absolutbetrag von x (z.B. $|-3.5| = 3.5$)
$[x]$	Gauß–Klammer von x ($=$ größte ganze Zahl kleiner gleich x; z.B. $[\pi] = [3.1416] = 3$)
$\mathbf{1}_A(x)$	Indikatorfunktion $\mathbf{1}_A(x) = 1$ falls $x \in A$, $\mathbf{1}_A(x) = 0$ falls $x \notin A$
$\lim_{n \to \infty}(x_n)$	Limes von x_n
$\dfrac{d\,f(x)}{dx} = f'(x)$	Ableitung der Funktion $f(x)$ nach x
$\int_a^b f(x)dx$	Integral über $f(x)$ in den Grenzen von a bis b
$n!$	Fakultät $n! = n \cdot (n-1) \cdot (n-2) \cdot \ldots \cdot 2 \cdot 1$
$\binom{n}{k}$	Binomialkoeffizient ("n über k"): $\binom{n}{k} = \frac{n!}{k!(n-k)!}$
$\overline{A}$	Gegenereignis zu A
$\sim$	verteilt gemäß (z.B. $X \sim \text{Bin}(n, p)$)
u.i.v.	unabhängig identisch verteilt (engl.: i.i.d.)

Zu guter letzt sei noch auf einige Notationen und Rechenregeln verwiesen, die dem einen oder anderen nicht mehr geläufig sind:

Summenzeichen $\sum\limits_{i=1}^{n} x_i = x_1 + x_2 + \ldots + x_n$
Produktzeichen $\prod\limits_{i=1}^{n} x_i = x_1 \cdot x_2 \cdot \ldots \cdot x_n$
Partielle Integration $\int\limits_{a}^{b} u(x)v'(x)\,dx = u(x)v(x)\Big|_{a}^{b} - \int\limits_{a}^{b} u'(x)v(x)\,dx$
Substitutionsregel $\int\limits_{a}^{b} g'(x)h[g(x)]\,dx = \int\limits_{g(a)}^{g(b)} h(z)\,dz$
Regel von de l'Hospital   Sind f und g in einer Umgebung von x_0 differenzierbare Funktionen mit $\lim\limits_{x \to x_0} f(x) = \lim\limits_{x \to x_0} g(x) = 0$ oder $\lim\limits_{x \to x_0} f(x) = \lim\limits_{x \to x_0} g(x) = \infty$, und gilt $g'(x) \neq 0$ in einer Umgebung von x_0, so gilt: $\lim\limits_{x \to x_0} \frac{f(x)}{g(x)} = \lim\limits_{x \to x_0} \frac{f'(x)}{g'(x)}$,   falls $\lim\limits_{x \to x_0} \frac{f'(x)}{g'(x)}$ existiert.
Hinreichende Bedingung für Extremstellen   Sei f eine auf (a,b) zweimal stetig differenzierbare Funktion.   Eine **hinreichende** Bedingung für das Vorliegen eines Maximums (bzw. Minimums) an der Stelle $c \in (a,b)$ lautet dann: $\qquad\qquad f'(c) = 0 \quad$ und $\quad f''(c) < 0$ (bzw. $\quad f'(c) = 0 \quad$ und $\quad f''(c) > 0$).

Literaturverzeichnis

[1] **Bamberg, G. und Baur, F. (1998):** *Statistik.* 10. Auflage, Oldenbourg, München.

[2] **Bohley, P. (1992):** *Statistik.* 5. Auflage, Oldenbourg, München.

[3] **Bol, G. (1995):** *Induktive Statistik.* Oldenbourg, München.

[4] **Bol, G. (1998):** *Wahrscheinlichkeitstheorie.* 3. Auflage Oldenbourg, München.

[5] **Bosch, K. (1998):** *Statistik-Taschenbuch.* 3. Auflage, Oldenbourg, München.

[6] **Esenwein–Rothe, I. (1976):** *Die Methoden der Wirtschaftsstatistik, Bd. 1 und 2.* Vandenhoeck & Ruprecht, Göttingen.

[7] **Fisz, M. (1988):** *Wahrscheinlichkeitsrechnung und mathematische Statistik.* 11. Auflage, Berlin.

[8] **Hansen, G. (1985):** *Methodenlehre der Statistik.* 3. Auflage, Vahlen, München.

[9] **Hartung, J., Elpelt, B. und Klösener, K.-H. (1999):** *Statistik.* 11. Auflage, Oldenbourg, München.

[10] **Heiler, S. und Michels, P. (1994):** *Deskriptive und Explorative Datenanalyse.* Oldenbourg, München.

[11] **Hoaglin, D. C., Mosteller, F. und Tukey, J. W. (1983):** *Understanding robust and exploratory data analysis.* Wiley, New York.

[12] **Jambu, M. (1992):** *Explorative Datenanalyse.* Stuttgart.

[13] **Kendall, M., Stuart, A., Ord, J. K. (1987/1991/1976):** *Kendall's advanced theory of statistics, vol. 1–3.* 5.Auflage/5.Auflage/3.Auflage, Charles Griffin & Company, London.

[14] **Lippe, von der, P. (1996)**: *Wirtschaftsstatistik.* 5. Auflage, Gustav Fischer, Stuttgart.

[15] **Lippe, von der, P. (1993)**: *Deskriptive Statistik.* Gustav Fischer, Stuttgart.

[16] **Mood, Graybill, Boes:** *Introduction to the theory of statistics.* 3. Auflage, Mc Graw.

[17] **Mosteller, F., Fienberg, S. E., Rourke, R. E. K. (1983)**: *Beginning Statistics with Data Analysis.* Addison–Wesley, Reading Mass.

[18] **Mosteller, F., Tukey, J. W. (1977)**: *Data Analysis und Regression.* Addison–Wesley, Reading Mass.

[19] **Oberhofer, W. (1993)**: *Wahrscheinlichkeitstheorie.* 3. Auflage, Oldenbourg, München.

[20] **Pfanzagl, J. (1983/1978)**: *Allgemeine Methodenlehre der Statistik I.* 6. Auflage, Sammlung Göschen, Bd. 1 und 2, Berlin.

[21] **Polasek, W. (1988)**: *Explorative Datenanalyse.* Springer, Berlin.

[22] **Rohatgi, V. K. (1976)**: *An Indroduction to Probability Theory and Mathematical Statstics.* Wiley.

[23] **Schlittgen, R. (1998)**: *Einführung in die Statistik.* 8. Auflage, Oldenbourg, München.

[24] **Schneider, W., Kornrumpf, J. und Mohr, W. (1995)**: *Statistische Methodenlehre.* 2. Auflage, Oldenbourg, München.

[25] **Schwarze, J. (1994)**: *Grundlagen der Statistik I.* 7. Auflage, Herne, Berlin.

[26] **Tukey, J.W. (1977)**: *Exploratory Data Analysis.* Addison – Wesley, Reading Mass.

[27] **Velleman, P. F. (1981)**: *Applications, Basics and Computing of Exploratory Data Analysis.* Duxburg Press, Boston Mass.

[28] **Vogel, F. (1997)**: *Beschreibende und schließende Statistik.* 10. Auflage, Oldenbourg, München.

LITERATURVERZEICHNIS

Das nachfolgende Index enthält Einträge, die auf die Stellen verweisen, an denen der gesuchte Begriff innerhalb der Lösungen besprochen wird. **Fettgedruckte Einträge** verweisen auf den Anhang, also insbesondere auf die Formelsammlung.

Index

Ablehnbereich, *siehe* Kritischer Bereich
absolute Häufigkeit, 88, 102, **299**
absolute Klassenhäufigkeit, **301**
Absolutskala, **298**
Abweichung vom Median
    mittlere absolute, 93, **304**
Achsenabschnittsparameter
    im einfachen linearen Regressionsmodell, 176, **314**
Additionssatz
    für Wahrscheinlichkeiten, **317**
adjacent values, *siehe* Anrainer
äquidistante Klassenbreite, 103, 108
äußere Zäune, 115, 122, 130, 134, **308**
α–getrimmtes Mittel, 92, 156, **303**
α–Quantil, 259, 287, **303**, **319**
α–Quantilskoeffizient, **305**
α–winsorisiertes Mittel, 92, **303**
Anordnung, *siehe* Permutation
Anpassung, 171, 187
Anpassungstest
    χ^2–Test, 288, **333**
    Kolmogoroff–Smirnoff–Test, 290, **335**
Anrainer, 115, 122, 130, 134, **308**
Anrainer
    oberer, 122, **308**
    unterer, 122, **308**
Approximation
    der Binomialverteilung durch die Normalverteilung, 213, **324**

der Binomialverteilung durch die Poissonverteilung, 225, **324**
der Hypergeometrischen Verteilung durch die Binomialverteilung, 268, **324**
der Poissonverteilung durch die Normalverteilung, **324**
arithmetisches Mittel, 92, 95, 98, 105, 110, 125, 128, 135, 137, 138, 156, **302**
arithmetisches Mittel
    bei gruppierten Daten, 105
    bei klassierten Daten, 95, 135
Assoziation, 160
Assoziationskoeffizient nach Yule, 159, **312**
Assoziationsmaß, *siehe* Kontingenzkoeffizient
asymptotisch erwartungstreuer Schätzer, 267, **326**
ausreißerresistent, 120
Außenpunkt, 116, 122, 124, 130, 134, **308**
Axiome von Kolmogoroff, **317**

Bartlett
    Lineare Regression, **314**
Basisjahr, 191
Basisperiode, 191, **311**
Bayes
    Satz von Bayes, 211, 212, 214–216, **318**
bedingte Dichte, 248, **320**
bedingte Häufigkeit, 153
bedingte Verteilung, 250

INDEX

bedingte Wahrscheinlichkeit, 217, 250, **318**, **320**
bedingter Erwartungswert, **320**
Berichtsperiode, 191
Bernoulli–Verteilung, 260, **321**
Bestimmtheitsmaß, 171, **315**
Betafunktion, **322**
Bias, 267, **326**
Bindung, 166, 282, **299**
Binomialkoeffizient, **385**
Binomialverteilung, 212, 219, 223, 224, 227, **321**
binomischer Lehrsatz, 249
Blatt, 123, 131, **306**
Blockdiagramm, 89, 91, **300**
Bonferroni–Ungleichung, **318**
Boolesche Ungleichung, **318**
Boxplot, 116, 122, 130, 134, **308**
Bravais–Pearson
    Korrelationskoeffizient, 149, 155, 157, 169, **312**

Capture–Recapture–Verfahren, 266
Cauchy–Verteilung, **322**
χ^2–Anpassungstest, 285, 288, **333**
χ^2–Homogenitätstest, 294, **334**
χ^2–Unabhängigkeitstest, 291, **334**
χ^2–Verteilung, 291, **322**
Cramerscher Kontingenzkoeffizient, 160, 168, **312**

Daten
    geordnete, 171
    gruppierte, 100, 105, **299**
    klassierte, **299**
    Originaldaten, 108, **299**
    weiche, 170
de l'Hospitalsche Regel, 232, **386**

de Morgansche Regeln, **317**
Dichte, 229, 251, **319**, **320**
Dichte
    bedingte, 248, **320**
    diskrete, *siehe* Wahrscheinlichkeitsfkt.
    gemeinsame, 242, 245, 246, **320**
    Randdichte, 242, 246, **320**
dimensionsloses Streuungsmaß, 114
diskordantes Paar, 163, 167, **313**
diskrete Dichte, *siehe* Wahrscheinlichkeitsfkt.
diskrete Gleichverteilung, **321**
diskretes Merkmal, 86, 102, **298**
Dixon
    Klassenbildung nach Dixon/Kronmal, 103, 123, 130, **301**
Doppelexponential–Verteilung, *siehe* Laplace–Verteilung
Dreiecksverteilung, **321**
Drei–Schnitt–Median–Gerade, 171, **314**
Drei–Sigma–Bereich, 259
Durchschnitt
    gleitender, 184, 189

effizienter Schätzer, **326**
Effizienz, **326**
Eighth, 150, 151, **303**
Eighth
    oberes, 126, **303**
    unteres, 126, **303**
Einfache lineare Regression, **314**
Einfacher gleitender Dreierdurchschnitt, 180
Einfacher gleitender Durchschnitt, 179, **316**
Einfacher gleitender Fünferdurchschnitt, 180
Einfacher gleitender Siebenerdurchschnitt, 180
einfaches lineares Regressionsmodell, **314**
Einfallsklasse, 96, **303**

Ein–Sigma–Bereich, 259
Elementarereignis, 197
empirische Verteilungsfunktion, 96, 289, 292, **301**
Ereignis, 201, 203, 205, 208, 210, 211, 213, 217, 218
Ereignisraum, 197
erklärende Variable, 171, 187, **314**
erklärte Variable, 171, **314**
Erlangverteilung, 256, **322**
Erwartungstreue, 262, 267, **326**
erwartungstreuer Schätzer, 267, **326**
Erwartungswert, 229–231, 234, 236, 240, 243, 247, 254, 266, **319**
Erwartungswert
 bedingter, **320**
 einer linear transformierten Zufallsvariablen, 236, **319**
 einer transformierten Zufallsvariablen, 229, 235, 238, **319**
expected values, 288
Exponentialverteilung, 231, 255, 287, **321**
Exponentialverteilung
 Gedächtnislosigkeit, 289
externe Streuung, 139

faire Münze, 235
faktorielles Moment, **319**
Faltung, 249, 251, **320**
Faustregeln zur Klassenbildung, **301**
Fechnersche Lageregel, 125, 129, **305**
Fechnerscher Korrelationskoeffizient, 169, **312**
Fehler
 erster Art, 277, **329**
 zweiter Art, 278, **329**
Fehlervariable, **314**
Fernpunkt, 116, 122, 124, 134, **308**

Fischersche Z–Transformation, 274, 281, **328**, **330**
Fischerscher Koeffizient
 zur Schiefe, 117, 119, 127, **305**
 zur Wölbung, **305**
F–Test, **331**
F–Verteilung, 279, **322**

Gammafunktion, **322**
Gammaverteilung, **322**
Gauß–Klammer, **385**
Gauß–Statistik, **329**
Gauß–Test
 doppelter, 271, 272, **331**
 einfacher, **329**
Geburtstags–Paradoxon, 202
Gedächtnislosigkeit der Exponentialverteilung, 289
Gegenereignis, 201, 223, **385**
Gegenwahrscheinlichkeit, 204, 218, 222, **317**
geglättete Zeitreihe, 181, 185
gemeinsame Dichte, 242, 245, 246, **320**
gemeinsame Wahrscheinlichkeitsfunktion, **320**
geometrische Reihe, 235
geometrische Verteilung, 234, **321**
geometrisches Mittel, 98, **302**
geordnete Daten, 171
geordnete Stichprobe, 88, 92, 114, 118, 120, 128, 150, 165, **299**
Gesamtindex, 195, **311**
Gesetz der Großen Zahlen
 schwaches, **324**
getrimmtes Mittel, 92, 156, **303**
Gini–Koeffizient, *siehe* Gini–Maß
Gini–Maß, 136, 141, 144, **310**
Glättung bei Saisonkomponente, **316**
Glättung einer Zeitreihe, 184, **316**

INDEX

Gleichverteilung
   diskrete, **321**
   stetige, *siehe* Rechteckverteilung
gleitender Durchschnitt
   einfacher, 179, **316**
gleitender Viererdurchschnitt, 184, **316**
gleitender Zwölferdurchschnitt, 189, **316**
Goodman–and–Kruskal's Gamma, 161, 163, 166, **313**
Grenzwertsatz
   Zentraler, **324**
Grundgesamtheit, 86, 269, 273, 278
gruppierte Daten, 100, 105, **299**

Häufigkeit
   absolute, 88, 102, **299**
   bedingte, 153
   Randhäufigkeit, 154
   relative, 88, 102, 105, **299**
Häufigkeitsdichte, 95, 96, **301**
Häufigkeitspolygon, 90, **300**
Häufigkeitsverteilung, 88, 91, 100, **299**
harmonisches Mittel, 99, **302**
Hebelwirkung, 172
Herfindahlindex, 137, 148, **310**
Hinge, 121, 129, 150, **303**
Hinge
   oberes, 94, 115, 130, 133, **303**
   unteres, 94, 115, 130, 133, **303**
Histogramm, 97, 102, 106, **302**
Histogramm
   bei diskretem Merkmal, 102, 106, **302**
   mit unterschiedlicher Klassenbreite, 97
Homogenitätstest
   χ^2–Test, **334**
   Kolmogoroff–Smirnoff–Test, 292, **335**
H–Spread, 94, 115, 121, 130, 133, **304**

Hypergeometrische Verteilung, 220, 221, 227, 264, **321**
Hypothese, 272, 276, 279, 280, 287, 292, 294

Indikatorfunktion, **385**
innere Zäune, 115, 121, 130, 133, **308**
interne Streuung, 139
Intervallskala, **298**

Jensensche Ungleichung, 236, **323**

kardinales Merkmal, 86, 165, **298**
Kardinalskala, **298**
Kaufkraftgewinn, **311**
Kaufkraftparität
   nach Laspeyres, 196, **311**
   nach Paasche, **311**
Kaufkraftverlust, 196
Kendall's Tau, 161, 166, **313**
Klassenbildung, 102, 123, 130, **301**
Klassenbreite, 103, 108, 123, 130, **301**
Klassenhäufigkeit, 103, 135, 140, 143, **301**
Klassenmitte, 95, 105, 138, 153, **301**
Klassenmittel, 137
klassierte Daten, **299**
Kleinste–Quadrate–Methode, 170, 187, **314**
Kleinste–Quadrate–Regressionskoeffizienten, 170
Kolmogoroff
   Axiome von, **317**
Kolmogoroff–Smirnoff–Test
   Anpassungstest, 290, **335**
   Homogenitätstest, 292, **335**
Kombination
   mit Wiederholung, 198, **317**
   ohne Wiederholung, 198, 199, 206, **317**
Komplementärereignis, *siehe* Gegenereignis

Konfidenzintervall
 für den Erwartungswert einer normalverteilten Grundgesamtheit, 269, **328**
 für den Parameter einer Binomialverteilung, 268, **328**
 für den Parameter einer Poissonverteilung, **328**
 für den Quotienten der Varianzen zweier normalverteilter Grundgesamtheiten, **328**
 für die Differenz der Erwartungswerte zweier normalverteilter Grundgsamtheiten, **328**
 für die Korrelation zweier normalverteilter Grundgesamtheiten, 273, **328**
 für die Varianz einer normalverteilten Grundgesamtheit, **328**
 Länge eines Konfidenzintervalls, 270
Konfidenzniveau, 269
konkordantes Paar, 163, 167, **313**
konsistenter Schätzer, **326**
Konsistenz, **326**
Kontingenzkoeffizient
 nach Cramer, 160, 168, **312**
 nach Pearson, 160, 168, **312**
 Phi-Koeffizient, 160, 168, **312**
 Yulescher Assoziationskoeffizient, 159, **312**
Kontingenzmaß, *siehe* Kontingenzkoeffizient
Kontingenztafel, 162, 168, 291, 294
Konvergenz
 im quadratischen Mittel, **323**
 P-fast sichere, **323**
 stochastische, **323**
 von Verteilungsfunktionen, **323**

Konzentrationsmessung
 Gini-Maß, 136, 141, 144, **310**
 Herfindahlindex, 137, 148, **310**
 Lorenzkurve, 136, 140, 143, **310**
Korrelation
 Stichprobenkorrelation, 280, **325**
 zweier Zufallsvariablen, 245, 248, **320**
Korrelationskoeffizient
 Goodman-and-Kruskal's Gamma, 161, 163, 166, **313**
 Kendall's Tau, 161, 166, **313**
 nach Bravais-Pearson, 149, 155, 157, 169, **312**
 nach Fechner, 169, **312**
 nach Spearman, 158, 161, 166, **313**
Korrelationsmaß, *siehe* Korrelationskoeffizient
Kovarianz
 empirische, **304**
 theoretische, 245, 248, **320**
KQ-Methode, 170, 187, **314**
KQ-Regressionskoeffizenten, 170
Kreisdiagramm, 88, 89, **300**
Kreissektor, 88, **300**
Kritischer Bereich, 275, 278, 283, **329–334**
Kritischer Wert, 271, 277, 288, 294
k-Schärfe, *siehe* Schärfe

Länge eines Konfidenzintervalls, 270
Lagemaß
 α-getrimmtes Mittel, 92, 156, **303**
 α-Quantil, **303**
 α-winsorisiertes Mittel, 92, **303**
 arithmetisches Mittel, 92, 95, 98, 105, 110, 125, 128, 135, 137, 138, 156, **302**
 geometrisches Mittel, 98, **302**

harmonisches Mittel, 99, **302**
Lettervalues, 94, 115, 121, 126, 129, 130, 150–152, **303**
Median, 92, 96, 105, 111, 114, 118, 121, 125, 128, 133, 150, 171, 176, **303**
Midsummaries, **303**
Modus, 92, 95, 105, 111, 125, 128, **303**
Trimean, 92, **303**
Laplace
    Laplace–Münze, 235
    Laplace–Verteilung, **321**
    Laplace–Wahrscheinlichkeit, 199, 201, 203, 218
Laspeyres
    Kaufkraftparität, 196, **311**
    Mengenindex, **311**
    Preisindex, 193, **311**
Lehrsatz
    binomischer, 249
Leiter der Potenzen, **309**
leptokurtische Verteilung, **305**
Lettervalue–Display, 126
Lettervalues, 94, 115, 121, 126, 129, 130, 150–152, **303**
leverage–effect, 172
Likelihoodfunktion, 260, 264, 286, **326**
Likelihoodfunktion
    Loglikelihoodfunktion, 261, 286
Lineare Regression (einfache)
    Kleinste–Quadrate–Methode, 170, 187, **314**
    nach Bartlett, **315**
    nach Nair/Srivastava, **315**
    nach Theil, 176, **315**
    nach Tukey(Drei–Schnitt–Median–Gerade), 171, **314**

nach Wald, 175, **314**
linksschiefe Verteilung, 118, 119
Loglikelihoodfunktion, 261, 286
Lorenzkurve, 136, 140, 143, **310**
Lowe
    Mengenindex, **311**
    Preisindex, **311**

MAD, 93, **304**
Mächtigkeit einer Menge, 197
Maximum–Likelihood–Schätzer, 261, 266, 286, **326**
Meßziffer, 191
Median, 92, 96, 105, 111, 114, 118, 121, 125, 128, 133, 150, 171, 176, 234, **303**, **308**, **319**
Median
    bei gruppierten Daten, 105
    bei klassierten Daten, 96, **303**
Median Absolute Deviation (MAD), 93, **304**
Medianklasse, 96
mehrgipflige Verteilung, 97
Mengenindex
    nach Laspeyres, **311**
    nach Lowe, **311**
    nach Paasche, **311**
Merkmal, 86
Merkmal
    diskretes, 86, 102, **298**
    kardinales, 86, 165, **298**
    metrisches, 86, 170, **298**
    nominales, 86, 168, **298**
    ordinales, 86, 161, 165, **298**
    qualitatives, 86, **298**
    quantitatives, 86, **298**
    quasi-stetiges, 87
    stetiges, 86, **298**

Merkmalsausprägung, 86
mesokurtische Verteilung, **305**
Methode der Kleinsten Quadrate, **314**
metrisch skaliertes Merkmal, 86, 170, **298**
metrische Skala, **298**
Mideighth, 126
Midhinge, 126
midranks, 161, 166, 282
Midsummaries, 126, 151, **303**
Mittel
    arithmetisches, 92, 95, 98, 105, 110, 125, 128, 135, 137, 138, 156, **302**
    geometrisches, 98, **302**
    getrimmtes, 92, 156, **303**
    harmonisches, 99, **302**
    winsorisiertes, 92, **303**
Mittlere Absolute Abweichung vom Median, 93, **304**
mittlerer Quantilsabstand, **304**
ML–(Maximum–Likelihood–)Schätzer, 261, 266, 286, **326**
Modalwert, *siehe* Modus
Modus, 92, 95, 105, 111, 125, 128, **303**
Modus
    bei gruppierten Daten, 105
    bei klassierten Daten, 95, **303**
Moment, 117, 119, 230, **319**
Moment
    faktorielles, **319**
    nichtzentrales, 128, **305**
    zentrales, 127, 128, **305**, **319**
Momente
    einer (diskreten) Gleichverteilung, **321**
    einer Binomialverteilung, **321**
    einer Cauchy–Verteilung, **322**
    einer χ^2–Verteilung, **322**
    einer Doppelexponential–Verteilung, **321**
    einer Dreiecksverteilung, **321**
    einer Exponentialverteilung, 231, **321**
    einer F–Verteilung, **322**
    einer Gammaverteilung, **322**
    einer geometrischen Verteilung, 234, **321**
    einer Hypergeometrischen Verteilung, **321**
    einer Laplace–Verteilung, **321**
    einer Normalverteilung, **321**
    einer Paretoverteilung, **322**
    einer Poissonverteilung, **321**
    einer Rechteckverteilung, **321**
    einer Simpson–Verteilung, **321**
    einer stetigen Gleichverteilung, **321**
    einer t–Verteilung, **322**
Momentenschätzer, 262, 266, **325**
Multiplikationssatz
    für Wahrscheinlichkeiten, **318**

Nair, **314**
Nichtparametrische Tests
    Kolmogoroff–Smirnoff–Anpassungstest, **335**
    Kolmogoroff–Smirnoff–Homogenitätstest, 292, **335**
    Wilcoxon–Rangsummen–Test, 282, **333**
    Wilcoxon–Vorzeichen–Rangtest, 283, **333**
nichtzentrales Moment, 128, **305**
Niveau
    Konfidenzniveau, 269, 273
    Signifikanzniveau eines Tests, 276–284, 288, 292, 294
nominales Merkmal, 86, 168, **298**
Nominalskala, **298**
Normalverteilung, 213, 257, 269, 273, 275, 278, 280, 281, **321**

notwendiger Stichprobenumfang, 268
Nullhypothese, 272, 279, 280, 287, 292, 294

oberer Anrainer, 122, **308**
oberes Eighth, 126, 151, **303**
oberes Hinge, 94, 115, 130, 133, **303**, **308**
oberes Sixteenth, **303**
oberes Thirtysecond, **303**
observed values, 288
ordinales Merkmal, 86, 161, 165, **298**
Ordinalskala, **298**
Originaldaten, 108, **299**

P–fast sichere Konvergenz, **323**
Paar
    diskordantes, 163, 167, **313**
    konkordantes, 163, 167, **313**
Paasche
    Kaufkraftparität, **311**
    Mengenindex, **311**
    Preisindex, 194, **311**
Parameter
    einer Verteilung, 256, **321**, **322**
Paretoverteilung, 229, **322**
Partielle Integration, 232, **386**
Pearsonscher Kontingenzkoeffizient, 160, 168, **312**
Pearsonscher Schiefekoeffizient, 109, 117, 119, 127, **305**
Periode, 184
Permutation
    mit Wiederholung, 198–200, 206, **317**
    ohne Wiederholung, 198, 199, 203, **317**
Petersburg–Paradoxon, 236
Phi–Koeffizient, 160, 168, **312**
platykurtische Verteilung, **305**
Poissonverteilung, 249, **321**

Polygonzug, 90, 104, 143
Potenzen
    Leiter der, **309**
Potenzmenge, 197
Potenztransformation, 151, **309**
Preisindex
    nach Laspeyres, 193, **311**
    nach Lowe, **311**
    nach Paasche, 194, **311**
Preismeßziffer, 191
Produktzeichen, **386**
Prognoseintervall, 275
Punktewolke, *siehe* Streudiagramm

Quadratsumme, 93, 129
qualitatives Merkmal, 86, **298**
Quantil, 259, **303**, **319**
Quantilsabstand, **304**
Quantilskoeffizient
    der Schiefe, 116, 119, **305**
    der Wölbung, **306**
quantitatives Merkmal, 86, **298**
Quartil, 92, 116, 118, 287
Quartilsabstand, 94, **304**
Quartilsabstand
    mittlerer, **304**
Quartilsdispersionskoeffizient, 114, **304**
Quartilskoeffizient der Schiefe, 116, 119
quasi–stetiges Merkmal, 87
Quintilsabstand, **304**

Randdichte, 242, 246, **320**
Randhäufigkeit, 154, 159, 161, **334**
Randverteilung, 291, **320**
Randverteilungsfunktion, **320**
Randwahrscheinlichkeit, **320**
Rang, 158, 161, 165, 167, 282, 284, **299**
Range, *siehe* Spannweite

Rangkorrelationskoeffizient
   nach Spearman, 158, 161, 166, **313**
Rangsummentest nach Wilcoxon, 282, **332**
Rechteckverteilung, 239, **321**
rechtsschiefe Verteilung, 107, 117, 119, 125, 126, 129, 151
Regel von de l'Hospital, 232, **386**
Regeln von de Morgan, **317**
Regression, *siehe* Lineare Regression
Regressionsgerade, 170, 188, **314**
Regressionskoeffizienten
   nach der Kleinste–Quadrate–Methode, 170, 187, 188
   nach Theil, 176
   nach Tukey, 171
   nach Wald, 176
Regressionsmodell
   einfaches lineares, **314**
relative Häufigkeit, 88, 102, 105, **299**
relative Klassenhäufigkeit, **301**
relative Streuung, 114
Residuen, 173, **315**
Resistenz gegenüber Ausreißern, 120

Saisonfigur, 186
Saisonmuster, 189
Satz von Bayes, 211, 212, 214–216, **318**
Satz von der Totalen Wahrscheinlichkeit, 211, 212, 214, 216, 217, **318**
Schärfe, 173, 174, **315**
Schätzer
   asymptotisch erwartungstreuer, 267, **326**
   effizienter, **326**
   erwartungstreuer, 262, 267, **326**
   konsistenter, **326**
   Maximum–Likelihood–Schätzer, 261, 266, 286, **326**
   Momentenschätzer, 262, 266, **325**
   unverzerrter, **326**
   verzerrter, 267, **326**
Schätzverfahren
   Maximum–Likelihood–Methode, **326**
   Momentenmethode, 266, **325**
Schiefe
   α–Quantilskoeffizient, **305**
   Beurteilung durch Midsummaries, 126, 151, **305**
   Beurteilung durch Schiefekoeffizienten, **305**
   Fechnersche Lageregel, 125, 129, **305**
   Fisherscher Schiefekoeffizient, 117, 119, 127, **305**
   linksschiefe Verteilung, 118, 119
   Quantilskoeffizient, **305**
   rechtsschiefe Verteilung, 107, 117, 119, 125, 129, 151
   Schiefekoeffizient nach Pearson
      erster, 109, 117, 119, 127, **305**
      zweiter, 117, **305**
   symmetrische Verteilung, 106, 120, 152
Schwaches Gesetz der Großen Zahlen, **324**
Sheppardscher Korrekturfaktor, 109, **304**
Signifikanzniveau, 277
Simpson–Verteilung, *siehe* Dreiecksverteilung
Sixteenth, 151, **303**
Skala
   Kardinalskala, **298**
   metrische, **298**
   Nominalskala, **298**
   Ordinalskala, **298**
Skalenäquivarianz, 113
Spannweite, 93, 103, 108, 123, 131, **304**
Spearman

INDEX

Rangkorrelationskoeffizient, 158, 161, 166, **313**
Spread, **304**
Stabdiagramm, 90, **300**
Stamm, 123, 131, **306**
Standardabweichung, 93, 109, 127, 129, 135, 137, **304**
Standardisierung, 257, 258
Standardnormalverteilung, *siehe* Normalverteilung
Statistik, 263
Steigungsparameter
    im einfachen linearen Regressionsmodell, 176, **314**
Steinerscher Verschiebungssatz, 135, 232, 244, 247, 267, **319**
Stem–and–leaf–Diagramm, 123, 130, **306, 307**
stetige Gleichverteilung, *siehe* Rechteckverteilung
stetiges Merkmal, 86, **298**
Stetigkeitskorrektur, 213
Stichprobe
    geordnete, 88, 92, 114, 118, 120, 128, 150, 165, **299**
Stichprobenanteil, 224
Stichprobenfunktion, 263, **325**
Stichprobenkorrelation, 280, **325**
Stichprobenmittel, 270, **325**
Stichprobenumfang, 121, 126, 130, 223
Stichprobenvarianz, 270, **325**
stochastische Konvergenz, **323**
Streudiagramm, 172
Streuung
    externe/interne, 139
    relative, 114
Streuungsmaß
    dimensionsloses, 114
    H–Spread, 94, 115, 121, 130, 133, **304**
    Kovarianz, **304**
    MAD, 93, **304**
    Mittlere Absolute Abweichung vom Median, 93, **304**
    mittlerer Quantilsabstand, **304**
    Quantilsabstand, **304**
    Quartilsdispersionskoeffizient, **304**
    Spannweite, **304**
    Standardabweichung, 93, 109, 127, 129, 135, 137, **304**
    Varianz, 93, 108, 127, 129, 135, **304**
    Variationskoeffizient, 113, 137, **304**
Streuungszerlegung
    bei klassierten Daten, 139
Sturges
    Regel zur Klassenbildung, **301**
Subindizes, 195, **311**
Substitutionsregel, 251, **386**
Suffizienz, 263
Summenpolygon, 104, **302**
Summenzeichen, **386**
symmetrische Verteilung, 106, 118, 120, 152, 251
Test
    χ^2–Anpassungstest, 285, 288, **333**
    χ^2–Homogenitätstest, 294, **334**
    χ^2–Unabhängigkeitstest, 291, **334**
    F–Test, **331**
    Gauß–Test
        doppelter, 271, 272, **331**
        einfacher, **329**
    Kolmogoroff–Smirnoff–Test
        Anpassungstest, 290, **335**
        Homogenitätstest, 292, **335**
    t–Test

doppelter, 273, 275, 281, **331**
einfacher, 278, **329**
über den Parameter einer Binomialverteilung, 277, **330**
über den Parameter einer Poissonverteilung, **330**
über die Korrelation zweier normalverteilter Grundgesamtheiten, 280, **330**
über die Varianz einer normalverteilten Grundgesamtheit, **329**
über die Varianzen zweier normalverteilter Grundgesamtheiten, **331**
über die Varianz zweier normalverteilter Grundgesamtheiten, 279
Wilcoxon–Rangsummen–Test, 282, **332**
Wilcoxon–Vorzeichen–Rangtest, 283, **332**, **333**
Teststatistik, 271, 276, 279, 283, 288, 292
Theil
Lineare Regression nach Theil, 176, **314**
Thirtysecond, **303**
Tiefe, 94, 114, 121, 125, 132, 133, 150, **299**, **303**
Totale Wahrscheinlichkeit, 211, 212, 214, 216, 217, **318**
Träger, 319, 320
Transformation
einer Zufallsvariablen, 227, 235, 238
zur Symmetrisierung eines Datensatzes, **309**
Transformationsplot, 151, **309**
Translationsäquivarianz, 111
Trash–Kurve, 175, **315**
trendbereinigte Zeitreihe, 186
Trendbereinigung, 185

Trendgerade
lineare, 187
Trendregression, 189
Trimean, 92, **303**
Tschebyscheffsche Ungleichung, 260, **323**
t–Statistik, **329**
t–Test
doppelter, 273, 275, 281, **331**
einfacher, 278, **329**
Tukey
Drei–Schnitt–Median–Gerade, 171, **314**
t–Verteilung, 275, 278, 281, **322**

Überdeckungswahrscheinlichkeit, 259
Umbasierung von Meßziffern, 192
unabhängig identisch verteilte Zufallsvariable, 256
Unabhängigkeit
von Ereignissen, **318**
von Merkmalen, 159
von Zufallsvariablen, **320**
Unabhängigkeitstest
χ^2–Test, 291, **334**
Ungleichung
nach Boole, **318**
von Bonferroni, **318**
von Jensen, 236, **323**
von Tschebyscheff, 260, **323**
unterer Anrainer, 122, **308**
unteres Eighth, 126, 151, **303**
unteres Hinge, 94, 115, 130, 133, **303**, **308**
unteres Quartil, 116
unteres Sixteenth, **303**
unteres Thirtysecond, **303**
Untersuchungseinheit, 86
unverzerrter Schätzer, **326**
Unverzerrtheit, *siehe* Erwartungstreue

Variable
   erklärende, 171, 187, **314**
   erklärte, 171, **314**
Varianz
   einer linear transformierten Zufallsvariablen, **319**
   empirische, 93, 108, 127, 129, 135, **304**
   theoretische, 230, 232, 244, 247, **319**
Variation
   mit Wiederholung, 198, 201, 207, 218, **317**
   ohne Wiederholung, 198, 201, 205, **317**
Variationskoeffizient, 113, 137, **304**
Vellemann
   Regel zur Klassenbildung, **301**
Verhältnisskala, **298**
Verschiebungsinvarianz, 113
Verschiebungssatz von Steiner, 135, 140, 232, 244, 247, 267, **319**
Verteilung
   bedingte, 250
   Bernoulli–Verteilung, 260, **321**
   Binomialverteilung, 212, 219, 223, 224, 227, **321**
   Cauchy–Verteilung, **322**
   χ^2–Verteilung, 291, **322**
   (diskrete) Gleichverteilung, **321**
   Doppelexponential–Verteilung, **321**
   Dreiecksverteilung, **321**
   Erlangverteilung, 256, **322**
   Exponentialverteilung, 231, 255, 287, **321**
   F–Verteilung, 279, **322**
   Gammaverteilung, **322**
   geometrische, 234, **321**
   Hypergeometrische, 220, 221, 227, 264, **321**
   Laplace–Verteilung, **321**
   leptokurtische, **305**
   linksschiefe, 118, 119
   mehrgipflige, 97
   mesokurtische, **305**
   Normalverteilung, 213, 257, 269, 273, 275, 278, 280, 281, **321**
   Paretoverteilung, 229, **322**
   platykurtische, **305**
   Poissonverteilung, 249, **321**
   Rechteckverteilung, 239, **321**
   rechtsschiefe, 107, 117, 119, 125, 126, 129, 151
   Simpson–Verteilung, **321**
   Standardnormalverteilung, *siehe* Normalverteilung
   stetige Gleichverteilung, **321**
   symmetrische, 106, 118, 120, 152, 251
   t–Verteilung, 275, 278, 281, **322**
Verteilungsfunktion, 100, 230, 277, 287, **319**
Verteilungsfunktion
   empirische, 96, 289, 292, **301**
   zweidimensionale, **320**
Vertrauensbereich, *siehe* Konfidenzintervall
verzerrter Schätzer, 267, **326**
Verzerrung, *siehe* Bias
Viererdurchschnitt
   gleitender, 184, **316**
Vierfeldertafel, 159, **312**
Vorzeichenrangtest nach Wilcoxon, 283, **332**

Wachstumsrate, 99
Wahrscheinlichkeit
   bedingte, 217, 250, **318**, **320**
Wahrscheinlichkeitsbaum, 208

Wahrscheinlichkeitsfunktion, 260, **319, 320**
Wahrscheinlichkeitsfunktion
    gemeinsame, **320**
Wahrscheinlichkeitsverteilung, 205
Wald
    Lineare Regression, 175, **314**
Warenkorb, 193, 196
weiche Daten, 170
Wertgewichtsmethode, **311**
Wilcoxon–Rangsummen–Test, 282, **332**
Wilcoxon–Vorzeichen–Rangtest, 283, **332, 333**
winsorisiertes Mittel, 92, **303**
Wölbung
    Fisherscher Koeffizient, **305**
    Quantilskoeffizient, **306**
Wurzel–n–Gesetz, 258

Yulescher Assoziationskoeffizient, 159, **312**

Z–Transformation
    nach Fisher, 274, 281, **328, 330**
Zäune
    äußere, 115, 122, 130, 134, **308**
    innere, 115, 121, 130, 133, **308**
Zeitreihe
    geglättete, 181, 185
    Glättung einer, **316**
    trendbereinigte, 186
Zentilsabstand, **304**
Zentraler Grenzwertsatz, 213, **324**
zentrales Moment, 127, 128, **305, 319**
Zerlegung, **317**
Zufallsvariable
    Träger, **319, 320**
Zuwachsrate, 99
Zwölferdurchschnitt
    gleitender, 189, **316**

zweidimensionale Verteilungsfunktion, **320**
Zwei–Sigma–Bereich, 259